教育部生物医学工程类专业教学指导委员会"十三五"规划教材
生物医学工程实践教学联盟规划教材

医用 DSP 开发实用教程

——基于 TMS320F28335

主 编 陈 昕 谢勤岚

副主编 董 磊 唐 浒

电子工业出版社
Publishing House of Electronics Industry
北京·BEIJING

内 容 简 介

本书以医疗电子 DSP 基础开发系统为平台，共安排 18 个实验，其中实验 1～实验 13 为微处理器基础实验，实验 14～实验 18 为医疗电子专业实验。所有实验均详细介绍了实验内容、实验原理，并且都有详细的步骤和源代码，以确保读者能够顺利完成。每章的最后都安排了一个任务，作为本章实验的延伸和拓展。本书中的程序均按照《C 语言软件设计规范（LY-STD001-2019）》编写。所有实验均基于模块化设计，以便于将模块应用在不同的项目和产品中。

本书配有丰富的资料包，包括医疗电子 DSP 基础开发系统原理图、例程、软件包、硬件套件，以及配套的 PPT、视频等。这些资料会持续更新，下载链接可通过微信公众号"卓越工程师培养系列"获取。

本书既可以作为高等院校相关课程的教材，也可作为 DSP 系统设计及相关行业工程技术人员的参考书。

图书在版编目（CIP）数据

医用 DSP 开发实用教程：基于 TMS320F28335 / 陈昕，谢勤岚主编. —北京：电子工业出版社，2020.12
ISBN 978-7-121-40309-5

Ⅰ．①医… Ⅱ．①陈… ②谢… Ⅲ．①医疗器械－电子仪器－数字信号处理－高等学校－教材 Ⅳ．①TH772

中国版本图书馆 CIP 数据核字（2020）第 264696 号

责任编辑：张小乐
印　　刷：北京京师印务有限公司
装　　订：北京京师印务有限公司
出版发行：电子工业出版社
　　　　　北京市海淀区万寿路 173 信箱　　邮编：100036
开　　本：787×1092　1/16　印张：20.5　字数：590 千字
版　　次：2020 年 12 月第 1 版
印　　次：2020 年 12 月第 1 次印刷
定　　价：69.80 元

前　言

DSP 系统设计是生物医学工程、医疗器械工程、康复工程等专业的核心课程，学生既要掌握微处理器设计的基本技能，还要将这些技能熟练应用于医用电子技术领域。要想成为一名优秀的医用电子系统设计工程师，还需要进一步掌握软硬件联合调试的技能，具备模块化设计思想，能够从宏观角度进行系统架构设计，并灵活地将各种技术规范融入设计中。

"耳闻之不如目见之，目见之不如足践之，足践之不如手辨之"。实践决定认识，是认识的源泉和动力，也是认识的目的和归宿。而当今的高等院校工科生，最缺乏的就是勇于实践，没有大量的实践，就很难对某一个问题进行深入剖析和思考，当然，也就谈不上真才实学，毕竟"实践，是个伟大的揭发者，它暴露一切欺人和自欺"。在科学技术日新月异的今天，卓越工程师的培养必须配以高强度的实训。

本书是一本讲解 DSP 系统设计的书，严格意义上讲，本书也是一本实训手册。本书以医疗电子 DSP 基础开发系统为平台，共安排 18 个实验，其中实验 1～实验 13 为微处理器基础实验，实验 14～实验 18 为医疗电子专业实验。所有实验均详细介绍了实验内容、实验原理，并且都有详细的实验步骤和源代码，以确保读者能够顺利完成。每章的最后都安排了一个任务，作为本章实验的延伸和拓展。

目前主流微处理器的功能比以往的强大得多，想要掌握其知识点，必须花费大量的时间和精力。比如，要学习某一款 TMS320 微处理器，基本都要阅读《TMS320 数据手册》《TMS320 系统控制和中断参考手册》《TMS320 CPU 和指令集参考手册》《TMS320 SCI 参考手册》《TMS320 I^{2}C 参考手册》《TMS320 SPI 参考手册》《TMS320 ePWM 参考手册》《TMS320 eCAP 参考手册》和《TMS320 ADC 参考手册》，这些手册加起来有一两千页。除此之外，还要花费大量的时间和精力熟悉 DSP 的集成开发环境、程序下载工具、串口助手工具等。为了减轻初学者查找资料和熟悉开发工具的负担，能够将更多的精力聚集在实践环节，快速入门，本书将上述手册中的相关知识点汇总在"实验原理"中，将 DSP 集成开发环境、程序下载工具、串口助手工具等的使用方法穿插于各章节中。这样，读者就可以通过本书和医疗电子 DSP 基础开发系统，秉承"勇于实践+深入思考"的思想，轻松踏上学习 DSP 之路，在实践过程中不知不觉地掌握各种知识和技能。

本书的特点如下：

1. 以医疗电子 DSP 基础开发系统为实践载体，微处理器选取 TMS320F28335 芯片。主要考虑到 TMS320 系列是目前市面上使用最为广泛的微处理器之一，且该系列的 DSP 具有外设多、基于库开发、配套资料多、开发板种类多等优势。

2. 详细讲解 18 个实验所涉及的知识点，未涉及的内容尽量不予讲解，以便于初学者快速掌握 DSP 系统设计的核心要点。

3. 将各种规范贯穿于整个 DSP 系统设计的过程中，如 CCS 集成开发环境参数设置、工程和文件命名规范、版本规范、软件设计规范等。

4. 所有实验严格按照统一的工程架构设计，每个子模块按照统一标准设计。

5. 配有丰富的资料包，包括医疗电子 DSP 基础开发系统原理图、例程、软件包，硬件包，以及配套的 PPT、视频等，这些资料会持续更新，下载链接可通过微信公众号"卓越工程师培养系列"获取。

关于本书的使用，建议先通过实验 1～实验 3 快速熟悉整个开发流程；对实验 4～实验 7 投入较多的时间和精力，重点学习外设架构、寄存器、驱动设计和应用层设计等，并认真总结这 4 个实验的经验；最后，将前面所学知识灵活运用到后面 11 个实验中。

本书中的程序严格按照《C 语言软件设计规范（LY-STD001-2019）》编写。设计规范要求每个函数的实现必须有清晰的函数模块信息，函数模块信息包括函数名称、函数功能、输入参数、输出参数、返回值、创建日期和注意事项。受限于篇幅，实验 3～实验 18 中的程序省略了函数模块信息，建议读者在编写程序时完善每个函数的模块信息。"函数实现及其模块信息"（位于本书配套资料包的"08.软件资料"文件夹）罗列了所有函数的实现及其模块信息，供读者参考。

陈昕和谢勤岚对本书的编写思路与大纲进行了总体策划，指导全书的编写，对全书进行统稿，并参与了部分章节的编写；董磊、唐浒、覃进宇、彭芷晴协助完成统稿工作，并参与了部分章节的编写；黄荣祯和万其伟在例程优化和文本校对中做了大量的工作。本书得到了深圳大学生物医学工程学院和中南民族大学生物医学工程学院的大力支持；书中涉及的实验基于深圳市乐育科技有限公司的 LY-TMS320F2M 型医疗电子 DSP 基础开发系统，该公司提供了充分的技术支持；本书的出版还得到了电子工业出版社的鼎力支持，张小乐编辑为本书的顺利出版做了大量的工作；本书还获得了深圳大学教材出版资助，在此一并致以衷心的感谢！

由于编者水平有限，书中难免有不成熟和错误的地方，恳请读者批评指正。读者反馈发现的问题、索取相关资料或遇实验平台技术问题，可发信至深圳市乐育科技有限公司官方邮箱：ExcEngineer@163.com。

编 者

目　　录

第 1 章　TMS320 开发平台和工具

本章主要介绍基于 TMS320F28335 芯片的医疗电子 DSP 基础开发系统，并解释为什么选该系统作为实验平台。然后，简要介绍 DSP 开发工具的安装和配置。最后，介绍基于医疗电子 DSP 基础开发系统可以开展的实验，以及本书配套的资料包。

1.1　什么是 DSP

DSP 是 Digital Signal Processing 的缩写，同时也是 Digital Signal Processor 的缩写。前者是指数字信号处理技术，后者是指数字信号处理器。本书中 DSP 是指数字信号处理器，主要研究如何将理论上的数字信号处理技术应用于数字信号处理器中。

通常流过器件的电压、电流信号都是时间上连续的模拟信号，可以通过 A/D 转换器对连续的模拟信号进行采样，转换成时间上离散的脉冲信号，然后对这些脉冲信号量化、编码，将其转换成由 0 和 1 构成的二进制编码，也就是常说的数字信号。采样、量化、编码这些操作都是由 A/D 转换器完成的。

DSP 除了能够轻松地对数字信号进行变换、滤波等处理，还可以进行各种复杂的运算，来实现预期的目标。

1.2　DSP 的特点

DSP 具有诸多结构和性能上的特点，本节重点介绍其中几个主要特点。

1）专用的硬件乘法器

在通用微处理器中，乘法是由软件实现的，实际上是由时钟控制的一连串移位运算。而在数字信号处理中，乘法和加法是最重要的运算，提高乘法运算的速度就相当于提高 DSP 的性能。在 DSP 芯片中，有专门的硬件乘法器，使得一次或两次乘法运算可以在一个单指令周期中完成，大大提高了运算速度。

2）哈佛结构及改进的哈佛结构

哈佛结构不同于冯·诺依曼结构，其主要特点是将程序和数据存储在不同的存储空间中，即程序存储器和数据存储器是两个相互独立的存储器，每个存储器独立编址，独立访问。与两个存储器相对应的是系统中设置了程序总线和数据总线两条总线，这意味着在一个机器周期内可以同时准备好指令和操作数，从而使数据的吞吐率提高了 1 倍。而冯·诺依曼结构则是将指令、数据、地址存储在同一个存储器中，统一编址，依靠指令计数器提供的地址来区分是指令、数据还是地址。取指令和取数据都访问同一个存储器，数据吞吐率低。

在哈佛结构中，由于程序和数据存储器在两个分开的空间中，因此取指令和执行能完全重叠运行。为了进一步提高运行速度和灵活性，在基本哈佛结构的基础上做了以下改进（如 TMS320 系列的 DSP 芯片）：一是允许数据存储在程序存储器中，并被算术运算指令直接使用，增强了芯片的灵活性；二是指令存储在高速缓冲器中，当执行该指令时，不需要再从存储器中读取指令，节约了一个指令周期的时间。

3）指令系统的流水线结构

在流水线操作中，一个任务被分成若干子任务，这样，它们在执行时可以重叠。与哈佛结构相关，要执行一条 DSP 指令，需要通过取指令、指令译码、取操作数和执行指令等若干阶段，每一阶段称为一级流水。DSP 的流水线操作是指它的这几个阶段在程序执行过程中是重叠的，在执行本条指令的同时，下面的几条指令已依次完成了取指令、解码、取操作数的操作。DSP 芯片广泛采用流水线结构以减少指令执行时间，从而增强了处理器的处理能力，把指令周期减小到最小值，同时也就增加了信号处理器的吞吐量。

第 1 代 TMS320 处理器采用 2 级流水线，第 2 代采用 3 级流水线，而第 3 代则采用 4 级流水线。也就是说，处理器可以并行处理 2~6 条指令，每条指令处于流水线上的不同阶段。在 3 级流水线操作中，取指令、译码和执行操作可以独立地进行，这可使指令执行能完全重叠。在每个指令周期内，3 个不同的指令处于激活状态，每个指令处于不同的阶段。

4）片内外两级存储器结构

在片内外两级存储器结构中，片内存储器虽然不可能具有很大的容量，但速度快，允许多个存储器块并行访问。片外存储器容量大，但速度慢，结合它们各自的优势，在实际应用中，一般将正在运行的指令和数据存放在片内存储器中，暂时不用的数据和程序存放在片外存储器中。片内存储器的访问速度接近寄存器的访问速度，因此 DSP 指令中采用存储器访问指令取代寄存器访问指令，并可采用双操作数和 3 操作数来实现多个存储器的同时访问，使指令系统得到进一步优化。随着日益广泛的应用，DSP 已成为许多高级设计中不可或缺的组成部分，使得 DSP 厂商的投资集中于 DSP 体系结构、智能化程度更高的编译程序、更好的查错工具以及更多的支持软件。最明显的结构改进在于提高"并行性"，即在一个指令周期内，DSP 所能完成的操作的数量。1997 年 TI 公司推出的带有 8 个功能单元、使用超长指令字（Very Long Instruction Word，VLIW）的 TMS320C6x。这种 32 位定点运算 DSP 在每个周期内可以完成 8 个操作，其运算速度达到了每秒执行 20 亿条指令（2000MIPS）；如果片外存储器能够支持，其 DMA 的数据传输能力可以达到 800MB/s。

5）特殊的 DSP 指令

DSP 的另一个特征是采用特殊的 DSP 指令，不同系列的 DSP 都具备一些特殊的 DSP 操作指令，以充分发挥 DSP 算法和各系列特殊设计的功能。

6）快速指令周期

DSP 芯片采用 CMOS 技术、先进的工艺和集成电路的优化设计，加之工作电压的降低，使得 DSP 芯片的主频不断提高，并且随着微电子技术的不断进步将继续提高。

7）多机并行运行特性

DSP 芯片的单机处理能力有限，但随着 DSP 芯片的价格不断降低，多个 DSP 芯片并行处理已成为可能，可以运用这一特性达到良好的高速实时处理的要求。尽管当前的 DSP 已达到较高的水平，但在一些实时性要求很高的场合，单片 DSP 的处理能力还不能满足要求。因此，多处理器系统就成为提高应用性能的重要途径之一。许多算法，如数字滤波、FFT、矩阵运算等，都包含了建立"和—积"形式的数列，或者是对矩阵一类规则结构做有序处理。在很多情况下，都可以将算法分解为若干级，用串行或并行来加快处理速度。因此，新型 DSP

的发展方向，是在提高单片 DSP 性能的同时，注重在结构设计上为多处理器的应用提供方便。例如，TMS320C40 设置了 6 个 8 位通信接口，既可以采用级联，也可以采用并行连接，每个通信接口都有 DMA 能力。这就是专门为多处理器应用而设计的。

进行 DSP 系统设计和软件开发往往需要一定规模的仿真调试系统，包括在线仿真器、各种电缆、逻辑分析仪及其他测试设备。在多处理器系统设计中，仿真与调试的复杂性尤为突出。为了方便用户进行设计与调试，许多 DSP 芯片在片上设置了仿真模块或仿真调试接口。Freescale 在其 DSP 芯片上设置了一个 onCE（on-Chip Emulation）功能块，即用特定的电路和引脚，使用户可以检查片内的寄存器、存储器及外设，用单步运行、设置断点、跟踪等方式控制与调试程序。TI 则在其 TMS320 系列芯片上设置了符合 IEEE 1149 标准的 JTAG（Joint Test Action Group）标准测试接口及相应的控制器，使用户不仅能控制和观察多处理器系统中每一个处理器的运行，测试每一块芯片，还可以用这个接口来载入程序。在 PC 上插入一块调试插板，接通 JTAG 接口，就可以在 PC 上运行一个软件实现控制。PC 上有多个窗口显示，每个窗口观察多个处理器中的一个，极大地简化了多处理器系统开发的复杂性。在 TMS320 系列芯片中，与 JTAG 测试接口同时工作的还有一个分析模块，它支持断点的设置和程序存储器、数据存储器、DMA 的访问、程序的单步运行和跟踪，以及程序的分支和外部中断的计数等。

8）低功耗

随着微电子产品在人们日常生活中所占的比重越来越大，DSP 的应用领域得到了巨大的拓展。低功耗除了带来节能的优势，也使得 DSP 的解决方案可以适用于便携式小型装置，以及野外的测量仪器。DSP 的处理速度越来越快，功能越来越强，但随之而付出的代价是功耗也越来越大。而且，随着时钟频率的提高，功耗急剧增大，尽管生产厂家几乎无一例外地都采用了 CMOS 工艺等技术手段来降低功耗，但有的单片 DSP 的功耗已达到 10W 以上。随着 DSP 的大量使用，特别是在用电池供电的便携式设备（如 PC、移动通信设备和便携式测试仪器等）中的大量使用，迫切要求 DSP 在保持与提高工作性能的同时，降低工作电压，减小功耗。为此，各 DSP 生产厂家正积极研制并陆续推出低电压片种。在降低功耗方面，有的片种设置了 IDLE 或 WAIT 状态，在等待中断到来期间，片内除时钟和外设以外的电路都停止工作；有的片种设置了 STOP 状态，它比 WAIT 状态更进一步，连内部时钟也停止工作，但保留了堆栈和外设的状态。总之，低工作电压和低功耗已成为表征 DSP 性能的重要技术指标之一。

9）高运算精度

浮点 DSP 提供了大动态范围，定点 DSP 的字长也能达到 32 位，有的累加器达到 40 位。当前的水平已达到每秒数千万次乃至数十亿次定点运算或浮点运算的速度。为了满足 FFT、卷积等数字信号处理的特殊要求，当前的 DSP 大多在指令系统中设置了"循环寻址"（circular addressing）及"位倒序"（bit-reversed）指令和其他特殊指令，使得在做这些运算时、寻址、排序及计算速度大大提高。单片 DSP 做 1024 点复数 FFT 的时间已降到微秒量级。高速数据传输能力是 DSP 实现高速实时处理的关键之一。新型的 DSP 大多设置了单独的 DMA 总线及其控制器，在不影响或基本不影响 DSP 处理速度的情况下进行并行的数据传送，传送速率可达到每秒数百兆字节（主要受到片外存储器速度的限制）。

10）DSP 内核，可编程

随着专用集成电路的广泛使用，迫切要求将 DSP 的功能集成到 ASIC 中。例如，在磁盘/光盘驱动器、调制解调器（Modem）、移动通信设备和个人数字助理（Personal Digital Assistant，PDA）等应用中都有这种要求。为了顺应发展并更加深入地开拓 DSP 市场，各 DSP 生产厂家相继提出了 DSP 核（DSP core）的概念，并推出了相应的产品。一般来说，DSP 核是通用 DSP 器件中的 CPU 部分，再配以按照客户的需要所选择的存储器（包括 Cache、RAM、ROM、Flash、EPROM 等以及固化的用户软件）和外设（包括串口、并口、主机接口、DMA、定时器等），组成用户的 ASIC。DSP 核概念的提出与技术的发展，使用户得以将自己的设计通过 DSP 厂家的专业技术加以实现，从而提高 ASIC 的水准，并大大缩短产品上市时间。DSP 核的一个典型应用是 U. S. Robotis 公司利用 TI 公司的 DSP 核技术所开发的 X2 芯片，最早成功地将 56kbps 的 Modem 推向了市场。除了 TI 公司的 TMS320 系列 DSP 核，Motorola 公司的 DSP66xx 系列和 ADI 公司的 ADSP21000 系列等，也都是得到成功应用的 DSP 核。

在 DSP 硬件结构和性能不断改善的同时，其开发环境和支持软件也得到了迅速发展与不断完善。各公司出品的 DSP 都有各自的汇编语言指令系统，而使用汇编语言来编制 DSP 应用软件是一项烦琐且困难的工作。随着 DSP 处理速度的加快与功能的增强，其寻址空间越来越大，目标程序的规模也越来越大，从而使得用高级语言对 DSP 编程成为必要且紧迫的任务。各公司陆续推出适用于 DSP 的高级语言编译器，主要是 C 语言编译器，也有 Ada、Pascal 等编译器。它们能将由高级语言编写的程序编译成相应的 DSP 汇编源程序。程序员可通过编译器对 DSP 源程序进行修改与优化，尤其是对实时处理要求很苛刻的部分进行优化，然后汇编与连接，使之成为 DSP 的目标代码。

在应用软件开发与调试环境方面，除了传统的在硬件或软件仿真器上用 Debug 来调试，各厂家还陆续推出了一些针对 DSP 的操作系统（如 TI Code Composer/Code Composer Studio）。这类操作系统运行在 IBM-PC 或其他的主机上，为 DSP 应用软件的开发提供良好的集成开发环境。此外，这类操作系统的适用范围正在扩大。

DSP 的生产厂家及其他某些软件公司，为 DSP 应用软件的开发准备了一些适用的函数库与软件工具包，如针对数字滤波器和各种数字信号处理算法的子程序，以及各种接口程序等。这些经过优化的子程序为用户提供了极大的方便。随着专用集成电路技术的发展和 DSP 应用范围的迅速扩大，一些 EDA 公司也将 DSP 的硬件和软件开发纳入了 EDA 工作站的工作范畴，陆续推出了一些大型软件包，为用户自行设计所需要的 DSP 芯片和软件提供了良好的环境。

1.3　DSP 与 MCU、CPU 的区别

DSP 与 MCU、CPU 的区别如表 1-1 所示。DSP 采用的是哈佛结构，数据空间和存储空间是分开的,通过独立的数据总线在程序空间和数据空间同时访问。而 MCU 采用的是冯·诺伊曼结构，数据空间和存储空间公用一个存储器空间，通过一组总线（地址总线和数据总线）连接到 CPU。很显然，在运算处理能力上，MCU 不如 DSP；但是 MCU 的优点在于价格便宜，在成本控制比较严格，对性能要求不是很高的情况下，MCU 还是很具有优势的。当然，随着工艺的发展和产业化进程的不断加快，DSP 的性能在不断提高的同时，价格也在不断地降低。

表 1-1　DSP 与 MCU、CPU 的区别

比 较 项 目	DSP	MCU	CPU
中文名称	数字信号处理器	微控制器	中央处理器
片上外设	丰富	丰富	无
片上存储器	较大	较小	无
存储器总线架构	多存储器总线	单存储器总线	单存储器总线
通用性	专用	强	专用
运算速度	快	慢	快
价格	较贵	便宜	贵
典型	TI 的 TMS320 系列	ST 的 STM32 系列	—

1.4　DSP 开发工具

DSP 的开发离不开软、硬件工具。软件方面需要 TI 公司提供的 CCS 软件，硬件则需要仿真器和开发板。CCS（Code Composer Studio）是开发 DSP 时所需的软件开发环境，即编写、调试 DSP 代码都需要在 CCS 软件中进行。本书使用的开发板是基于 TMS320F28335 的医疗电子 DSP 基础开发系统。开发时，需要将编译成功的代码下载到医疗电子 DSP 基础开发系统的 TMS320F28335 芯片中，然后运行代码，进行调试。

如何将在 CCS 中编译完成的代码下载到 DSP 芯片中呢？这就需要仿真器来实现，如 XDS100V3 EMULATOR USB2.0 仿真器。仿真器就像一个桥梁，连接 CCS 软件和 DSP 芯片，起到协议转换、数据传输等作用。代码的调试、下载、烧写等操作都需要通过仿真器来完成。

1.5　TMS320F28335 芯片介绍

TMS320F28335 是 32 位浮点 DSP，它是在 2812 定点 DSP 的基础上推出的典型产品。TMS320F2833x 与 TMS320F281x 同属于 TI 公司的 C2000 系列 DSP。与 2812、2808 等大家熟知的 DSP 相比，TMS320F28335 具有以下特点：

（1）工作频率为 150MHz，比 2808 高，与 2812 相同；
（2）浮点运算处理器 FPU，特别为高速运算准备；
（3）12 位 A/D 精度，实际精度比 2812 高；
（4）DMA 控制器，可以提高 CPU 与外设的数据交互速度；
（5）Flash 为 512KB，比 2812 高 1 倍；
（6）RAM 为 68KB，比 2812 高 1 倍；
（7）18 个 PWM 端口（其中 6 个是定时器端口），比其他 DSP 多 6 个。

1.6　医疗电子 DSP 基础开发系统简介

本书将以医疗电子 DSP 基础开发系统为载体，对 DSP 程序设计进行讲解。医疗电子 DSP 基础开发系统如图 1-1 所示。

图 1-1　医疗电子 DSP 基础开发系统

医疗电子 DSP 基础开发系统支持的资源及其说明如表 1-2 所示。

表 1-2　医疗电子 DSP 基础开发系统支持的资源及其说明

序　号	资　　源	说　　明
1	主芯片	TMS320F28335，主频为 150MHz；片内 ROM 为 256K×16bit；片内 RAM 为 34K×16bit
2	外扩 ROM	SST39VF800，512K×16bit
3	外扩 RAM	IS61LV25616，256K×16bit
4	外扩 EEPROM	AT24C02，256B
5	电源	AC220 DC12V/2A 电源适配器
6	下载与调试接口	支持 XDS100V2 下载和调试
7	电容触摸屏	7 寸串口电容触摸屏，分辨率为 800×480，串口屏主控为 STM32F429IGT6，外扩 SDRAM 为 W9825G6KH，外扩 NAND Flash 为 MT29F4G08，带蜂鸣器
8	OLED	分辨率 128×64
9	七段数码管	8 位，通过 74HC595 驱动
10	音频	耳麦输入、耳机输出、音频线输出
11	SD 卡	支持
12	USB 转 UART	1 路，通过 A-B 型 USB 线连接到计算机
13	蓝牙	串口蓝牙，采用 HC-05 模块
14	Wi-Fi	串口 Wi-Fi，采用 ESP8266 模块
15	温湿度传感器	采用 SHT20 芯片
16	直流电机	支持
17	交流电机	支持
18	RTC	内部实时时钟（带后背锂电池）
19	GPIO 接口	预留 GPIO 扩展接口（引出绝大多数 GPIO）
20	电位器	支持模拟编码
21	矩阵键盘	4×4 独立按键矩阵键盘
22	拨动开关	3 位
23	独立 LED	3 位
24	独立按键	2 位

序　号	资　源	说　明
25	蜂鸣器	1 位
26	人体生理参数监测系统接口	通过 USB 线与人体生理参数监测系统进行通信

1.7　TMS320F28335 开发工具安装与配置

CCS 是 TI 公司开发的一个集成开发环境。目前已发布的 CCS 软件版本有 CCS 2.2、CCS 3.1、CCS 3.3、CCS 4.x、CCS 5.x 和 CCS 6.x。

CCS 2.2 是一个分立版本的开发环境，即针对 TI 公司每一个系列的 DSP 都有一个相应的 CCS 软件，例如 CCS2.2forC2000 是针对 C2000 系列 DSP 的，CCS2.2forC5000 是针对 C5000 系列 DSP 的，而 CCS2.2forC6000 是针对 C6000 系列 DSP 的。需要开发哪个系列的 DSP，就需要安装哪一款 CCS 2.2。

CCS 3.1 和 CCS 3.3 是集成版本的开发环境，包含了 TI 公司几乎所有的 DSP 型号，所以不论开发哪一款 DSP，只需要安装一个 CCS 软件即可。此外，CCS 家族还有一些针对特殊型号 DSP 的版本，如 CCS 3x4x 是用来开发 VC33 的。

TI 公司近年来推出的 CCS 4.x、CCS 5.x、CCS 6.x 是基于 Eclipse 平台创建的集成开发环境，可对 TI 所有的微控制器、ARM 和 DSP 平台提供支持，其界面和之前的版本相比有很大的改变。

虽然有众多新版的 CCS 软件可供选择，但由于是新平台下开发的全新开发环境，其稳定性还需要不断改善。本书的所有例程均基于 CCS 5.5 版本，为方便学习本书内容，建议读者选择相同版本的开发环境。

1.7.1　安装 CCS 5.5

将本书配套资料包的"02.相关软件"文件夹中的 CCS5.5.0.00077.zip 压缩文件复制到计算机的任意英文路径下（注意，TI 的软件安装路径和工程路径必须是全英文的），并解压，然后双击 CCS5.5.0.00077 文件夹中的 ccs_setup_5.5.0.00077.exe，在图 1-2 所示的对话框中选择 I accept the terms of the license agreement，然后，单击 Next 按钮。

如图 1-3 所示，选择安装路径，这里建议安装在 C 盘，保持默认路径即可，然后单击 Next 按钮。读者也可以自行选择安装路径。

图 1-2　CCS 5.5 安装步骤 1

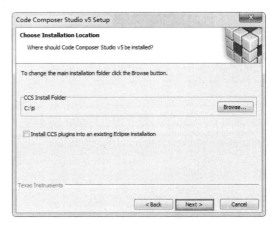

图 1-3　CCS 5.5 安装步骤 2

在如图 1-4 所示的界面中，选择 Custom，然后单击 Next 按钮。

在如图 1-5 所示的界面中，勾选 C28x 32-bit Real-time MCUs，然后单击 Next 按钮。

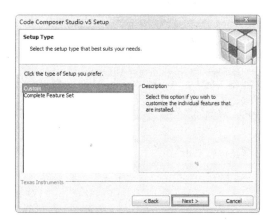 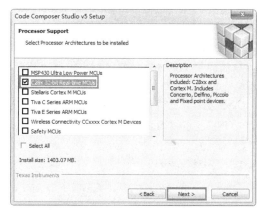

图 1-4　CCS 5.5 安装步骤 3　　　　　　　图 1-5　CCS 5.5 安装步骤 4

在如图 1-6 所示的界面中，保持默认选项，直接单击 Next 按钮。

如图 1-7 所示，保持默认选项，直接单击 Next 按钮。

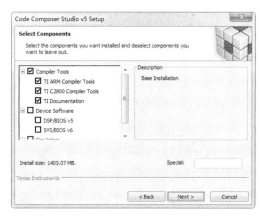 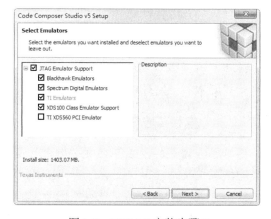

图 1-6　CCS 5.5 安装步骤 5　　　　　　　图 1-7　CCS 5.5 安装步骤 6

如图 1-8 所示，单击 Next 按钮，软件开始安装。软件安装界面如图 1-9 所示。

 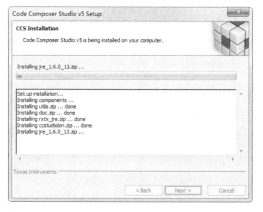

图 1-8　CCS 5.5 安装步骤 7　　　　　　　图 1-9　CCS 5.5 安装步骤 8

软件安装完成后，系统会弹出如图 1-10 所示的 Reboot Pending 对话框，提示重启计算机，单击 OK 按钮。

在如图 1-11 所示的界面中，保持默认配置，单击 Finish 按钮。

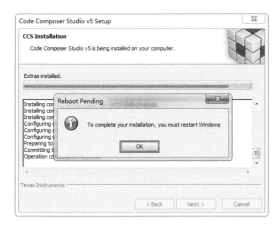

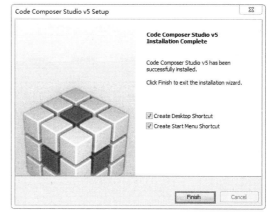

图 1-10　CCS 5.5 安装步骤 9　　　　　　　　　图 1-11　CCS 5.5 安装步骤 10

在计算机的"开始"菜单中，找到并单击 Code Composer Studio 5.5.0，打开 CCS 软件，在弹出的如图 1-12 所示的 Workspace Launcher 对话框的路径栏中，输入路径"D:\F28335CCSTest\Product"。注意，本书中的所有工程将在此路径下开展，因此，建议用户输入相同的路径。最后，单击 OK 按钮。

第一次运行 CCS 软件需要进行软件许可选择，如果有软件许可文件（.lic 文件），可以将该文件复制到"C:\ti\ccsv5\ccs_base\DebugServer\license"文件夹中。例如，将本书配套资料包的"02.相关软件\licence"文件夹中的 CCSv5-China-University-Site_License.lic 复制到"C:\ti\ccsv5\ccs_base\DebugServer\license"文件中。CCS 软件的开始界面如图 1-13 所示，此界面包括新建工程项目、直接打开实例、导入现有工程、帮助连接信息和应用指导视频等。

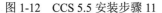

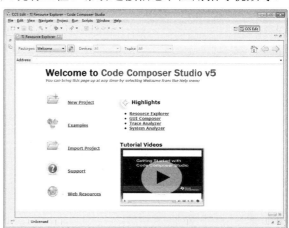

图 1-12　CCS 5.5 安装步骤 11　　　　　　　　　图 1-13　CCS 软件的开始界面

1.7.2　配置 CCS 5.5

安装完成后，需要对 CCS 5.5 进行配置。首先，在计算机的"开始"菜单中找到并单击 Code Composer Studio 5.5.0，软件启动之后，执行菜单命令 Windows→Preferences，在弹出的

Preferences 对话框的 C/C++→Code Style→Formatter 标签页中，单击 Edit 按钮，如图 1-14 所示。

图 1-14　配置 CCS 5.5 步骤 1

在弹出的如图 1-15 所示的对话框中，打开 Indentation 标签页，在 Tab policy 下拉框中选择 Spaces only，并在 Indentation size 和 Tab size 栏中均输入 2，然后将 Profile name 更改为 SZLY，最后单击 Apply 按钮。

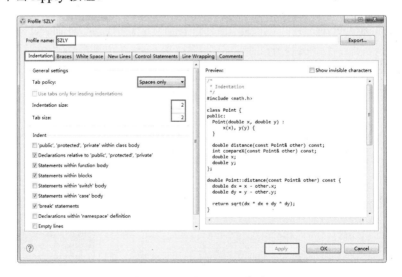

图 1-15　配置 CCS 5.5 步骤 2

在本书配套资料包的"02.相关软件\YaHei.Consolas.1.12"文件夹中找到 YaHei.Consolas. 1.12.ttf，并将该文件复制到"C:\Windows\Fonts"文件夹中。然后，打开 Preferences 对话框的 General→Appearance→Colors and Fonts 标签页，单击选择 Basic 下的 Text Editor Block Selection Font。最后，单击 Edit 按钮，如图 1-16 所示。

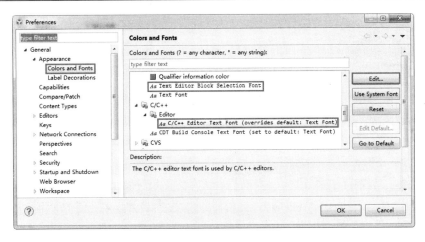

图 1-16　配置 CCS 5.5 步骤 3

在弹出的如图 1-17 所示的"字体"对话框中,"字体"选择 YaHei Consolas Hybrid,"字形"选择"常规","大小"选择 12,最后单击"确定"按钮。以同样的方法,修改图 1-16 中 C/C++→Editor 下的 C/C++ Editor Text Font(overrides default:Text Font)。

在 Preferences 对话框的 C/C++→Editor→Syntax Coloring 标签页中,取消勾选 Enable semantic highlighting,最后单击 Apply 按钮,如图 1-18 所示。

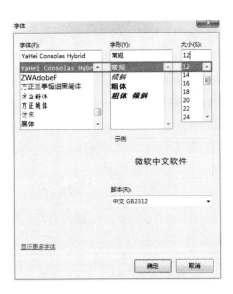

图 1-17　配置 CCS 5.5 步骤 4

图 1-18　配置 CCS 5.5 步骤 5

1.7.3　安装 C2000-CGT

双击运行"02.相关软件"文件夹中的 ti_cgt_c2000_15.9.0.STS_ windows_installer.exe,在图 1-19 所示的对话框中,单击 Next 按钮。

如图 1-20 所示,在安装路径栏中输入"C:\ti\ti-cgt-c2000_15.9.0.STS",然后单击 Next 按钮。

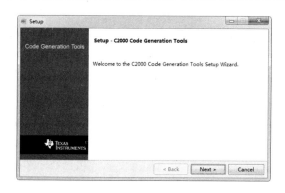

图 1-19　安装 C2000-CGT 步骤 1

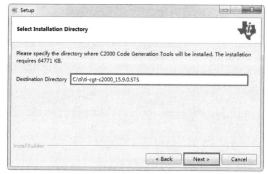

图 1-20　安装 C2000-CGT 步骤 2

在图 1-21 所示的对话框中，单击 Next 按钮，软件开始安装。安装界面如图 1-22 所示。

图 1-21　安装 C2000-CGT 步骤 3

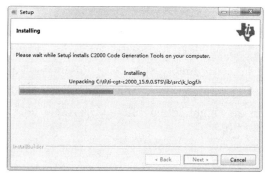

图 1-22　安装 C2000-CGT 步骤 4

软件安装完成，如图 1-23 所示，单击 Finish 按钮，即可完成 C2000-CGT 的安装。

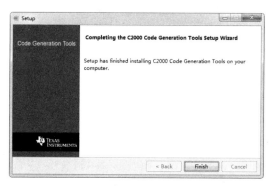

图 1-23　安装 C2000-CGT 步骤 5

1.7.4　安装 FTDI 驱动

在本书配套资料包的"02.相关软件\ftdi 驱动"文件夹中，双击运行 ftdi_tixd_20814_64_514.exe，在图 1-24 所示的对话框中，单击"下一步"按钮。

软件安装完成后，如图 1-25 所示，单击"完成"按钮即可完成 FTDI 的安装。

图 1-24　安装 FTDI 驱动步骤 1　　　　　图 1-25　安装 FTDI 驱动步骤 2

1.7.5　安装 CH340 驱动

在本书配套资料包的"02.相关软件\CH340 驱动（USB 串口驱动）_XP_WIN7 共用"文件夹中，双击运行 SETUP.EXE，单击"安装"按钮，弹出 DriverSetup 对话框，单击"确定"按钮，如图 1-26 所示。

驱动安装成功后，首先，确保 A-B 型 USB 线的 B 型 USB 公口连接到医疗电子 DSP 基础开发系统的 USB 转串口模块，A 型 USB 公口连接到计算机的 USB 母口，然后在计算机的设备管理器中找到 USB 串口，如图 1-27 所示（注意，串口号不一定是 COM4，每台计算机有可能会不同）。

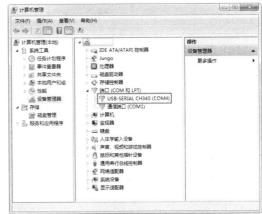

图 1-26　安装 CH340 驱动　　　　图 1-27　计算机设备管理器中显示 USB 串口信息

1.8　医疗电子 DSP 基础开发系统可以开展的部分实验

基于本书配套的医疗电子 DSP 基础开发系统，可以开展的实验非常丰富，这里仅列出具有代表性的 18 个实验，如表 1-3 所示。

表 1-3　医疗电子 DSP 基础开发系统可开展的部分实验清单

序　号	实 验 名 称	序　号	实 验 名 称
1	TMS320F28335 基准工程	10	ePWM
2	GPIO 与流水灯	11	eCAP
3	GPIO 与独立按键输入	12	DAC
4	串口通信	13	ADC
5	定时器	14	体温测量与显示
6	EEPROM	15	呼吸监测与显示
7	外部中断	16	心电监测与显示
8	七段数码管显示	17	血氧监测与显示
9	OLED 显示	18	血压测量与显示

1.9　本书配套的资料包

本书配套的资料包名称为"医用 DSP 开发实用教程——基于 TMS320F28335"（可通过微信公众号"卓越工程师培养系列"提供的链接获取），为了保持与本书实验步骤的一致性，建议将资料包复制到计算机的 D 盘。资料包由若干文件夹组成，如表 1-4 所示。

表 1-4　本书配套资料包清单

序　号	文 件 夹 名	文 件 夹 介 绍
1	入门资料	存放学习 TMS320 微处理器系统设计相关的入门资料，建议读者在开始做实验前，先阅读入门资料
2	相关软件	存放本书使用到的软件，如 CCS5.5、SSCOM 串口助手、FTDI 驱动、CH340 驱动等
3	原理图	存放医疗电子 DSP 基础开发系统的 PDF 版本原理图
4	例程资料	存放 TMS320 微处理器系统设计所有实验的相关素材，读者根据这些素材开展各个实验
5	PPT 讲义	存放配套 PPT 讲义
6	视频资料	存放配套视频资料
7	数据手册	存放医疗电子 DSP 基础开发系统所使用到的元器件的数据手册，便于读者进行查阅
8	软件资料	存放本书使用到的小工具，如 PCT 协议打包解包工具、信号采集工具等，以及《C 语言软件设计规范（LY-STD001-2019）》
9	硬件资料	存放医疗电子 DSP 基础开发系统所使用到的硬件相关资料
10	参考资料	存放 TMS320 控制器相关的资料，如《TMS320 数据手册》《TMS320 系统控制和中断参考手册》《TMS320 CPU 和指令集参考手册》《TMS320 SCI 参考手册》《TMS320 I²C 参考手册》《TMS320 SPI 参考手册》《TMS320 ePWM 参考手册》《TMS320 eCAP 参考手册》和《TMS320 ADC 参考手册》等

本 章 任 务

下载本书配套的资料包，准备好配套的开发系统，熟悉医疗电子 DSP 基础开发系统。

本 章 习 题

1．TMS320F28335 的外设有哪些？

2．什么是 DSP？

3．DSP 有什么特点？

4．医疗电子 DSP 基础开发系统都有哪些模块？

第2章 实验1——TMS320F28335基准工程

在开始 TMS320 微处理器程序设计之前,本章先以创建一个基准工程为例,详细介绍 CCS 软件的配置和使用,以及工程的编译和程序下载。读者通过学习本章,主要掌握软件的使用和操作方法,不需要深入理解代码。注意,本书所涉及的软件部分均基于 CCS 5.5。

2.1 实验内容

根据实验原理,按照实验步骤,完成 CCS 软件的标准化设置,并创建和编译工程,然后,将编译生成的.out 文件下载到医疗电子 DSP 基础开发系统,验证以下基本功能:(1)医疗电子 DSP 基础开发系统上编号为 LED0 和 LED1 的蓝色 LED 每 500ms 交替闪烁一次;(2)计算机上的串口助手每秒输出一次字符串。

2.2 实验原理

2.2.1 寄存器开发模式

什么是寄存器开发模式?为了便于理解这种开发模式,下面以日常所熟悉的开汽车为例,从芯片设计者的角度来解释。

1. 如何开汽车

开汽车实际上并不复杂,只要能够协调好变速箱(Gear)、油门(Speed)、刹车(Brake)和方向盘(Wheel),基本上就掌握了开汽车的要领。启动车辆时,首先将变速箱从驻车挡切换到前进挡,然后松开刹车,紧接着踩油门。需要加速时,将油门踩得深一些,需要减速时,将油门适当松开一些。需要停车时,先松开油门,然后踩刹车,在车停稳之后,将变速箱从前进挡切换到驻车挡。当然,实际开汽车还需要考虑更多的因素,本例仅为了形象地解释寄存器而将其简化了。

2. 汽车芯片

要设计一款汽车芯片,除了 CPU、ROM、RAM 和其他常用外设(如 ePWM、eCAP、GPIO、Timer、SCI、eCAN 等),还需要一个汽车控制单元(CCU),如图 2-1 所示。

为了实现对汽车的控制,即控制变速箱、油门、刹车和方向盘,还需要进一步设计与汽车控制单元相关的 4 个寄存器,分别是变速箱控制寄存器(CCUGCR)、油门控制寄存器(CCUSCR)、刹车控制寄存器(CCUBCR)和方向盘控制寄存器(CCUWCR),如图 2-2 所示。

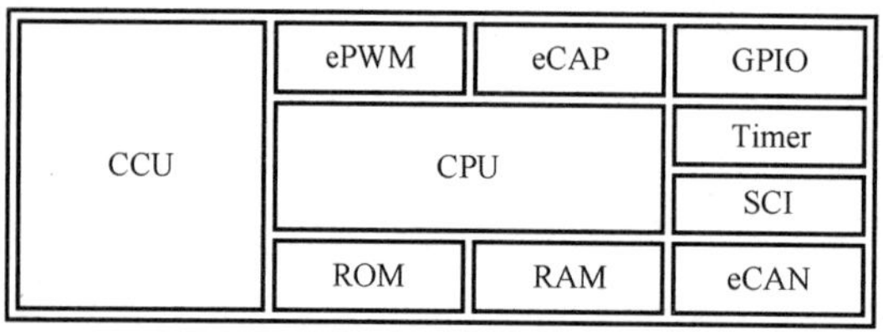

	ePWM	eCAP	GPIO
CCU	CPU		Timer
			SCI
	ROM	RAM	eCAN

图 2-1 汽车芯片结构图 1

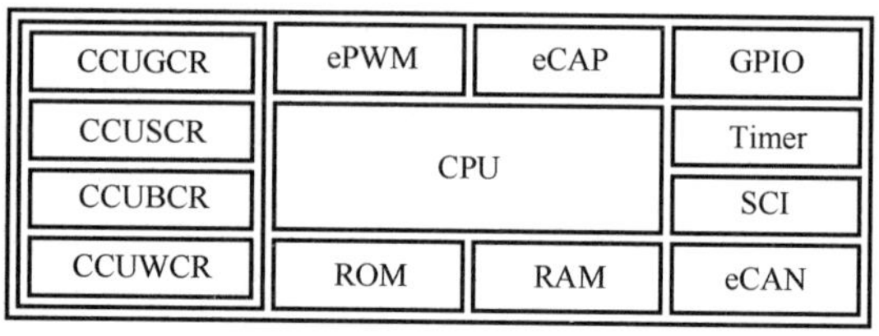

CCUGCR	ePWM	eCAP	GPIO
CCUSCR	CPU		Timer
CCUBCR			SCI
CCUWCR	ROM	RAM	eCAN

图 2-2 汽车芯片结构图 2

3．汽车控制单元寄存器（寄存器开发模式）

通过向汽车控制单元寄存器写入不同的值，即可实现对汽车的操控，因此首先需要了解寄存器的每一位是如何定义的。下面依次说明变速箱控制寄存器（CCUGCR）、油门控制寄存器（CCUSCR）、刹车控制寄存器（CCUBCR）和方向盘控制寄存器（CCUWCR）的结构和功能。

（1）变速箱控制寄存器（CCUGCR）

CCUGCR 的结构如图 2-3 所示，对部分位的解释说明如表 2-1 所示。

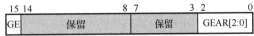

图 2-3　CCUGCR 的结构

表 2-1　CCUGCR 部分位的解释说明

位 15	GE：挡位使能 0-禁止更换挡位； 1-允许更换挡位
位 2:0	GEAR[2:0]：挡位选择 000-PARK（驻车挡）； 001-REVERSE（倒车挡）； 010-NEUTRAL（空挡）； 011-DRIVE（前进挡）； 100-LOW（低速挡）

（2）油门控制寄存器（CCUSCR）

CCUSCR 的结构如图 2-4 所示，对部分位的解释说明如表 2-2 所示。

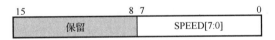

图 2-4　CCUSCR 的结构

表 2-2　CCUSCR 部分位的解释说明

位 7:0	SPEED[7:0]：油门选择 0 表示未踩油门，255 表示将油门踩到底

（3）刹车控制寄存器（CCUBCR）

CCUBCR 的结构如图 2-5 所示，对部分位的解释说明如表 2-3 所示。

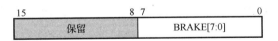

图 2-5　CCUBCR 的结构

表 2-3　CCUBCR 部分位的解释说明

位 7:0	BRAKE[7:0]：刹车选择 0 表示未踩刹车，255 表示将刹车踩到底

（4）方向盘控制寄存器（CCUWCR）

CCUWCR 的结构如图 2-6 所示，对部分位的解释说明如表 2-4 所示。

图 2-6　CCUWCR 的结构

表 2-4　CCUWCR 部分位的解释说明

位 7.0	WHEEL[7:0]：方向盘方向选择 0 表示方向盘向左转到底，255 表示方向盘向右转到底

完成汽车芯片的设计之后，就可以借助一款合适的集成开发环境（如 CCS 或 IAR）编写程序，通过向汽车芯片中的寄存器写入不同的值来实现对汽车的操控，这种开发模式称为寄存器开发模式。

然而，在一些应用中，例如只需向 GE 写入 0，禁止更换挡位，但又需要保持 GEAR 的值不变时，就需要分 3 步来实现该功能：（1）temp = CCUGCR；（2）temp = temp | 0x8000；（3）CCUGCR = temp。这种"读→改→写"的方式既烦琐又低效，那么是否有一种方法可以随意对整个寄存器进行读写，同时又能对寄存器中的某些位进行读写？答案是肯定的。这里以图 2-3 所示的 CCUGCR 为例进行介绍。

首先，将 CCU 模块的 CCUGCR 用位域的方式表示为如程序清单 2-1 所示的数据结构。"位域"就是把一个字节中的二进制位划分为几个不同的区域，并说明每个区域的位数。每个区域都有一个域名，允许在程序中按域名进行操作。位域的定义和位域变量的说明，与结构体定义及其成员说明类似。程序清单 2-1 所示的结构体包含 4 个位域，其中 D2～D0 为位域 GEAR，该位域的位数为 3；D7～D3 为位域 rsvd1，该位域的位数为 5；D14～D8 为位域 rsvd2，该位域的位数为 7；D15 为位域 GE，该位域的位数为 1。关于位域的定义需要补充说明以下几点：（1）位域的定义必须按照从右往左的顺序，即从最低位开始定义，比如最先定义 GEAR，最后定义 GE；（2）一个位域必须存储在同一字节中，不能跨两个字节，如果一个字节所剩空间不够存储另一位域时，应从下一个单元起存放该位域，比如 D14～D3 均为保留，但是跨两个字节，因此，必须分为 rsvd1 和 rsvd2；（3）位域的长度不能大于一个字节的长度，即一个位域不能超过 8 位。

程序清单 2-1

```
struct CCUGCR_BITS {     // bit    description
  Uint16 GEAR:3;         // 2:0    Gear
  Uint16 rsvd1:5;        // 7:3    rsserved
  Uint16 rsvd2:7;        // 14:8   reserved
  Uint16 GE:1;           // 15     Gear enable
};
```

使用位域的方法定义寄存器，可以实现对寄存器的某些位进行读写操作，但通常还需要对整个寄存器进行读写操作，因此有必要引入既能对寄存器的整体进行读写操作，又能对寄存器某些位进行读写操作的方式，"共用体"正好可以满足这种二选一的方式。将 CCU 模块的 CCUGCR 用共用体的方式定义，如程序清单 2-2 所示。关于共用体的定义需要补充说明以下几点：（1）共用体变量所占存储空间的长度等于最长的成员的长度，例如，程序清单 2-2 所示的 CCUGCR_REG 有 2 个成员，分别是 all 和 bit，均为 16 位，因此 union CCUGCR_REG 类型的共用体变量的长度也为 16 位；（2）同一个共用体可以用来存放几种不同类型的成员，但在每一瞬间只能对其中一个成员进行读写操作，因为在每一瞬间，存储单元只能有唯一的内容，也就是说，在共用体变量中只能存放一个值；（3）共用体变量中起作用的成员是最后一次被赋值的成员，在对共用体变量中的一个成员赋值后，原有变量存储单元中的值将被取代；（4）共用体变量的地址和各成员的地址为同一个地址，例如，定义一个 union

CCUGCR_REG 类型的共用体变量 reg、&reg.all、&reg.bit、&reg 都是同一值。

程序清单 2-2

```
union CCUGCR_REG {
  Uint16 all;
  struct CCUGCR_BITS bit;
};
```

为了方便对一类寄存器进行操作,例如,对 CCU 的 4 个寄存器进行操作,需要定义一个结构体,将 CCU 模块的 4 个寄存器作为该结构体的成员,如程序清单 2-3 所示。成员 CCUGCR 为 union CCUGCR_REG 类型, CCUGCR 包含 GEAR 和 GE;成员 CCUSCR、CCUBCR、CCUWCR 均为 Uint16 类型,CCUSCR 包含 SPEED,CCUBCR 包含 BRAKE,CCUWCR 包含 WHEEL。最后,再定义一个 struct CCU_REGS 类型的结构体变量 CcuRegs。

程序清单 2-3

```
struct CCU_REGS {
  union CCUGCR_REG CCUGCR;    //Gear control register
  Uint16 CCUSCR;             //Speed configure register
  Uint16 CCUBCR;             //Brake configure register
  Uint16 CCUWCR;             //Wheel configure register
};

extern volatile struct CCU_REGS CcuRegs;
```

将结构体变量 CcuRegs 分配到名字为 CcuRegsFile 的数据段,如程序清单 2-4 所示。

程序清单 2-4

```
#ifdef __cplusplus
#pragma DATA_SECTION("CcuRegsFile")
#else
#pragma DATA_SECTION(CcuRegs,"CcuRegsFile");
#endif
volatile struct CCU_REGS CcuRegs;
```

由于 CCU 寄存器的物理地址从 0x008000 开始,长度为 16(虽然 CCU 模块只有 4 个寄存器,但还是预留了一些空间给 CCU 模块)。因此,在 MEMORY 部分的 I2CA 后新增一行 CCU 的起始地址和长度定义的代码,在 SECTIONS 部分的 I2caRegsFile 后新增一行数据段 CcuRegsFile 映射到 CCU 的代码,如程序清单 2-5 所示,这样就实现了将数据段映射到相应的存储器空间。

程序清单 2-5

```
MEMORY
{
   ...
   ADC        : origin = 0x007100, length = 0x000020    /* ADC registers */
   SCIB       : origin = 0x007750, length = 0x000010    /* SCI-B registers */
   SCIC       : origin = 0x007770, length = 0x000010    /* SCI-C registers */
   I2CA       : origin = 0x007900, length = 0x000040    /* I2C-A registers */
   CCU        : origin = 0x008000, length = 0x000010    /* CCU registers */
...
}


SECTIONS
{
   ...
```

```
    AdcRegsFile          : > ADC,        PAGE = 1
    ScibRegsFile         : > SCIB,       PAGE = 1
    ScicRegsFile         : > SCIC,       PAGE = 1
    I2caRegsFile         : > I2CA,       PAGE = 1
    CcuRegsFile          : > CCU,        PAGE = 1
    ...
}
```

假如 CCU 是 TMS320F28335 芯片中的一个模块，为了实现对 CCU 中的 4 个寄存器进行读写操作，还需要创建一个名为 DSP2833x_Ccu.h 的文件，然后将程序清单 2-1、程序清单 2-2 和程序清单 2-3 所示的代码添加到该文件中。再将程序清单 2-4 所示代码添加到 DSP28_GlobalVariableDefs.c 文件中，最后按照程序清单 2-5，向 DSP2833x_Headers_nonBIOS.cmd 文件添加 CCU 的起始地址和长度定义代码，以及数据段 CcuRegsFile 映射到 CCU 的代码。

通过以上操作，即可将外设寄存器的文件映射到寄存器的物理地址空间，接着就可以通过 C 语言实现对 CCU 寄存器的各种读写操作。如程序清单 2-6 所示，通过向不同的位/变量写入不同的值，可实现相应的控制功能。

程序清单 2-6

```
CcuRegs.CCUGCR.bit.GE = 1;        //允许更换挡位
CcuRegs.CCUGCR.bit.GEAR = 3;      //选择前进挡

CcuRegs.CCUGCR.all = 0x8003;      //允许更换挡位，同时选择前进挡

CcuRegs.CCUSCR = 255;             //油门踩到底
CcuRegs.CCUBCR = 0x0000;          //彻底松开刹车

wheel = CcuRegs.CCUWCR;           //读取方向盘位置
```

实现对 TMS320F28335 芯片中的各个模块，如 GPIO、SCIA、SCIB、SCIC、CPU Timer 0、CPU Timer 1、CPU Timer 2、ePWM1、ePWM2、ePWM3、ePWM4、ePWM5、ePWM6、eCAP-1、eCAP-2、eCAP-3、eCAP-4、eCAP-5、eCAP-6 等的寄存器进行读写操作，方法与 CCU 模块类似。

CCS5.5 为程序设计提供了非常方便的功能，例如，输入代码 SciaRegs.SCICCR.bit.STOPBITS=0，可以先在 CCS 中输入 SciaRegs，然后输入符号 "."，界面就会弹出一个下拉列表，包含 SCIA 模块中的所有寄存器。单击列表中的 SCICCR，便输入了寄存器 SCICCR。注意，必须先输入 SciaRegs，且区分大小写，否则不会出现下拉列表。在输入 SCICCR 之后，继续输入成员操作符 "."，会弹出新的下拉列表。列表中是共用体变量 SCICCR 的两个成员 all 和 bit。如果要对寄存器进行整体操作，则选择 all；如果对寄存器进行位操作，则选择 bit，此处选择 bit。然后继续输入成员操作符 "."，在下拉列表里列出了寄存器 SCICCR 的所有位域，即 bit 的所有成员，选择列表中的 STOPBITS，便完成了输入。

这是 CCS 的感应功能，使用感应功能的前提是工程加载了 TMS320F28335 的头文件，其下拉列表中的内容都是头文件中所定义的结构体或者共用体的成员。C 语言是区分大小写的，所以在初始手动输入外设寄存器名称时，一定要注意大小写，否则 CCS 无法感应。能够对寄存器的位域进行提示和操作，是使用位定义和寄存器结构体方式访问寄存器最显著的优点。

2.2.2 CCS 编辑和编译及 TMS320 下载过程

首先，用 CCS 建立工程、编写程序；然后，编译工程并生成二进制或十六进制文件；最后，将二进制或十六进制文件下载到 TMS320 芯片上运行。

1．CCS 编辑和编译过程

CCS 的编辑和编译过程与其他集成开发环境类似，如图 2-7 所示，可分为以下 4 个步骤：
（1）创建工程，并编辑程序，程序包括 C/C++代码（存放于.c/.cpp 文件中）和汇编代码（存放于.asm 文件中）；（2）通过编译器 C/C++ Compiler 对.c/.cpp 文件进行编译，通过编译器 Assembler 对.asm 文件进行编译，这两种文件编译之后，都会生成一个对应的目标程序（.obj 文件），.obj 文件的内容主要是从源文件编译得到的机器码，包含了代码、数据及调试使用的信息；（3）通过链接器 Linker 将各个.obj 文件及库文件链接生成一个可执行文件（.out 文件）；（4）通过十六进制转换器 Hex-Conversion Utility 将.out 文件转换成十六进制文件（.hex 文件）。

2．TMS320F28335 下载过程

TMS320F28335 有两种下载方式：（1）使用 CCS 集成开发环境，通过 XDS100V3 仿真-下载器将.out 文件下载到 TMS320F28335 芯片上的 RAM 中；（2）使用 CCS 集成开发环境，通过 XDS100V3 仿真-下载器将.out 文件下载到 TMS320F28335 芯片上的 Flash 中。两种方法的配置可参见 2.3 节步骤 8。将可执行文件下载到 RAM 后，就可以开始运行调试程序。这种下载方式的优点是速度快，缺点是系统掉电后，RAM 中的程序也会消失。将可执行文件下载到 Flash 中的速度要相对慢一些，但是系统断电后，可执行文件依然保存在 Flash 中，重启系统程序依然能够正常运行。

2.2.3 TMS320 工程模块名称及说明

工程建立完成后，按照模块被分为 Alg、App、Cfg、Cmd、FW、HW、OS 和 TPSW，如图 2-8 所示。各模块名称及说明如表 2-5 所示。

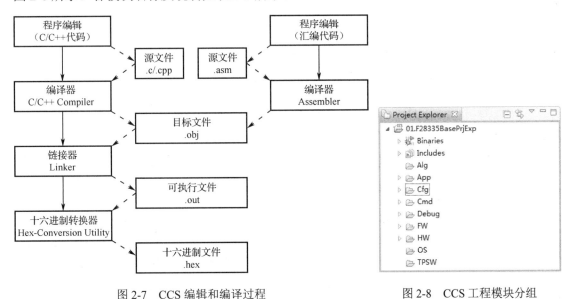

图 2-7　CCS 编辑和编译过程　　　　　　　图 2-8　CCS 工程模块分组

表 2-5　TMS320 工程模块名称及说明

模　块	名　称	说　明
Alg	算法层	包括项目算法相关文件，如心电算法文件等
App	应用层	包括 main.c，以及硬件应用和软件应用文件
Cfg		用于存放目标配置文件，如 F28335_XDS100v3.ccxml 文件
Cmd		cmd 文件主要有三部分内容，分别为连接选项、内存分配以及程序段分配
FW	固件层	包括 DSP 相关的固件文件，如 DSP2833x_Gpio.c、DSP2833x_Gpio.h 和 DSP2833x_Sci.c、DSP2833x_Sci.h 文件
HW	硬件驱动层	包括 DSP 片上外设驱动文件，如 SCIB.c、Timer.c 文件等
OS	操作系统层	操作系统建议使用 TI 的 BIOS
TPSW	第三方软件层	第三方软件层包括第三方软件，如 FatFs 等

2.2.4　TMS320 启动模式

本书配套的医疗电子 DSP 基础开发系统共有 5 种启动模式，分别是从 Flash 启动模式、从 SCI-A 启动模式、从 I2C-A 启动模式、从 XINTF 启动模式、从 SRAM（也称为 RAM）启动模式，这 5 种启动模式的选择由医疗电子 DSP 基础开发系统编号为 SW701 的拨码开关来控制。本书只使用到其中两种启动模式，即从 SRAM 启动模式和从 Flash 启动模式。当 SW701 设置为"ON，ON，OFF，ON"时，TMS320 控制器从 SRAM 启动，如图 2-9 所示；当 SW701 设置为"OFF，OFF，OFF，OFF"时，TMS320 控制器从 Flash 启动，如图 2-10 所示。

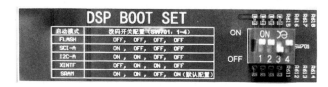

图 2-9　从 SRAM 启动模式

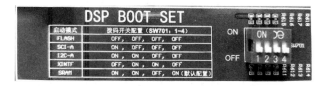

图 2-10　从 Flash 启动模式

2.2.5　TMS320 参考资料

在 TMS320 DSP 系统设计过程中，有许多资料可供参考，如《TMS320 数据手册》《TMS320 系统控制和中断参考手册》《TMS320 CPU 和指令集参考手册》《TMS320 SCI 参考手册》《TMS320 I^{2}C 参考手册》《TMS320 SPI 参考手册》《TMS320 ePWM 参考手册》《TMS320 eCAP 参考手册》和《TMS320 ADC 参考手册》等，这些资料存放在本书配套资料包的"10.参考资料"文件下，下面对这些参考资料进行简要介绍。

1．《TMS320 数据手册》

该手册的英文名为 TMS320F2833x, 2823x Digital Signal Controllers(DSCs) Data Manual，主要详细介绍 TMS320x2833x 和 TMS320x2823x 系列芯片的引脚分配、引脚定义和描述、整体功能、外设和电器特性等。

2．《TMS320 系统控制和中断参考手册》

该手册的英文名为 TMS320x2833x, 2823x System Control and Interrupts Reference Guide，主要详细介绍 TMS320x2833x 和 TMS320x2823x 系列芯片的 Flash、OTP、CSM、时钟系统、GPIO、中断系统等。

3．《TMS320 CPU 和指令集参考手册》

该手册的英文名为 TMS320C28x DSP CPU and Instruction Set Reference Guide，主要介绍 CPU 的结构、寄存器，以及指令集等。

4．《TMS320 SCI 参考手册》

该手册的英文名为 TMS320F2833x, 2823x Serial Communications Interface (SCI) Reference Guide，主要详细介绍 TMS320x2833x 和 TMS320x2823x 系列芯片的 SCI。

5．《TMS320 I^{2}C 参考手册》

该手册的英文名为 TMS320x2833x, 2823x Inter-Integrated Circuit (I^{2}C) Module Reference Guide，主要详细介绍 TMS320x2833x 和 TMS320x2823x 系列芯片的 I^{2}C。

6．《TMS320 SPI 参考手册》

该手册的英文名为 TMS320x2833x, 2823x DSC Serial Peripheral Interface (SPI) Reference Guide，主要详细介绍 TMS320x2833x 和 TMS320x2823x 系列芯片的 SPI 等。

7．《TMS320 ePWM 参考手册》

该手册的英文名为 TMS320x2833x, 2823x Enhanced Pulse Width Modulator (ePWM) Reference Guide，主要详细介绍 TMS320x2833x 和 TMS320x2823x 系列芯片的 ePWM。

8．《TMS320 eCAP 参考手册》

该手册的英文名为 TMS320x2833x, 2823x Enhanced Capture (eCAP) Module Reference Guide，主要详细介绍 TMS320x2833x 和 TMS320x2823x 系列芯片的 eCAP。

9．《TMS320 ADC 参考手册》

该手册的英文名为 TMS320x2833x, 2823x Analog-to-Digital Converter (ADC) Module Reference Guide，主要详细介绍 TMS320x2833x 和 TMS320x2823x 系列芯片的 ADC。

本书中各实验所涉及的上述参考资料均已在"实验原理"中说明。当开展本书以外的实验时，若遇到书中未涉及的知识点，可查阅以上手册，或翻阅其他书籍，或借助网络资源。

2.3　实验步骤

步骤 1：新建存放工程的文件夹

在计算机的 D 盘中建立一个名为 F28335CCSTest 的文件夹，将本书配套资料包的"04.例程资料\Material"文件夹复制到该文件夹中，然后在该文件夹中新建一个 Product 文件夹。保存工程的文件夹路径也可以自行选择，但注意，CCS 不能使用中文路径。另外，保存工程的文件夹一定要严格按照要求进行命名，从细微之处养成良好的规范习惯。

步骤 2：新建一个工程

打开 CCS 5.5 软件，如图 2-11 所示，在 Workspace 栏中输入"D:\F28335CCSTest\Product"，然后，单击 OK 按钮。

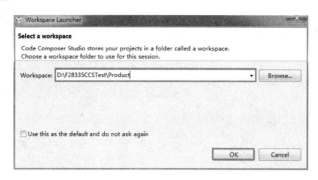

图 2-11　新建一个工程步骤 1

CCS 5.5 软件启动之后，执行菜单命令 Project→New CCS Project，弹出如图 2-12 所示的 New CCS Project 对话框，在 Project name 栏中输入"01.F28335BasePrjExp"，在 Device 栏的 Variant 下拉列表中选择 TMS320F28335，在 Connection 下拉列表中选择 Texas Instruments XDS100v3 USB Emulator，并在工程模板和样例栏中单击选择 Empty Projects→Empty Project。最后，单击 Finish 按钮。

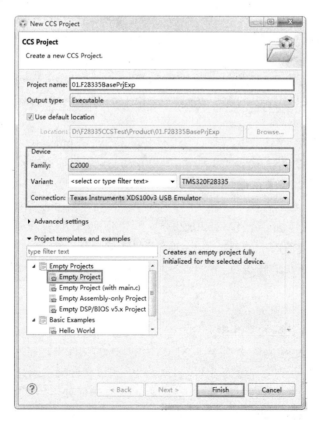

图 2-12　新建一个工程步骤 2

步骤 3：删除已建工程

单击工具栏中的 ![按钮]，在弹出的 Project Explorer 面板中，右键单击 01.F28335BasePrjExp，在弹出的快捷菜单中选择 Delete 命令，如图 2-13 所示。

在弹出的 Delete Resources 对话框中，取消勾选 Delete project contents on disk(cannot be undone)，最后单击 OK 按钮，如图 2-14 所示。

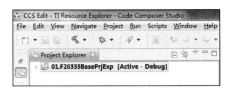
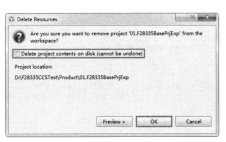

图 2-13　删除已建工程步骤 1　　　　　图 2-14　删除已建工程步骤 2

步骤 4：重新打开已建工程

关闭 CCS 5.5 软件，在"D:\F28335CCSTest\Product\01.F28335BasePrjExp"文件夹中新建一个 Project 文件夹，然后，删除 D:\F28335CCSTest\Product\01.F28335BasePrjExp 文件夹中的 28335_RAM_lnk.cmd 文件及 targetConfigs 文件夹，并将该文件夹中的其他文件全部复制到新建的 Project 文件夹中。

再次打开 CCS 5.5 软件，在 Workspace Launcher 对话框中的 Workspace 栏中依然输入"D:\F28335CCSTest\Product"，然后，单击 OK 按钮。在 CCS 5.5 软件中，执行菜单命令 Project →Import Existing CCS Eclipse Project，弹出如图 2-15 所示的 Import CCS Eclipse Projects 对话框，路径选择"D:\F28335CCSTest\Product\01.F28335BasePrjExp\Project"，并在 Discovered projects 栏中勾选 01.F28335BasePrjExp。最后，单击 Finish 按钮。

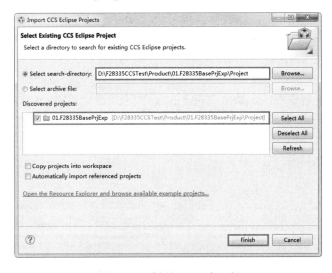

图 2-15　重新打开已建工程

步骤 5：复制和新建文件夹

将"D:\F28335CCSTest\Material\01.F28335BasePrjExp"文件夹中的所有文件夹和文件（包

括 Alg、App、HW、OS、TI、TPSW、readme.txt）复制到"D:\F28335CCSTest\Product\01.F28335BasePrjExp"文件夹中。

步骤 6：新建分组

在 Project Explorer 面板中，右键单击 01.F28335BasePrjExp，在弹出的快捷菜单中，依次单击命令 New→Folder，如图 2-16 所示。

在弹出的如图 2-17 所示的 New Folder 对话框中，在 Folder name 栏中输入 Alg，最后单击 Finish 按钮。

用同样的方法，依次新建 App、Cfg、Cmd、FW、HW、OS 和 TPSW 分组，添加完分组之后的 Project Explorer 面板如图 2-18 所示。

图 2-16　新建分组步骤 1

图 2-17　新建分组步骤 2

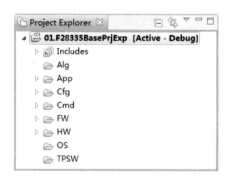

图 2-18　添加完分组之后的 Project Explorer 面板

步骤 7：向分组添加文件

在 Project Explorer 面板中，右键单击 01.F28335BasePrjExp，在弹出的快捷菜单中单击命令 Add Files，然后在弹出的 Add files to 01.F28335BasePrjExp 对话框中，将"D:\F28335CCSTest\Product\01.F28335BasePrjExp\App"路径下的 LED.c 和 main.c 文件添加到 App 分组，如图 2-19 所示。

在 File Operation 对话框中，单击选择 Link to files，最后单击 OK 按钮，如图 2-20 所示。

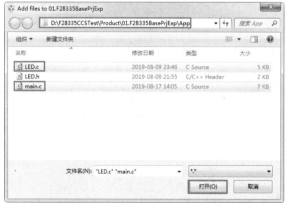

图 2-19　向 App 分组添加文件步骤 1

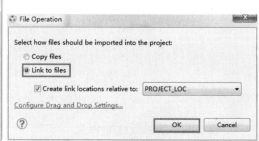

图 2-20　向 App 分组添加文件步骤 2

　　LED.c 和 main.c 文件添加到 Project Explorer 面板之后，单击选中这两个文件，并将其移入 App 分组，如图 2-21 所示。

　　LED.c 和 main.c 文件成功移入 App 分组之后，如图 2-22 所示。

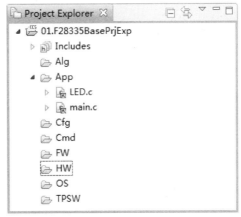

图 2-21　向 App 分组添加文件步骤 3　　　　图 2-22　向 App 分组添加文件步骤 4

　　同样，将"D:\F28335CCSTest\Product\01.F28335BasePrjExp\TI\TargetConfig\ccxml"路径下的 F28335_XDS100v3.ccxml 文件添加至 Cfg 分组；将"D:\F28335CCSTest\Product\01.F28335BasePrjExp\TI\TargetConfig\cmd"路径下的 28335_FLASH_lnk.cmd、28335_RAM_lnk.cmd 和 DSP2833x_Headers_nonBIOS.cmd 文件添加至 Cmd 分组；将"D:\F28335CCSTest\Product\01.F28335BasePrjExp\TI\Source\Common"路径下的 DSP2833x_Adc.c、DSP2833x_ADC_cal.asm、DSP2833x_CodeStartBranch.asm、DSP2833x_CpuTimers.c、DSP2833x_DefaultIsr.c、DSP2833x_DisInt.asm、DSP2833x_DMA.c、DSP2833x_ECap.c、DSP2833x_ePWM.c、DSP2833x_Gpio.c、DSP2833x_I2C.c、DSP2833x_Mcbsp.c、DSP2833x_MemCopy.c、DSP2833x_PieCtrl.c、DSP2833x_PieVect.c、DSP2833x_Sci.c、DSP2833x_SciStdio.c、DSP2833x_Spi.c、DSP2833x_SysCtrl.c、DSP2833x_usDelay.asm 和 DSP2833x_Xintf.c 文件添加至 FW 分组；将"D:\F28335CCSTest\Product\01.F28335BasePrjExp\TI\Source\Headers"路径下的 DSP2833x_GlobalVariableDefs.c 文件添加至 Global 分组；将"D:\F28335CCSTest\Product\01.F28335BasePrjExp\HW"路径下的 Queue.c、SCIB.c、Timer.c 文件添加至 HW 分组。所有文件添加至分组后的 Project Explorer 面板如图 2-23 所示。

　　在 Project Explorer 面板中，右键单击 01.F28335BasePrjExp，在弹出的快捷菜单中单击 Properties。然后，在弹出的如图 2-24 所示的 Properties for 01.F28335BasePrjExp 对话框中，依次单击 Build→C2000 Compiler→Include Options，在 Add dir to #include search path(--include_path, -I)栏中，依次添加路径"../../TI/Include/Common""../../TI/Include/Headers" "../../App" "../../HW"。注意，路径两侧的双引号为英文输入法下的双引号。

　　在 Properties for 01.F28335BasePrjExp 对话框中，依次单击 Build→C2000 Linker→File Search Path，在 Include library file or command file as input(--library, -I)栏中，新增"rts2800_fpu32.lib"和"rts2800_ml.lib"两个库文件。然后在 Add <dir> to library search path(--search_path, -i)栏中，添加路径"../../TI/Library/Common"，如图 2-25 所示。注意，库文件和路径两侧的双引号为英文输入法下的双引号。

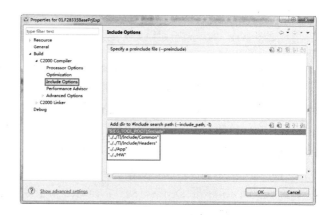

图 2-23 所有文件添加完成的 Project Explorer 面板   图 2-24 添加编译器路径

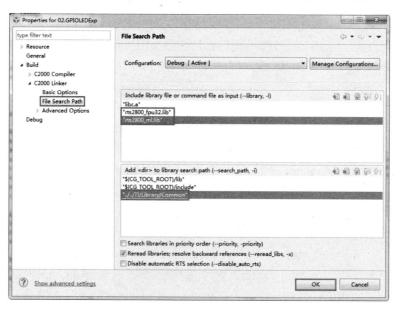

图 2-25 添加链接器路径

步骤 8：编译工程

完成以上步骤后，可以开始编译工程。在编译工程之前，将 CCS 集成开发环境下载方式设置为向 TMS320F28335 芯片的 RAM 下载.out 可执行文件。如图 2-26 所示，在 Project Explorer 面板中，右键单击 28335_FLASH_lnk.cmd，在弹出的快捷菜单中单击 Exclude from Build 命令，此时 Project Explorer 面板中的 28335_FLASH_lnk.cmd 变为灰色，而 28335_RAM_lnk 仍为黑色，表示已经设置为向 TMS320F28335 芯片的 RAM 下载.out 可执行文件方式。注意，如果需要设置为向 TMS320F28335 芯片的 Flash 下载.out 可执行文件，则需要将 Project Explorer 面板中的 28335_RAM_lnk 设置为灰色，将 28335_FLASH_lnk.cmd 设置为黑色。

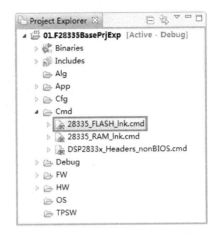

图 2-26　设置为向 TMS320F28335 芯片的 RAM 下载

单击工具栏中的 🔨 按钮，对整个工程进行编译。当 Console 栏显示 Finished building target：01.F28335BasePrjExp.out 时，表示已经成功生成.out 文件；显示 Bulid Finished，表示编译成功，如图 2-27 所示。

图 2-27　工程编译

步骤 9：通过仿真器下载程序

准备好医疗电子 DSP 基础开发系统、TI XDS100V3 仿真-下载器、B 型 USB 线和 12V 电源适配器。按照以下步骤连接：(1)将 A-B 型 USB 线的 B 型 USB 公口连接到 TI XDS100V3 仿真-下载器；(2)将仿真器的另一端通过 14P 灰排线连接到医疗电子 DSP 基础开发系统的仿真-下载器接口（编号为 J601）；(3)将另一条 A-B 型 USB 线的 B 型 USB 公口连接到医疗电子 DSP 基础开发系统的 USB 转串口模块的接口（编号为 USB700）；(4)将两条 A-B 型 USB 线的 A 型 USB 公口均插入计算机的 USB 母口；(6)将 12V 电源适配器连接到电源插座（编号为 J200），如图 2-28 所示。

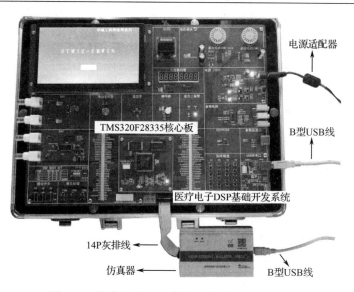

图 2-28　医疗电子 DSP 基础开发系统连接实物图

在 CCS 软件的工具栏中，单击 ✿ 按钮对整个工程进行调试。如果未成功连接到 TMS320F28335 目标板（医疗电子 DSP 基础开发系统），工具栏中的连接目标板按钮状态为 ⬚，则需要单击该按钮，使其状态变为 ⬚。然后，单击工具栏中的 ⬚（Load Program）按钮，在弹出的如图 2-29 所示的 Load Program 对话框中，单击 Browse project 按钮，在弹出的 Select a program 对话框中，单击可执行文件 "01.F28335BasePrjExp.out"。最后，依次单击 Select a program 和 Load Program 对话框中的 OK 按钮，这样就将可执行文件 "01.F28335BasePrjExp. out" 成功下载到目标板。

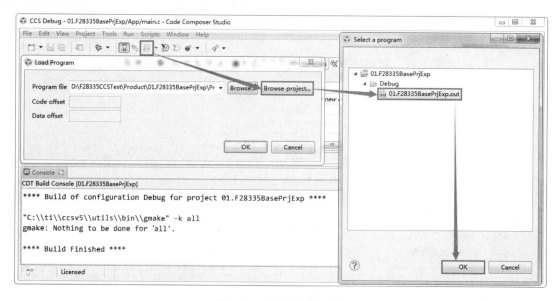

图 2-29　下载可执行文件

单击工具栏中的 ⬚ 按钮，运行目标板的程序，如图 2-30 所示。

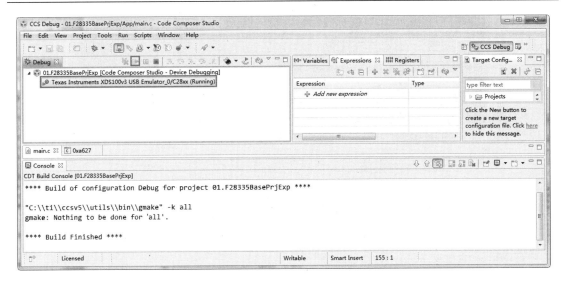

图 2-30　运行目标板程序

步骤 10：通过串口助手查看接收数据

在"02.相关软件\串口助手"文件夹中，找到并双击 sscom42.exe（串口助手软件），如图 2-31 所示。选择正确的串口号，波特率选择 115200，然后单击"打开串口"按钮，取消勾选"HEX 显示"项，当窗口中每秒输出 This is the first TMS320F28335 Project，by Zhangsan 时，表示实验成功。注意，实验完成后，在串口助手软件中应先单击"关闭串口"按钮，再断开医疗电子 DSP 基础开发系统的电源。

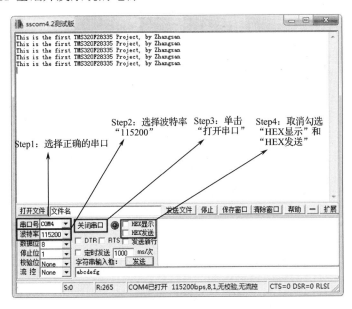

图 2-31　串口助手操作步骤

步骤 11：查看医疗电子 DSP 基础开发系统工作状态

此时，可以观察到 F28335 核心板上 4 个电源指示灯（编号为 12V_LED、5V_LED、3V3_LED、+3V3_LED）正常发光，医疗电子 DSP 基础开发系统的 2 个 LED 每 500ms 交替闪烁一次，如图 2-32 所示。

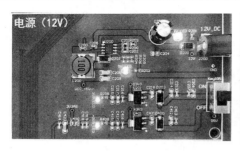

图 2-32　医疗电子 DSP 基础开发系统正常工作状态示意图

本 章 任 务

严格按照程序设计的步骤，创建 TMS320 工程，编译并生成.out 文件，将程序下载到医疗电子 DSP 基础开发系统，查看运行结果。

本 章 习 题

1. 简述通过 CCS 软件开发一个新程序的流程。

2. 医疗电子 DSP 基础开发系统上的 TMS320 芯片的型号是什么？该芯片的内部 Flash 和内部 RAM 的大小分别是多少？

3. 在烧写程序时，分别可以烧写到 TMS320F28335 的哪些地方？具体如何操作？不同的烧写位置有何区别？

4. 通过查找资料，总结.hex、.bin 和.axf 文件的区别。

第 3 章 实验 2——GPIO 与流水灯

从本章开始，将详细介绍在医疗电子 DSP 基础开发系统上可以完成的有代表性的实验。GPIO 与流水灯实验旨在通过编写一个简单的流水灯程序，来了解 TMS320F28335 的部分 GPIO 功能，并掌握基于寄存器的 GPIO 配置及使用方法。

3.1 实验内容

本实验的主要内容包括：（1）学习 LED 电路原理图，了解 TMS320F28335 系统架构与存储器组织，以及 GPIO 功能框图和寄存器；（2）基于医疗电子 DSP 基础开发系统设计一个流水灯程序，实现 2 个 LED（编号为 LED0 和 LED1）交替闪烁，每个 LED 的点亮和熄灭时间均为 500ms。

3.2 实验原理

3.2.1 LED 电路原理图

GPIO 与流水灯实验涉及的硬件包括 2 个蓝色 LED（编号为 LED0 和 LED1），以及分别与 LED0 和 LED1 串联的限流电阻 R_{308} 和 R_{306}。LED0 和 LED1 的正极分别通过 1kΩ 电阻连接到 D3V3 电源网络，负极分别连接到 TMS320F28335 芯片的 GPIO8 和 GPIO10 引脚，如图 3-1 所示。GPIO8 为低电平时，LED0 点亮；GPIO8 为高电平时，LED0 熄灭。同样，GPIO10 位为低电平时，LED1 点亮；GPIO10 为高电平时，LED1 熄灭。

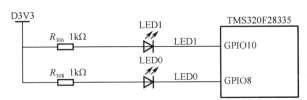

图 3-1　LED 硬件电路

3.2.2 TMS320F28335 系统架构与存储器映射

从本实验开始，将逐步熟悉 TMS320F28335 的各种片上外设，在学习外设之前，先来了解 TMS320F28335 的系统架构和存储器映射。

1. TMS320F28335 系统架构

TMS320F28335 的系统架构包括 4 部分：中央处理器单元（C28x+FPU）、存储器、系统控制逻辑及片上外设，如图 3-2 所示。各部分通过内部系统总线联系在一起。

1）中央处理器单元（C28x+FPU）

TMS320F28335 的中央处理器单元具有以下特点：（1）能够在一个周期内完成 32×32 位的乘累加运算，或 2 个 16×16 位的乘累加运算，而同样是 32 位的普通单片机至少需要 4 个周期才能完成；（2）具有 8 级带流水线存储器访问的流水线保护机制，在高速运行时不需要大容量的快速存储器；（3）有专门的分支跳转硬件，减少了条件指令的反应时间；（4）可在任意内存位置进行单周期"读→改→写"操作，而一般普通单片机需要 2 个以上周期，在实现了高性能和代码高效编程的同时，还提供了许多其他原始指令；（5）支持 IEEE 754 标准的单精度浮点运算单元 FPU，使得用户可快速编写控制算法而无须在处理小数操作上耗费过多的精力，从而缩短开发周期，降低开发成本。

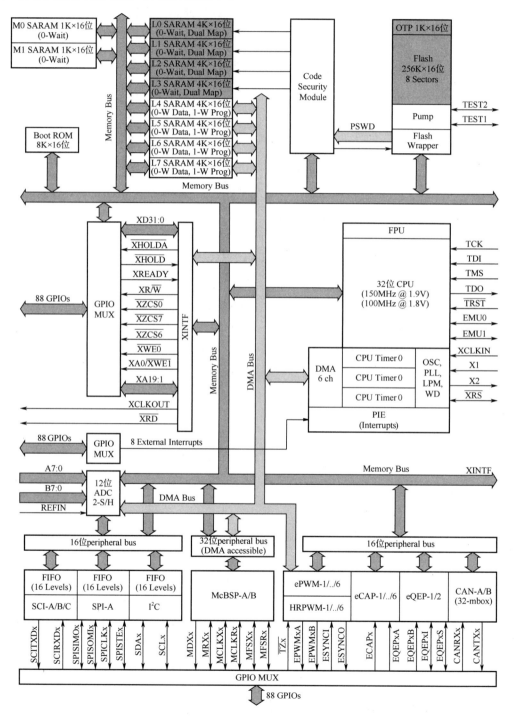

图 3-2　TMS320F28335 功能框图

2）存储器

TMS320F28335 的片上存储器包括 256K×16 位的 Flash（分成 8 个 32K×16 位区段，各区段可以单独擦写），34K×16 位的 SARAM，8K×16 位的 BOOT ROM，1K×16 位的 OTP ROM。Flash 既可以映射到程序空间，也可以映射到数据空间；SARAM 同样既可以映射到程序空间，也可以映射到数据空间。

3）系统控制逻辑

TMS320F28335 的系统控制逻辑包括系统时钟产生与控制、看门狗定时器、3 个 32 位定时器（Timer2 用于实时操作系统，Timer0 和 Timer1 供用户使用）、外部中断扩展（PIE）模块（最多支持 96 个外部中断）和 JTAG 实时仿真逻辑。

4）片上外设

TMS320F28335 的片上外设包括 18 路 ePWM、6 路 HRPWM、6 路 eCAP、2 路 eQEP、1 个 12 位 ADC（支持 16 通道）、3 路 SCI、2 路 McBSP、2 路 eCAN、1 路 SPI、1 路 I^{2}C、1 个 XINTF，以及 88 个 GPIO 和 1 个看门狗电路。

2．TMS320F28335 存储器映射

存储器是存放 DSP 运算过程中的指令、代码、数据的地方。存储器的大小是衡量 DSP 性能的重要指标之一，且直接影响到所编写的程序。TMS320F28335 采用改进的哈佛结构，在逻辑上有 4M×16 位的程序空间和 4M×16 位的数据空间，但在物理上已将程序空间和数据空间统一成一个 4M×16 位的空间。

TMS320F28335 的存储器映射表如图 3-3 所示，左侧是片内存储器，右侧是外部存储器，对于片内存储器，除了外设帧 0（PF0）、外设帧 1（PF1）、外设帧 2（PF2）和外设帧 3（PF3），其余空间既可以映射为数据存储空间，又可以映射为程序存储空间。

1）SARAM 存储器

TMS320F28335 在物理上提供了 34K×16 位的 SARAM 存储器，分布在几个不同的存储区域。M0 和 M1 均为 1K×16 位，M0 的地址范围为 0x000000～0x0003FF，M1 的地址范围为 0x000400～0x0007FF，M0 和 M1 既可以映射为数据存储空间，也可以映射为程序存储空间。由于复位后堆栈指针 SP=0x400，因而 M1 默认作为堆栈。L0～L7 均为 4K×16 位，共同构成 32K×16 位的 SARAM 空间。L0～L7 的起始和结束地址如表 3-1 所示。L0～L7 均可映射为数据存储空间或程序存储空间，其中，L0～L3 可映射到两块不同的地址空间并受到片上 CSM 中的密码保护，可以避免内部程序或数据被非法复制，L4～L7 可用于 DMA 控制器访问。

2）Flash 存储器

TMS320F28335 在物理上提供了 256K×16 位的 Flash 存储器，受 CSM 保护，地址范围为 0x300000～0x33FFFF。Flash 存储器通常映射为程序存储空间，但也有映射为数据存储空间的情况。为了方便，Flash 存储器分为 8 个区段，用户可以对其中任意一个区段进行擦除、编程和校验，而其他区段不变。各区段名称、容量及地址范围如表 3-2 所示。

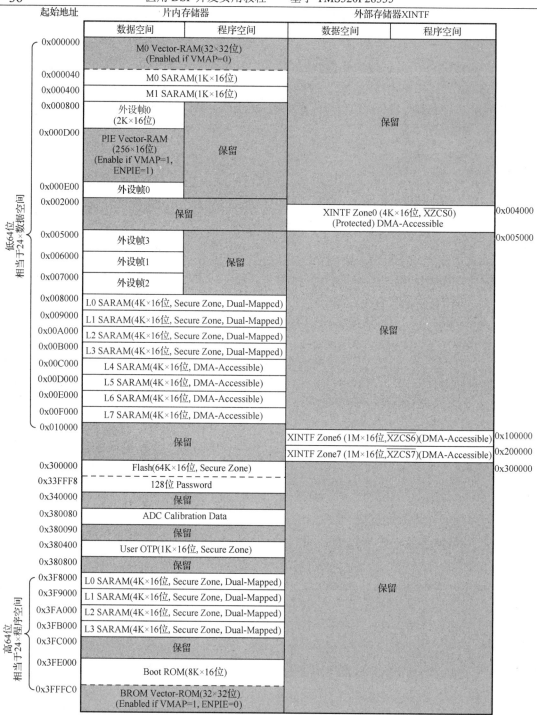

图 3-3 TMS320F28335 存储器映射表

表 3-1 L0～L7 地址表

名　称	地　址		名　称	地　址	
	起始地址	结束地址		起始地址	结束地址
L0 SARAM	0x008000	0x008FFF	L3 SARAM	0x00B000	0x00BFFF
	0x3F8000	0x3F8FFF		0x3FB000	0x3FBFFF

名　　称	地　　址		名　　称	地　　址	
	起始地址	结束地址		起始地址	结束地址
L1 SARAM	0x009000	0x009FFF	L4 SARAM	0x00C000	0x00CFFF
	0x3F9000	0x3F9FFF	L5 SARAM	0x00D000	0x00DFFF
L2 SARAM	0x00A000	0x00AFFF	L6 SARAM	0x00E000	0x00EFFF
	0x3FA000	0x3FAFFF	L7 SARAM	0x00F000	0x00FFFF

表 3-2　片内 Flash 分段表

名　　称	起 始 地 址	结 束 地 址
Sector H（32K×16 位）	0x300000	0x307FFF
Sector G（32K×16 位）	0x308000	0x30FFFF
Sector F（32K×16 位）	0x310000	0x317FFF
Sector E（32K×16 位）	0x318000	0x31FFFF
Sector D（32K×16 位）	0x320000	0x327FFF
Sector C（32K×16 位）	0x328000	0x32FFFF
Sector B（32K×16 位）	0x330000	0x337FFF
Sector A（32K×16 位）	0x338000	0x33FFFF

3.2.3　GPIO 功能框图

TMS320F28335 的 I/O 引脚可以通过寄存器配置成各种不同的功能，如输入或输出，因此被称为 GPIO（General Purpose Input Output，通用输入/输出）。TMS320F28335 的 88 个 GPIO 被分为端口 A、端口 B 和端口 C 共 3 组，其中，端口 A 包含 GPIO0～GPIO31 共 32 个引脚，端口 B 包含 GPIO32～GPIO63 共 32 个引脚，端口 C 包含 GPIO64～GPIO87 共 24 个引脚。每个引脚都复用了多个功能，但在同一时刻，每个引脚只能使用其中一个功能。GPIO 可以通过 GPIO 复用寄存器（GPxMUXn）配置每个引脚的具体功能（通用 I/O 或外设专用功能）。如果将这些引脚配置为通用 I/O 引脚，可以通过 GPIO 方向寄存器（GPxDIR）配置通用 I/O 引脚的方向（输入或输出），还可以通过量化控制寄存器（GPxQUAL）对输入信号进行量化限制，从而可以消除通用 I/O 引脚的噪声干扰。

图 3-4 所示的 GPIO0～GPIO27 功能复用框图是为了便于分析 GPIO 与流水灯实验。在本实验中，LED0 和 LED1 对应的 GPIO 被配置为通用输出模式，下面依次介绍 GPIO 方向选择、GPIO 输出数据寄存器，以及 GPIO 引脚与内部上拉配置。注意，图 3-4 所示的 GPIO 功能复用框图适用于 GPIO0～GPIO27，而 GPIO28～GPIO31、GPIO32～GPIO33、GPIO34～GPIO63、GPIO64～GPIO79 的功能复用框图有差异，具体可参见《TMS320 系统控制和中断参考手册》。

1．GPIO 方向选择

当 GPIO 引脚被配置成通用 I/O 引脚时，GPxDIR 用来配置 GPIO 引脚的数据方向（输入或输出）。如 GPADIR 用于配置 GPIO0～GPIO31 的数据方向；GPBDIR 用于配置 GPIO32～GPIO63 的数据方向；GPCDIR 用于配置 GPIO64～GPIO87 的数据方向。本实验中，与 LED0 和 LED1 连接的 GPIO8 和 GPIO10 引脚均被配置为通用输出模式。

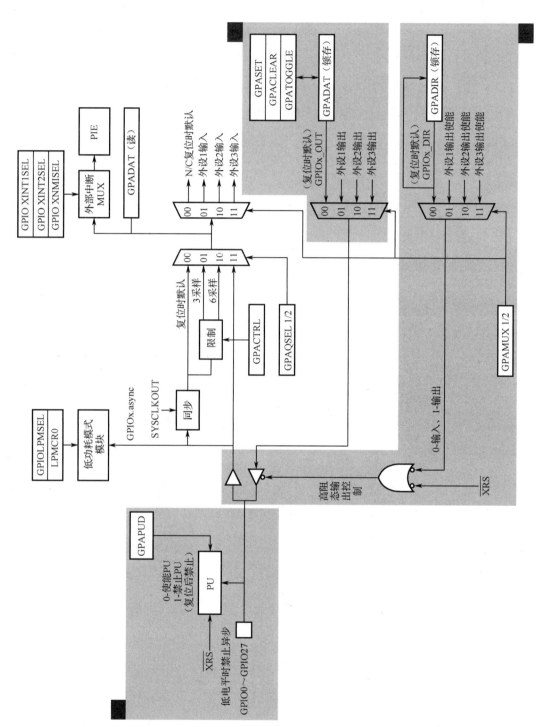

图3-4 GPIO0~GPIO27功能复用框图

2．GPIO 输出数据寄存器

每组 I/O 引脚都有一个数据寄存器（GPxDAT），GPxDAT 中的每一位对应一个 I/O 引脚，其中，GPADAT 对应 GPIO0～GPIO31，GPBDAT 对应 GPIO32～GPIO63，GPCDAT 对应 GPIO64～GPIO87。无论 I/O 引脚被配置成什么功能（通用 I/O 或外设专用功能），GPxDAT 中相应的位都反映了引脚当前状态。写 GPxDAT 可以清零或置位相应的输出锁存器，如果 I/O 引脚被配置为通用输出功能，则对应的 I/O 引脚将根据 GPxDAT 中的值被驱动为高电平或低电平；如果 I/O 引脚没有被配置为通用输出功能，那么，写入 GPxDAT 中的值将被锁存，但是引脚并不被驱动。

GPxSET 用于将指定 GPIO 引脚驱动为高电平，而不干扰其他引脚，GPxSET 中的每一位对应一个 I/O 引脚，GPASET 对应 GPIO0～GPIO31，GPBSET 对应 GPIO32～GPIO63，GPCSET 对应 GPIO64～GPIO87。如果 I/O 引脚被配置为通用输出功能，向 GPxSET 中的相应位写 1，将会使引脚输出锁存置 1，并且引脚输出高电平。如果引脚没有被配置为通用输出功能，那么值将被锁存，引脚不被驱动。向 GPxSET 的任意位写 0 均无效。

GPxCLEAR 用于将指定 GPIO 引脚驱动为低电平，而不干扰其他引脚。类似地，GPACLEAR 对应 GPIO0～GPIO31，GPBCLEAR 对应 GPIO32～GPIO63，GPCCLEAR 对应 GPIO64～GPIO87。如果 I/O 引脚被配置为通用输出功能，向 GPxCLEAR 中的相应位写 1，将会使引脚输出锁存清零，并且引脚输出低电平。如果引脚没有被配置为通用输出功能，那么值将被锁存，引脚不被驱动。向 GPxCLEAR 的任意位写 0 均无效。

GPxTOGGLE 用于将指定 GPIO 引脚驱动为相反电平，而不干扰其他引脚。GPATOGGLE 对应 GPIO0～GPIO31，GPBTOGGLE 对应 GPIO32～GPIO63，GPCTOGGLE 对应 GPIO64～GPIO87。如果 I/O 引脚被配置为通用输出功能，向 GPxTOGGLE 中的相应位写 1，将会使引脚输出锁存值翻转，并且引脚输出相反电平。如果引脚没有被配置为通用输出功能，那么值将被锁存，引脚不被驱动。向 GPxTOGGLE 的任意位写 0 均无效。

可以通过更改 GPxDAT 中的值，实现更改 I/O 引脚电平的目的。然而，写 GPxDAT 是一次性更改 32 个引脚的电平，这样就很容易把一些不需要更改的引脚电平更改为非预期值。为了准确地修改某一个或某几个引脚的电平，例如，将 GPxDAT[0]更改为 1，将 GPxDAT[30] 更改为 0，可以先读取 GPxDAT 的值到一个临时变量（temp），再将 temp[0]更改为 1，将 temp[30] 更改为 0，最后将 temp 写入 GPxDAT，如图 3-5 所示。

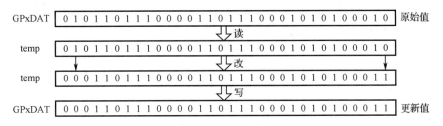

图 3-5　"读→改→写"方式修改 GPxDAT

这种"读→改→写"方式效率低，为了简化操作，可以使用 GPxSET、GPxCLEAR 或 GPxTOGGLE 来修改指定位。

同样是将 GPxDAT[0]从 0 更改为 1，将 GPxDAT[30]从 1 更改为 0，通过寄存器 GPxSET 和 GPxCLEAR 只需要两步。首先向 GPxSET[0]写 1，便可以将 GPxDAT[0]从 0 更改为 1，

如图 3-6 所示；然后向 GPxCLEAR[30]写 1，便可以将 GPxDAT[30]从 1 更改为 0，如图 3-7 所示。

图 3-6 通过 GPxSET 修改 GPxDAT[0]

图 3-7 通讨 GPxCLEAR 修改 GPxDAT[30]

类似地，通过寄存器 GPxTOGGLE 也只需要两步，即向 GPxTOGGLE[0]写 1，将 GPxDAT[0]从 0 更改为 1；向 GPxTOGGLE[30]写 1，将 GPxDAT[30]从 1 更改为 0，如图 3-8 所示。

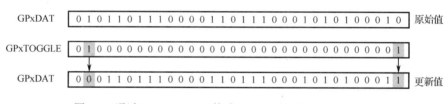

图 3-8 通过 GPxTOGGLE 修改 GPxDAT[0]和 GPxDAT[30]

3. GPIO 引脚与内部上拉配置

每个 GPIO 引脚都可以通过 GPIO 上拉控制寄存器（GPxPUD）使能或禁止内部上拉，其中，GPAPUD 对应 GPIO0～GPIO31，GPBPUD 对应 GPIO32～GPIO63，GPCPUD 对应 GPIO64～GPIO87。上拉配置既适用于配置为通用 I/O 的引脚，也适用于配置为外设功能的引脚。当外部复位信号（$\overline{\text{XRS}}$）为低电平时，所有可以被配置成 ePWM 输出引脚（GPIO0～GPIO11）的内部上拉均被禁用，而其他所有引脚的内部上拉在复位时均被使能。

3.2.4 GPIO 部分寄存器

GPIO 寄存器按照功能被分为三类，即 GPIO 控制寄存器、GPIO 数据寄存器、GPIO 中断和低功耗唤醒源选择寄存器。

GPIO 控制寄存器的名称、地址和描述如表 3-3 所示。GPIO 控制寄存器包括 GPIO A/B 控制寄存器（GPxCTRL）、GPIO A/B 输入限制选择寄存器（GPxQSEL1 和 GPxQSEL2）、GPIO A/B/C 复用控制寄存器（GPxMUX1 和 GPxMUX2）、GPIO A/B/C 方向控制寄存器（GPxDIR）、GPIO A/B/C 上拉控制寄存器（GPxPUD）。这些寄存器的映射地址范围为外设帧 1 的 0x6F80～0x6FAC。

表 3-3　GPIO 控制寄存器的名称、地址和描述（受 EALLOW 保护）

名　　称	地　　址	大小（×16 位）	寄存器描述
GPACTRL	0x6F80	2	GPIO A 控制寄存器（GPIO31～GPIO0）
GPAQSEL1	0x6F82	2	GPIO A 输入限制选择寄存器 1（GPIO15～GPIO0）
GPAQSEL2	0x6F84	2	GPIO A 输入限制选择寄存器 2（GPIO31～GPIO16）
GPAMUX1	0x6F86	2	GPIO A 复用控制寄存器 1（GPIO15～GPIO0）
GPAMUX2	0x6F88	2	GPIO A 复用控制寄存器 2（GPIO31～GPIO16）
GPADIR	0x6F8A	2	GPIO A 方向控制寄存器（GPIO31～GPIO0）
GPAPUD	0x6F8C	2	GPIO A 上拉控制寄存器（GPIO31～GPIO0）
GPBCTRL	0x6F90	2	GPIO B 控制寄存器（GPIO63～GPIO32）
GPBQSEL1	0x6F92	2	GPIO B 输入限制选择寄存器 1（GPIO47～GPIO32）
GPBQSEL2	0x6F94	2	GPIO B 输入限制选择寄存器 2（GPIO63～GPIO48）
GPBMUX1	0x6F96	2	GPIO B 复用控制寄存器 1（GPIO47～GPIO32）
GPBMUX2	0x6F98	2	GPIO B 复用控制寄存器 2（GPIO63～GPIO48）
GPBDIR	0x6F9A	2	GPIO B 方向控制寄存器（GPIO63～GPIO32）
GPBPUD	0x6F9C	2	GPIO B 上拉控制寄存器（GPIO63～GPIO32）
GPCMUX1	0x6FA6	2	GPIO C 复用控制寄存器 1（GPIO79～GPIO64）
GPCMUX2	0x6FA8	2	GPIO C 复用控制寄存器 2（GPIO87～GPIO80）
GPCDIR	0x6FAA	2	GPIO C 方向控制寄存器（GPIO87～GPIO64）
GPCPUD	0x6FAC	2	GPIO C 上拉控制寄存器（GPIO87～GPIO64）

　　GPIO 数据寄存器的名称、地址和描述如表 3-4 所示。GPIO 数据寄存器包括 GPIO A/B/C 数据寄存器（GPxDAT）、GPIO A/B/C 置位寄存器（GPxSET）、GPIO A/B/C 清零寄存器（GPxCLEAR）、GPIO A/B/C 取反寄存器（GPxTOGGLE）。这些寄存器的映射地址范围为外设帧 0 的 0x6FC0～0x6FD6。

表 3-4　GPIO 数据寄存器的名称、地址和描述（不受 EALLOW 保护）

名　　称	地　　址	大小（×16 位）	寄存器描述
GPADAT	0x6FC0	2	GPIO A 数据寄存器（GPIO31～GPIO0）
GPASET	0x6FC2	2	GPIO A 置位寄存器（GPIO31～GPIO0）
GPACLEAR	0x6FC4	2	GPIO A 清零寄存器（GPIO31～GPIO0）
GPATOGGLE	0x6FC6	2	GPIO A 取反寄存器（GPIO31～GPIO0）
GPBDAT	0x6FC8	2	GPIO B 数据寄存器（GPIO63～GPIO32）
GPBSET	0x6FCA	2	GPIO B 置位寄存器（GPIO63～GPIO32）
GPBCLEAR	0x6FCC	2	GPIO B 清零寄存器（GPIO63～GPIO32）
GPBTOGGLE	0x6FCE	2	GPIO B 取反寄存器（GPIO63～GPIO32）
GPCDAT	0x6FD0	2	GPIO C 数据寄存器（GPIO87～GPIO64）
GPCSET	0x6FD2	2	GPIO C 置位寄存器（GPIO87～GPIO64）
GPCCLEAR	0x6FD4	2	GPIO C 清零寄存器（GPIO87～GPIO64）
GPCTOGGLE	0x6FD6	2	GPIO C 取反寄存器（GPIO87～GPIO64）

GPIO 中断源和低功耗唤醒源选择寄存器的名称、地址和描述如表 3-5 所示。GPIO 中断源和低功耗唤醒源选择寄存器包括 8 个外部中断源（7 个外部中断输入引脚 XINT1～XINT7 和一个不可屏蔽中断输入引脚 XNMI）的选择寄存器和 1 个低功耗模式唤醒源的选择寄存器。外部中断源和不可屏蔽中断源的选择，是指从 GPIO 端口 A（GPIO31～GPIO0）或 GPIO 端口 B（GPIO63～GPIO32）中指定输入引脚为中断源的输入引脚复用功能。低功耗模式唤醒源的选择，是指从 GPIO 端口 A（GPIO31～GPIO0）中指定输入引脚为唤醒源的输入引脚复用功能。这些寄存器的映射地址范围为外设帧 1 的 0x6FE0～0x6FE8。

表 3-5 GPIO 中断和低功耗唤醒源选择寄存器的名称、地址和描述（受 EALLOW 保护）

名　称	地　址	大小（×16 位）	寄存器描述
GPIOXINT1SEL	0x6FE0	1	XINT1 源选择寄存器（GPIO31～GPIO0）
GPIOXINT2SEL	0x6FE1	1	XINT2 源选择寄存器（GPIO31～GPIO0）
GPIOXNMISEL	0x6FE2	1	XNMI 源选择寄存器（GPIO31～GPIO0）
GPIOXINT3SEL	0x6FE3	1	XINT3 源选择寄存器（GPIO63～GPIO32）
GPIOXINT4SEL	0x6FE4	1	XINT4 源选择寄存器（GPIO63～GPIO32）
GPIOXINT5SEL	0x6FE5	1	XINT5 源选择寄存器（GPIO63～GPIO32）
GPIOXINT6SEL	0x6FE6	1	XINT6 源选择寄存器（GPIO63～GPIO32）
GPIOXINT7SEL	0x6FE7	1	XINT7 源选择寄存器（GPIO63～GPIO32）
GPIOLPMSEL	0x6FE8	1	LPM 唤醒源选择寄存器（GPIO31～GPIO0）

1．GPIO A 输入限制选择寄存器 1/2（GPAQSEL1/2）

GPAQSEL1/2 为两个 32 位的寄存器，用于为端口 A 的 32 个引脚选择输入限制的类型，每两个位对应端口 A 的一个引脚。其中，GPAQSEL1 对应 GPIO0～GPIO15，GPAQSEL2 对应 GPIO16～GPIO32。GPAQSEL1 的结构、地址和复位值如图 3-9 所示，对部分位的解释说明如表 3-6 所示。

地址：0x6F82
复位值：0x0000 0000

31	30	29	28	27	26	25	24	23	22	21	20	19	18	17	16
GPIO15[1:0]		GPIO14[1:0]		GPIO13[1:0]		GPIO12[1:0]		GPIO11[1:0]		GPIO10[1:0]		GPIO9[1:0]		GPIO8[1:0]	
R/W-0		R/W-0		R/W-0		R/W-0		R/W-0		R/W-0		R/W-0		R/W-0	

15	14	13	12	11	10	9	8	7	6	5	4	3	2	1	0
GPIO7[1:0]		GPIO6[1:0]		GPIO5[1:0]		GPIO4[1:0]		GPIO3[1:0]		GPIO2[1:0]		GPIO1[1:0]		GPIO0[1:0]	
R/W-0		R/W-0		R/W-0		R/W-0		R/W-0		R/W-0		R/W-0		R/W-0	

图 3-9 GPAQSEL1 的结构、地址和复位值

表 3-6 GPAQSEL1 部分位的解释说明

位 31～0	对 GPIO0～GPIO15 选择输入限制。 00：仅与系统时钟同步。引脚配置为外设和 GPIO 有效； 01：采用 3 个采样周期宽度限制。引脚配置为外设或 GPIO 有效，采样时间间隔在 GPACTRL 寄存器中指定； 10：采用 6 个采样周期宽度限制。引脚配置为外设或 GPIO 有效，采样时间间隔在 GPACTRL 寄存器中指定； 11：异步（不同步或限制）。该选项仅应用于配置为外设的引脚。如果引脚配置为 GPIO 引脚，该选项与 00 相同

GPAQSEL2 的结构、地址和复位值如图 3-10 所示，对部分位的解释说明如表 3-7 所示。

地址: 0x6F84
复位值: 0x0000 0000

31	30	29	28	27	26	25	24	23	22	21	20	19	18	17	16
GPIO31[1:0]		GPIO30[1:0]		GPIO29[1:0]		GPIO28[1:0]		GPIO27[1:0]		GPIO26[1:0]		GPIO25[1:0]		GPIO24[1:0]	
R/W-0		R/W-0		R/W-0		R/W-0		R/W-0		R/W-0		R/W-0		R/W-0	

15	14	13	12	11	10	9	8	7	6	5	4	3	2	1	0
GPIO23[1:0]		GPIO22[1:0]		GPIO21[1:0]		GPIO20[1:0]		GPIO19[1:0]		GPIO18[1:0]		GPIO17[1:0]		GPIO16[1:0]	
R/W-0		R/W-0		R/W-0		R/W-0		R/W-0		R/W-0		R/W-0		R/W-0	

图 3-10　GPAQSEL2 的结构、地址和复位值

表 3-7　GPAQSEL2 部分位的解释说明

位 31～0	对 GPIO16～GPIO31 选择输入限制。 00: 仅与系统时钟同步。引脚配置为外设和 GPIO 有效; 01: 采用 3 个采样周期宽度限制。引脚配置为外设或 GPIO 有效, 采样时间间隔在 GPACTRL 寄存器中指定; 10: 采用 6 个采样周期宽度限制。引脚配置为外设或 GPIO 有效采样时间间隔在 GPACTRL 寄存器中指定; 11: 异步 (不同步或限制)。该选项仅应用于配置为外设的引脚。如果引脚配置为 GPIO 引脚, 该选项与 00 相同

例如, 通过 GPAQSEL1 将 GPIO8 设置为仅与系统时钟同步, 且端口 A 的其他引脚输入限制类型不变, 代码如下:

```
GpioCtrlRegs.GPAQSEL1.bit.GPIO8 = 0;
```

2. GPIO B 输入限制选择寄存器 1/2 (GPBQSEL1/2)

GPBQSEL1/2 为两个 32 位的寄存器, 用于为端口 B 的 32 个引脚选择输入限制的类型, 每两个位对应端口 B 的一个引脚。其中, GPBQSEL1 对应 GPIO32～GPIO47, GPBQSEL2 对应 GPIO48～GPIO63。GPBQSEL1 的结构、地址和复位值如图 3-11 所示, 对部分位的解释说明如表 3-8 所示。

地址: 0x6F92
复位值: 0x0000 0000

31	30	29	28	27	26	25	24	23	22	21	20	19	18	17	16
GPIO47[1:0]		GPIO46[1:0]		GPIO45[1:0]		GPIO44[1:0]		GPIO43[1:0]		GPIO42[1:0]		GPIO41[1:0]		GPIO40[1:0]	
R/W-0		R/W-0		R/W-0		R/W-0		R/W-0		R/W-0		R/W-0		R/W-0	

15	14	13	12	11	10	9	8	7	6	5	4	3	2	1	0
GPIO39[1:0]		GPIO38[1:0]		GPIO37[1:0]		GPIO36[1:0]		GPIO35[1:0]		GPIO34[1:0]		GPIO33[1:0]		GPIO32[1:0]	
R/W-0		R/W-0		R/W-0		R/W-0		R/W-0		R/W-0		R/W-0		R/W-0	

图 3-11　GPBQSEL1 的结构、地址和复位值

表 3-8　GPBQSEL1 部分位的解释说明

位 31～0	对 GPIO32～GPIO47 选择输入限制。 00: 仅与系统时钟同步。引脚配置为外设和 GPIO 有效; 01: 采用 3 个采样周期宽度限制。引脚配置为外设或 GPIO 有效, 采样时间间隔在 GPACTRL 寄存器中指定; 10: 采用 6 个采样周期宽度限制。引脚配置为外设或 GPIO 有效, 采样时间间隔在 GPACTRL 寄存器中指定; 11: 异步 (不同步或限制)。该选项仅应用于配置为外设的引脚。如果引脚配置为 GPIO 引脚, 该选项与 00 相同

GPBQSEL2 的结构、地址和复位值如图 3-12 所示, 对部分位的解释说明如表 3-9 所示。

地址：0x6F94
复位值：0x0000 0000

31	30	29	28	27	26	25	24	23	22	21	20	19	18	17	16
GPIO63[1:0]		GPIO62[1:0]		GPIO61[1:0]		GPIO60[1:0]		GPIO59[1:0]		GPIO58[1:0]		GPIO57[1:0]		GPIO56[1:0]	
R/W-0		R/W-0		R/W-0		R/W-0		R/W-0		R/W-0		R/W-0		R/W-0	

15	14	13	12	11	10	9	8	7	6	5	4	3	2	1	0
GPIO55[1:0]		GPIO54[1:0]		GPIO53[1:0]		GPIO52[1:0]		GPIO51[1:0]		GPIO50[1:0]		GPIO49[1:0]		GPIO48[1:0]	
R/W-0		R/W-0		R/W-0		R/W-0		R/W-0		R/W-0		R/W-0		R/W-0	

图 3-12　GPBQSEL2 的结构、地址和复位值

表 3-9　GPBQSEL2 部分位的解释说明

位 31～0	对 GPIO48～GPIO63 选择输入限制。 00：仅与系统时钟同步。引脚配置为外设和 GPIO 有效； 01：采用 3 个采样周期宽度限制。引脚配置为外设或 GPIO 有效，采样时间间隔在 GPACTRL 寄存器中指定； 10：采用 6 个采样周期宽度限制。引脚配置为外设或 GPIO 有效，采样时间间隔在 GPACTRL 寄存器中指定； 11：异步（不同步或限制）。该选项仅应用于配置为外设的引脚。如果引脚配置为 GPIO 引脚，该选项与 00 相同

3. GPIO A 复用控制寄存器 1/2（GPAMUX1/2）

GPAMUX1/2 用于配置端口 A 的 32 个引脚的具体功能（通用 I/O 或外设专用功能），其中，GPAMUX1/2 的每两个位对应端口 A 的一个引脚。GPAMUX1 对应 GPIO0～GPIO15，GPAMUX2 对应 GPIO16～GPIO32。GPAMUX1 的结构、地址和复位值如图 3-13 所示，对部分位的解释说明如表 3-10 所示。

地址：0x6F86
复位值：0x0000 0000

31	30	29	28	27	26	25	24	23	22	21	20	19	18	17	16
GPIO15[1:0]		GPIO14[1:0]		GPIO13[1:0]		GPIO12[1:0]		GPIO11[1:0]		GPIO10[1:0]		GPIO9[1:0]		GPIO8[1:0]	
R/W-0		R/W-0		R/W-0		R/W-0		R/W-0		R/W-0		R/W-0		R/W-0	

15	14	13	12	11	10	9	8	7	6	5	4	3	2	1	0
GPIO7[1:0]		GPIO6[1:0]		GPIO5[1:0]		GPIO4[1:0]		GPIO3[1:0]		GPIO2[1:0]		GPIO1[1:0]		GPIO0[1:0]	
R/W-0		R/W-0		R/W-0		R/W-0		R/W-0		R/W-0		R/W-0		R/W-0	

图 3-13　GPAMUX1 的结构、地址和复位值

表 3-10　GPAMUX1 部分位的解释说明

GPAMUX1 位域	复位后为通用 I/O	外设功能选择 1	外设功能选择 2	外设功能选择 3
	2 位位域值=00	2 位位域值=01	2 位位域值=10	2 位位域值=11
31～30	GPIO15(I/O)	$\overline{TZ4/XHOLDA}$ (O)	SCIRXDB(I)	MFSXB(I/O)
29～28	GPIO14(I/O)	$\overline{TZ3/XHOLDA}$ (I)	SCITXDB(O)	MCLKXB(I/O)
27～26	GPIO13(I/O)	$\overline{TZ2}$ (I)	CANRXB(I)	MDRB(O)
25～24	GPIO12(I/O)	$\overline{TZ1}$ (I)	CANTXB(O)	MDXB(O)
23～22	GPIO11(I/O)	ePWM6B(O)	SCIRXDB(I)	ECAP4(I/O)
21～20	GPIO10(I/O)	ePWM6A(O)	CANRXB(I)	$\overline{ADCSOCBO}$ (O)
19～18	GPIO9(I/O)	ePWM5B(O)	SCITXDB(O)	ECAP3(I/O)
17～16	GPIO8(I/O)	ePWM5A(O)	CANTXB(O)	$\overline{ADCSOCAO}$ (O)
15～14	GPIO7(I/O)	ePWM4B(O)	MCLKRA(I/O)	ECAP2(I/O)

续表

GPAMUX1 位域	复位后为通用 I/O	外设功能选择 1	外设功能选择 2	外设功能选择 3
	2 位位域值=00	2 位位域值=01	2 位位域值=10	2 位位域值=11
13~12	GPIO6(I/O)	ePWM4A(O)	EPWMSYNCI(I)	EPWMSYNCO(O)
11~10	GPIO5(I/O)	ePWM3B(O)	MFSRA(I/O)	ECAP1(I/O)
9~8	GPIO4(I/O)	ePWM3A(O)	保留	保留
7~6	GPIO3(I/O)	ePWM2B(O)	ECAP5(I/O)	MCLKRB(I/O)
5~4	GPIO2(I/O)	ePWM2A(O)	保留	保留
3~2	GPIO1(I/O)	ePWM1B(O)	ECAP6(I/O)	MFSRB(I/O)
1~0	GPIO0(I/O)	ePWM1A(O)	保留	保留

GPAMUX2 的结构、地址和复位值如图 3-14 所示，对部分位的解释说明如表 3-11 所示。

地址：0x6F88
复位值：0x0000 0000

31	30	29	28	27	26	25	24	23	22	21	20	19	18	17	16
GPIO31[1:0]		GPIO30[1:0]		GPIO29[1:0]		GPIO28[1:0]		GPIO27[1:0]		GPIO26[1:0]		GPIO25[1:0]		GPIO24[1:0]	
R/W-0		R/W-0		R/W-0		R/W-0		R/W-0		R/W-0		R/W-0		R/W-0	

15	14	13	12	11	10	9	8	7	6	5	4	3	2	1	0
GPIO23[1:0]		GPIO22[1:0]		GPIO21[1:0]		GPIO20[1:0]		GPIO19[1:0]		GPIO18[1:0]		GPIO17[1:0]		GPIO16[1:0]	
R/W-0		R/W-0		R/W-0		R/W-0		R/W-0		R/W-0		R/W-0		R/W-0	

图 3-14　GPAMUX2 的结构、地址和复位值

表 3-11　GPAMUX2 部分位的解释说明

位	复位后为通用 I/O	外设功能选择 1	外设功能选择 2	外设功能选择 3
	2 位位域值=00	2 位位域值=01	2 位位域值=10	2 位位域值=11
31~30	GPIO31(I/O)	CANTX(O)	XA17(O)	XA17(O)
29~28	GPIO30(I/O)	CANTX(I)	XA18(O)	XA18(O)
27~26	GPIO29(I/O)	SCITXDA(O)	XA19(O)	XA19(O)
25~24	GPIO28(I/O)	SCIRXDA(I)	$\overline{XZCS6}$(O)	$\overline{XZCS6}$(O)
23~22	GPIO27(I/O)	ECAP4(I/O)	EQEP2S(I/O)	MFSXB(I/O)
21~20	GPIO26(I/O)	ECAP3(I/O)	EQEP2I(I/O)	MCLKXB(I/O)
19~18	GPIO25(I/O)	ECAP2(I/O)	EQEP2B(I)	MDRB(I)
17~16	GPIO24(I/O)	ECAP1(I/O)	EQEP2A(I)	MDXB(O)
15~14	GPIO23(I/O)	EQEP1I(I/O)	MFSXA(I/O)	SCIRXDB(I)
13~12	GPIO22(I/O)	EQEP1S(I/O)	MCLKXA(I/O)	SCIRXDB(O)
11~10	GPIO21(I/O)	EQEP1B(I)	MDRA(I)	CANRXB(I)
9~8	GPIO20(I/O)	EQEP1A(I)	MSXA(O)	CANTXB(O)
7~6	GPIO19(I/O)	$\overline{SPISTEA}$(I/O)	SCIRXDB(I)	CANRXA(O)
5~4	GPIO18(I/O)	SPICLKA(I/O)	SCITCDB(O)	CANTXA(O)
3~2	GPIO17(I/O)	SPISOMIA(I/O)	CANRXB(I)	$\overline{TZ6}$(O)
1~0	GPIO16(I/O)	SPISIMOA(I/O)	CANTXB(O)	$\overline{TZ5}$(O)

4．GPIOB 复用控制寄存器 1/2（GPBMUX1/2）

GPBMUX1/2 用于配置端口 B 的 32 个引脚的具体功能（通用 I/O 或者外设专用功能），

其中，GPBMUX1/2 的每两个位对应端口 B 的一个引脚。GPBMUX1 对应 GPIO32～GPIO47，GPBMUX2 对应 GPIO48～GPIO63。GPBMUX1 的结构、地址和复位值如图 3-15 所示，对部分位的解释说明如表 3-12 所示。

地址：0x6F96
复位值：0x0000 0000

31	30	29	28	27	26	25	24	23	22	21	20	19	18	17	16
GPIO47[1:0]		GPIO46[1:0]		GPIO45[1:0]		GPIO44[1:0]		GPIO43[1:0]		GPIO42[1:0]		GPIO41[1:0]		GPIO40[1:0]	
R/W-0		R/W-0		R/W-0		R/W-0		R/W-0		R/W-0		R/W-0		R/W-0	

15	14	13	12	11	10	9	8	7	6	5	4	3	2	1	0
GPIO39[1:0]		GPIO38[1:0]		GPIO37[1:0]		GPIO36[1:0]		GPIO35[1:0]		GPIO34[1:0]		GPIO33[1:0]		GPIO32[1:0]	
R/W-0		R/W-0		R/W-0		R/W-0		R/W-0		R/W-0		R/W-0		R/W-0	

图 3-15　GPBMUX1 的结构、地址和复位值

表 3-12　GPBMUX1 部分位的解释说明

位	复位后为通用 I/O	外设功能选择 1	外设功能选择 2	外设功能选择 3
	2 位位域值=00	2 位位域值=01	2 位位域值=10	2 位位域值=11
31～30	GPIO47(I/O)	保留	XA7(O)	XA7(O)
29～28	GPIO46(I/O)	保留	XA6(O)	XA6(O)
27～26	GPIO45(I/O)	保留	XA5(O)	XA5(O)
25～24	GPIO44(I/O)	保留	XA4(O)	XA4(O)
23～22	GPIO43(I/O)	保留	XA3(O)	XA3(O)
21～20	GPIO42(I/O)	保留	XA2(O)	XA2(O)
19～18	GPIO41(I/O)	保留	XA1(O)	XA1(O)
17～16	GPIO40(I/O)	保留	XA0/$\overline{XWE1}$(O)	XA0/$\overline{XWE1}$(O)
15～14	GPIO39(I/O)	保留	XA16(O)	XA16(O)
13～12	GPIO38(I/O)	保留	$\overline{XWE0}$(O)	$\overline{XWE0}$(O)
11～10	GPIO37(I/O)	ECAP2(I/O)	$\overline{XZCS7}$(O)	$\overline{XZCS0}$(O)
9～8	GPIO36(I/O)	SCIRCDA(I)	$\overline{XZCS0}$(O)	$\overline{XZCS0}$(O)
7～6	GPIO35(I/O)	SCITXDA(O)	XR/W(O)	XR/W(O)
5～4	GPIO34(I/O)	ECAP1(I/O)	XREADY(I)	XREADY(I)
3～2	GPIO33(I/O)	SCLA(I/OC)	ePWMSYNCO(O)	$\overline{ADCSOCBO}$(O)
1～0	GPIO32(I/O)	SDAA(I/OC)	ePWMSYNCI(I)	$\overline{ADCSOCAO}$(O)

GPBMUX2 的结构、地址和复位值如图 3-16 所示，对部分位的解释说明如表 3-13 所示。

地址：0x6F98
复位值：0x0000 0000

31	30	29	28	27	26	25	24	23	22	21	20	19	18	17	16
GPIO63[1:0]		GPIO62[1:0]		GPIO61[1:0]		GPIO60[1:0]		GPIO59[1:0]		GPIO58[1:0]		GPIO57[1:0]		GPIO56[1:0]	
R/W-0		R/W-0		R/W-0		R/W-0		R/W-0		R/W-0		R/W-0		R/W-0	

15	14	13	12	11	10	9	8	7	6	5	4	3	2	1	0
GPIO55[1:0]		GPIO54[1:0]		GPIO53[1:0]		GPIO52[1:0]		GPIO51[1:0]		GPIO50[1:0]		GPIO49[1:0]		GPIO48[1:0]	
R/W-0		R/W-0		R/W-0		R/W-0		R/W-0		R/W-0		R/W-0		R/W-0	

图 3-16　GPBMUX2 的结构、地址和复位值

表 3-13 GPBMUX2 部分位的解释说明

位	复位后为通用 I/O	外设功能选择 1	外设功能选择 2 或 3
	2 位位域值=00	2 位位域值=01	2 位位域值=10 或 11
31～30	GPIO63(I/O)	SCITXDC(O)	XD16(I/O)
29～28	GPIO62(I/O)	SCIRXDC(I)	XD17(I/O)
27～26	GPIO61(I/O)	MFSRB(I/O)	XD18(I/O)
25～24	GPIO60(I/O)	MCLKRB(I/O)	XD19(I/O)
23～22	GPIO59(I/O)	MFSRA(I/O)	XD20(I/O)
21～20	GPIO58(I/O)	MCLKRA(I/O)	XD21(I/O)
19～18	GPIO57(I/O)	SPISTEA (I/O)	XD22(I/O)
17～16	GPIO56(I/O)	SPICLKA(I/0)	XD23(I/O)
15～14	GPIO55(I/O)	SPISIMIA(I/O)	XD24(I/O)
13～12	GPIO54(I/O)	SPISIMOA(I/O)	XD25(I/O)
11～10	GPIO53(I/O)	EQEP1I(I/O)	XD26(I/O)
9～8	GPIO52(I/O)	EQEP1S(I/O)	XD27(I/O)
7～6	GPIO51(I/O)	EQEP1B(I)	XD28(I/O)
5～4	GPIO50(I/O)	EQEP1A(I)	XD29(I/O)
3～2	GPIO49(I/O)	ECAP6(I/O)	XD30(I/O)
1～0	GPIO48(I/O)	ECAP5(I/O)	XD31(I/O)

5．GPIOA 方向控制寄存器（GPADIR）

GPADIR 用于配置端口 A 的 32 个引脚（GPIO0～GPIO31）的数据方向（输入或输出）。GPADIR 的结构、地址和复位值如图 3-17 所示，对部分位的解释说明如表 3-14 所示。

地址：0x6F8A
复位值：0x0000 0000

31	30	29	28	27	26	25	24	23	22	21	20	19	18	17	16
GPIO31	GPIO30	GPIO29	GPIO28	GPIO27	GPIO26	GPIO25	GPIO24	GPIO23	GPIO22	GPIO21	GPIO20	GPIO19	GPIO18	GPIO17	GPIO16
R/W-0	R/W-0	R/W-0	R/W-0	R/W-0	R/W-0	R/W-0	R/W-0	R/W-0	R/W-0	R/W-0	R/W-0	R/W-0	R/W-0	R/W-0	R/W-0

15	14	13	12	11	10	9	8	7	6	5	4	3	2	1	0
GPIO15	GPIO14	GPIO13	GPIO12	GPIO11	GPIO10	GPIO9	GPIO8	GPIO7	GPIO6	GPIO5	GPIO4	GPIO3	GPIO2	GPIO1	GPIO0
R/W-0	R/W-0	R/W-0	R/W-0	R/W-0	R/W-0	R/W-0	R/W-0	R/W-0	R/W-0	R/W-0	R/W-0	R/W-0	R/W-0	R/W-0	R/W-0

图 3-17 GPADIR 的结构、地址和复位值

表 3-14 GPADIR 部分位的解释说明

位 31～0	当 GPIO0～GPIO31 配置成通用 I/O 时，GPADIR 用来配置引脚的数据方向。 0：配置 GPIO 引脚为输入（默认）； 1：配置 GPIO 引脚为输出

6．GPIOB 方向控制寄存器（GPBDIR）

GPBDIR 用于配置端口 B 的 32 个引脚（GPIO32～GPIO63）的数据方向（输入或输出）。GPBDIR 的结构、地址和复位值如图 3-18 所示，对部分位的解释说明如表 3-15 所示。

地址：0x6F9A
复位值：0x0000 0000

31	30	29	28	27	26	25	24	23	22	21	20	19	18	17	16
GPIO63	GPIO62	GPIO61	GPIO60	GPIO59	GPIO58	GPIO57	GPIO56	GPIO55	GPIO54	GPIO53	GPIO52	GPIO51	GPIO50	GPIO49	GPIO48
R/W-0	R/W-0	R/W-0	R/W-0	R/W-0	R/W-0	R/W-0	R/W-0	R/W-0	R/W-0	R/W-0	R/W-0	R/W-0	R/W-0	R/W-0	R/W-0

15	14	13	12	11	10	9	8	7	6	5	4	3	2	1	0
GPIO47	GPIO46	GPIO45	GPIO44	GPIO43	GPIO42	GPIO41	GPIO40	GPIO39	GPIO38	GPIO37	GPIO36	GPIO35	GPIO34	GPIO33	GPIO32
R/W-0	R/W-0	R/W-0	R/W-0	R/W-0	R/W-0	R/W-0	R/W-0	R/W-0	R/W-0	R/W-0	R/W-0	R/W-0	R/W-0	R/W-0	R/W-0

图 3-18　GPBDIR 的结构、地址和复位值

表 3-15　GPBDIR 部分位的解释说明

位 31～0	当 GPIO32～GPIO63 配置成通用 I/O 时，GPBDIR 用来配置引脚的数据方向。 0：配置 GPIO 引脚为输入（默认）； 1：配置 GPIO 引脚为输出

7．GPIO A 上拉控制寄存器（GPAPUD）

GPAPUD 用于使能或禁止端口 A 的 32 个引脚（GPIO0～GPIO31）的内部上拉。上拉配置既适用于配置为通用 I/O 的引脚，也适用于配置为外设功能的引脚。当外部复位信号（$\overline{\text{XRS}}$）为低电平时，所有可以被配置成 ePWM 输出引脚（GPIO0～GPIO11）的内部上拉均被禁用，而其他引脚的内部上拉在复位时均被使能。GPAPUD 的结构、地址和复位值如图 3-19 所示，对部分位的解释说明如表 3-16 所示。

地址：0x6F8C
复位值：0x0000 07FF

31	30	29	28	27	26	25	24	23	22	21	20	19	18	17	16
GPIO31	GPIO30	GPIO29	GPIO28	GPIO27	GPIO26	GPIO25	GPIO24	GPIO23	GPIO22	GPIO21	GPIO20	GPIO19	GPIO18	GPIO17	GPIO16
R/W-0	R/W-0	R/W-0	R/W-0	R/W-0	R/W-0	R/W-0	R/W-0	R/W-0	R/W-0	R/W-0	R/W-0	R/W-0	R/W-0	R/W-0	R/W-0

15	14	13	12	11	10	9	8	7	6	5	4	3	2	1	0
GPIO15	GPIO14	GPIO13	GPIO12	GPIO11	GPIO10	GPIO9	GPIO8	GPIO7	GPIO6	GPIO5	GPIO4	GPIO3	GPIO2	GPIO1	GPIO0
R/W-0	R/W-0	R/W-0	R/W-0	R/W-1	R/W-1	R/W-1	R/W-1	R/W-1	R/W-1	R/W-1	R/W-1	R/W-1	R/W-1	R/W-1	R/W-1

图 3-19　GPAPUD 的结构、地址和复位值

表 3-16　GPAPUD 部分位的解释说明

位 31～0	为 GPIOA 的引脚配置内部上拉寄存器。每一个 GPIO 引脚在寄存器中对应一位。 0：使能内部上拉（GPIO12～GPIO31 默认的状态）； 1：禁止内部上拉（GPIO0～GPIO11 默认的状态）

GPBPUD 的结构、地址和复位值如图 3-20 所示，对部分位的解释说明如表 3-17 所示。

地址：0x6F9C
复位值：0x0000 0000

31	30	29	28	27	26	25	24	23	22	21	20	19	18	17	16
GPIO63	GPIO62	GPIO61	GPIO60	GPIO59	GPIO58	GPIO57	GPIO56	GPIO55	GPIO54	GPIO53	GPIO52	GPIO51	GPIO50	GPIO49	GPIO48
R/W-0	R/W-0	R/W-0	R/W-0	R/W-0	R/W-0	R/W-0	R/W-0	R/W-0	R/W-0	R/W-0	R/W-0	R/W-0	R/W-0	R/W-0	R/W-0

15	14	13	12	11	10	9	8	7	6	5	4	3	2	1	0
GPIO47	GPIO46	GPIO45	GPIO44	GPIO43	GPIO42	GPIO41	GPIO40	GPIO39	GPIO38	GPIO37	GPIO36	GPIO35	GPIO34	GPIO33	GPIO32
R/W-0	R/W-0	R/W-0	R/W-0	R/W-0	R/W-0	R/W-0	R/W-0	R/W-0	R/W-0	R/W-0	R/W-0	R/W-0	R/W-0	R/W-0	R/W-0

图 3-20　GPBPUD 的结构、地址和复位值

表 3-17　GPBPUD 部分位的解释说明

位 31～0	为 GPIOB 的引脚配置内部上拉寄存器。每一个 GPIO 引脚在该寄存器中对应一位。 0：使能内部上拉（默认）； 1：禁止内部上拉

8．GPIOA 数据寄存器（GPADAT）

GPADAT 的结构、地址和复位值如图 3-21 所示，对部分位的解释说明如表 3-18 所示。

地址：0x6FC0
复位值：0x0000 0xxx

31	30	29	28	27	26	25	24	23	22	21	20	19	18	17	16
GPIO31	GPIO30	GPIO29	GPIO28	GPIO27	GPIO26	GPIO25	GPIO24	GPIO23	GPIO22	GPIO21	GPIO20	GPIO19	GPIO18	GPIO17	GPIO16
R/W-x	R/W-x	R/W-x	R/W-x	R/W-x	R/W-x	R/W-x	R/W-x	R/W-x	R/W-x	R/W-x	R/W-x	R/W-x	R/W-x	R/W-x	R/W-x

15	14	13	12	11	10	9	8	7	6	5	4	3	2	1	0
GPIO15	GPIO14	GPIO13	GPIO12	GPIO11	GPIO10	GPIO9	GPIO8	GPIO7	GPIO6	GPIO5	GPIO4	GPIO3	GPIO2	GPIO1	GPIO0
R/W-x	R/W-x	R/W-x	R/W-x	R/W-x	R/W-x	R/W-x	R/W-x	R/W-x	R/W-x	R/W-x	R/W-x	R/W-x	R/W-x	R/W-x	R/W-x

图 3-21　GPADAT 的结构、地址和复位值

表 3-18　GPADAT 部分位的解释说明

位 31～0	读 0：不论引脚配置为何种模式，该引脚的当前状态为低电平； 写 0：如果该引脚在寄存器 GPAMUX1/2 和 GPADIR 中配置为 GPIO 输出，那么强制输出为 0；否则引脚输出值被锁存，但不会用于驱动该引脚。 读 1：不论引脚配置为何种模式，该引脚的当前状态为高电平； 写 1：如果该引脚在寄存器 GPAMUX1/2 和 GPADIR 中配置为 GPIO 输出，那么强制输出为 1；否则引脚输出值被锁存，但不会用于驱动该引脚

9．GPIOB 数据寄存器（GPBDAT）

GPBDAT 的结构、地址和复位值如图 3-22 所示，对部分位的解释说明如表 3-19 所示。

地址：0x6FC8
复位值：0x0000 0xxx

31	30	29	28	27	26	25	24	23	22	21	20	19	18	17	16
GPIO63	GPIO62	GPIO61	GPIO60	GPIO59	GPIO58	GPIO57	GPIO56	GPIO55	GPIO54	GPIO53	GPIO52	GPIO51	GPIO50	GPIO49	GPIO48
R/W-x	R/W-x	R/W-x	R/W-x	R/W-x	R/W-x	R/W-x	R/W-x	R/W-x	R/W-x	R/W-x	R/W-x	R/W-x	R/W-x	R/W-x	R/W-x

15	14	13	12	11	10	9	8	7	6	5	4	3	2	1	0
GPIO47	GPIO46	GPIO45	GPIO44	GPIO43	GPIO42	GPIO41	GPIO40	GPIO39	GPIO38	GPIO37	GPIO36	GPIO35	GPIO34	GPIO33	GPIO32
R/W-x	R/W-x	R/W-x	R/W-x	R/W-x	R/W-x	R/W-x	R/W-x	R/W-x	R/W-x	R/W-x	R/W-x	R/W-x	R/W-x	R/W-x	R/W-x

图 3-22　GPBDAT 的结构、地址和复位值

表 3-19　GPBDAT 部分位的解释说明

位 31～0	读 0：不论引脚配置为何种模式，该引脚的当前状态为低电平； 写 0：如果该引脚在寄存器 GPBMUX1 和 GPBDIR 中配置为 GPIO 输出，那么强制输出为 0；否则引脚输出值被锁存，但不会用于驱动该引脚。 读 1：不论引脚配置为何种模式，该引脚的当前状态为高电平； 写 1：如果该引脚在寄存器 GPBMUX1 和 GPBDIR 中配置为 GPIO 输出，那么强制输出为 1；否则引脚输出值被锁存，但不会用于驱动该引脚

10．GPIOA 置位寄存器（GPASET）

GPASET 的结构、地址和复位值如图 3-23 所示，对部分位的解释说明如表 3-20 所示。

地址：0x6FC2
复位值：0x0000 0000

31	30	29	28	27	26	25	24	23	22	21	20	19	18	17	16
GPIO31	GPIO30	GPIO29	GPIO28	GPIO27	GPIO26	GPIO25	GPIO24	GPIO23	GPIO22	GPIO21	GPIO20	GPIO19	GPIO18	GPIO17	GPIO16
R/W-0	R/W-0	R/W-0	R/W-0	R/W-0	R/W-0	R/W-0	R/W-0	R/W-0	R/W-0	R/W-0	R/W-0	R/W-0	R/W-0	R/W-0	R/W-0

15	14	13	12	11	10	9	8	7	6	5	4	3	2	1	0
GPIO15	GPIO14	GPIO13	GPIO12	GPIO11	GPIO10	GPIO9	GPIO8	GPIO7	GPIO6	GPIO5	GPIO4	GPIO3	GPIO2	GPIO1	GPIO0
R/W-0	R/W-0	R/W-0	R/W-0	R/W-0	R/W-0	R/W-0	R/W-0	R/W-0	R/W-0	R/W-0	R/W-0	R/W-0	R/W-0	R/W-0	R/W-0

图 3-23　GPASET 的结构、地址和复位值

表 3-20　GPASET 部分位的解释说明

位 31～0	0：写 0 没有影响，寄存器读操作始终返回 0； 1：写 1，强制各位输出锁存为高电平；如果引脚为 GPIO 输出，那么该引脚将被驱动为高电平，否则虽然锁存设置为 1，但不会用来驱动该引脚

11．GPIOB 置位寄存器（GPBSET）

GPBSET 的结构、地址和复位值如图 3-24 所示，对部分位的解释说明如表 3-21 所示。

地址：0x6FCA
复位值：0x0000 0xxx

31	30	29	28	27	26	25	24	23	22	21	20	19	18	17	16
GPIO63	GPIO62	GPIO61	GPIO60	GPIO59	GPIO58	GPIO57	GPIO56	GPIO55	GPIO54	GPIO53	GPIO52	GPIO51	GPIO50	GPIO49	GPIO48
R/W-x	R/W-x	R/W-x	R/W-x	R/W-x	R/W-x	R/W-x	R/W-x	R/W-x	R/W-x	R/W-x	R/W-x	R/W-x	R/W-x	R/W-x	R/W-x

15	14	13	12	11	10	9	8	7	6	5	4	3	2	1	0
GPIO47	GPIO46	GPIO45	GPIO44	GPIO43	GPIO42	GPIO41	GPIO40	GPIO39	GPIO38	GPIO37	GPIO36	GPIO35	GPIO34	GPIO33	GPIO32
R/W-x	R/W-x	R/W-x	R/W-x	R/W-x	R/W-x	R/W-x	R/W-x	R/W-x	R/W-x	R/W-x	R/W-x	R/W-x	R/W-x	R/W-x	R/W-x

图 3-24　GPBSET 的结构、地址和复位值

表 3-21　GPBSET 部分位的解释说明

位 31～0	0：无影响，寄存器读操作始终返回 0； 1：强制各位输出锁存为高电平；如果引脚为 GPIO 输出，那么该引脚将被驱动为高电平；否则虽然锁存设置为 1，但不会用来驱动该引脚

12．GPIOA 清零寄存器（GPACLEAR）

GPACLEAR 的结构、地址和复位值如图 3-25 所示，对部分位的解释说明如表 3-22 所示。

地址：0x6FC4
复位值：0x0000 0000

31	30	29	28	27	26	25	24	23	22	21	20	19	18	17	16
GPIO31	GPIO30	GPIO29	GPIO28	GPIO27	GPIO26	GPIO25	GPIO24	GPIO23	GPIO22	GPIO21	GPIO20	GPIO19	GPIO18	GPIO17	GPIO16
R/W-0	R/W-0	R/W-0	R/W-0	R/W-0	R/W-0	R/W-0	R/W-0	R/W-0	R/W-0	R/W-0	R/W-0	R/W-0	R/W-0	R/W-0	R/W-0

15	14	13	12	11	10	9	8	7	6	5	4	3	2	1	0
GPIO15	GPIO14	GPIO13	GPIO12	GPIO11	GPIO10	GPIO9	GPIO8	GPIO7	GPIO6	GPIO5	GPIO4	GPIO3	GPIO2	GPIO1	GPIO0
R/W-0	R/W-0	R/W-0	R/W-0	R/W-0	R/W-0	R/W-0	R/W-0	R/W-0	R/W-0	R/W-0	R/W-0	R/W-0	R/W-0	R/W-0	R/W-0

图 3-25　GPACLEAR 的结构、地址和复位值

表 3-22　GPACLEAR 部分位的解释说明

位 31~0	0：无影响，寄存器读操作始终返回 0； 1：强制各位输出锁存为低电平；如果引脚为 GPIO 输出，那么该引脚将被驱动为低电平；否则虽然锁存被清零，但不会用来驱动该引脚

13. GPIOB 清零寄存器（GPBCLEAR）

GPBCLEAR 的结构、地址和复位值如图 3-26 所示，对部分位的解释说明如表 3-23 所示。

地址：0x6FCC
复位值：0x0000 0xxx

31	30	29	28	27	26	25	24	23	22	21	20	19	18	17	16
GPIO63	GPIO62	GPIO61	GPIO60	GPIO59	GPIO58	GPIO57	GPIO56	GPIO55	GPIO54	GPIO53	GPIO52	GPIO51	GPIO50	GPIO49	GPIO48
R/W-x	R/W-x	R/W-x	R/W-x	R/W-x	R/W-x	R/W-x	R/W-x	R/W-x	R/W-x	R/W-x	R/W-x	R/W-x	R/W-x	R/W-x	R/W-x

15	14	13	12	11	10	9	8	7	6	5	4	3	2	1	0
GPIO47	GPIO46	GPIO45	GPIO44	GPIO43	GPIO42	GPIO41	GPIO40	GPIO39	GPIO38	GPIO37	GPIO36	GPIO35	GPIO34	GPIO33	GPIO32
R/W-x	R/W-x	R/W-x	R/W-x	R/W-x	R/W-x	R/W-x	R/W-x	R/W-x	R/W-x	R/W-x	R/W-x	R/W-x	R/W-x	R/W-x	R/W-x

图 3-26　GPBCLEAR 的结构、地址和复位值

表 3-23　GPBCLEAR 部分位的解释说明

位 31~0	0：无影响，寄存器读操作始终返回 0； 1：强制各位输出锁存为低电平；如果引脚为 GPIO 输出，那么该引脚将被驱动为低电平；否则虽然锁存被清零，但不会用来驱动该引脚

14. GPIOA 取反寄存器（GPATOGGLE）

GPATOGGLE 的结构、地址和复位值如图 3-27 所示，对部分位的解释说明如表 3-24 所示。

地址：0x6FC6
复位值：0x0000 0000

31	30	29	28	27	26	25	24	23	22	21	20	19	18	17	16
GPIO31	GPIO30	GPIO29	GPIO28	GPIO27	GPIO26	GPIO25	GPIO24	GPIO23	GPIO22	GPIO21	GPIO20	GPIO19	GPIO18	GPIO17	GPIO16
R/W-0	R/W-0	R/W-0	R/W-0	R/W-0	R/W-0	R/W-0	R/W-0	R/W-0	R/W-0	R/W-0	R/W-0	R/W-0	R/W-0	R/W-0	R/W-0

15	14	13	12	11	10	9	8	7	6	5	4	3	2	1	0
GPIO15	GPIO14	GPIO13	GPIO12	GPIO11	GPIO10	GPIO9	GPIO8	GPIO7	GPIO6	GPIO5	GPIO4	GPIO3	GPIO2	GPIO1	GPIO0
R/W-0	R/W-0	R/W-0	R/W-0	R/W-0	R/W-0	R/W-0	R/W-0	R/W-0	R/W-0	R/W-0	R/W-0	R/W-0	R/W-0	R/W-0	R/W-0

图 3-27　GPATOGGLE 的结构、地址和复位值

表 3-24　GPATOGGLE 部分位的解释说明

位 31~0	0：无影响，寄存器读操作始终返回 0； 1：如果引脚为 GPIO 输出，那么该引脚输出电平发生反转，即原来高电平的输出为低电平，原来低电平的输出为高电平

15. XINT1 源选择寄存器（GPIOXINT1SEL）

GPIOXINT1SEL 的结构、地址和复位值如图 3-28 所示，对部分位的解释说明如表 3-25 所示。

地址：0x6FE0
复位值：0x0000 0000

15	14	13	12	11	10	9	8	7	6	5	4	3	2	1	0
Reserved											GPIOXINT1SEL				
R-0											R/W-0				

图 3-28　GPIOXINT1SEL 的结构、地址和复位值

表 3-25　GPIOXINT1SEL 部分位的解释说明

位 15~5	保留
位 4~0	选择端口 A 的 GPIO 引脚（GPIO0~GPIO31）作为 XINT1 的中断源。 00000：选择 GPIO0 引脚作为 XINT1 中断源； 00001：选择 GPIO1 引脚作为 XINT1 中断源； ⋮ 11111：选择 GPIO31 引脚作为 XINT1 中断源

16. XINT2 源选择寄存器（GPIOXINT2SEL）

GPIOXINT2SEL 的结构、地址和复位值如图 3-29 所示，对部分位的解释说明如表 3-26 所示。

地址：0x6FE1
复位值：0x0000 0000

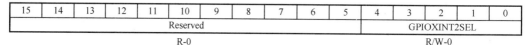

15	14	13	12	11	10	9	8	7	6	5	4	3	2	1	0
Reserved											GPIOXINT2SEL				
R-0											R/W-0				

图 3-29　GPIOXINT2SEL 的结构、地址和复位值

表 3-26　GPIOXINT2SEL 的位功能描述

位 15~5	保留
位 4~0	选择端口 A 的 GPIO 引脚（GPIO0~GPIO31）作为 XINT2 的中断源。 00000：选择 GPIO0 引脚作为 XINT2 中断源； 00001：选择 GPIO1 引脚作为 XINT2 中断源； ⋮ 11111：选择 GPIO31 引脚作为 XINT2 中断源

3.3　实验步骤

步骤 1：复制并编译原始工程

首先，将本书配套资料包中的"D:\F28335CCSTest\Material\02.GPIOLEDExp"文件夹复制到"D:\F28335CCSTest\Product"文件夹中。然后，参照 2.3 节步骤 4，打开工程文件，单击工具栏中的 🔧 按钮对整个工程进行编译。当 Console 栏中显示 Finished building target: 02.GPIOLEDExp 时，表示已经成功生成.out 文件；显示 Bulid Finished 时，表示编译成功。最后，将.out 文件下载到 TMS320F28335 的内部 Flash 中。下载成功后，可以观察到医疗电子 DSP 基础开发系统上的 LED0 和 LED1 交替闪烁，表示原始工程是正确的，可以进入下一步操作。

步骤 2：添加 LED 文件对

首先，将"D:\F28335CCSTest\Product\02.GPIOLEDExp\App"文件夹中的 LED.c 和 main.c

添加到 App 分组中，可参见 2.3 节步骤 7。

步骤 3：完善 LED.h 文件

完成 LED 文件对的添加后，单击✎按钮进行编译。编译结束后，在 Project Explorer 面板中，双击 LED.c 文件中的 LED.h，右键单击 LED.h，在快捷菜单中选择 Open Declaration，打开 LED.h 文件。然后，在 LED.h 文件的"包含头文件"区，添加代码#include " DSP28x_ Project.h "，如程序清单 3-1 所示。LED.c 包含了 LED.h，而 LED.h 又包含了 DSP28x_Project.h，因此，LED.c 不需要重复包含头文件 DSP28x_Project.h 就可以直接调用 DSP28x_Project.h 中的宏定义。

程序清单 3-1

```
/****************************************************************************
*                          包含头文件
****************************************************************************/
#include "DSP28x_Project.h"
```

DSP28x_Project.h 文件主要包含一些宏定义头文件，如程序清单 3-2 所示。

程序清单 3-2

```
#include "DSP2833x_Device.h"     // DSP2833x Headerfile Include File
#include "DSP2833x_Examples.h"    // DSP2833x Examples Include File
```

在 LED.h 文件的"API 函数声明"区，添加如程序清单 3-3 所示的 API 函数声明代码。InitLED 函数用于初始化 LED 模块，每个模块都有模块初始化函数，在使用前，要先在 main.c 的 InitHardware 或 InitSoftware 函数中通过调用模块初始化函数的代码进行模块初始化，硬件相关的模块在 InitHardware 函数中实现，软件相关的模块初始化在 InitSoftware 函数中实现。LEDFlicker 函数实现的是控制 LED0 和 LED1 交替闪烁。

程序清单 3-3

```
/****************************************************************************
*                          API 函数声明
****************************************************************************/
void InitLED(void);           //初始化 LED 模块
void LEDFlicker(Uint16 cnt);  //控制 LED 闪烁
```

步骤 4：完善 LED.c 文件

在 LED.c 文件的"API 函数实现"区，添加 InitLED 和 LEDFlicker 函数的实现代码，如程序清单 3-4 所示。下面依次对 InitLED 和 LEDFlicker 函数中的语句进行解释说明。

（1）医疗电子 DSP 基础开发系统上的 LED0 和 LED1 分别与 TMS320F28335 芯片的 GPIO8 和 GPIO10 引脚相连，要通过 InitLED 函数对这两个引脚进行初始化配置。

（2）LEDFlicker 函数用于控制 LED0 和 LED1 交替闪烁。当 s_iCnt 计数到计数限定值 cnt 时，GPIO8 输出高电平，GPIO10 输出低电平，之后计数清零；当重新计数到计数限定值 cnt 时，GPIO8 输出低电平，GPIO10 输出高电平。以此循环，实现 LED0 和 LED1 交替闪烁。

程序清单 3-4

```
void InitLED(void)
{
  EALLOW; //允许编辑受保护寄存器
  GpioCtrlRegs.GPAQSEL1.bit.GPIO8 = 0;      //设置 GPIO8 为仅与系统时钟频率同步
  GpioCtrlRegs.GPAMUX1.bit.GPIO8  = 0;      //设置 GPIO8 为通用 I/O
  GpioCtrlRegs.GPADIR.bit.GPIO8   = 1;      //设置 GPIO8 为输出
```

```
  GpioCtrlRegs.GPAQSEL1.bit.GPIO10 = 0;        //设置 GPIO10 为仅与系统时钟频率同步
  GpioCtrlRegs.GPAMUX1.bit.GPIO10  = 0;        //设置 GPIO10 为通用 I/O
  GpioCtrlRegs.GPADIR.bit.GPIO10   = 1;        //设置 GPIO10 为输出
  EDIS;                                        //禁止编辑受保护寄存器
}


void LEDFlicker(unsigned int cnt)
{
  static unsigned int s_iCnt;                  //定义静态变量 s_iCnt 作为计数器
  static unsigned char s_iFlag = 0;            //定义标志位

  s_iCnt++;                                    //计数器的计数值加 1

  if(s_iCnt >= cnt)                            //计数器的计数值大于 cnt
  {
    s_iCnt = 0;                                //重置计数器的计数值为 0

    if(s_iFlag)
    {
      GpioDataRegs.GPASET.bit.GPIO8    = 1;    //GPIO8 输出高电平
      GpioDataRegs.GPACLEAR.bit.GPIO10 = 1;    //GPIO10 输出低电平
    }
    else
    {
      GpioDataRegs.GPACLEAR.bit.GPIO8  = 1;    //GPIO8 输出低电平
      GpioDataRegs.GPASET.bit.GPIO10   = 1;    //GPIO10 输出高电平
    }

    s_iFlag = !s_iFlag;                        //标志位翻转
  }
}
```

步骤 5：完善 GPIO 与 LED 闪烁实验应用层

在 Project Explorer 面板中，双击打开 main.c 文件，在其"包含头文件"区中添加代码 #include "LED.h"，如程序清单 3-5 所示。这样就可以在 main.c 文件中调用 LED 模块的宏定义和 API 函数等，实现对 LED 模块的操作。

程序清单 3-5

```
/********************************************************************************
*                              包含头文件
********************************************************************************/
#include "DSP28x_Project.h"
#include "Timer.h"
#include "SCIB.h"
#include "LED.h"
```

在 main.c 文件的 InitHardware 函数中，添加调用 InitLED 函数的代码，如程序清单 3-6 所示，这样就实现了对 LED 模块的初始化。

程序清单 3-6

```
static  void  InitHardware(void)
{
  SystemInit();        //初始化系统函数
```

```
    InitXintf();          //初始化 Xintf 模块

#if DOWNLOAD_TO_FLASH
  MemCopy(&RamfuncsLoadStart, &RamfuncsLoadEnd, &RamfuncsRunStart);
  InitFlash();          //初始化 Flash 模块
#endif

    InitTimer();          //初始化 CPU 定时器模块
    InitSCIB(115200);     //初始化 SCIB 模块
    InitLED();            //初始化 LED 模块

    EINT;                 //使能全局中断
    ERTM;                 //使能全局实时中断
}
```

在 main.c 文件的 Proc2msTask 函数中，添加调用 LEDFlicker 函数的代码，如程序清单 3-7 所示，这样就可以实现 LED0 和 LED1 每 500ms 交替闪烁一次的功能。注意，LEDFlicker 函数必须置于 if 语句内，才能保证该函数每 2ms 被调用一次。

程序清单 3-7

```
static  void  Proc2msTask(void)
{
  if(Get2msFlag())  //检查 2ms 标志状态
  {
    LEDFlicker(250);//调用闪烁函数
    Clr2msFlag();   //清除 2ms 标志
  }
}
```

步骤 6：编译及下载验证

代码编写完成后，编译工程，然后将.out 文件下载到医疗电子 DSP 基础开发系统，具体操作参见 2.3 节步骤 9。下载完成后，可以观察到医疗电子 DSP 基础开发系统上编号为 LED0 和 LED1 的蓝色 LED 每 500ms 交替闪烁一次，表示实验成功。

本 章 任 务

基于医疗电子 DSP 基础开发系统，编写程序，实现每 5s 切换一次 LED0 和 LED1 的闪烁频率。初始状态为 800ms 完成一次交替闪烁，第二状态为 400ms 完成一次交替闪烁，第三状态为 200ms 完成一次交替闪烁，第四状态为 100ms 完成一次交替闪烁。按照"初始状态→第二状态→第三状态→第四状态→初始状态"循环执行，两个相邻状态之间的间隔为 1s。

本 章 习 题

1. 简述 TMS320F28335 的系统架构。
2. TMS320F28335 芯片主要有哪些特点？
3. GPIO 模块运用了哪些寄存器？功能分别是什么？
4. GPIOA 模块的 I/O 引脚内部的上拉电阻起到什么作用？
5. InitLED 函数的作用是什么？该函数具体操作了哪些寄存器？

第4章 实验3——GPIO与独立按键输入

TMS320F28335 的 GPIO 既能作为输入使用，也能作为输出使用。第 3 章通过一个简单的 GPIO 与 LED 闪烁实验，介绍了 GPIO 的输出功能，本章将以一个简单的 GPIO 与独立按键输入实验为例，介绍 GPIO 的输入功能。

4.1 实验内容

通过学习独立按键电路原理图、GPIO 功能框图、GPIO 部分寄存器及按键去抖原理，基于医疗电子 DSP 基础开发系统设计一个独立按键程序，每次按下一个按键，通过串口助手输出按键按下的信息，例如，按下 KEY0 时，输出 KEY0 PUSH DOWN；按键弹起时，输出按键弹起的信息，例如，KEY2 弹起时，输出 KEY2 RELEASE。在进行独立按键程序设计时，需要对按键的抖动进行处理，即每次按下时，只能输出一次按键按下信息；每次弹起时，也只能输出一次按键弹起信息。

4.2 实验原理

4.2.1 独立按键电路原理图

独立按键输入实验涉及的硬件包括 3 个独立按键（KEY0、KEY1 和 KEY2），以及与独立按键串联的 10kΩ 限流电阻，与独立按键并联的 100nF 滤波电容。KEY0 连接到 TMS320F28335 芯片的 GPIO14 引脚，KEY1 连接到 GPIO15 引脚，KEY2 连接到 GPIO16 引脚。按键未按下时，输入到芯片引脚上的电平为高电平；按键按下时，输入到芯片引脚上的电平为低电平。独立按键硬件电路如图 4-1 所示。

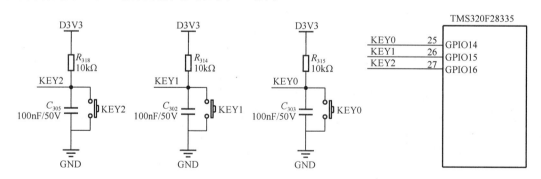

图 4-1 独立按键硬件电路

4.2.2 GPIO 功能框图

图 4-2 给出了本实验所用到的 GPIO 功能框图。在本实验中，三个独立按键引脚对应的 GPIO 配置为通用输入功能。下面依次介绍 GPIO 方向选择、GPIO 输入限制和 GPIO 数据寄存器。

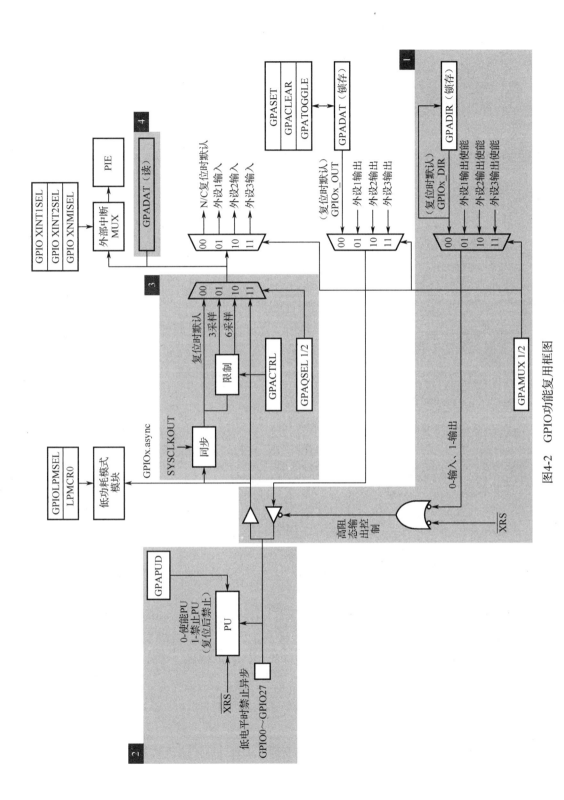

图4-2　GPIO功能复用框图

1．GPIO 方向选择

本实验中，与 KEY0、KEY1 和 KEY2 连接的 GPIO14、GPIO15 和 GPIO16 引脚均被配置为通用输入模式。

2．GPIO 输入限制

通过配置 GPAQSEL1、GPAQSEL2、GPBQSEL1、GPBQSEL2 来为每一个 GPIO 引脚选择输入限制的类型。对于一个 GPIO 输入引脚，输入限制可以配置为仅与 SYSCLKOUT 信号同步，或通过一个采样窗限制。对于配置成外设输入的引脚，输入限制除了可以与 SYSCLKOUT 信号同步或由一个采样窗限制，还可以是异步的。

1）无同步（输入异步）

该模式用于外设不需要输入同步或外设本身能够提供同步的情况，如通信端口 SCI、SPI、eCAN 和 I²C。此外，ePWM 错误输入信号（$\overline{TZ1} \sim \overline{TZ6}$）也要求独立于 SYSCLKOUT。如果引脚作为一个通用 GPIO 输入引脚使用，则异步选项是无效的，且输入限制默认为与 SYSCLKOUT 同步。

2）与 SYSCLKOUT 同步

与 SYSCLKOUT 同步是所有引脚在复位时默认的限制模式。在该模式下，输入信号仅与系统时钟 SYSCLKOUT 同步。因为输入信号是异步的，所以需要一个 SYSCLKOUT 的延迟，DSP 的输入才会发生改变。输入信号将不再受其他输入限制。

3）用采样窗限制

在该模式中，信号首先与系统时钟 SYSCLKOUT 同步，然后再输入允许变化之前使用特定个数的时钟周期作为输入限制。该类型的限制中需要指定 2 个参数，分别为采样周期（信号多久被采样一次）和采样点数，下面具体介绍。

（1）采样周期。由 GPxCTRL 中的 QUALPRDn 确定，其同时对一组 8 个引脚输入信号的采样周期进行配置，例如，GPIO0～GPIO7 的采样周期由 GPACTRL[QUALPRD0]配置，GPIO8～GPIO15 由 GPACTRL[QUALPRD1]配置。

（2）采样点数。由限制选择寄存器（GPAQSEL1、GPAQSEL2、GPBQSEL1 和 GPBQSEL2）来配置，可以配置为 3 或 6。当输入在 3 个或 6 个连续采样点内均相同时，输入信号才被 DSP 认可。

采样窗对输入进行限制的原理图如图 4-3 所示。在限制选择器（GPAQSEL1、GPAQSEL2、GPBQSEL1 和 GPBQSEL2）中，信号采样次数被指定为 3 个或 6 个采样，当输入信号经过 3 个或 6 个采样周期都保持一致时，输入信号才被认为是有效信号，否则保持原来状态不变。

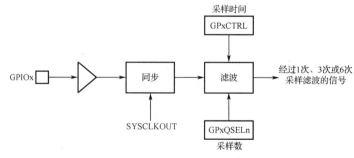

图 4-3　采样窗对输入进行限制原理图

当 QUALPRDn=1，GPxQSELn=01，即采样周期=2×$T_{SYSCLKOUT}$，采样窗采用 3 个采样周期宽度限制，且连续采到 3 个低电平时，滤波输出信号才为低电平；连续采到 3 个高电平时，滤波输出信号才由低电平跳变为高电平，如图 4-4 所示，由此可达到滤除较窄脉冲的目的。

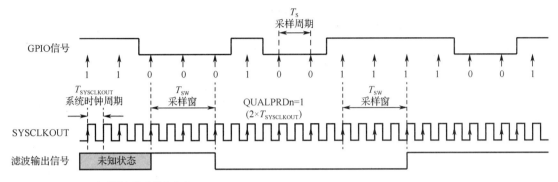

图 4-4 采样窗对输入进行限制时序图

3．GPIO 数据寄存器

本实验中，连接到 KEY0、KEY1 和 KEY2 的 3 个 GPIO 引脚被配置为通用输入，因此，从 GPxDAT 中读取的值反映了引脚的当前状态（输入限制后），而不是 GPxDAT 输出锁存值的状态。

4.2.3 按键去抖原理

独立按键常常用作二值输入器件，医疗电子 DSP 基础开发系统上有 3 个独立按键，且均为上拉模式，即按键未按下时，输入到芯片引脚上的为高电平；按键按下时，输入到芯片引脚上的为低电平。

目前，市面上绝大多数按键都是机械式开关结构，而机械式开关的核心部件为弹性金属簧片，因此在开关切换的瞬间，在接触点会出现来回弹跳的现象，按键松开时，也会出现类似的现象，这种现象被称为抖动。按键按下时产生前沿抖动，按键松开时产生后沿抖动，如图 4-5 所示。不同类型的按键，其最长抖动时间也有差别，抖动时间的长短与按键的机械特性有关，一般为 5～10ms，而通常手动按下按键持续的时间大于 100ms。于是，可以基于两个时间的差异，取一个中间值（如 80ms）作为界限，将小于 80ms 的信号视为抖动脉冲，大于 80ms 的信号视为按键按下。

独立按键去抖原理图如图 4-6 所示，按键未按下时为高电平，按键按下时为低电平，因此，对于理想按键，按键按下时可以立刻检测到低电平，按键弹起时可以立刻检测到高电平。但是，对于实际按键，未按下时为高电平，按键一旦按下，就会产生前沿抖动，抖动持续时间为 5～10ms，接着，芯片引脚检测到稳定的低电平；按键弹起时，会产生后沿抖动，抖动持续时间依然为 5～10ms，此时芯片引脚检测到稳定的高电平。去抖实际上是每 10ms 检测一次连接到按键的引脚电平，如果连续检测到 8 次低电平，即低电平持续时间超过 80ms，则表示识别到按键按下。同理，按键按下后，如果连续检测到 8 次高电平，即高电平持续时间超过 80ms，则表示识别到按键弹起。

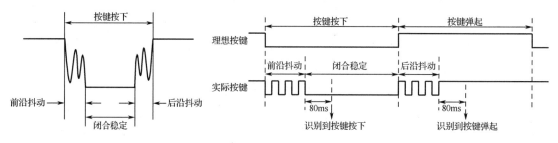

图 4-5　前沿抖动和后沿抖动　　　　　　图 4-6　独立按键去抖原理图

独立按键去抖程序设计流程图如图 4-7 所示，先启动一个 10ms 定时器，然后每 10ms 读取一次按键值。如果连续 8 次检测到的电平均为按键按下电平（医疗电子 DSP 基础开发系统的 3 个按键按下电平均为低电平），且按键按下标志为 TRUE，则将按键按下标志置为 FALSE，同时处理按键按下函数，如果按键按下标志为 FALSE，表示按键按下事件已经得到处理，则继续检查定时器是否产生 10ms 溢出。类似地，对于按键弹起，如果当前为按键按下状态，且连续 8 次检测到的电平均为按键弹起电平（医疗电子 DSP 基础开发系统的 3 个按键弹起电平均为高电平），且按键弹起标志为 FALSE，则将按键弹起标志置为 TRUE，同时处理按键弹起函数，如果按键弹起标志为 TRUE，表示按键弹起事件已经得到处理，则继续检查定时器是否产生 10ms 溢出。

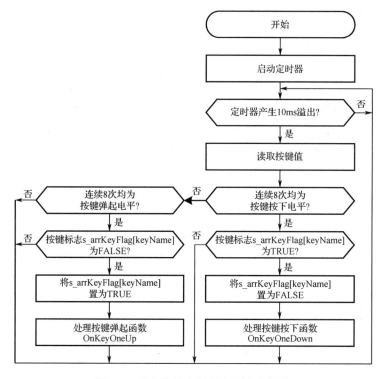

图 4-7　独立按键去抖程序设计流程图

4.3　实验步骤

步骤 1：复制并编译原始工程

首先，将"D:\F28335CCSTest\Material\03.GPIOKeyExp"文件夹复制到"D:\F28335CCSTest\

Product" 文件夹中。然后，参照 2.3 节步骤 4，打开工程文件，单击 🔨 按钮。当 Console 栏显示 Finished building target: 03.GPIOKeyExp 时，表示已经成功生成.out 文件；显示 Bulid Finished 表示编译成功。最后，将.out 文件下载到 TMS320F28335 的内部 Flash 中，可以观察到医疗电子 DSP 基础开发系统上的 LED0 和 LED1 交替闪烁，表示原始工程是正确的，可以进入下一步操作。

步骤 2：添加 KeyOne 和 ProcKeyOne 文件对

将 " D:\F28335CCSTest\Product\03.GPIOKeyExp\App " 文件夹中的 KeyOne.c 和 ProcKeyOne.c 添加到 App 分组，具体操作可参见 2.3 节步骤 7。

步骤 3：完善 KeyOne.h 文件

单击 🔨 按钮，进行编译，编译结束后，在 Project Explorer 面板中，双击 KeyOne.c 中的 KeyOne.h。在 KeyOne.h 文件的"包含头文件"区，添加代码#include " DSP28x_Project.h "。然后，在 KeyOne.h 文件的"宏定义"区添加按键按下电平宏定义代码，如程序清单 4-1 所示。

程序清单 4-1

```
/*******************************************************************************
*                          包含头文件
*******************************************************************************/
#include "DSP28x_Project.h"


/*******************************************************************************
*                          宏定义
*******************************************************************************/
//各个按键按下的电平
#define KEY_DOWN_LEVEL_KEY0 0x00 //0x00 表示按下为低电平
#define KEY_DOWN_LEVEL_KEY1 0x00 //0x00 表示按下为低电平
#define KEY_DOWN_LEVEL_KEY2 0x00 //0x00 表示按下为低电平
```

在 KeyOne.h 文件的"枚举结构体定义"区中，添加如程序清单 4-2 所示的枚举定义代码。这些枚举主要是对按键名的定义，例如 KEY0 的按键名为 KEY_NAME_KEY0，对应值为 0；KEY2 的按键名为 KEY_NAME_KEY2，对应值为 2。

程序清单 4-2

```
typedef enum
{
  KEY_NAME_KEY0 = 0, //按键 0
  KEY_NAME_KEY1,        //按键 1
  KEY_NAME_KEY2,        //按键 2
  KEY_NAME_MAX
}EnumKeyOneName;;
```

在 KeyOne.h 文件的"API 函数声明"区，添加如程序清单 4-3 所示的 API 函数声明代码。InitKeyOne 函数用于初始化 KeyOne 模块。ScanKeyOne 函数用于按键扫描，建议该函数每10ms 调用一次，即每 10ms 读取一次按键电平。

程序清单 4-3

```
//初始化 KeyOne 模块
void  InitKeyOne(void);
//扫描按键，2ms 或 10ms 调用
void  ScanKeyOne(unsigned char keyName, void(*OnKeyOneUp)(void), void(*OnKeyOneDown)(void));
```

步骤 4：完善 KeyOne.c 文件

在 KeyOne.c 文件的"宏定义"区，添加如程序清单 4-4 所示的宏定义代码。用于定义读取 3 个按键电平状态。

程序清单 4-4

```
//KEY0 为读取 GPIO14 引脚电平
#define KEY0 GpioDataRegs.GPADAT.bit.GPIO14
//KEY1 为读取 GPIO15 引脚电平
#define KEY1 GpioDataRegs.GPADAT.bit.GPIO15
//KEY2 为读取 GPIO16 引脚电平
#define KEY2 GpioDataRegs.GPADAT.bit.GPIO16
```
在 KeyOne.c 文件的"内部变量"区，添加内部变量的定义代码，如程序清单 4-5 所示。

程序清单 4-5

```
//按键按下时的电压，0xFF 表示按下为高电平，0x00 表示按下为低电平
static unsigned char s_arrKeyDownLevel[KEY_NAME_MAX]; //使用前要在 InitKeyOne 函数中进行初始化
```
在 KeyOne.c 文件的"内部函数声明"区，添加内部函数的声明代码，如程序清单 4-6 所示。

程序清单 4-6

```
GPIO static  void  ConfigKeyOneGPIO(void); //配置按键的 GPIO
```
在 KeyOne.c 文件的"内部函数实现"区，添加 ConfigKeyOneGPIO 函数的实现代码，如程序清单 4-7 所示。

程序清单 4-7

```
static  void  ConfigKeyOneGPIO(void)
{
  EALLOW; //允许编辑受保护寄存器
  GpioCtrlRegs.GPAQSEL1.bit.GPIO14 = 0; //设置 GPIO14 为仅与系统时钟频率同步
  GpioCtrlRegs.GPAMUX1.bit.GPIO14  = 0; //设置 GPIO14 为通用 I/O
  GpioCtrlRegs.GPADIR.bit.GPIO14   = 0; //设置 GPIO14 为输入

  GpioCtrlRegs.GPAQSEL1.bit.GPIO15 = 0; //设置 GPIO15 为仅与系统时钟频率同步
  GpioCtrlRegs.GPAMUX1.bit.GPIO15  = 0; //设置 GPIO15 为通用 I/O
  GpioCtrlRegs.GPADIR.bit.GPIO15   = 0; //设置 GPIO15 为输入

  GpioCtrlRegs.GPAQSEL2.bit.GPIO16 = 0; //设置 GPIO16 为仅与系统时钟频率同步
  GpioCtrlRegs.GPAMUX2.bit.GPIO16  = 0; //设置 GPIO16 为通用 I/O
  GpioCtrlRegs.GPADIR.bit.GPIO16   = 0; //设置 GPIO16 为输入
  EDIS;    //禁止编辑受保护寄存器
}
```

说明：医疗电子 DSP 基础开发系统的 KEY0、KEY1 和 KEY2 按键分别与 TMS320F28335 芯片的 GPIO14、GPIO15 和 GPIO16 引脚相连接，因此需要通过 ConfigKeyOneGPIO 函数初始化配置这几个 GPIO。

在 KeyOne.c 文件的"API 函数实现"区，添加 API 函数的实现代码，如程序清单 4-8 所示。KeyOne.c 文件的 API 函数只有两个，即 InitKeyOne 和 ScanKeyOne。InitKeyOne 函数作为 KeyOne 模块的初始化函数，调用 ConfigKeyOneGPIO 函数配置独立按键的 GPIO，然后，通过 s_iarrKeyDownLevel 数组设置按键按下时的电平（低电平）。ScanKeyOne 为按键扫描函数，每 10ms 调用一次，该函数有 3 个参数，即 keyName、OnKeyOneUp 和 OnKeyOneDown。其中，keyName 为按键名称，取值为 KeyOne.h 文件的枚举值；OnKeyOneUp 为按键弹起的响应函数名，由于函数名也是指向函数的指针，因此 OnKeyOneUp 也为指向 OnKeyOneUp

函数的指针；OnKeyOneDown 为按键按下的响应函数名，也为指向 OnKeyOneDown 函数的指针。因此，(*OnKeyOneUp)()为按键弹起的响应函数，(*OnKeyOneDown)()为按键按下的响应函数。读者可借助图 4-7 所示的流程图来帮助理解代码。

程序清单 4-8

```
void InitKeyOne(void)
{
  ConfigKeyOneGPIO(); //配置按键的 GPIO

  s_arrKeyDownLevel[KEY_NAME_KEY0] = KEY_DOWN_LEVEL_KEY0; //按键 KEY0 按下时为低电平
  s_arrKeyDownLevel[KEY_NAME_KEY1] = KEY_DOWN_LEVEL_KEY1; //按键 KEY1 按下时为低电平
  s_arrKeyDownLevel[KEY_NAME_KEY2] = KEY_DOWN_LEVEL_KEY2; //按键 KEY2 按下时为低电平
}

void ScanKeyOne(unsigned char keyName, void(*OnKeyOneUp)(void), void(*OnKeyOneDown)(void))
{
  static unsigned char s_arrKeyVal[KEY_NAME_MAX];      //定义数组，存放按键的数值
  static unsigned char s_arrKeyFlag[KEY_NAME_MAX] = {TRUE, TRUE, TRUE}; //定义数组，存放按键标志位

  s_arrKeyVal[keyName] = s_arrKeyVal[keyName] << 1;     //检查是否是有效操作，防抖动，80ms 内的稳
                                                             定操作才有效

  switch (keyName)
  {
    case KEY_NAME_KEY0:
      s_arrKeyVal[keyName] = s_arrKeyVal[keyName] | KEY0; //有效按压/弹起时，KEY0 的低位到高位
                                                              依次变为 0/1（8 位）
      break;
    case KEY_NAME_KEY1:
      s_arrKeyVal[keyName] = s_arrKeyVal[keyName] | KEY1; //有效按压/弹起时，KEY1 的低位到高位
                                                              依次变为 0/1（8 位）
      break;
    case KEY_NAME_KEY2:
      s_arrKeyVal[keyName] = s_arrKeyVal[keyName] | KEY2; //有效按压/弹起时，KEY2 的低位到高位
                                                              依次变为 0/1（8 位）
      break;
    default:
      break;
  }

  //按键标志位的值为 TRUE 时，判断是否有按键有效按下
  if(s_arrKeyVal[keyName] == s_arrKeyDownLevel[keyName] && s_arrKeyFlag[keyName] == TRUE)
  {
    (*OnKeyOneDown)();                //执行按键按下的响应函数
    s_arrKeyFlag[keyName] = FALSE;    //表示按键处于按下状态，按键标志位的值更改为 FALSE
  }

  //按键标志位的值为 FALSE 时，判断是否有按键有效弹起
  else if(s_arrKeyVal[keyName] == (unsigned char)(~s_arrKeyDownLevel[keyName]) &&
                                          s_arrKeyFlag[keyName] == FALSE)
  {
    (*OnKeyOneUp)();                  //执行按键弹起的响应函数
```

```
    s_arrKeyFlag[keyName] = TRUE;    //表示按键处于弹起状态，按键标志位的值更改为 TRUE
  }
}
```

步骤 5：完善 ProcKeyOne.h 文件

单击 🔧 按钮，进行编译，编译结束后，在 Project Explorer 面板中，双击 ProcKeyOne.c 中的 ProcKeyOne.h。在 ProcKeyOne.h 文件的"包含头文件"区，添加代码#include "DSP28x_Project.h"。然后，在 ProcKeyOne.h 文件的"API 函数声明"区，添加如程序清单 4-9 所示的代码。InitProcKeyOne 函数用于初始化 ProcKeyOne 模块，ProcKeyUpKeyx 函数用于处理按键弹起事件，按键弹起时会调用该函数，ProcKeyDownx 函数用于处理按键按下事件。

程序清单 4-9

```
/********************************************************************************
*                                包含头文件
********************************************************************************/
#include "DSP28x_Project.h"
/********************************************************************************
*                                API 函数声明
********************************************************************************/
void  InitProcKeyOne(void);      //初始化 ProcKeyOne 模块

void  ProcKeyDownKey0(void);     //处理按键按下的事件，即按键按下的响应函数
void  ProcKeyUpKey0(void);       //处理按键弹起的事件，即按键弹起的响应函数
void  ProcKeyDownKey1(void);     //处理按键按下的事件，即按键按下的响应函数
void  ProcKeyUpKey1(void);       //处理按键弹起的事件，即按键弹起的响应函数
void  ProcKeyDownKey2(void);     //处理按键按下的事件，即按键按下的响应函数
void  ProcKeyUpKey2(void);       //处理按键弹起的事件，即按键弹起的响应函数
```

步骤 6：完善 ProcKeyOne.c 文件

在 ProcKeyOne.c 文件"包含头文件"区的最后，添加头文件的包含代码，如程序清单 4-10 所示。ProcKeyOne 主要是处理按键按下和弹起事件，这些事件通过串口输出按键按下和弹起的信息，需要调用串口相关的函数，因此，除了包含 ProcKeyOne.h，还应包含 SCIB.h。

程序清单 4-10

```
#include "ProcKeyOne.h"
#include "SCIB.h"
```

在 ProcKeyOne.c 文件的"API 函数实现"区，添加 API 函数的实现代码，如程序清单 4-11 所示。ProcKeyOne.c 文件的 API 函数有 7 个，分为三类，分别是 ProcKeyOne 模块初始化函数 InitProcKeyOne、按键弹起事件处理函数 ProcKeyUpKeyx、按键按下事件处理函数 ProKeyDownKeyx。注意，由于 3 个按键的按下和弹起事件处理函数类似，这里只列出了 KEY0 按键的按下和弹起事件处理函数，KEY1、KEY2 的代码请读者自行添加。

程序清单 4-11

```
void InitProcKeyOne(void)
{

}

void  ProcKeyDownKey0(void)
{
 printf("KEY0 PUSH DOWN\r\n");   //打印按键状态
```

```
}

void  ProcKeyUpKey0(void)
{
  printf("KEY0 RELEASE\r\n");        //打印按键状态
}
```

步骤 7：完善 GPIO 与独立按键输入实验应用层

在 Project Explorer 面板中，双击打开 main.c 文件，在"包含头文件"区的最后，添加代码#include "KeyOne.h"和#include "ProcKeyOne.h"。这样就可以在 main.c 文件中调用 KeyOne 和 ProcKeyOne 模块的宏定义和 API 函数等，实现对按键模块的操作。

在 main.c 文件的 InitHardware 函数中，添加调用 InitKeyOne 和 InitProcKeyOne 函数的代码，如程序清单 4-12 所示，这样就实现了对按键模块的初始化。

程序清单 4-12

```
static  void  InitHardware(void)
{
  SystemInit();        //初始化系统函数
  InitXintf();         //初始化 Xintf 模块

#if DOWNLOAD_TO_FLASH
  MemCopy(&RamfuncsLoadStart, &RamfuncsLoadEnd, &RamfuncsRunStart);
  InitFlash();         //初始化 Flash 模块
#endif

  InitLED();           //初始化 LED 模块
  InitTimer();         //初始化 CPU 定时器模块
  InitSCIB(115200);    //初始化 SCIB 模块
  InitKeyOne();        //初始化 KeyOne 模块
  InitProcKeyOne();    //初始化 ProcKeyOne 模块

  EINT;                //使能全局中断
  ERTM;                //使能全局实时中断
}
```

在 main.c 文件的 Proc2msTask 函数中，添加调用 ScanKeyOne 函数的代码，如程序清单 4-13 所示。ScanKeyOne 函数需要每 10ms 调用一次，而 Proc2msTask 函数的 if 语句中的代码每 2ms 执行一次，因此，需要通过一个计数器（变量 s_iCnt5）进行计数，当从 1 计数到 5，即经过 5 个 2ms 时，执行一次 ScanKeyOne 函数，这样就实现了每 10ms 进行一次按键扫描。注意，s_iCnt5 必须定义为静态变量，需要加 static 关键字，否则退出函数后，s_iCnt5 分配的存储空间会自动释放。独立按键按下和弹起时，会通过串口输出提示信息，不需要每秒输出一次 This is the first TMS320F28335 Project, by Zhangsan，因此，还需要注释掉 Proc1SecTask 函数中的 printf 语句。

程序清单 4-13

```
static  void  Proc2msTask(void)
{
  static int s_iCnt5 = 0;

  if(Get2msFlag())    //检查 2ms 标志状态
  {
```

```
    LEDFlicker(250);//调用闪烁函数

    if(s_iCnt5 >= 4)
    {
      ScanKeyOne(KEY_NAME_KEY0, ProcKeyUpKey0, ProcKeyDownKey0);
      ScanKeyOne(KEY_NAME_KEY1, ProcKeyUpKey1, ProcKeyDownKey1);
      ScanKeyOne(KEY_NAME_KEY2, ProcKeyUpKey2, ProcKeyDownKey2);
      s_iCnt5 = 0;
    }
    else
    {
      s_iCnt5++;
    }

    Clr2msFlag();     //清除 2ms 标志
  }
}
```

步骤 8：编译及下载验证

代码编写完成后，编译工程，然后下载.out 文件到医疗电子 DSP 基础开发系统，具体操作参见 2.3 节步骤 9。下载完成后，打开串口助手，依次按下医疗电子 DSP 基础开发系统上的 KEY0、KEY1、KEY2 按键，可以看到串口助手中输出如图 4-8 所示的按键按下和弹起的提示信息；同时，医疗电子 DSP 基础开发系统上的 LED0 和 LED1 交替闪烁，表示实验成功。

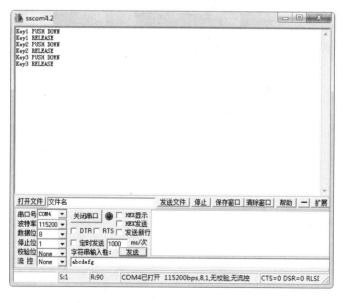

图 4-8　GPIO 与独立按键输入实验结果

本 章 任 务

基于医疗电子 DSP 基础开发系统，编写程序，实现通过按键切换 LED0 和 LED1 交替闪烁频率。初始状态为 800ms 完成一次交替闪烁，第二状态为 400ms 完成一次交替闪烁，第三状态为 200ms 完成一次交替闪烁，第四状态为 100ms 完成一次交替闪烁。按下 KEY0 按键，LED0 和 LED1 按照"初始状态→第二状态→第三状态→第四状态→初始状态"顺序进行频率递增循环闪烁。按下 KEY2 按键，LED0 和 LED1 按照"初始状态→第四状态→第三状态→第二状态→初始状态"顺序进行频率递减循环闪烁。

本 章 习 题

1．简述按键去抖原理。

2．ConfigKeyOneGPIO 函数的作用是什么？该函数具体操作了哪些寄存器？

3．简述 InitKeyOne 函数实现按键按下判断的过程。

4．某 I/O 引脚被配置为通用 I/O 输出引脚，则通过哪个寄存器可以操作该 I/O 引脚的电平输出？

5．通过哪个寄存器可以读取 I/O 引脚的电平输出状态？

6．在函数内部定义一个变量，加与不加 static 关键字有什么区别？

第5章 实验4——串口通信

异步通信（Asynchronous Transmission）是 DSP 中最常见，也是使用最频繁的通信接口之一。TMS320F28335 中共有 3 个异步通信模块 SCI（Serial Communication Interface），分别是 SCIA、SCIB 和 SCIC。SCI 的功能与寄存器相似，本章将详细介绍 SCIB 电路原理图、异步通信协议、SCI 功能框图、SCI 部分寄存器，及 SCIB 模块驱动设计。最后通过一个实例介绍 SCIB 驱动的设计和应用。

5.1 实验内容

基于医疗电子 DSP 基础开发系统设计一个串口通信实验，每秒通过 printf 向计算机发送一条语句（ASCII 格式），如 This is the first TMS320F28335 Project, by Zhangsan，在计算机上通过串口助手显示。由计算机上的串口助手向医疗电子 DSP 基础开发系统发送一个字节的数据（HEX 格式），系统收到后，进行加 1 处理，再发送回计算机，通过串口助手显示出来。例如，计算机通过串口助手向医疗电子 DSP 基础开发系统发送 0x13，系统收到后，进行加 1 处理，向计算机发送 0x14。

5.2 实验原理

5.2.1 SCIB 电路原理图

医疗电子 DSP 基础开发系统上的 USART1_TX 连接 TMS320F28335 芯片的 GPIO9 引脚，USART1_RX 连接芯片的 GPIO11 引脚。现在的计算机基本都不再配置异步通信接口，因此，需要将异步通信信号（USART1_TX 和 USART1_RX）经由医疗电子 DSP 基础开发系统上的 USB 转异步通信模块转换为 USB 信号（D+和 D-），这样，通过 USB 数据线，即可实现计算机与 TMS32028335 芯片之间的通信。SCIB 硬件电路如图 5-1 所示。

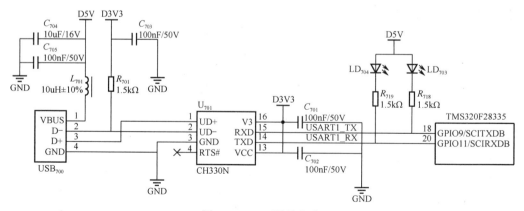

图 5-1 SCIB 硬件电路

5.2.2 异步通信协议

与 SPI、I²C 等同步传输方式不同，异步通信只需要一根线就可以实现数据的通信，但异步通信的传输速率相对也较低。下面详细介绍异步通信协议及其通信原理。

1．异步通信物理层

异步通信采用异步串行全双工通信的方式，因此异步通信没有时钟线，通过两根数据线可实现双向同时传输。收发数据只能一位一位地在各自的数据线上传输，因此异步通信最多只有两根数据线，一根是发送数据线，一根是接收数据线。数据线采用高低逻辑电平传输，因此还必须有参照的地线。最简单的异步通信接口由发送数据线 TXD、接收数据线 RXD 和地线 GND 组成。

异步通信一般采用 TTL/CMOS 的逻辑电平标准表示数据，逻辑 1 用高电平表示，逻辑 0 用低电平表示。例如，在 TTL 电平标准中，逻辑 1 用 5V 表示，逻辑 0 用 0V 表示；在 CMOS 电平标准中，逻辑 1 的电平接近于电源电平，逻辑 0 的电平接近于 0V。

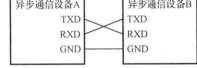

两个异步通信设备的连接非常简单，如图 5-2 所示，只需要将异步通信设备 A 的发送数据线 TXD 与异步通信设备 B 的接收数据线 RXD 相连接，将异步通信设备 A 的接收数据线 RXD 与异步通信设备 B 的发送数据线 TXD 相连接，此外，两个异步通信设备必须共地，即将两个设备的 GND 相连接。

图 5-2　两个异步通信设备连接方式

2．异步通信数据格式

异步通信数据按照一定的格式打包成帧，DSP 或计算机在物理层上是以帧为单位进行传输的。异步通信的一帧数据由起始位、数据位、校验位、停止位和空闲位组成，如图 5-3 所示。需要说明的是，一个完整的异步通信数据帧必须有起始位、数据位和停止位，但不一定有校验位和空闲位。

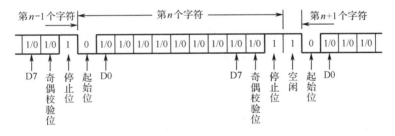

图 5-3　异步通信数据帧格式

（1）起始位的长度为 1 位，起始位的逻辑电平为低电平。由于异步通信空闲状态时的电平为高电平，因此，在每一个数据帧的开始，需要先发出一个逻辑 0，表示传输开始。

（2）数据位的长度通常为 8 位，也可以为 9 位；每个数据位的值可以为逻辑 0，也可以为逻辑 1，而且传输采用的是小端方式，即最低位（D0）在前，最高位（D7）在后。

（3）校验位不是必需项，因此可以将异步通信配置为没有校验位，即不对数据位进行校验；也可以将异步通信配置为带奇偶校验位。如果配置为带奇偶校验位，则校验位的长度为 1 位，校验位的值可以为逻辑 0，也可以为逻辑 1。在奇校验方式下，如果数据位中有奇数个逻辑 1，则校验位为 0；如果数据位中有偶数个逻辑 1，则校验位为 1。在偶校验方式下，如果数据位中有奇数个逻辑 1，则校验位为 1；如果数据位中有偶数个逻辑 1，则校验位为 0。

（4）停止位的长度可以是 1 位、1.5 位或 2 位，通常情况下是 1 位。停止位是一帧数据的结束标志，由于起始位是低电平，因此停止位为高电平。

（5）空闲位是当数据传输完毕后，线路上保持逻辑 1 电平的位，表示当前线路上没有数据传输。

3. 异步通信传输速率

异步通信传输速率用比特率来表示。比特率是每秒传输的二进制位数，单位为 bps（bit per second）。波特率，即每秒传送码元的个数，单位为 baud。由于异步通信使用 NRZ（Non-Return to Zero，不归零）编码，因此异步通信的波特率和比特率数值是相同的。在实际应用中，常用的异步通信传输速率有 1200bps、2400bps、4800bps、9600bps、19200bps、38400bps、57600bps 和 115200bps。

如果数据位为 8 位，校验方式为奇校验，停止位为 1 位，波特率为 115200baud，计算每 2ms 最多可以发送多少个字节数据。首先，通过计算可知，一帧数据有 11 位（1 位起始位+8 位数据位+1 位校验位+1 位停止位）。其次，波特率为 115200baud，即每秒传输 115200bit。于是，每毫秒可以传输 115.2bit，由于每帧数据有 11 位，因此每毫秒可以传输 10 字节数据，2ms 就可以传输 20 字节数据。

综上所述，异步通信是以帧为单位进行数据传输的。一个异步通信数据帧由 1 位起始位、5～9 位数据位、0 位/1 位校验位、1 位/1.5 位/2 位停止位组成。除了起始位，其他三部分必须在通信前由通信双方设定好，即通信前必须确定数据位和停止位的位数、校验方式及波特率。这就相当于两个人通过电话交谈之前，要先确定好交谈所使用的语言，否则，一方使用英语，另外一方使用汉语，就无法进行有效的交流。

4. 异步通信实例

由于异步通信采用异步串行通信，没有时钟线，只有数据线。那么，收到一个异步通信原始波形，如何确定一帧数据？如何计算传输的是什么数据？下面以一个异步通信波形为例来说明，假设异步通信波特率为 115200baud，数据位为 8 位，无奇偶校验位，停止位为 1 位。

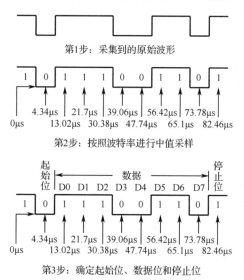

第1步：采集到的原始波形

第2步：按照波特率进行中值采样

第3步：确定起始位、数据位和停止位

图 5-4　异步通信实例时序图

如图 5-4 所示，第 1 步，获取异步通信原始波形数据；第 2 步，按照波特率进行中值采样，每位的时间宽度为 1/115200s≈8.68μs，将电平第一次由高到低的转换点作为基准点，即 0 时刻，在 4.34μs 时刻采样第 1 个点，在 13.02μs 时刻采样第 2 个点，依次类推，然后判断第 10 个采样点是否为高电平，如果为高电平，表示完成一帧数据的采样；第 3 步，确定起始位、数据位和停止位，采样的第 1 个点即为起始位，且起始位为低电平，采样的第 2 个点至第 9 个点为数据位，其中第 2 个点为数据最低位，第 9 个点为数据最高位，第 10 个点为停止位，且停止位为高电平。

5.2.3　SCI 功能框图

图 5-5 所示为 SCI 的功能框图。下面依次介绍 SCI 的功能引脚、控制器及波特率发生器、数据接收和数据发送。

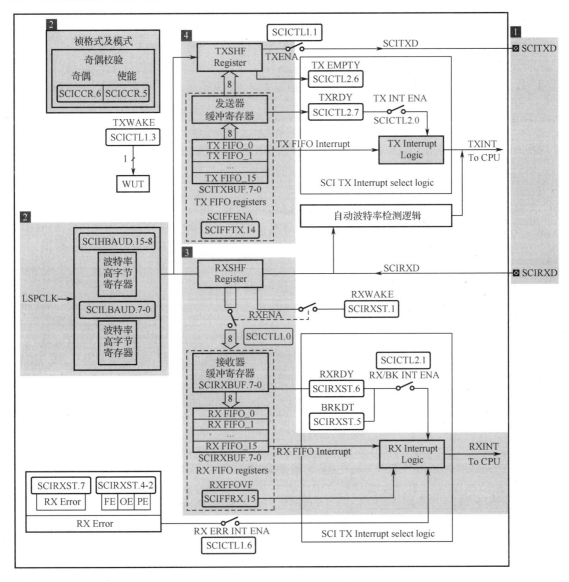

图 5-5　SCI 功能框图

1. 功能引脚

TMS320F28335 的 SCI 功能引脚包括 SCITXD 和 SCIRXD，SCITXD 是发送数据输出引脚，SCIRXD 是接收数据输入引脚。TXD 和 RXD 的引脚信息可参见《TMS320 数据手册》。

医疗电子 DSP 基础开发系统采用的芯片是 TMS320F28335，该芯片包含 3 个 SCI，即 SCIA、SCIB 和 SCIC。其中，SCIA 的 TXD 可以映射到 GPIO29 和 GPIO35 引脚，RXD 只能映射到 GPIO36 引脚；SCIB 的 TXD 可以映射到 GPIO9、GPIO14、GPIO18 和 GPIO22 引脚，RXD 可以映射到 GPIO11、GPIO15 和 GPIO19 引脚；SCIC 的 RXD 只能映射到 GPIO62 引脚，TXD 只能映射到 GPIO63 引脚。本实验中的 USB 转串口模块使用到了 SCIB，SCITXDB 映射到 GPIO9 引脚，SCIRXDB 映射到 GPIO11 引脚；人体生理参数监测系统的发送端（PARA_TX）与 SCIRXDA（映射到 GPIO36 引脚）相连接，接收端（PARA_RX）与 SCITXDA（映射到 GPIO35 引脚）相连接；触摸屏的发送端（LCD TX）与 SCIRXDC（映射到 GPIO62 引脚）相

连接，接收端（LCD RX）与 SCITXDC（映射到 GPIO63 引脚）相连接。

2. 控制器及波特率发生器

在两个异步通信模块之间进行数据传输之前，必须先设置好停止位位数、奇偶校验位、数据长度和波特率等参数。除了波特率，其他参数通过 SCI 通信控制寄存器（SCICCR）来设置。

接收器和发送器的波特率由波特率发生器控制，用户只需向波特率寄存器（SCIHBAUD 和 SCILBAUD）写入不同的值，就可以控制波特率发生器输出不同的波特率。

SCI 模块通信波特率与波特率寄存器之间的关系如下：

$$BRR = \frac{LSPCLK}{SCI\ Asynchronous\ Baud \times 8} - 1 \tag{5-1}$$

其中，BRR 为 SCI 波特率寄存器中的值，由十进制转换为十六进制后，其高 8 位赋值给 SCIHBAUD，低 8 位赋值给 SCILBAUD。式（5-1）仅适用于 $1 \leqslant BRR \leqslant 65535$ 的情况，当 BRR=0 时，SCI 模块波特率 SCI Asynchronous Baud=LSPCLK/16。

如果外部晶振的频率为 30MHz，经过锁相环 PLL 倍频之后 SYSCLKOUT 为 150MHz，然后，假设低速时钟预定标器 LOSPCP 的值为 2，则 SYSCLKOUT 经过低速时钟预定标器之后产生低速外设时钟 LSPCLK 的值为 37.5MHz，即 SCI 模块的时钟为 37.5MHz。如果需要 SCI 的波特率为 19200baud，则将 LSPCLK 和波特率的值代入式（5-1），即可得到 BRR=243.14。由于寄存器的值都是正整数，可忽略小数，即 BRR=243。用十六进制数表示 243 是 0xF3，因此 SCIHAUD 的值为 0，SCILBAUD 的值为 0xF3。注意，由于忽略了小数，会产生 0.06% 的误差。当 LSPCLK 为 37.5MHz 时，对于 SCI 模块常见的波特率，其波特率寄存器的值如表 5-1 所示。

表 5-1　SCI 常见波特率与其对应的波特率寄存器的值（LSPCLK=37.5MHz）

理想波特率（baud）	BRR（十进制）	SCIHBAUD	SCILBAUD	精确波特率（baud）	误　　差
2400	1952	0x7A	0x00	2400	0%
4800	976	0x3D	0x00	4798	0.04%
9600	487	0x01	0xE7	9606	0.06%
19200	243	0x00	0xF3	19211	0.06%
38400	121	0x00	0x79	38422	0.06%
57600	80	0x00	0x50	57870	0.47%
115200	40	0x00	0x28	114329	0.76%

3. 数据接收

SCI 有两种工作模式，分别是标准的 SCI 模式和增强的 FIFO 模式，本实验中的 SCIB 工作在增强的 FIFO 模式下。本实验中的数据接收过程如下。

（1）当其他模块（如计算机、触摸屏或人体生理参数监测系统）的数据发送到 SCIRXD 引脚，SCI 开始检测数据的起始位。

（2）当 SCIRXD 引脚检测到起始位，便开始将随后的数据逐位移到接收移位寄存器（RXSHF）中。

（3）如果 SCIFFRX 的 SCIFFENA 为 1，即使能 SCI 的接收 FIFO 功能，同时，SCICTL1

的 RXENA 为 1，即使能 SCI 的接收操作，当 RXSHF 接收到一帧数据后，便将接收到的数据写入接收 FIFO（接收 FIFO 入队操作）中。

（4）SCIFFRX 中的接收 FIFO 的状态位 RXFFST 表示接收到的数据个数，当 RXFFST 的值与预设好的 SCIFFRX 中的中断级位 RXFFIL 相等时，接收 FIFO 就会产生接收中断 RXINT 信号，如果 SCIFFRX 中的 RXFFIENA 为 1，即 FIFO 接收中断已经使能，那么 SCI 将向 PIE 控制器发出中断请求。例如，将 RXFFIL 设置为 8，那么当 FIFO 接收到 8 个数据时，RXFFST 的值就为 8，正好与 RXFFIL 的值相等，这时接收 FIFO 就产生了接收中断匹配事件。复位后，接收 FIFO 的中断级位 RXFFIL 默认值为 0x1111，即 FIFO 接收到 16 个数据时产生中断请求。在中断服务函数中，就可以通过读取 SCIRXBUF（实际上是接收 FIFO 出队操作，SCIRXBUF 相当于接收 FIFO 的出口）来获取数据。

4．数据发送

本实验中的数据发送过程如下。

（1）若 SCIFFTX 的 SCIFFENA 为 1，即使能 SCI 的发送 FIFO 功能，将数据写入 SCITXBUF 中（实际上是发送 FIFO 入队操作，SCITXBUF 相当于发送 FIFO 的入口），发送移位寄存器（TXSHF）将直接从发送 FIFO 中获取需要发送的数据（实际上是发送 FIFO 出队操作）。

（2）SCI 将发送 FIFO 获取到的数据发送到 TXSHF。

（3）如果 SCICTL1 的 TXENA 为 1，即使能 SCI 的发送操作，则 TXSHF 将数据逐位移到 SCITXD 引脚，这样就完成了一帧数据的发送。

（4）SCIFFTX 中发送 FIFO 的状态位 TXFFST 表示发送 FIFO 中有多少个数据需要发送，当 TXFFST 的值与预设好的 SCIFFTX 中的中断级位 TXFFIL 相等时，发送 FIFO 就会产生发送中断 TXINT 信号，如果 SCIFFTX 中的 TXFFIENA 为 1，即 FIFO 发送中断已经使能，那么 SCI 将向 PIE 控制器发出中断请求。例如，将 TXFFIL 设置为 8，那么当 FIFO 中还剩 8 个数据需要发送时，TXFFST 的值就为 8，正好与 TXFFIL 的值相等，这时发送 FIFO 就产生了发送中断匹配事件。复位后，发送 FIFO 中的中断级位 TXFFIL 默认值为 0x0000，即发送 FIFO 中数据全部发送完毕后将产生中断请求。

通过 SCIFFCT 的 FFTXDLY[7:0]可以确定 TXSHF 从 FIFO 加载数据的速度，或者说是加载数据的延时，即隔多长时间加载一个数据。这种延时以 SCI 模块波特率的时钟周期为基本单元，8 位 FFTXDLY 可以定义最小延时 0 个波特率时钟周期到最大延时 255 个波特率时钟周期。如果将延时设定为 0 个波特率时钟周期，则 SCI 模块的 FIFO 加载数据没有延时，即实现连续发送数据；如果将延时设定为 N 个波特率时钟周期，则 SCI 模块发送完一个数据后，TXSHF 将间隔 N 个波特率时钟周期再从 FIFO 加载数据进行发送。

5.2.4 SCI 部分寄存器

TMS320F28335 包含 3 个 SCI 模块（SCIA、SCIB 和 SCIC），其寄存器的基本工作原理完全相同，SCI 寄存器名称、地址和描述如表 5-2 所示。

表 5-2 SCI 寄存器（不受 EALLOW 保护）

名　　称	SCIA 地址	SCIB 地址	SCIC 地址	大小（×16 位）	寄存器描述
SCICCR	0x7050	0x7750	0x7770	1	SCI-A/B/C 通信控制寄存器
SCICTL1	0x7051	0x7751	0x7771	1	SCI-A/B/C 控制寄存器 1

续表

名　　称	SCIA 地址	SCIB 地址	SCIC 地址	大小（×16 位）	寄存器描述
SCIHBAUD	0x7052	0x7752	0x7772	1	SCI-A/B/C 波特率寄存器，高位
SCILBAUD	0x7053	0x7753	0x7773	1	SCI-A/B/C 波特率寄存器，低位
SCICTL2	0x7054	0x7754	0x7774	1	SCI-A/B/C 控制寄存器 2
SCIRXST	0x7055	0x7755	0x7775	1	SCI-A/B/C 接收状态寄存器
SCIRXEMU	0x7056	0x7756	0x7776	1	SCI-A/B/C 接收仿真数据缓冲寄存器
SCIRXBUF	0x7057	0x7757	0x7777	1	SCI-A/B/C 接收数据缓冲寄存器
SCITXBUF	0x7059	0x7759	0x7779	1	SCI-A/B/C 发送数据缓冲寄存器
SCIFFTX	0x705A	0x775A	0x777A	1	SCI-A/B/C FIFO 发送寄存器
SCIFFRX	0x705B	0x775B	0x777B	1	SCI-A/B/C FIFO 接收寄存器
SCIFFCT	0x705C	0x775C	0x777C	1	SCI-A/B/C FIFO 控制寄存器
SCIPRI	0x705F	0x775F	0x777F	1	SCI-A/B/C 优先级控制寄存器

1．SCIB 通信控制寄存器（SCICCRB）

SCICCRB 的结构、地址和复位值如图 5-6 所示，对部分位的解释说明如表 5-3 所示。

地址：0x7750
复位值：0x00

7	6	5	4	3	2	1	0
STOP BITS	EVEN/ODD PARITY	PARITY ENABLE	LOOPBACK ENA	ADDR/IDLE MODE	SCICHAR[2:0]		
R/W-0	R/W-0	R/W-0	R/W-0	R/W-0	R/W-0	R/W-0	R/W-0

图 5-6　SCICCRB 的结构、地址和复位值

表 5-3　SCICCRB 部分位的解释说明

位 7	SCI 结束位的个数。该位表示发送的结束位的个数。接收器只对一个结束位检查。 1：2 个结束位；0：1 个结束位
位 6	奇偶校验位选择。如果 PARITY ENABLE 置 1，该位决定采用偶极性或者奇极性校验。 1：偶极性；0：奇极性
位 5	SCI 奇偶校验使能位。 该位使能或禁止奇偶校验功能。如果 SCI 处于地址位多处理器通信模式，如果奇偶校验使能，那么地址位包含在奇偶校验计算中。对于少于 8 位的字符，剩余无用的位由于没有参与奇偶校验计算而应被屏蔽。 1：奇偶校验使能；0：奇偶核验禁止
位 4	回送测试模式使能。该位能够使能回送测试模式，这时发送引脚 SCITXD 和接收引脚 SCIRXD 在系统内部连在一起。 1：使能回法测试模式功能；0：禁止回送测试模式功能
位 3	SCI 多处理模式控制位。该位选择多处理器协议的其中一种。多处理器通信与其他的通信模式是不同的，因为它使用 SLEEP 和 TXWAKE 功能（分别是 SCICTL1 位 2、SCICTL1 位 3）。地址位模式在每帧中增加了一个额外的位，空闲线模式经常用于一般性的通信。空闲线模式不增加额外的位，并与 RS-232 型通信兼容。 1：选择地址位模式协议；0：选择空闲线模式协议

位 2～0	字符长度控制位。这些位选择 SCI 字符的长度，共 1～8 位可选。长度少于 8 位的字符在 SCIRXBUF 和 SCIRXEMU 中靠右对齐，在 SCIRXBUF 中前面的位用 0 补充。在 SCITXBUF 中前面的位不需要用 0 补充。位的具体值与字符的长度的对应情况如下：

SCICHAR2～SCICHAR0 位值（二进制）

SCICHAR2	SCICHAR1	SCICHAR0	字符长度（位）
0	0	0	1
0	0	1	2
0	1	0	3
0	1	1	4
1	0	0	5
1	0	1	6
1	1	0	7
1	1	1	8

2. SCIB 控制寄存器 1（SCICTL1B）

SCICTL1B 的结构、地址和复位值如图 5-7 所示，对部分位的解释说明如表 5-4 所示。

地址：0x7751
复位值：0x00

7	6	5	4	3	2	1	0
Reserved	EX ERR INT ENA	SW RESET	Reserved	TXWAKE	SLEEP	TXENA	RXENA
R-0	R/W-0	R/W-0	R-0	R/S-0	R/W-0	R/W-0	R/W-0

图 5-7　SCICTL1B 的结构、地址和复位值

表 5-4　SCICTL1B 部分位的解释说明

位 7	保留位。 读操作时，返回 0； 写操作时，无影响
位 6	SCI 接收错误中断使能位。当出错时，如果接收错误标志位 RX ERROR 为 1（SCIRXST，位 7），则将该位置 1，启动一个中断。 1：启动接收错误中断； 0：禁止接收错误中断
位 5	SCI 软件复位（低有效）。将 0 写入该位，初始化 SCI 状态机和操作标志位至复位状态。软件复位并不影响其他任何配置。将 1 写入该位，所有起作用的逻辑都保持确定的复位状态。因此，系统复位后，将 1 写入该位可重启 SCI。接收器检测到一个接收间隔中断后，清除该位。SW RESET 对 SCI 的操作标志有影响，但是该位既不影响配置位，也不恢复复位值。一旦产生 SW RESET，直到该位停止，标志位一直被冻结。 受影响的标志如下： SCI 标志 / 寄存器位 / SW RESET 复位后的位

SCI 标志	寄存器位	SW RESET 复位后的位
TXRDY	SCICTL2，位 7	1
TXEMPTY	SCICTL2，位 6	1
RXWAKE	SCIRXST，位 1	0
PE	SCIRXST，位 2	0
OE	SCIRXST，位 3	0
FE	SCIRXST，位 4	0
BRKDT	SCIRXST，位 5	0
RXRDY	SCIRXST，位 6	0
RXERROR	SCIRXST，位 7	0

位 4	保留位。 读操作时，返回 0；写操作时，无影响
位 3	SCI 发送器唤醒方式选择。该位对数据发送的特征进行控制，依赖于在 ADDR/IDLE MODE（SCICCR，位 3）位中所指定的发送模式（空闲线模式或者地址位模式）。 1：根据通信模式（空闲线模式或者地址位模式]的不同选择发送特征； 0：发送特征不被选择； 在空闲线模式中：向 TXWAKE 写入 1，数据写入 SCITXBUF 以产生 11 个数据位的空闲周期。 在地址位模式中：向 TXWAKE 写入 1，数据写入 SITXBUF，然后将该帧中的地址位置 1。 清除 TXWAKE 位不是通过位 SWRESET（SCICTL1，位 5），而是通过系统复位或者是通过发送到 WUF 标志位的 TXWAKE 来清除
位 2	休眠位。TXWAKE 位对数据发送的特征进行控制，依赖于在 ADDRIDLE MODE（SCICCR，位 3）位中所指定的发送模式（空闲线模式或者地址位模式）。在多处理器配盟中，该位对接收器睡眠功能进行控制。清除该位可唤醒 SCI。 当该位置 1 时，接收器仍可操作；但不会对接收器缓冲就绪位（SCIRXST，位 6，RXRDY）和错误状态位（SCIRXST，位 5~2：BRKDT、FE、OE、PE）进行更新，除非地址位被检测到。当地址位被检测到时，SLEEP 位不会被清除。 1：启动睡眠模式；0：禁止睡眠模式
位 1	发送器使能位。当该位置 1 时，通过 SCITXD 引脚发送数据。如果在所有写入 SCITXBUF 的数据全部发送完毕后复位，发送器停止发送。 1：启动发送器工作；0：禁止发送器工作
位 0	接收器使能位。通过 SCIRXD 引脚接收数据，并将数据发送到接收器移位寄存器，之后发送到接收器零冲器。该位启动或者禁止接收器工作（传送到缓冲器）。对该位清零，停止将接收到的字符发送到接收缓冲器，并停止产生接收中断。但是，接收移位寄存器仍继续装配字符。因此，如果在一个字符的接收过程中将 RXENA 置 1，这个完整的字符将被传送到接收器缓冲寄存器 SCIRXEMU 和 SCIRXBUF。 1：将接收的字符发送到 SCIRXEMU 和 SCIRXBUF； 0：禁止接收的字符发送到 SCIRXEMU 和 SCIRXBUF

3. SCIB 波特率寄存器（SCIHBAUDB 和 SCILBAUDB）

16 位的 SCI 波特率选择寄存器可拆分为高字节波特率选择寄存器（SCIHBAUD）和低字节波特率选择寄存器（SCILBAUD），SCI 波特率选择寄存器的值 BRR 通过 SCIHBAUD 和 SCILBAUD 进行加载。SCIHBAUDB 和 SCILBAUDB 的结构、地址和复位值如图 5-8、图 5-9 所示，对部分位的解释说明如表 5-5 所示。

地址：0x7752
复位值：0x00

15	14	13	12	11	10	9	8
BAUD15(MSB)	BAUD14	BAUD13	BAUD12	BAUD11	BAUD10	BAUD9	BAUD8
R/W-0	R/W-0	R/W-0	R/W-0	R/W-0	R/W-0	R/W-0	R/W-0

图 5-8　SCIHBAUDB 的结构、地址和复位值

地址：0x7753
复位值：0x00

7	6	5	4	3	2	1	0
BAUD7	BAUD6	BAUD5	BAUD4	BAUD3	BAUD2	BAUD1	BAUD0(LSB)
R/W-0	R/W-0	R/W-0	R/W-0	R/W-0	R/W-0	R/W-0	R/W-0

图 5-9　SCILBAUDB 的结构、地址和复位值

表 5-5 SCIHBAUDB 部分位的解释说明

位 15~0	内部产生的串行时钟信号是通过低速的外部时钟（LSPCLK）和两个波特率选择寄存器确定的。对于不同的通信模式，SCI 根据这些寄存器的 16 位的值从 64K 的串行时钟频率中进行选择。 SCI 的异步波特率通过下面的公式进行计算： $$\text{SCI Asynchronous Baud} = \frac{\text{LSPCLK}}{(\text{BRR}+1)\times 8}$$ 或 $$\text{BRR} = \frac{\text{LSPCLK}}{\text{SCI Asynchronous Baud} \times 8} - 1$$ 上式仅适用于 $1 \leqslant \text{BRR} \leqslant 65535$。 当 BRR=0 时 $$\text{SCI Asynchronous Baud} = \frac{\text{LSPCLK}}{16}$$ 这里 BRR=波特率选择寄存器中的 16 位的值（十进制）

4．SCIB 接收状态寄存器（SCIRXSTB）

SCIRXSTB 的结构、地址和复位值如图 5-10 所示，对部分位的解释说明如表 5-6 所示。

地址：0x7755
复位值：0x00

7	6	5	4	3	2	1	0
RX ERROR	RXRDY	BRKDT	FE	OE	PE	RXWAKE	Reserved
R-0	R-0	R-0	R-0	R-0	R-0	R-0	R-0

图 5-10 SCIRXSTB 的结构、地址和复位值

表 5-6 SCIRXSTB 部分位的解释说明

位 7	SCI 接收器错误标志位。 RX ERROR 标志表示了接收器状态寄存器中的其中一个错误标志置位。RX ERROR 是中断检测、帧错误、溢出和极性错误使能标志（位 5~2：BRKDT、FE、OE 和 PE）的逻辑或操作结果。当 RX ERR INT ENA（SCICTL1.6）位为 1 时，产生一个中断。错误标志不能直接清零，要通过一个有效的 SW RESET 或系统复位清零。 1：错误标志器位；0：没有错误标志置位
位 6	接收器缓冲寄存器就绪标志位。 当从 SCIRXBUF 寄存器中读出一个新字符时，接收器将该位置 1，此时，如果 RX/BK INT ENA（SCICTL2.1）位为 1，将产生一个接收器中断。通过读 SCIRXBUF 寄存器，或有效的 SW RESET 或系统复位可使 RXRDY 清零。 1：数据读操作就绪，CPU 可以从 SCIRXBUF 中读取新字符；0：SCIRXBUF 中没有新字符
位 5	间断检测标志位。 当间断条件产生时，SCI 对该位置位。如果从丢失第一个停止位开始，SCI 接收数据线路 SCIRXD 保持至少 10 位连续低电平时，间断条件就产生。如果 RX/BK INTENA 被置位，条件产生的同时将产生一个 BRKDT 中断，但不会导致接收器缓冲器被重新加载。如果接收器 SLEEP 位为 1，BRKDT 中断也会发生。通过一个有效的 SW RESET 或系统复位可使 BRKOT 清零。在检测到间断后，接收字符并不能清除该位。为了接收更多的字符，SCI 必须通过触发 SW RESET 或系统复位来复位 SCI。 1：间断条件产生； 0：没有间断条件产生
位 4	帧错误标志位。 当所期望的结束位没有检测到时，SCI 对该位置位。虽然结束位可以是 1~2 位，但 SCI 仅检测第一个结束位。丢失的结束位表示没有能够和起始位同步，及该字符被错误地组合成一帧。该位通过对 SW RESET 清零或系统复位来复位。 1：检测到帧错误；0：没有检测到帧错误

位 3	溢出错误标志位。 在 CPU 或 DMAC 读出前一个字符前，下一个字符发送到寄存器 SCIRXEMU 和 SCIRXBUF 时，SCI 对该位置 1。该标志位通过有效的 SW RESET 或系统复位来复位。 1：检测到溢出错误；0：没有检测到溢出错误
位 2	奇偶校验错误标志位。 当接收到数据中高电平的数量和它的奇偶校验位不匹配时，该标志位置 1。地址位也包括在计算范围之内。如果奇偶校验的产生和检测被禁止，则该标志禁止，读作 0。该标志位通过有效的 SW RESET 或系统复位来复位。 1：检测到奇偶校验错误； 0：没有检测到奇偶校验错误或者奇偶校验功能被禁止
位 1	接收器唤醒检测标志位。 如果 RXWAKE=1，表明检测到接收器唤醒条件。在地址位多处理器模式中，RXWAKE 反映了 SCIRXBUF 中字符的地址位的值。在空闲线多处理器模式中，如果 SCIRXD 数据线检测为空，则 RXWAKE 置 1。RXWAKE 是一个只读标志，通过下面的操作清零： （1）将地址字节后的第一个字节传送到 SCIRXBUF； （2）对 SCIRXBUF 进行读操作； （3）有效的 SWRESET； （4）系统复位
位 0	保留位。 读操作时，返回 0； 写操作时，没有影响

5. SCIB 接收数据缓冲寄存器（SCIRXBUFB）

SCIRXBUFB 的结构、地址和复位值如图 5-11 所示，对部分位的解释说明如表 5-7 所示。

地址：0x7757
复位值：0x0000

15	14	13	12	11	10	9	8
SCIFFFE	SCIFFPE	Reserved					
R-0	R-0	R-0					

7	6	5	4	3	2	1	0
RXDT7	RXDT6	RXDT5	RXDT4	RXDT3	RXDT2	RXDT1	RXDT0
R-0	R-0	R-0	R-0	R-0	R-0	R-0	R-0

图 5-11 SCIRXBUFB 的结构、地址和复位值

表 5-7 SCIRXBUFB 部分位的解释说明

位 15	SCI FIFO 帧错误标志位。 1：接收数据的 0～7 位中有帧错误。该位与 FIFO 顶部的数据相关联； 0：接收数据的 0～7 位中没有帧错误。该位与 FIFO 顶部的数据相关联
位 14	SCI FIFO 奇偶校验错误标志位。 1：接收数据的 0～7 位中有奇偶校验错误。该位与 FIFO 顶部的数据相关联； 0：位 7～0 上接收字符没有产生奇偶校验错误。该位与 FIFO 顶端的字符相关联
位 13～8	保留
位 7～0	接收数据位

6. SCIB 发送数据缓冲寄存器（SCITXBUFB）

SCITXBUFB 的结构、地址和复位值如图 5-12 所示，对部分位的解释说明如表 5-8 所示。

地址：0x7759
复位值：0x00

7	6	5	4	3	2	1	0
TXDT7	TXDT6	TXDT5	TXDT4	TXDT3	TXDT2	TXDT1	TXDT0
R/W-0	R/W-0	R/W-0	R/W-0	R/W-0	R/W-0	R/W-0	R/W-0

图 5-12　SCITXBUFB 的结构、地址和复位值

表 5-8　SCITXBUFB 部分位解释说明

位 7~0	发送数据位

7. SCIB FIFO 发送寄存器（SCIFFTXB）

SCIFFTXB 的结构、地址和复位值如图 5-13 所示，对部分位的解释说明如表 5-9 所示。

地址：0x775A
复位值：0xA000

15	14	13	12	11	10	9	8
SCIRST	SCIFFENA	TXFIFO Reset	TXFFST4	TXFFST3	TXFFST2	TXFFST1	TXFFST0
R/W-1	R/W-0	R/W-1	R-0	R-0	R-0	R-0	R-0

7	6	5	4	3	2	1	0
TXFFINT Flag	TXFFINT CLR	TXFFIENA	TXFFIL4	TXFFIL3	TXFFIL2	TXFFIL1	TXFFIL0
R-0	W-0	R/W-0	R/W-0	R/W-0	R/W-0	R/W-0	R/W-0

图 5-13　SCIFFTXB 的结构、地址和复位值

表 5-9　SCIFFTXB 部分位的解释说明

位 15	SCI 复位位。 0：写入 0，以复位 SCI 发送和接收通道。SCI FIFO 寄存器配置位继续保持原有状态； 1：SCI FIFO 重新开始发送和接收。即使工作在自动波特逻辑工作方式下，SCIRST 也应该为 1
位 14	SCI FIFO 使能位。 0：禁止 SCIFIFO 的增强型功能。FIFO 处于复位状态； 1：使能 SCIFIFO 的增强型功能
位 13	发送 FIFO 复位位。 0：禁止 SCIFIFO 的增强型功能。FIFO 处于复位状态； 1：使能 SCIFIFO 的增强型功能
位 12~8	发送 FIFO 状态字数。 00000：发送 FIFO 中空； 00001：发送 FIFO 中有 1 个字； 00010：发送 FIFO 中有 2 个字； 00011：发送 FIFO 中有 3 个字； 0xxxx：发送 FIFO 中有 x 个字； 10000：发送 FIFO 中有 16 个字
位 7	发送 FIFO 中断标志位。 0：没有产生 TXFIFO 中断； 1：产生 TXIFO 中断
6 位	发送 FIFO 清零位。 0：向该位写 0，对 TXFFINT 标志位没有影响，读该位返回一个 0； 1：向该位写 1，清除 TXFFINT 标志位

位 5	发送 FIFO 中断使能位。 0：禁止基于 TXFFIVL 匹配（小于或等于）的 TXIFO 中断； 1：使能基于 TXFFIVL 匹配（小于或等于）的 TXFIFO 中断
位 4~0	TXFFIL4~TXFFIL0 发送 FIFO 中断级位

8. SCIB FIFO 接收寄存器（SCIFFRXB）

SCIFFRXB 的结构、地址和复位值如图 5-14 所示，对部分位的解释说明如表 5-10 所示。

地址：0x775B
复位值：0x001F

15	14	13	12	11	10	9	8
RXFFOVF	RXFFOVR CLR	RXFIFO Reset	RXFFST4	RXFFST3	RXFFST2	RXFFST1	RXFFST0
R-0	W-0	R/W-0	R-0	R-0	R-0	R-0	R-0

7	6	5	4	3	2	1	0
RXFFINT Flag	RXFFINT CLR	RXFFINENA	RXFFIL4	RXFFIL3	RXFFIL2	RXFFIL1	RXFFIL0
R-0	W-0	R/W-0	R/W-1	R/W-1	R/W-1	R/W-1	R/W-1

图 5-14　SCIFFRXB 的结构、地址和复位值

表 5-10　SCIFFRXB 部分位的解释说明

位 15	接收 FIFO 溢出位。 0：接收 FIFO 没有溢出； 1：接收 FIFO 溢出，只读位，FIFO 接收到多于 16 个字的信息，接收到的第一个字符已经丢失； 该位作为标志位，但它本身不能产生中断。当接收中断有效时，便产生这种情况。接收中断会处理这种标志状况
位 14	接收 FIFO 溢出标志清除位。 0：向该位写 0 对 RXFFOVF 标志位没有影响，读该位返回一个 0； 1：向该位写 1，清除 RXFFOVF 标志位
位 13	接收 FIFO 复位位。 0：向该位写 0，复位 FIFO 指针为 0，并保持复位； 1：重新使能接收 FIFO 的操作
位 12~8	接收 FIFO 字数。 00000：接收 FIFO 中空； 00001：接收 FIFO 中有 1 个字； 00010：接收 FIFO 中有 2 个字； 00011：接收 FIFO 中有 3 个字； 0xxxx：接收 FIFO 中有 x 个字； 10000：接收 FIFO 中有 16 个字
位 7	接收 FIFO 中断，只读位。 0：没有产生 RXFIFO 中断； 1：产生 RXFIFO 中断
位 6	清零接收 FIFO 中断位。 0：向该位写 0，对 RXFFINT 标志位没有影响，读该位返回一个 0； 1：向该位写 1，清除 RXFFINT 标志

续表

位 5	接收 FIFO 中断使能位。 0：禁止基于 RXFFIVL 匹配（小于或等于）的 RXFHFO 中断； 1：使能基于 RXFFAVL 匹配（小于或等于）的 RXFIFO 中断
位 4~0	RXFFIL4~RXFFILO 接收 FIFO 中断级位。 当 FIFO 状态位和 FIFO 级别位匹配（大于或等于）时，接收 FIFO 产生中断。这些位复位后的默认值是 11111。这将避免重复的中断，复位后，接收 FIFO 在大多数时间是空的

9. SCIB FIFO 控制寄存器（SCIFFCTB）

SCIFFCTB 的结构、地址和复位值如图 5-15 所示，对部分位的解释说明如表 5-11 所示。

地址：0x775C
复位值：0x0000

15	14	13	12	11	10	9	8
ABD	ABD CLR	CDC	Reserved				
R-0	R/W-0	R/W-0	R-0				

7	6	5	4	3	2	1	0
FFTXDLY7	FFTXDLY6	FFTXDLY5	FFTXDLY4	FFTXDLY3	FFTXDLY2	FFTXDLY1	FFTXDLY0
R-0	W-0	R/W-0	R/W-0	R/W-0	R/W-0	R/W-0	R/W-0

图 5-15　SCIFFCTB 的结构、地址和复位值

表 5-11　SCIFFCTB 部分位的解释说明

位 15	自动波特率检测位。 0：自动波特率检测没有完成。"A""a"字符未被接收到； 1：自动波特率检测完成，收到"A""a"字符
位 14	ABD 清除位。 0：写入 0，对 ABD 标志位没有影响。读该位返回一个 0； 1：写入 1，清除 ABD 标志
位 13	CDC 校准检测位。 0：禁止自动波特率检测校准； 1：使能自动波特率检测校准
位 12~8	保留
位 7~0	这些位定义了从 FIFO 发送缓冲器到发送移位寄存器之间每一次传送的延时。通过 SCI 串行波特率时钟周期的个数来确定延时。8 位寄存器可以确定一个 0 波特率时钟周期的最小延时，也可以确定一个 256 波特率时钟周期的最大延时。在 FIFO 模式中，移位寄存器只有完成最后一位的移位后，才能填充新数据。在数据流传输之间需要延时。在 FIFO 模式中，SCITXBUF 不作为一个附加的缓冲级使用

5.2.5　SCIB 模块驱动设计

SCIB 模块驱动设计是本实验的核心，下面分别介绍队列与循环队列、循环队列 Queue 模块函数、SCIB 数据接收和数据发送路径，以及 printf 实现过程。

1. 队列与循环队列

队列是一种先入先出（FIFO）的线性表，它只允许从表的一端插入元素，从另一端取出元素，即最先进入队列的元素最先离开。在队列中，允许插入的一端称为队尾（rear），允许取出的一端称为队头（front）。

为了方便，也将顺序队列臆造为一个环状的空间，称为循环队列。下面举一个简单的例

子。假设指针变量 pQue 指向一个队列，该队列为结构体变量，队列的容量为 8，如图 5-16 所示。（1）起初，队列为空，队头 pQue→front 和队尾 pQue→rear 均指向地址 0，队列中的元素数量为 0；（2）插入 J0、J1、…、J5 这 6 个元素后，队头 pQue→front 依然指向地址 0，队尾 pQue→rear 指向地址 6，队列中的元素数量为 6；（3）取出 J0、J1、J2、J3 这 4 个元素后，队头 pQue→front 指向地址 4，队尾 pQue→rear 指向地址 6，队列中的元素数量为 2；（4）继续插入 J6、J7、…、J11 这 6 个元素后，队头 pQue→front 指向地址 4，队尾 pQue→rear 也指向地址 4，队列中的元素数量为 8，此时队列为满。

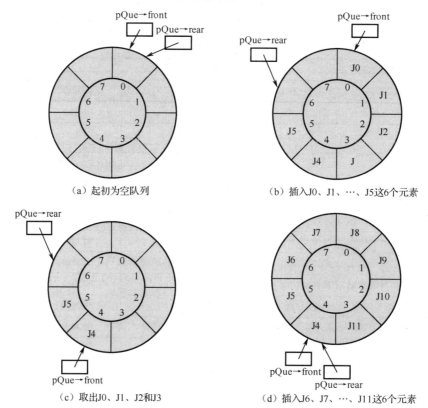

图 5-16　循环队列操作

2. 循环队列 Queue 模块函数

本实验使用到 Queue 模块，该模块有 6 个 API 函数，分别是 InitQueue、ClearQueue、QueueEmpty、QueueLength、EnQueue 和 DeQueue。

（1）InitQueue

InitQueue 函数的功能是初始化 Queue 模块，具体描述如表 5-12 所示。该函数将 pQue→front、pQue→rear、pQue→elemNum 赋值为 0，将参数 len 赋值给 pQue→bufLen，将参数 pBuf 赋值给 pQue→pBuffer，最后，将指针变量 pQue→pBuffer 指向的元素全部赋初值 0。

表 5-12　InitQueue 函数的描述

函数名	InitQueue
函数原型	void InitQueue(StructCirQue* pQue, unsigned char* pBuf, int len)

功能描述	初始化 Queue
输入参数	pQue：结构体指针，即指向队列结构体的地址，pBuf 为队列的元素存储区地址，len 为队列的容量
输出参数	pQue：结构体指针，即指向队列结构体的地址
返回值	void

StructCirQue 结构体定义在 Queue.h 文件中，内容如下：

```
typedef struct
{
  int front;    //头指针，队非空时指向队头元素
  int rear;     //尾指针，队非空时指向队尾元素的下一个位置
  int bufLen;   //队列的总容量
  int elemNum;  //当前队列中的元素的数量
  unsigned char *pBuffer;
}StructCirQue;
```

（2）ClearQueue

ClearQueue 函数的功能是清除队列，具体描述如表 5-13 所示。该函数将 pQue→front、pQue→rear、pQue→elemNum 赋值为 0。

表 5-13　ClearQueue 函数的描述

函数名	ClearQueue
函数原型	void ClearQueue(StructCirQue* pQue)
功能描述	清除队列
输入参数	pQue：结构体指针，即指向队列结构体的地址
输出参数	pQue：结构体指针，即指向队列结构体的地址
返回值	void

（3）QueueEmpty

QueueEmpty 函数的功能是判断队列是否为空，具体描述如表 5-14 所示。如果 pQue→elemNum 为 0，表示队列为空；pQue→elemNum 不为 0，表示队列不为空。

表 5-14　QueueEmpty 函数的描述

函数名	QueueEmpty
函数原型	unsigned char QueueEmpty(StructCirQue* pQue)
功能描述	判断队列是否为空
输入参数	pQue：结构体指针，即指向队列结构体的地址
输出参数	pQue：结构体指针，即指向队列结构体的地址
返回值	返回队列是否为空，1-空，0-非空

（4）QueueLength

QueueLength 函数的功能是判断队列是否为空，具体描述如表 5-15 所示。该函数的返回值为 pQue→elemNum，即队列中元素的个数。

表 5-15　QueueLength 函数的描述

函数名	QueueLength
函数原型	int QueueLength(StructCirQue* pQue);
功能描述	判断队列是否为空
输入参数	pQue：结构体指针，即指向队列结构体的地址
输出参数	pQue：结构体指针，即指向队列结构体的地址
返回值	队列中元素的个数

（5）EnQueue

EnQueue 函数的功能是插入 len 个元素（存放在起始地址为 pInput 的存储区中）到队列中，具体描述如表 5-16 所示。每次插入一个元素，pQue→rear 自增，当 pQue→rear 的值大于或等于数据缓冲区的长度 pQue→bufLen 时，pQue→rear 赋值为 0。注意，当数据缓冲区中的元素数量加上新写入的元素数量超过缓冲区的长度时，缓冲区只能接收缓冲区中的已有的元素数量加上新写入的元素数量，再减去缓冲区的容量，即 EnQueue 函数对于超出的元素采取不理睬的态度。

表 5-16　EnQueue 函数的描述

函数名	EnQueue
函数原型	int EnQueue(StructCirQue* pQue, unsigned char* pInput, int len)
功能描述	插入 len 个元素（存放在起始地址为 pInput 的存储区中）到队列
输入参数	pQue：结构体指针，即指向队列结构体的地址，pInput 为待入队数组的地址，len 为期望入队元素的数量
输出参数	pQue：结构体指针，即指向队列结构体的地址
返回值	成功入队的元素的数量

（6）DeQueue

DeQueue 函数的功能是从队列中取出 len 个元素，放入起始地址为 pOutput 的存储区中，具体描述如表 5-17 所示。每次取出一个元素，pQue→front 自增，当 pQue→front 的值大于或等于数据缓冲区的长度 pQue→bufLen 时，pQue→front 赋值为 0。注意，从队列中取出元素的前提是队列中需要至少有一个元素，当期望取出的元素数量 len 小于或等于队列中元素的数量时，可以按期望取出 len 个元素；否则，只能取出队列中已有的所有元素。

表 5-17　DeQueue 函数的描述

函数名	DeQueue
函数原型	int DeQueue(StructCirQue* pQue, unsigned char* pOutput, int len)
功能描述	从队列中取出 len 个元素，放入起始地址为 pOutput 的存储区中
输入参数	pQue：结构体指针，即指向队列结构体的地址，pOutput 为出队元素存放的数组的地址，len 为预期出队元素的数量
输出参数	pQue：结构体指针，即指向队列结构体的地址，pOutput 为出队元素存放的数组的地址
返回值	成功出队的元素的数量

3．SCIB 数据接收和数据发送路径

本实验中的 SCIB 模块包含发送缓冲区和接收缓冲区，二者均为结构体，SCIB 的数据接

收和发送路径如图 5-17 所示。数据发送过程（写 SCIB）分为两步：（1）调用 WriteSCIB 函数将待发送的数据写入 SCITXBUF（实际上是发送 FIFO 入队操作）；（2）硬件将 SCITXBUF 中的数据写入发送移位寄存器（实际上是发送 FIFO 出队操作），然后按位将发送移位寄存器中的数据通过 TXD 端口发送出去。数据接收过程（读 SCIB）与写 SCIB 过程相反，分为三步：（1）接收移位寄存器接收到一帧数据时，由硬件将接收移位寄存器的数据写入 SCIRXBUF（实际上是接收 FIFO 入队操作），如果 RXFFST 的值（接收到的数据个数）与预设好的 SCIFFRX 中的中断级位 RXFFIL 相等，则接收 FIFO 产生接收中断；（2）在 SCIB 模块的 scibRxIsr 中断服务函数中，通过读取 SCIBRXBUF（实际上是接收 FIFO 出队操作），并通过 SCIB 的 WriteSCIBReceiveBuf 函数调用 EnQueue 函数，将接收到的数据写入接收缓冲区；（3）调用 SCIB 的 ReadSCIB 函数读取接收到的数据。

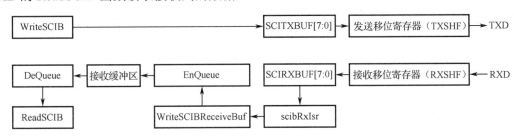

图 5-17　SCIB 数据接收和数据发送路径

4．printf 实现过程

异步通信除了用于数据传输，还可以作为调试工具，对微控制器和 DSP 等系统进行调试。C 语言中的标准库函数 printf 可用于在控制台输出各种调试信息。DSP 的 CCS 集成开发环境也支持标准库函数，本书基于 CCS 集成开发环境，实验 1 已经涉及 printf 函数，且 printf 函数输出的内容通过 SCIB 发送到计算机上的串口助手显示。

printf 函数如何通过 SCIB 输出信息？fputc 和 fputs 函数是 printf 的底层函数，因此，只需要对 fputc 和 fputs 函数进行改写即可，如程序清单 5-1 所示。

程序清单 5-1

```
/*******************************************************************************
* 函数名称：fputc
* 函数功能：向文件 stream 中写入一个字节数据(ch 转换为 unsigned char 类型)
* 输入参数：ch, stream
* 输出参数：void
* 返 回 值：int
* 创建日期：2018 年 01 月 01 日
* 注    意：
*******************************************************************************/
int fputc(int ch, FILE* stream)
{
  while(ScibRegs.SCIFFTX.bit.TXFFST != 0)
  {
  }

  ScibRegs.SCITXBUF = (unsigned char)ch;

  return ch;
```

```
}

/******************************************************************************
* 函数名称: fputs
* 函数功能: 向文件_fp 中写入一个字符串, 字符串起始地址为_ptr
* 输入参数: _ptr, _fp
* 输出参数: void
* 返 回 值: int
* 创建日期: 2018 年 01 月 01 日
* 注     意:
******************************************************************************/
int fputs(const char *_ptr, register FILE *_fp)
{
  unsigned int i, len;

  len = strlen(_ptr);

  for(i = 0 ; i < len ; i++)
  {
    while(ScibRegs.SCIFFTX.bit.TXFFST != 0)
    {
    }

    ScibRegs.SCITXBUF = (unsigned char)_ptr[i];
  }

  return len;
}
```

5.3　实验步骤

步骤 1: 复制并编译原始工程

首先, 将 "D:\F28335CCSTest\Material\04.SCIExp" 文件夹复制到 "D:\F28335CCSTest\Product" 文件夹中。然后, 参照 2.3 节步骤 4 打开工程文件, 单击 🔧 按钮。当 Console 栏显示 Finished building target: 04.SCIExp.out 时, 表示已经成功生成.out 文件; 显示 Bulid Finished, 表示编译成功。最后, 将.out 文件下载到 F28335 的内部 Flash 中, 可以观察到医疗电子 DSP 基础开发系统上的 LED0 和 LED1 交替闪烁, 表示原始工程是正确的, 可以进入下一步操作。

步骤 2: 添加 SCIB 和 Queue 文件对

将 "D:\F28335CCSTest\Product\04.SCIExp\HW" 文件夹中的 SCIB.c 和 Queue.c 添加到 HW 分组, 具体操作可参见 2.3 节步骤 7。

步骤 3: 完善 SCIB.h 文件

单击 🔧 按钮, 进行编译, 编译结束后, 在 Project Explorer 面板中, 双击 SCIB.c 下的 SCIB.h。在 SCIB.h 文件的 "包含头文件" 区添加代码, 并在 SCIB.h 文件的 "宏定义区" 添加缓冲区大小宏定义代码, 具体如程序清单 5-2 所示。

程序清单 5-2

```
/******************************************************************************
*                         包含头文件
******************************************************************************/
```

```
#include "DSP28x_Project.h"
#include <stdio.h>
#include <string.h>
/*********************************************************************************
*************
*                                      宏定义
*********************************************************************************/
#define SCIB_BUF_SIZE 200    //设置 SCIB 缓冲区的大小
```

在 SCIB.h 文件的"API 函数声明"区，添加如程序清单 5-3 所示的 API 函数声明代码。

程序清单 5-3

```
void InitSCIB(unsigned long bound);                        //初始化 SCIB 模块
void WriteSCIB(unsigned char *pBuf, unsigned char len); //写 SCIB，即写数据到的 SCIB 发送缓冲区
unsigned char ReadSCIB(unsigned char *pBuf, unsigned char len);   //读取 SCIB 缓冲区中的数据
```

步骤 4：完善 SCIB.c 文件

在 SCIB.c 文件的"包含头文件"区的最后，添加如程序清单 5-4 所示的代码。

程序清单 5-4

```
#include "SCIB.h"
#include "Queue.h"
```

在 SCIB.c 文件的"宏定义"区，添加如程序清单 5-5 所示的宏定义代码。SCIB_RX_FIFO_LEVEL 表示 SCIB 的接收 FIFO 级别宏定义。

程序清单 5-5

```
#define SCIB_RX_FIFO_LEVEL 1           //SCIB 的接收 FIFO 级别宏定义
```

在 SCIB.c 文件的"内部变量"区，添加内部变量的定义代码，如程序清单 5-6 所示。其中，s_structSCIBRecCirQue 为 SCIB 接收循环队列，s_arrSCIBRecBuf 为串口接收缓冲区。

程序清单 5-6

```
static  StructCirQue s_structSCIBRecCirQue;              //SCIB 接收循环队列
static  unsigned char s_arrSCIBRecBuf[SCIB_BUF_SIZE];    //SCIB 接收循环队列的缓冲区
```

在 SCIB.c 文件的"内部函数声明"区，添加内部函数的声明代码，如程序清单 5-7 所示。

程序清单 5-7

```
static void InitSCIBBuf(void);          //初始化 SCIB 缓冲区
static unsigned char WriteSCIBReceiveBuf(unsigned char d);   //将接收到的数据写入接收缓冲区

__interrupt void scibRxIsr(void);       //SCIB 接收中断服务函数
```

在 SCIB.c 文件的"内部函数实现"区，添加 InitSCIBBuf 函数的实现代码，如程序清单 5-8 所示。InitSCIBBuf 函数主要对接收缓冲区 s_ arrSCIBRecBuf 进行初始化，将接收缓冲区中的 s_arrRecBuf 数组全部清零，同时将缓冲区的容量配置为宏定义 SCIB_BUF_SIZE。

程序清单 5-8

```
static void InitSCIBBuf(void)
{
  unsigned char i;

  for(i = 0; i < SCIB_BUF_SIZE; i++)
  {
    s_arrSCIBRecBuf[i]  = 0;
  }
```

```
   InitQueue(&s_structSCIBRecCirQue,  s_arrSCIBRecBuf,  SCIB_BUF_SIZE);
}
```

在 SCIB.c 文件的"内部函数实现"区的 InitSCIBBuf 函数实现区后，添加
WriteSCIBReceiveBuf 和 scibRxIsr 函数的实现代码，如程序清单 5-9 所示。其中，
WriteSCIBReceiveBuf 函数调用 EnQueue 函数，将数据写入接收缓冲区 s_structSCIBRecCirQue，
之后返回写入数据成功标志。scibRxIsr 函数为接收中断服务函数，当数据接收错误时，进入
死循环，需要复位软件；若接收正确，则将数据保存到接收缓冲区，然后清除 FIFO 溢出标
志和中断标志，使能第 9 组中断。

程序清单 5-9

```
static unsigned char WriteSCIBReceiveBuf(unsigned char d)
{
  unsigned char ok = 0;        //写入数据成功标志，0-不成功，1-成功

  ok = EnQueue(&s_structSCIBRecCirQue, &d, 1);

  return ok;                   //返回写入数据成功标志，0-不成功，1-成功
}


__interrupt void scibRxIsr(void)
{
  unsigned char uData;
  unsigned char i = 0;

  if(ScibRegs.SCIRXST.bit.RXERROR == 1)
  {
    while(1)
    {
      //接收出错，进入死循环，需要复位软件
    }
  }

  for(i = 0; i < SCIB_RX_FIFO_LEVEL; i++)
  {
    uData = ScibRegs.SCIRXBUF.bit.RXDT;        //将 SCIB 接收到的数据保存到 uData
    WriteSCIBReceiveBuf(uData);                //将接收到的数据写入 SCIB 接收缓冲区
  }

  ScibRegs.SCIFFRX.bit.RXFFOVRCLR = 1;         //清除接收 FIFO 溢出标志
  ScibRegs.SCIFFRX.bit.RXFFINTCLR = 1;         //清除接收 FIFO 中断标志

  PieCtrlRegs.PIEACK.all = PIEACK_GROUP9;      //使能第 9 组中断
}
```

在 SCIB.c 文件的"API 函数实现"区，添加 InitSCIB 函数的实现代码，如程序清单 5-10
所示。InitSCIB 函数通过调用 InitSCIBBuf 函数初始化 SCIB 缓冲区，并对相应的参数进行初
始化。

程序清单 5-10

```
void InitSCIB(unsigned long bound)
{
  unsigned long brr = 0;
```

```
InitSCIBBuf(); //初始化 SCIB 缓冲区

EALLOW;                                        //允许编辑受保护寄存器
GpioCtrlRegs.GPAMUX1.bit.GPIO9     = 2;        //设置 GPIO9 为 SCITXDB
GpioCtrlRegs.GPAPUD.bit.GPIO9      = 0;        //使能内部上拉电阻，GPIO9

GpioCtrlRegs.GPAQSEL1.bit.GPIO11   = 3;        //设置 GPIO11 为异步输入
GpioCtrlRegs.GPAMUX1.bit.GPIO11    = 2;        //设置 GPIO11 为 SCIRXDB
GpioCtrlRegs.GPAPUD.bit.GPIO11     = 0;        //使能内部上拉电阻，GPIO11
EDIS;                                          //禁止编辑受保护寄存器

ScibRegs.SCICCR.bit.STOPBITS      = 0;         //设置结束位为 1 位
ScibRegs.SCICCR.bit.PARITYENA     = 0;         //禁止奇偶校验位
ScibRegs.SCICCR.bit.LOOPBKENA     = 0;         //禁止回送测试功能
ScibRegs.SCICCR.bit.ADDRIDLE_MODE = 0;         //选择空闲线模式
ScibRegs.SCICCR.bit.SCICHAR       = 7;         //设置字符长度为 8 位

ScibRegs.SCICTL1.bit.TXENA = 1;                //使能发送
ScibRegs.SCICTL1.bit.RXENA = 1;                //使能接收

//根据 LSPCLK（37500000）和波特率（bound）计算 brr
brr = 37500000 / bound;
brr = (brr / 8) - 1;

//根据 brr 设置波特率选择寄存器（SCIHBAUD 和 SCILBAUD）
ScibRegs.SCIHBAUD = (unsigned char)(brr >> 8);
ScibRegs.SCILBAUD = (unsigned char)brr;

ScibRegs.SCIFFTX.bit.TXFIFOXRESET = 1;         //重新使能发送 FIFO 操作
ScibRegs.SCIFFTX.bit.TXFFINTCLR   = 0;         //清除 TXFFINT 标志位(发送 FIFO 中断标志位)
ScibRegs.SCIFFTX.bit.SCIFFENA     = 1;         //使能 SCIB 的 FIFO 功能
ScibRegs.SCIFFTX.bit.TXFFIENA     = 1;         //使能发送 FIFO 中断
ScibRegs.SCIFFTX.bit.TXFFIL       = 1;         //设置发送 FIFO 中断级别

ScibRegs.SCIFFRX.bit.RXFFOVRCLR = 1;           //清除接收 FIFO 溢出标志
ScibRegs.SCIFFRX.bit.RXFIFORESET= 1;           //重新使能接收 FIFO 操作
ScibRegs.SCIFFRX.bit.RXFFINTCLR = 1;           //清除 RXFFINT 标志位(接收 FIFO 中断标志位)
ScibRegs.SCIFFRX.bit.RXFFIENA     = 1;         //使能接收 FIFO 中断
ScibRegs.SCIFFRX.bit.RXFFIL       = SCIB_RX_FIFO_LEVEL; //设置接收 FIFO 中断级别

ScibRegs.SCIFFCT.all = 0x00;                   //将 SCIFFCT 设置为默认值，禁用自动波特率检测校准

ScibRegs.SCICTL1.bit.SWRESET = 1;              //重启 SCIB

EALLOW;                                        //允许编辑受保护寄存器
PieVectTable.SCIRXINTB = &scibRxIsr;           //映射 SCIB 接收中断服务函数
EDIS;                                          //禁止编辑受保护寄存器

IER |= M_INT9;                                 //使能 INT9

PieCtrlRegs.PIECTRL.bit.ENPIE = 1;             //使能 PIE 块
```

```
PieCtrlRegs.PIEIER9.bit.INTx3 = 1;        //使能位于 PIE 中的组 9 的第 3 个中断,即 SCIRXINT(SCIB)
}
```

在 SCIB.c 文件的"API 函数实现"区的 InitSCIB 函数后,添加 WriteSCIB 和 ReadSCIB 函数的实现代码,如程序清单 5-11 所示。其中,WriteSCIB 函数用于写数据到的 SCIB 发送缓冲区;ReadSCIB 函数首先读取接收数据的长度,然后将数据存入接收缓冲区,最后返回实际读取的数据长度。

程序清单 5-11

```
void WriteSCIB(unsigned char *pBuf, unsigned char len)
{
  unsigned char i = 0;

  for(i = 0; i < len; i++)
  {
    while(ScibRegs.SCIFFTX.bit.TXFFST != 0)
    {
    }

    ScibRegs.SCITXBUF = *(pBuf+i);
  }
}

unsigned char ReadSCIB(unsigned char *pBuf, unsigned char len)
{
  unsigned char rLen = 0;    //实际读取数据长度

  rLen = DeQueue(&s_structSCIBRecCirQue, pBuf, len);

  return rLen;                    //返回实际读取数据的长度
}
```

在 SCIB.c 文件的"API 函数实现"区的 ReadSCIB 函数实现区后,添加 fputc 和 fputs 函数的实现代码,如程序清单 5-12 所示。fputc 和 fputs 函数为 printf 的底层函数,fputc 函数通过数组 ScibRegs 向传输数据缓冲区写入一个字节数据;fputs 函数首先获取字符串的地址和长度,然后通过 ScibRegs 向传输数据缓冲区逐个字节地写入。

程序清单 5-12

```
int fputc(int ch, FILE* stream)
{
  while(ScibRegs.SCIFFTX.bit.TXFFST != 0)
  {
  }

  ScibRegs.SCITXBUF = (unsigned char)ch;

  return ch;
}

int fputs(const char *_ptr, register FILE *_fp)
{
  unsigned int i, len;
```

```
  len = strlen(_ptr);

  for(i = 0 ; i < len ; i++)
  {
    while(ScibRegs.SCIFFTX.bit.TXFFST != 0)
    {
    }

    ScibRegs.SCITXBUF = (unsigned char)_ptr[i];
  }

  return len;
}
```

步骤 5：完善串口通信实验应用层

在 Project Explorer 面板中，双击打开 main.c 文件，在"包含头文件"区的最后，添加代码#include "SCIB.h"。这样就可以在 main.c 文件中调用 SCIB 模块的宏定义和 API 函数，实现对 SCIB 模块的操作。

在 main.c 文件的 InitHardware 函数中，添加调用 InitSCIB 函数的代码，如程序清单 5-13 所示，这样就实现了对 SCIB 模块的初始化。

程序清单 5-13

```
static  void  InitHardware(void)
{
  SystemInit();          //初始化系统函数
InitXintf();            //初始化 Xintf 模块

#if DOWNLOAD_TO_FLASH
  MemCopy(&RamfuncsLoadStart, &RamfuncsLoadEnd, &RamfuncsRunStart);
  InitFlash();          //初始化 Flash 模块
#endif

  InitTimer();          //初始化 CPU 定时器模块
  InitLED();            //初始化 LED 模块
  InitSCIB(115200);     //初始化 SCIB 模块

  EINT;                 //使能全局中断
  ERTM;                 //使能全局实时中断
}
```

在 main.c 文件的 Proc2msTask 函数中，添加调用 ReadSCIB 和 WriteSCIB 函数的代码，如程序清单 5-14 所示。F28335 每 2ms 通过 ReadSCIB 函数读取 SCIB 接收缓冲区 s_structSCIBRecCirQue 中的数据，然后对接收到的数据进行加 1 操作，最后通过 WriteSCIB 函数将经过加 1 操作的数据发送出去。这样做是为了通过计算机上的串口助手来验证 ReadSCIB 和 WriteSCIB 两个函数，例如，当通过计算机上的串口助手向医疗电子 DSP 基础开发系统发送 0x15 时，系统收到 0x15 之后会向计算机回发 0x16。

程序清单 5-14

```
static  void  Proc2msTask(void)
{
  if(Get2msFlag())       //检查 2ms 标志状态
  {
```

```
    char recData = 0;

    LEDFlicker(250);      //调用闪烁函数
    while(ReadSCIB(&recData, 1))
        {
            recData++;

            WriteSCIB(&recData, 1);
        }

    Clr2msFlag();         //清除 2ms 标志
}
}
```

在 main.c 文件的 Proc1SecTask 函数中，添加调用 printf 函数的代码，如程序清单 5-15 所示。F28335 每秒通过 printf 输出一次 This is the first TMS320F28335 Project，by Zhangsan，这些信息会通过计算机上的串口助手显示出来，这样做是为了验证 printf 函数。

程序清单 5-15

```
static  void  Proc1SecTask(void)
{
  if(Get1SecFlag()) //判断 1s 标志状态
  {
    printf("This is the first TMS320F28335 Project, by Zhangsan\r\n");

    Clr1SecFlag();  //清除 1s 标志
  }
}
```

步骤 6：编译及下载验证

代码编写完成后，编译工程，然后下载.out 文件到医疗电子 DSP 基础开发系统，具体操作参见 2.3 节步骤 9。下载完成后，打开串口助手，可以看到串口助手中输出如图 5-18 所示的信息，同时，可以看到医疗电子 DSP 基础开发系统上的 LED0 和 LED1 交替闪烁，表示串口模块的 printf 函数功能验证成功。

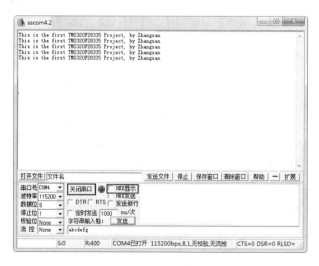

图 5-18　串口通信实验结果 1

为了验证串口模块的 WriteSCIB 和 ReadSCIB 函数，在 Proc1SecTask 函数中注释掉 printf 语句，然后对整个工程进行编译，最后将.out 文件下载到医疗电子 DSP 基础开发系统。下载完成后，打开串口助手，勾选 "HEX 显示" 和 "HEX 发送" 项，在 "字符串输入框" 中输入一个数据，如 15，单击 "发送" 按钮，可以看到在串口助手中输出 16，如图 5-19 所示。同时，可以看到医疗电子 DSP 基础开发系统上的 LED0 和 LED1 交替闪烁，表示串口模块的 WriteSCIB 和 ReadSCIB 函数功能验证成功。

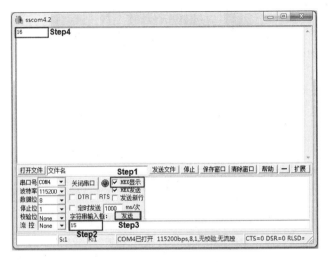

图 5-19　串口通信实验结果 2

本 章 任 务

在本实验的基础上增加以下功能：（1）添加 SCIA 模块，将其波特率配置为 9600 baud，数据长度、停止位、奇偶校验位等均与 SCIB 相同，且 API 函数分别为 InitSCIA、WriteSCIA 和 ReadSCIA，SCIA 模块中不需要实现 fputc 和 fputs 函数；（2）在 Main 模块的 Proc2msTask 函数中，将 SCIA 读取到的内容（通过 ReadSCIA 函数）发送到 SCIB（通过 WriteSCIB 函数），将 SCIB 读取到的内容（通过 ReadSCIB 函数）发送到 SCIA（通过 WriteSCIA 函数）；（3）将 SCITXDB（GPIO36）引脚通过杜邦线连接到 SCITXDA（GPIO35）引脚；（4）将 SCIA 通过通信-下载模块和 Mini-USB 线与计算机相连；（5）通过计算机上的串口助手工具发送数据，查看是否能够正常接收到发送的数据。SCIB 和 SCIA 通信硬件连接图如图 5-20 所示。

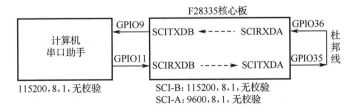

图 5-20　SCIB 和 SCIA 通信硬件连接图

本 章 习 题

1．简述异步通信的特点。

2．异步通信标准帧格式由哪些位域组成？哪些位域可以通过编程设置？哪些位域不能通过编程设置？

3．异步通信标准帧格式中空闲位有什么作用？

4．通过哪个寄存器配置 SCI 为空闲线模式或地址位模式？

5．对于异步通信，空闲线模式与地址位模式中的哪种模式通信效率更高？

6．简述通过 SCIB 传输数据的过程。

第6章 实验5——定时器

定时器是用来准确控制时间的工具，为了精确控制某些特定事件的触发，定时器是必不可少的。本章将详细介绍 F28335 定时器系统中的通用定时器，包括系统时钟、CPU 定时器功能框图、通用定时器部分寄存器和系统控制寄存器。以设计一个定时器为例，介绍 Timer 模块的驱动设计过程和使用方法，包括定时器的配置、中断服务函数的设计、2ms 和 1s 标志的产生和清除，以及 2ms 和 1s 任务的创建。

6.1 实验内容

基于医疗电子 DSP 基础开发系统设计一个定时器，其功能包括：（1）将 cpu_timer1_isr 配置为每 1ms 进入一次的中断服务函数；（2）在 cpu_timer1_isr 的中断服务函数中，当 s_iCnt2 计数为 2 时，将 s_iCnt2 清零，2ms 标志位置为 TRUE；（3）在 cpu_timer1_isr 的中断服务函数中，当 s_iCnt1000 计数为 1000 时，将 s_iCnt1000 清零，1s 标志位置为 TRUE；（4）在 Main 模块中，基于 2ms 和 1s 标志，分别创建 2ms 任务和 1s 任务；（5）在 2ms 任务中，调用 LED 模块的 LEDFlicker 函数，实现编号为 LED0 和 LED1 的蓝色 LED 每 500ms 交替闪烁一次；（6）在 1s 任务中，调用 SCIB 模块的 printf 函数，每秒输出一次 This is the first TMS320F28335 Project, by Zhangsan。

6.2 实验原理

6.2.1 TMS320F28335 系统时钟

1. TMS320F28335 的振荡器及锁相环

TMS320F28335 片内振荡器及锁相环 PLL（Phase Locked Loop）原理图如图 6-1 所示，TMS320F28335 内设有片内振荡电路（OSC），只要在 X1/CLKIN 引脚和 X2 引脚之间接入晶振，片内振荡电路就能输出时钟信号 OSCCLK；也可以让 X2 悬空，在 X1/CLKIN 引脚接入外部时钟。振荡电路输出的时钟信号 OSCCLK 发送至 TMS320F28335 的 CPU，同时也是 PLL 模块的输入时钟。PLL 模块输出时钟的频率受锁相环控制寄存器（PLLCR）中分频系数 DIV 的影响。

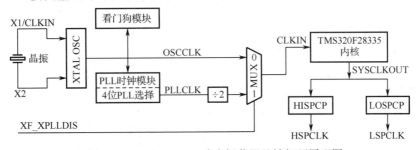

图 6-1 TMS320F28335 片内振荡器及锁相环原理图

当 TMS320F28335 外接晶振频率为 30MHz 时，DIV 设置为 0x1010，PLL 模块输出时钟（也是 CPU 的输入时钟）CLKIN 频率=(OSCCLK×10.0)/2=(30MHz×10)/2=150MHz。

CPU 输入时钟来自振荡电路输出的时钟信号 OSCCLK，还是来自 PLL 模块的输出，取决于多路选择器的控制信号 XPLLDIS；而该信号又取决于 TMS320F28335 复位器件 XF_

XPLLDIS 引脚的电平。在实际电路中，XF_XPLLDIS 引脚常被置为高电平，这时 CLKIN 就是 PLL 模块的输出。

2. TMS320F28335 系统时钟的分配

锁相环模块除了为 TMS320F28335 内核提供时钟，还通过系统时钟输出提供快速和慢速两种外设时钟。如果使能内部 PLL 电路，那么可以通过控制寄存器（PLLCR）设置系统的工作频率。注意，在通过软件改变工作频率时，必须等待系统时钟稳定后才可以继续完成其他操作。此外，还可以通过外设时钟控制寄存器使能外部时钟。在具体应用中，为了降低系统功耗，不使用的外设建议禁止其外设时钟。

由图 6-2 可以看到，C28x 内核时钟输出通过 LOSPCP 低速时钟寄存器设置预分频，可设置成低速时钟信号 LSPCLK。SPI、I²C、McBSP 弄串口通信协议都使用低速时钟信号。通过 HISPCP 高速时钟寄存器设置预分频，可设置成高速时钟信号 HSPCLK，A/D 模块采用的是高速时钟信号，可方便灵活地设置 A/D 采样率。通过 1/2 分频给 eCAN 模块，直接输出给系统控制寄存器、DMA、ePWM、eCAP、eQEP 等高速外设模块。当然，这些外设基本上都有自己的预定标时钟设置寄存器，如果预定标寄存器值为 0，那么 LSPCLK 等时钟信号就成为外设实际使用时钟信号。注意，要使用这些信号，需要在外设时钟寄存器 PCLKCR 中设置对应外设使能。DSP 除了提供基本的锁相环电路，还可以根据处理器内部外设单元的工作要求配置需要的时钟信号。处理器还将集成的外设分成高速和低速两组，可以方便地设置不同模块的工作频率，从而提高处理器的灵活性和可靠性，可见 DSP 设置与应用都是相当灵活的。

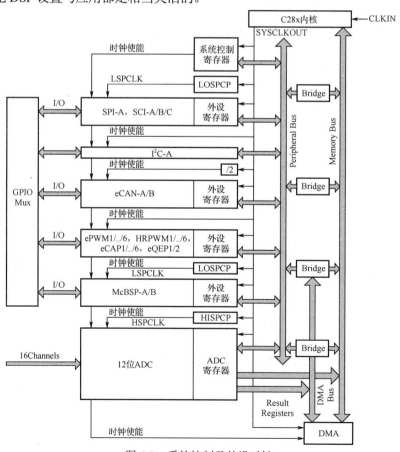

图 6-2　系统控制及外设时钟

6.2.2　CPU 定时器功能框图

TMS320F28335 内部有 3 个 32 位 CPU 定时器（Timer0、Timer1 和 Timer2），图 6-3 所示是 CPU 定时器功能框图，下面依次介绍 CPU 定时器时钟源、时基单元和计数单元。

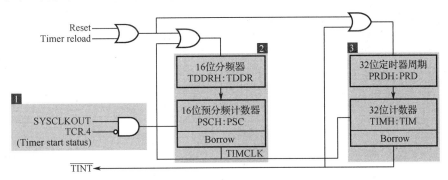

图 6-3　CPU 定时器功能框图

1．CPU 定时器时钟源

CPU 定时器的时钟源为 SYSCLKOUT，当 TMS320F28335 外接晶振频率为 30MHz 时，DIV 设置为 0x1010，PLL 模块输出时钟（也是 CPU 的输入时钟）频率 $f_{\text{CLKIN}}=$(OSCCLK× 10.0)/2=(30MHz×10)/2=150MHz，$f_{\text{SYSCLKOUT}}=f_{\text{CLKIN}}$，因此 SYSCLKOUT 的时钟频率也为 150MHz。

2．时基单元

时基单元对时钟源 SYSCLKOUT 进行预分频得到 32 位计数器的时钟，然后 32 位计数器对经过分频之后的时钟进行计数，当 32 位计数器的计数值与 32 位定时器周期寄存器的值相等时，产生中断。时基单元包括两个寄存器，分别是 16 位预分频计数器（PSCH:PSC）和 16 位分频器（TDDRH:TDDR）。使用 CPU 定时器之前，都要通过程序向 TDDRH:TDDR 写入预分频系数，PSCH:PSC 每经过一个 SYSCLKOUT 时钟周期都会执行一次减 1 操作，当 PSCH:PSC 中的值为 0 时，就会输出一个 TIMCLK。因此，TIMCLK 的周期等于（TDDRH: TDDR+1）个系统时钟周期。

3．计数单元

计数单元也包括两个寄存器，分别是 32 位定时器周期寄存器（PRDH:PRD）和 32 位计数器（TIMH:TIM）。使用 CPU 定时器之前，同样要通过程序向 PRDH:PRD 写入时钟周期，TIMH:TIM 每经过一个 TIMCLK 时钟周期都会执行一次减 1 操作，当 TIMH:TIM 中的值为 0 时，即完成一个周期的计数。完成一个周期的计数后，在下一个 TIMCLK 时钟周期开始时，PRDH:PRD 会重新装载 TIMH:TIM 中的值，周而复始地循环下去。一个 CPU 定时器周期所经历的时间为(PRDH:PRD+1)×TIMCLK。

通过前面的分析，可以得知，如果想用 CPU 定时器来计量一段时间，需要设定的寄存器有 PRDH:PRD 和 TDDRH:TDDR。TDDRH:TDDR 决定了 CPU 定时器计数时每一步的时间。假设系统时钟 SYSCLKOUT 的值为 X（单位为 MHz），那么计数器每执行一次减 1 操作，所需要的时间等于[(TDDRH:TDDR+1)/X]×10^{-6}，单位为秒。

CPU 定时器在一个周期内计数了（PRDH:PRD+1）次，因此 CPU 定时器一个周期所计量的时间等于(PRDH:PRD+1)×[(TDDRH:TDDR+1)/X]×10^{-6}，单位为秒。

实际应用时，通常已知要定时的时间 T 和 CPU 的系统时钟 X，需要求出 PRDH:PRD 的值。TDDRH:TDDR 的值通常为 0，若计算的 PRDH:PRD 的值超过了 32 位寄存器的范围，那么 TDDRH:TDDR 可以取合适的值，使得 PRDH:PRD 的值小一些，从而能放进 32 位寄存器中。

6.2.3　通用定时器部分寄存器

CPU 定时器寄存器名称、地址和描述如表 6-1 所示。CPU 定时器 0/1/2 模块具有排列顺序一致、属性相同的寄存器组，各占用 8 个连续 16 位字宽存储器映射地址。

表 6-1　CPU 定时器寄存器（不受 EALLOW 保护）

名　称	地　址	大小（×16 位）	寄存器描述
TIMER0TIM	0x0C00	1	CPU 定时器 0，计数器寄存器低 16 位
TIMER0TIMH	0x0C01	1	CPU 定时器 0，计数器寄存器高 16 位
TIMER0PRD	0x0C02	1	CPU 定时器 0，周期寄存器低 16 位
TIMER0PRDH	0x0C03	1	CPU 定时器 0，周期寄存器高 16 位
TIMER0TCR	0x0C04	1	CPU 定时器 0，控制寄存器
被保留	0x0C05	1	—
TIMER0TPR	0x0C06	1	CPU 定时器 0，预分频寄存器低 16 位
TIMER0TPRH	0x0C07	1	CPU 定时器 0，预分频寄存器高 16 位
TIMER1TIM	0x0C08	1	CPU 定时器 1，计数器寄存器低 16 位
TIMER1TIMH	0x0C09	1	CPU 定时器 1，计数器寄存器高 16 位
TIMER1PRD	0x0C0A	1	CPU 定时器 1，周期寄存器低 16 位
TIMER1PRDH	0x0C0B	1	CPU 定时器 1，周期寄存器高 16 位
TIMER1TCR	0x0C0C	1	CPU 定时器 1，控制寄存器
被保留	0x0C0D	1	—
TIMER1TPR	0x0C0E	1	CPU 定时器 1，预分频寄存器低 16 位
TIMER1TPRH	0x0C0F	1	CPU 定时器 1，预分频寄存器高 16 位
TIMER2TIM	0x0C10	1	CPU 定时器 2，计数器寄存器低 16 位
TIMER2TIMH	0x0C11	1	CPU 定时器 2，计数器寄存器高 16 位
TIMER2PRD	0x0C12	1	CPU 定时器 2，周期寄存器低 16 位
TIMER2PRDH	0x0C13	1	CPU 定时器 2，周期寄存器高 16 位
TIMER2TCR	0x0C14	1	CPU 定时器 2，控制寄存器
被保留	0x0C15	1	—
TIMER2TPR	0x0C16	1	CPU 定时器 2，预分频寄存器低 16 位
TIMER2TPRH	0x0C17	1	CPU 定时器 2，预分频寄存器高 16 位
被保留	x0C18～0x00C3F	40	—

1. CPU 定时器 0 计数寄存器（TIMER0TIM 和 TIMER0TIMH）

TIMER0TIM 的结构、地址和复位值如图 6-4 所示，对部分位的解释说明如表 6-2 所示。

地址：0x0C00
复位值：0x0000 0000

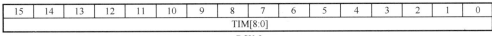

图 6-4　TIMER0TIM 的结构、地址和复位值

表 6-2　TIMER0TIM 部分位的解释说明

位 15～0	CPU 定时器计数器寄存器（TIMH:TIM）。TIM 寄存器存放当前 32 位定时器计数值的低 16 位，TIMH 寄存器存放当前 32 位定时器计数值的高 16 位。每经过（TDDRH:TDDR+1）个 SYSCLKOUT 时钟周期，TIMH:TIM 减 1（TDDRH:TDDR 是定时器预定标分频值），当 TIMH:TIM 减到 0 时，TIMH:TIM 重新装载 PRDH:PRD 寄存器的值，同时产生定时器中断(TINT)信号

TIMER0TIMH 的结构、地址和复位值如图 6-5 所示，对部分位的解释说明如表 6-3 所示。

地址：0x0C01
复位值：0x0000 0000

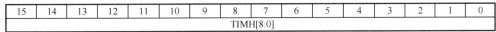

图 6-5　TIMER0TIMH 的结构、地址和复位值

表 6-3　TIMER0TIMH 部分位的解释说明

位 15～0	参见 TIMER0TIM 寄存器的位功能描述

2. CPU 定时器 0 周期寄存器（TIMER0PRD 和 TIMER0PRDH）

TIMER0PRD 的结构、地址和复位值如图 6-6 所示，对部分位的解释说明如表 6-4 所示。

地址：0x0C02
复位值：0x0000 0000

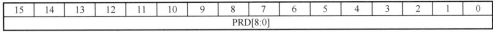

图 6-6　TIMER0PRD 的结构、地址和复位值

表 6-4　TIMER0PRD 部分位的解释说明

位 15～0	CPU 定时器周期寄存器（PRDH:PRD）。PRD 寄存器中存放当前 32 位周期数的低 16 位，PRDH 寄存器存放当前 32 位周期值的高 16 位。当 TIMH:TIM 减到 0 时，在下一个输入时钟（预定标寄存器输出时钟）周期开始之前，TIMH:TIM 寄存器重新装载 PRDH:PRD 寄存器的周期值；如果定时器控制寄存器(TCR)中的定时器重载位(TRB)被置位，则 TIMH:TIM 寄存器也会重新装载 PRDH:PRD 寄存器的周期值

TIMER0PRDH 的结构、地址和复位值如图 6-7 所示，对部分位的解释说明如表 6-5 所示。

地址：0x0C03
复位值：0x0000 0000

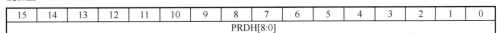

图 6-7　TIMER0PRDH 的结构、地址和复位值

表 6-5　TIMER0PRDH 部分位的解释说明

位 15～0	参见 TIMER0PRD 寄存器的位功能描述

3. CPU 定时器 0 控制寄存器 (TIMER0TCR)

TIMER0TCR 的结构、地址和复位值如图 6-8 所示，对部分位的解释说明如表 6-6 所示。

地址：0x0C04
复位值：0x0000 0000

15	14	13	12	11	10	9	8	7	6	5	4	3	2	1	0
TIF	TIE	Reserved		FREE	SOFT	Reserved				TRB	TSS	Reserved			
R/W-0	R/W-0	R-0		R/W-0	R/W-0	R-0				R/W-0	R/W-0	R-0			

图 6-8　TIMER0TCR 的结构、地址和复位值

表 6-6　TIMER0TCR 部分位的解释说明

位 15	CPU 定时器中断标志位。 0：CPU 定时器计数器未递减到 0 时，写 0 无影响； 1：CPU 定时器计数器递减到 0 时，标志位置 1，写 1 清除该位
位 14	CPU 定时器中断使能位。 0：CPU 定时器中断禁止； 1：CPU 定时器中断使能，若计数器递减到 0，且 TIE 置 1，定时器发出中断请求
位 13～12	保留
位 11～10	CPU 定时器仿真模式位。 这些位用来决定当用高级语言调试过程中遇到断点时定时器的状态。若 FREE=1，当遇到软件断点时，定时器将继续运行，此时，SOFT 位不起作用；若 FREE=0，SOFT 位将起作用，此时如果 SOFT=0，则定时器在下一个 TIMH:TIM 寄存器递减操作完成后停止；若 SOFT=1，则定时器在 TIMH:TIM 寄存器递减到 0 后停止。 00：定时器在下一个 TIMH:TIM 寄存器递减操作完成后停止（硬停止）； 01：定时器在 TIMH:TIM 寄存器递减到 0 后停止（软停止）； 10：自由运行 11：自由运行。 由于计数器计数到 0 是定时器的中断事件，所以当 FREE=0，SOFT=1 时，定时器停止工作前会产生中断
位 9～6	保留
位 5	CPU 定时器重新装载使能位。 0：读 TRB 一直为 0，写 0 不起作用； 1：当该位写 1，TIMH:TIM 寄存器重新装载 PRDH:PRD 寄存器的周期值，且预定标计数器 PSCH:PSC 重新装载分频寄存器 TDDRH:TDDR 中的值
位 4	CPU 定时器启停状态位。 0：启动定时器。复位时，TSS 被清零，并立即启动定时器； 1：停止定时器
位 3～0	保留

4. CPU 定时器 0 预分频寄存器 (TIMER0TPR 和 TIMER0TPRH)

TIMER0TPR 的结构、地址和复位值如图 6-9 所示，对部分位的解释说明如表 6-7 所示。

地址：0x0C06
复位值：0x0000 0000

15	14	13	12	11	10	9	8	7	6	5	4	3	2	1	0
PSC[7:0]								TDDR[7:0]							
R-0								R/W-0							

图 6-9　TIMER0TPR 的结构、地址和复位值

表 6-7　TIMER0TPR 部分位的解释说明

位 15～8	定时器预定标器计数器。 PSC 是预定标计数器的低 8 位。PSCH 是预定标计数器的高 8 位。对每一个定时器时钟周期，PSCH:PSC 的值大于 0，PSCH:PSC 逐个减计数。当 PSCH:PSC 递减到 0 后，表示一个定时器时钟（定时器预定标器的输出）周期，TDDRH:TDDR 的值装入 PSCH:PSC，定时器计数器寄存器（TIMH:TIM）减 1。无论何时，定时器重装位（TRB）由软件置 1 时，也重装 PSCH:PSC。复位时，PSCH:PSC 被清零
位 7～0	定时器分频寄存器。 TDDR 是定时器分频器的低 8 位。TDDRH 是定时器分频器的高 8 位。每经过（TDDRH:TDDR+1）个定时器时钟周期，定时器计数器寄存器（TIMH:TIM）减 1。复位时，TDDRH:TDDR 位清零。当预定标器计数器（PSCH:PSC）值为 0，一个定时器时钟源周期后，PSCH:PSC 重装 TDDRH:TDDR 内的值，并令 TIMH:TIM 减 1。无论何时，定时器重装位（TRB）由软件置 1 时，PSCH:PSC 就会重装 TDDRH:TDDR 的值

6.2.4　系统控制寄存器（寄存器 ePWM 和 ADC 使用）

系统控制寄存器的名称、地址和描述如表 6-8 所示。系统控制寄存器包括：锁相环状态寄存器（PLLSTS）、控制寄存器（PLLCR）、高/低速外设时钟预分频寄存器（HISPCP 和 LOSPCP）、外设时钟控制寄存器 0/1/3（PCLKCR0/1/3）、低功耗模式控制寄存器 0(LPMCR0)、系统控制和状态寄存器（SCSR）、看门狗计数器寄存器（WDCNTR）、看门狗复位密钥寄存器（WDKEY）、看门狗控制寄存器（WDCR）。

表 6-8　系统控制寄存器（受 EALLOW 保护）

名　　称	地　　址	大小（×16 位）	寄存器描述
PLLSTS	0x007011	1	PLL 状态寄存器
被保留	0x007012-0x007018	7	被保留
被保留	0x007019	1	被保留
HISPCP	0x00701A	1	高速外设时钟预分频寄存器
LOSPCP	0x00701B	1	低速外设时钟预分频寄存器
PCLKCR0	0x00701C	1	外设时钟控制寄存器 0
PCLKCR1	0x00701D	1	外设时钟控制寄存器 1
LPMCR0	0x00701E	1	低功率模式控制寄存器 0
被保留	0x00701F	1	被保留
PCLKCR3	0x007020	1	外设时钟控制寄存器 3
PLLCR	0x007021	1	PLL 控制寄存器
SCSR	0x007022	1	系统控制与状态寄存器
WDCNTR	0x007023	1	看门狗计数器寄存器
被保留	0x007024	1	被保留
WDKEY	0x007025	1	看门狗复位密钥寄存器
被保留	0x007026-0x007028	3	被保留
WDCR	0x007029	1	看门狗控制寄存器
被保留	0x00702A-0x00702F	3	被保留

1. 高速外设时钟预分频寄存器（HISPCP）

HISPCP 的结构、地址和复位值如图 6-10 所示，对部分位的解释说明如表 6-9 所示。

地址：0x00701A
复位值：0x0000 07FF

15	14	13	12	11	10	9	8	7	6	5	4	3	2	1	0
Reserved													HSPCLK[2:0]		
R-0													R/W-001		

图 6-10　HISPCP 的结构、地址和复位值

表 6-9　HISPCP 部分位的解释说明

位 15~3	保留
位 2~0	该位用来配置高速外设时钟与系统时钟（SYSCLKOUT）之间的关系。当 HSPCLK=000 时，高速外设时钟=SYSCLKOUT；当 HSPCLK≠000 时，高速外设时钟=SYSCLKOUT/（2×HSPCLK）。复位后默认高速外设时钟=SYSCLKOUT/2

2. 外设时钟控制寄存器 0（PCLKCRO）

PCLKCRO 的结构、地址和复位值如图 6-11 所示，对部分位的解释说明如表 6-10 所示。

地址：0x00701C
复位值：0x0000 0000

15	14	13	12	11	10	9	8
ECANBENCLK	ECANAENCLK	MCBSPBENCLK	MCBSPAENCLK	SCIBENCLK	SCIAENCLK	Reserved	SPIAENCLK
R/W-0	R/W-0	R/W-0	R/W-0	R/W-0	R/W-0	R-0	R/W-0

7	6	5	4	3	2	1	0
Reserved		SCICENCLK	I2CAENCLK	ADCENCLK	TBCLKSYNC	Reserved	
R-0		R/W-0	R/W-0	R/W-0	R/W-0	R-0	

图 6-11　PCLKCRO 的结构、地址和复位值

表 6-10　PCLKCRO 部分位的解释说明

位 15	eCANB 时钟使能位。 0：禁止（默认）；1：使能（SYSCLKOUT/2）
位 14	eCANA 时钟使能位。 0：禁止（默认）；1：使能（SYSCLKOUT/2）
位 13	McBSPB 时钟使能位。 0：禁止（默认）；1：使能（LSPCLK）
位 12	McBSPA 时钟使能位。 0：禁止（默认）；1：使能（LSPCLK）
位 11	SCIB 时钟使能位。 0：禁止（默认）；1：使能（LSPCLK）
位 10	SCIA 时钟使能位。 0：禁止（默认）；1：使能（LSPCLK）
位 9	保留
位 8	SPIA 时钟使能位。 0：禁止（默认）；1：使能（LSPCLK）
位 7~6	保留

位 5	SCIC 时钟使能位。 0：禁止（默认）；1：使能（LSPCLK）
位 4	I²C 时钟使能位。 0：禁止（默认）；1：使能（SYSCLKOUT）
位 3	ADC 时钟使能位。 0：禁止（默认）；1：使能（HSPCLK）
位 2	ePWM 模块时基时钟同步使能位。 该位可以使能所有的 ePWM 模块同步使用时基时钟（TBCLK） 0：TBCLK 被禁止，此时，ePWM 模块的时钟使能通过 PCLKCR1 寄存器进行设置； 1：所有被使能的 ePWM 模块同步使用 TBCLK。为了更好地同步时钟，每个 ePWM 模块 TBCTL 寄存器的预定标位必须统一被置位。使能 ePWM 时钟合适的顺序如下：在 PCLKCR1 寄存器中使能 ePWM 模块的时钟；对 TBCLKSYNC 位清零；配置预定标值和 epWM 模式；对 TBCLKSYNC 位置 1
位 1～0	保留

6.3　实验步骤

步骤 1：复制并编译原始工程

首先，将"D:\F28335CCSTest\Material\05.TimerExp"文件夹复制到"D:\F28335CCSTest\Product"文件夹中。然后，参照 2.3 节步骤 4，打开工程文件，单击 🔨 按钮。当 Console 栏显示 Finished building target: 05.TimerExp.out 时，表示已经成功生成.out 文件；显示 Bulid Finished，表示编译成功。最后，将.out 文件下载到 F28335 的内部 Flash 中，可以观察到医疗电子 DSP 基础开发系统上的 LED0 和 LED1 交替闪烁，表示原始工程是正确的，可以进入下一步操作。

步骤 2：添加 Timer 文件对

将"D:\F28335CCSTest\Product\05.TimerExp\HW"文件夹中的 Timer.c 添加到 HW 分组，具体操作可参见 2.3 节步骤 7。

步骤 3：完善 Timer.h 文件

单击 🔨 按钮，进行编译，编译结束后，在 Project Explorer 面板中，双击 Timer.c 中的 Timer.h。在 Timer.h 文件的"包含头文件"区，添加代码#include " DSP28x_Project.h "。

在 Timer.h 文件的"API 函数声明"区，添加如程序清单 6-1 所示的 API 函数声明代码。其中，InitTimer 函数用于初始化 Timer 模块；Get2msFlag 和 Clr2msFlag 函数分别用于获取和清除 2ms 标志，main.c 中的 Proc2msTask 函数就是调用这两个函数来实现 2ms 任务功能的；Get1SecFlag 和 Clr1SecFlag 函数分别用于获取和清除 1s 标志，main.c 中的 Proc1SecTask 函数就是调用这两个函数来实现 1s 任务功能的。

程序清单 6-1

```
void InitTimer(void);            //初始化 Timer 模块

unsigned char Get2msFlag(void); //获取 2ms 标志位的值
void Clr2msFlag(void);           //清除 2ms 标志位

unsigned char Get1SecFlag(void);//获取 1s 标志位的值
void Clr1SecFlag(void);          //清除 1s 标志位
```

步骤 4：完善 Timer.c 文件

在 Timer.c 文件的"内部变量"区，添加内部变量的定义代码，如程序清单 6-2 所示。其中，s_i2msFlag 是 2ms 标志位，s_i1secFlag 是 1s 标志位，在定义这两个变量时，需要初始化为 FALSE。

程序清单 6-2

```
static unsigned char s_i2msFlag  = FALSE; //将 2ms 标志位的值设置为 FALSE
static unsigned char s_i1secFlag = FALSE; //将 1s 标志位的值设置为 FALSE
```

在 Timer.c 文件的"内部函数声明"区，添加内部函数的声明代码，如程序清单 6-3 所示。其中，cpu_timer0_isr 函数为 Timer0 中断服务函数，cpu_timer1_isr 函数为 Timer1 中断服务函数，cpu_timer,2_isr 函数为 Timer2 中断服务函数。

程序清单 6-3

```
static void InitTimerPIE(void);            //初始化定时器的 PIE
__interrupt void cpu_timer0_isr(void);     //Timer0 中断服务函数
__interrupt void cpu_timer1_isr(void);     //Timer1 中断服务函数
__interrupt void cpu_timer2_isr(void);     //Timer2 中断服务函数
```

在 Timer.c 文件的"内部函数实现"区，添加 InitTimerPIE 函数的实现代码，如程序清单 6-4 所示。下面依次对 InitTimerPIE 函数中的语句进行解释说明。

（1）对于 InitTimerPIE 函数，首先分别映射 Timer0、Timer1 和 Timer2 中断服务函数，然后使能 INT1、INT13 和 INT14。

（2）使能 PIE 块后，使能位于 PIE 中的组 1 的第 7 个中断，即 TINT0，至此完成定时器的 PIE 初始化。

程序清单 6-4

```
static void InitTimerPIE(void)
{
  EALLOW; //允许编辑受保护寄存器
  PieVectTable.TINT0  = &cpu_timer0_isr;  //映射 Timer0 中断服务函数
  PieVectTable.XINT13 = &cpu_timer1_isr;  //映射 Timer1 中断服务函数
  PieVectTable.TINT2  = &cpu_timer2_isr;  //映射 Timer2 中断服务函数
  EDIS;    //禁止编辑受保护寄存器

  IER |= M_INT1;  //使能 INT1
  IER |= M_INT13; //使能 INT13
  IER |= M_INT14; //使能 INT14

  PieCtrlRegs.PIECTRL.bit.ENPIE = 1;      //使能 PIE 块
  PieCtrlRegs.PIEIER1.bit.INTx7 = 1;      //使能位于 PIE 中的组 1 的第 7 个中断，即 TINT0
}
```

在 Timer.c 文件的"内部函数实现"区的 InitTimerPIE 函数实现区后，添加 cpu_timer0_isr、cpu_timer1_isr 和 cpu_timer2_isr 中断服务函数的实现代码，如程序清单 6-5 所示。其中，cpu_timer0_isr 函数用于开启 Timer0 计数，并使能第 1 组中断；cpu_timer1_isr 函数用于开启 Timer1 计数，并实现 2ms 和 1s 计数；cpu_timer2_isr 函数用于开启 Timer2 计数。

程序清单 6-5

```
__interrupt void cpu_timer0_isr(void)
{
  EALLOW;                                 //允许编辑受保护寄存器
```

```
  CpuTimer0.InterruptCount++;
  PieCtrlRegs.PIEACK.all = PIEACK_GROUP1;     //使能第 1 组中断
  EDIS;                                       //禁止编辑受保护寄存器
}

__interrupt void cpu_timer1_isr(void)
{
  static int s_iCnt2 = 0;                     //定义一个静态变量 s_iCnt2 作为 2ms 计数器
  static int s_iCnt1000  = 0;                 //定义一个静态变量 s_iCnt1000 作为 1s 计数器

  EALLOW;                                     //允许编辑受保护寄存器
  CpuTimer1.InterruptCount++;
  EDIS;                                       //禁止编辑受保护寄存器

  s_iCnt2++;                                  //2ms 计数器的计数值加 1

  if(s_iCnt2 >= 2)                            //2ms 计数器的计数值大于或等于 2
  {
    s_iCnt2 = 0;                              //重置 2ms 计数器的计数值为 0
    s_i2msFlag = TRUE;                        //将 2ms 标志位的值设置为 TRUE
  }

  s_iCnt1000++;                               //1000ms 计数器的计数值加 1

  if(s_iCnt1000 >= 1000)                      //1000ms 计数器的计数值大于或等于 1000
  {
    s_iCnt1000 = 0;                           //重置 1000ms 计数器的计数值为 0
    s_i1secFlag = TRUE;                       //将 1s 标志位的值设置为 TRUE
  }
}

__interrupt void cpu_timer2_isr(void)
{
  EALLOW;                                     //允许编辑受保护寄存器
  CpuTimer2.InterruptCount++;
  EDIS;                                       //禁止编辑受保护寄存器
}
```

在 Timer.c 文件的"API 函数实现"区，添加 API 函数的实现代码，如程序清单 6-6 所示，具体说明如下。

（1）InitCpuTimers 函数通过调用 InitCpuTimers 将 3 个 CPU 定时器初始化为已知状态，通过调用 InitTimerPIE 初始化定时器的 PIE，然后分别定义 Timer0、Timer1 和 Timer2 的中断周期并使能它们的中断。

（2）Get2msFlag 函数用于获取 s_i2msFlag 的值，Get1SecFlag 用于获取 s_i1SecFlag 的值。

（3）Clr2msFlag 函数用于将 s_i2msFlag 清零，Clr1SecFlag 用于将 s_i1SecFlag 清零。

程序清单 6-6

```
void InitTimer(void)
{
  InitCpuTimers();                            //将 3 个 CPU 定时器初始化为已知状态
```

```
    InitTimerPIE();                                 //初始化定时器的 PIE

#if (CPU_FRQ_150MHZ)
    ConfigCpuTimer(&CpuTimer0, 150, 1000000);       //设置 Timer0 的中断周期为 1s
    ConfigCpuTimer(&CpuTimer1, 150, 1000);          //设置 Timer1 的中断周期为 1ms
    ConfigCpuTimer(&CpuTimer2, 150, 1000000);       //设置 Timer2 的中断周期为 1s
#endif

#if (CPU_FRQ_100MHZ)
    ConfigCpuTimer(&CpuTimer0, 100, 1000000);       //设置 Timer0 的中断周期为 1s
    ConfigCpuTimer(&CpuTimer1, 100, 1000);          //设置 Timer1 的中断周期为 1ms
    ConfigCpuTimer(&CpuTimer2, 100, 1000000);       //设置 Timer2 的中断周期为 1s
#endif

    CpuTimer0Regs.TCR.all = 0x4000;                 //使能 Timer0 中断，并开启 Timer0
    CpuTimer1Regs.TCR.all = 0x4000;                 //使能 Timer1 中断，并开启 Timer1
    CpuTimer2Regs.TCR.all = 0x4000;                 //使能 Timer2 中断，并开启 Timer2
}

unsigned char Get2msFlag(void)
{
    return(s_i2msFlag);                             //返回 2ms 标志位的值
}

void  Clr2msFlag(void)
{
    s_i2msFlag = FALSE;                             //将 2ms 标志位的值设置为 FALSE
}

unsigned char Get1SecFlag(void)
{
    return(s_i1secFlag);                            //返回 1s 标志位的值
}

void  Clr1SecFlag(void)
{
    s_i1secFlag = FALSE;                            //将 1s 标志位的值设置为 FALSE
}
```

步骤 5：完善定时器实验应用层

在 Project Explorer 面板中，双击打开 main.c 文件，在 main.c 文件"包含头文件"区的最后，添加代码#include "Timer.h"，即可在 main.c 文件中调用 Timer 模块的 API 函数等，实现对 Timer 模块的操作。

在 main.c 文件的 InitHardware 函数中，添加调用 InitTimer 函数的代码，如程序清单 6-7 所示，即可实现对 Timer 模块的初始化。

程序清单 6-7

```
static  void  InitHardware(void)
{
    SystemInit();          //初始化系统函数
    InitXintf();           //初始化 Xintf 模块
```

```
#if DOWNLOAD_TO_FLASH
  MemCopy(&RamfuncsLoadStart, &RamfuncsLoadEnd, &RamfuncsRunStart);
  InitFlash();            //初始化 Flash 模块
#endif

  InitLED();              //初始化 LED 模块
  InitSCIB(115200);       //初始化 SCIB 模块
  InitTimer();            //初始化 CPU 定时器模块

  EINT;                   //使能全局中断
  ERTM;                   //使能全局实时中断
}
```

在 main.c 文件的 Proc2msTask 函数中，添加调用 Get2msFlag 和 Clr2msFlag 函数的代码，如程序清单 6-8 所示。Proc2msTask 在主函数的 while 语句中调用，因此当 Get2msFlag 函数返回 1，即检测到 Timer1 模块的 s_iCnt2 计数到 2ms 时，if 语句中的代码才会执行；最后要通过 Clr2msFlag 函数清除 2ms 标志，if 语句中的代码才会每 2ms 执行一次。这里还需要将调用 LEDFlicker 函数的代码添加到 if 语句中，该函数每 2ms 执行一次，参数为 250，以实现 LED0 和 LED1 每 500ms 完成一次交替闪烁。

程序清单 6-8

```
static  void  Proc2msTask(void)
{
  if(Get2msFlag())  //检查 2ms 标志状态
  {
    LEDFlicker(250);//调用闪烁函数

    Clr2msFlag();     //清除 2ms 标志
  }
}
```

在 main.c 文件的 Proc1SecTask 函数中，添加调用 Get1SecFlag 和 Clr1SecFlag 函数的代码，如程序清单 6-9 所示。Proc1SecTask 也在主函数的 while 语句中调用，因此当 Get1SecFlag 函数返回 1，即检测到 Timer1 模块的 s_iCnt1000 计数到 1s 时，if 语句中的代码才会执行。最后通过 Clr1SecFlag 函数清除 1s 标志，以实现 if 语句中的代码每秒执行一次。还需要将调用 printf 函数的代码添加到 if 语句中，printf 函数每秒执行一次，即每秒通过串口输出 printf 中的字符串。

程序清单 6-9

```
static  void  Proc1SecTask(void)
{
  if(Get1SecFlag()) //判断 1s 标志状态
  {
    printf("This is the first TMS320F28335 Project, by Zhangsan\r\n");

    Clr1SecFlag();   //清除 1s 标志
  }
}
```

步骤 6：编译及下载验证

代码编写完成后，编译工程，然后下载.out 文件到医疗电子 DSP 基础开发系统，具体操作参见 2.3 节步骤 9。下载完成后，打开串口助手，可以看到串口助手每秒输出一次 This is the first TMS320F28335 Project，by Zhangsan；同时，医疗电子 DSP 基础开发系统上的 LED0 和 LED1 每 500ms 完成一次交替闪烁，表示实验成功。

本 章 任 务

基于"03.GPIOKeyExp"工程，首先配置一个 10ms 中断服务函数，并在中断服务函数中产生 10ms 标志位，在 Main 模块中基于 10ms 标志，创建 10ms 任务函数 Proc10msTask，将 ScanKeyOne 函数放在 Proc10msTask 函数中调用，验证独立按键是否能够正常工作。

本 章 习 题

1．一个 32 位减 1 计数器在一个时钟周期内最大的计数值是多少？

2．若 32 位减 1 计数器的输入时钟为 100MHz，定时 20μs，则 32 位定时周期寄存器的初值为多少？

3．定时器达到定时时间后，计数初值通过哪个寄存器重新装载？装载方式是什么？

第7章 实验6——读写EEPROM

存储器是微处理器的重要组成部分，用于存储程序代码和数据，有了存储器，微处理器才具有记忆功能。存储器按其存储介质特性，主要分为易失性存储器和非易失性存储器两大类。F28335 内部的 SRAM 为易失性存储器，内部的 Flash 为非易失性存储器。在微处理器设计中，有些数据需要在掉电后不消失，这些数据通常被存储在内部或外部 EEPROM 中。医疗电子 DSP 基础开发系统带有外部 EEPROM，可以将这些数据存储在外部 EEPROM 中。本章首先介绍 I²C 及 AT24C02 芯片，最后通过一个读写 EEPROM 实验，帮助读者掌握读写 EEPROM 的操作流程。

7.1 实验内容

本实验首先完成相应寄存器和引脚的初始化，以及完成读写 EEPROM 函数的编写。然后，通过调用按键函数，实现按下 KEY0，向 EEPROM 写入 "0x76，0x54，0x32，0x10"；按下按键 KEY1，从 EEPROM 读出数据，并通过 printf 函数打印到串口助手；按下按键 KEY2，向 EEPROM 写入 "0x89，0xAB，0xCD，0xEF"；再次按下按键 KEY1，读出修改后的数据，并通过 printf 函数打印到串口助手。

7.2 实验原理

7.2.1 I²C 基本概念

I²C 总线是 PHLIPS 公司推出的一种串行总线，是具备多主机系统所需的包括总线裁决和高低速器件同步功能的高性能串行总线。I²C 总线只有两根双向信号线：数据线 SDA 和时钟线 SCL。

每个连接到 I²C 总线上的器件都有唯一的地址。主机与其他器件间的数据传送关系为主机发送数据到其他器件，这时主机为发送器，从总线上接收数据的器件则为接收器。如图 7-1 所示，在多主机系统中，可能同时有几个主机企图启动总线传送数据。为了避免混乱，I²C 总线要通过总线仲裁，以决定由哪一台主机控制总线。

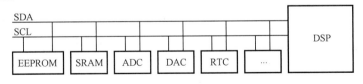

图 7-1 I²C 总线物理拓扑结构图

如图 7-2 所示为 I²C 总线内部结构，I²C 总线通过上拉电阻接正电源。当总线空闲时，两根信号线均为高电平。连接到总线上的任一器件输出低电平，都将使总线的信号变低电平，即各器件的 SDA 及 SCL 都是线 "与" 关系。

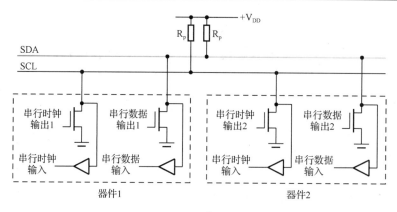

图 7-2　I²C 总线内部结构

7.2.2　I²C 时序

I²C 时序图如图 7-3 所示，在 SCL 为高电平期间，SDA 由高电平向低电平变化表示起始信号；在 SCL 为高电平期间，SDA 由低电平向高电平变化表示停止信号。在进行数据传输时，且 SCL 为高电平期间，SDA 上的数据必须保持稳定，只有在 SCL 为低电平期间，SDA 上的数据才允许变化。起始和停止信号都由主机发出，在起始信号产生后，总线处于被占用状态；在停止信号产生后，总线处于空闲状态。

在 SCL 为高电平期间，SDA 保持低电平，表示发送 0 或应答；在 SCL 为高电平期间，SDA 保持高电平，表示发送 1 或非应答，如图 7-4 所示。

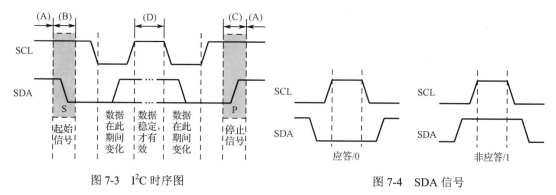

图 7-3　I²C 时序图　　　　　　　　　　　　　图 7-4　SDA 信号

7.2.3　I²C 器件地址

每个 I²C 器件都有一个器件地址，有的器件地址在出厂时就已经设置好了，用户不可更改（如 OV7670 器件地址固定为 0x42）；有的确定了其中几位，剩下的位由硬件确定（如常见的 I²C 接口的 EEPROM 存储器，留有 3 个控制地址的引脚，由用户在硬件设计时确定）。

严格地讲，主机并不直接向从机发送地址，而是主机向总线上发送地址，所有从机都能接收到主机发送的地址，然后每个从机都将主机发送的地址与自己的地址比较，如果能匹配上，则从机就会向总线发出一个响应信号。主机收到响应信号后，开始向总线上发送数据，这时与从机的通信就建立起来了。如果主机没有收到响应信号，则表示寻址失败。

通常主从器件的角色是确定的，即从机一直工作在从机模式。不同器件定义地址的方式是不同的，有的是软件定义，有的是硬件定义。例如，某些微控制器的 I^2C 接口作为从机时，其器件地址可以通过软件修改从机地址寄存器确定。而对于一些其他器件，如 CMOS 图像传感器、EEPROM 存储器，其器件地址在出厂时就已经完全或部分设定好了，具体情况可以在对应器件的数据手册中查到。

　　对于 AT24C02 这样一个 EEPROM 器件，其器件地址为 1010 加 3 位片选信号，3 位片选信号由硬件连接决定。SOIC 封装的 AT24C02 芯片的 PIN1、PIN2、PIN3 为片选地址引脚。当硬件电路分别将这三个引脚连接到 GND 或 VCC 时，就可以设置不同的片选地址。

　　I^2C 协议在进行数据传输时，主机首先需要向总线发出控制命令，控制命令包含从机的器件地址和读/写控制；然后等待从机响应。如图 7-5 所示为 I^2C 控制命令传输的数据格式示意图。

S	1	0	1	0	A2	A1	A0	R/W	ACK

图 7-5　I^2C 控制命令传输的数据格式示意图

　　I^2C 传输时，按照从高到低的位序进行传输。控制字节的最低位为读/写控制位，该位为 0 表示主机对从机进行写操作，该位为 1 表示主机对从机进行读操作。例如，当需要对片选地址为 100b 的 AT24C02 进行写操作时，控制字节应为 1010_100_0b。若进行读操作，则控制字节应该为 1010_100_1b。

7.2.4　I^2C 存储器地址

　　每个支持 I^2C 协议的器件，内部总会有一些可供读/写的寄存器或存储器。例如，EEPROM 存储器内部就是顺序编址的一系列存储单元；型号为 OV7670 的 CMOS 摄像头（OV7670 的该接口称为 SCCB 接口，其实质也是一种特殊的 I^2C 协议，可以直接兼容 I^2C 协议），其内部就是一系列编址的可供读/写的寄存器。因此，要对一个器件中的寄存器或存储器（以下简称存储单元）进行读/写，就必须指定存储单元的地址。I^2C 协议设计了从机存储单元寻址地址段，该地址段长度为 1 字节或 2 字节，在主机确认收到从机返回的控制字节响应后由主机发出。对于不同的 I^2C 器件类型，其地址段长度有所不同，例如，同是 EEPROM 存储器，AT24C02 的地址段长度为 1 字节。图 7-6 所示是 AT24C02 存储单元地址的分布图。AT24C02 存储器的内存为 256 字节，只有 7 位有效的存储器地址信号。注意，本书后面涉及的写或读时序均是以 EEPROM 器件为例来说明的，并且 1 字节地址段器件以 AT24C02 为例，后面不再重复说明。

器件类型标识				从机地址			读/写
bit7	bit6	bit5	bit4	bit3	bit2	bit1	bit0
1	0	1	0	A2	A1	A0	R/W

图 7-6　AT24C02 存储单元地址分布

7.2.5　AT24C02 芯片及其读写时序

1. 单字节写时序

　　不同的 I^2C 器件，其器件地址字节可能不同，从而导致 I^2C 单字节写时序也可能不同，图 7-7 所示是单字节地址段器件单字节写时序图。

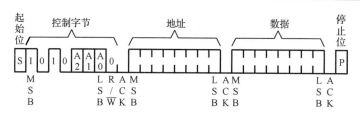

图 7-7　单字节地址段器件单字节写时序

根据时序图，从主机角度来描述一次写入单字节数据过程如下。

（1）主机设置 SDA 为输出。

（2）主机产生起始信号。

（3）主机传输器件地址字节，其中最低位为 0，表明为写操作。

（4）主机设置 SDA 为三态门输入，读取从机应答信号。

（5）读取应答信号成功，主机设置 SDA 为输出，传输 1 字节地址数据。

（6）主机设置 SDA 为三态门输入，读取从机应答信号。

（7）读取应答信号成功，对于 2 字节地址段器件，传输地址数据低字节；对于 1 字节地址段器件，主机设置 SDA 为输出，传输待写入的数据。

（8）设置 SDA 为三态门输入，读取从机应答信号，对于 2 字节地址段器件，执行步骤 O；对于 1 字节地址段器件，直接跳转到步骤（1）。

（9）读取应答信号成功，主机设置 SDA 为输出，传输待写入的数据。

（10）设置 SDA 为三态门输入，读取从机应答信号。

（11）读取应答信号成功，主机产生 STOP 位，终止传输。

2．单字节读时序

同样的，I^2C 读操作时序根据不同 I^2C 器件具有不同的器件地址字节数，单字节读操作分为 1 字节地址段器件单字节数据读操作和 2 字节地址段器件单字节数据读操作。图 7-8 所示是 1 字节地址段器件单字节数据读操作时序图。

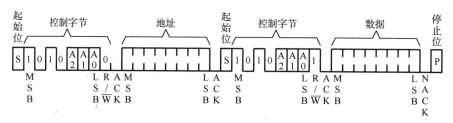

图 7-8　1 字节地址段器件单字节数据读操作时序

根据时序图，从主机角度描述一次读数据过程如下。

（1）主机设置 SDA 为输出。

（2）主机产生起始信号。

（3）主机传输器件地址字节，其中最低位为 0，表明为写操作。

（4）主机设置 SDA 为三态门输入，读取从机应答信号。

（5）读取应答信号成功，主机设置 SDA 输出，传输 1 字节地址数据。

（6）主机设置 SDA 为三态门输入，读取从机应答信号。

（7）读取应答信号成功，主机设置 SDA 输出，对于 2 字节地址段器件，传输低字节地址数据；对于 1 字节地址段器件，无此步骤，直接跳转到步骤（3）。

（8）主机产生起始信号。

（9）主机传输器件地址字节，其中最低位为 1，表明为读操作。

（10）设置 SDA 为三态门输入，读取从机应答信号。

（11）读取应答信号成功，主机设置 SDA 为三态门输入，读取 SDA 总线上的 1 字节数据。

（12）产生无应答信号（高电平，无须设置为输出高电平，因为总线会被自动拉高）。

（13）主机产生 STOP 位，终止传输。

7.3　实验步骤

步骤 1：复制并编译原始工程

首先，将"D:\F28335CCSTest\Material\06.EEPROMExp"文件夹复制到"D:\F28335CCSTest\Product"文件夹中。然后，参照 2.3 节步骤 4，打开工程文件，单击 🔧 按钮。当 Console 栏显示 Finished building target: 06.EEPROMExp.out 时，表示已经成功生成.out 文件；显示 Bulid Finished，表示编译成功。最后，将.out 文件下载到 F28335 的内部 Flash 中，可以观察到医疗电子 DSP 基础开发系统上的 LED0 和 LED1 交替闪烁，表示原始工程是正确的，可以进入下一步操作。

步骤 2：添加 AT24Cxx 和 I2C 文件对

将"D:\F28335CCSTest\Product\06.EEPROMExp\App"文件夹中的 AT24Cxx.c 和 I2C.c 添加到 App 分组，具体操作可参见 2.3 节步骤 7。

步骤 3：完善 AT24Cxx.h 文件

单击 🔧 按钮，进行编译，编译结束后，在 Project Explorer 面板中，双击 AT24Cxx.c 中的 AT24Cxx.h，在 AT24Cxx.h 文件的"包含头文件"区添加代码#include "DSP28x_Project.h"。

在 AT24Cxx.h 文件的"API 函数声明"区，添加如程序清单 7-1 所示的 API 函数声明代码。InitAT24Cxx 函数用于初始化 AT24Cxx 模块；AT24CxxWrite 函数用于向指定地址写入指定长度的字节数据；AT24CxxRead 函数用于从指定地址读取指定长度的字节数据。

程序清单 7-1

```
void InitAT24Cxx(void);   //初始化 AT24Cxx 模块

//向指定地址写入指定长度的字节数据
void  AT24CxxWrite(unsigned int writeAddr, unsigned char* pBuffer, unsigned int numToWrite);
//从指定地址读取指定长度的字节数据
void  AT24CxxRead(unsigned int readAddr, unsigned char* pBuffer, unsigned int numToRead);
```

步骤 4：完善 AT24Cxx.c 文件

在 AT24Cxx.c 文件的"包含头文件"区的最后，添加代码#include "I2C.h"。

在 AT24Cxx.c 文件的"内部函数声明"区，添加内部函数的声明代码，如程序清单 7-2 所示。AT24CxxReadOneByte 函数用于从指定地址读取一个字节；AT24CxxWriteOneByte 函数用于向指定地址写入一个字节，这两个函数的数据均以字为单位。

程序清单 7-2

```
//从指定地址读取一个字节
static unsigned char AT24CxxReadOneByte(unsigned int readAddr);
//向指定地址写入一个字节
static unsigned char AT24CxxWriteOneByte(unsigned int writeAddr, unsigned char dataToWrite);
```

在 AT24Cxx.c 文件的"内部函数实现"区，添加内部函数的实现代码，如程序清单 7-3 所示。AT24Cxx.c 文件的内部静态函数有两个，解释说明如下。

（1）对于 AT24CxxReadOneByte 函数，通过调用 GenI2CStartSig 函数产生 I^{2}C 起始信号（准备发送或接收数据前必须由起始信号开始），然后通过 I2CReadByte 函数读取字节数据，最后通过 GenI2CStopSig 函数发送停止信号停止发送，之后返回读取的数据 recData。

（2）对于 AT24CxxWriteOneByte 函数，通过调用 GenI2CStartSig 函数产生 I^{2}C 起始信号（准备发送或接收数据前必须由起始信号开始），然后通过 I2CReadByte 函数读取字节数据，最后通过 GenI2CStopSig 函数发送停止信号停止发送，延迟 10000μs 后返回写入的数据 err。

程序清单 7-3

```c
static unsigned char AT24CxxReadOneByte(Uint16 readAddr)
{
  unsigned char recData = 0;

  GenI2CStartSig();            //发送起始信号

  //发送 Device Address Byte（器件地址包含其中），左移 1 位因为 LSB 是 R/~W
  I2CSendByte(0XA0 + ((readAddr / 256) << 1));

  I2CWaitAck();               //等待应答信号
  I2CSendByte(readAddr % 256); //发送 Word Address Byte
  I2CWaitAck();               //等待应答信号

  GenI2CStartSig();           //发送起始信号
  I2CSendByte(0XA1); //发送 Device Address Byte（最低位为 1 表示为写操作），1 0 1 0 A2 A1 A0 R/~W
  I2CWaitAck();               //等待应答信号

  recData = I2CReadByte(0); //传入参数 0 表示发送无应答信号，通过 I2CReadByte 读取字节数据

  GenI2CStopSig();            //发送停止信号

  return recData;             //返回读取到的字节数据
}

static unsigned char AT24CxxWriteOneByte(Uint16 writeAddr, Uint8 dataToWrite)
{
  unsigned char err = 0;

  GenI2CStartSig();           //发送起始信号

  //发送 Device Address Byte（器件地址包含其中），左移 1 位因为 LSB 是 R/~W
  I2CSendByte(0XA0 + ((writeAddr / 256) << 1));

  err |= I2CWaitAck();        //等待应答信号

  I2CSendByte(writeAddr % 256); //发送 Word Address Byte
  err |= I2CWaitAck();        //等待应答信号

  I2CSendByte(dataToWrite); //发送待写入的字节数据
  err |= I2CWaitAck();        //等待应答信号
```

```
  GenI2CStopSig();              //发送停止信号
  DELAY_US(10000);              //在主机产生停止信号后从机开始内部数据的擦写，建议延时不小于5ms

  return(err);
}
```

在 AT24Cxx.c 文件的"API 函数实现"区，添加 InitAT24Cxx 函数的实现代码，如程序清单 7-4 所示。InitAT24Cxx 函数通过调用 InitI2CModule 函数来初始化 AT24Cxx 模块。

程序清单 7-4

```
void InitAT24Cxx(void)
{
  InitI2CModule(); //初始化 I2C 模块
}
```

在 AT24Cxx.c 文件的"API 函数实现"区的 InitAT24Cxx 函数实现区后，添加 AT24CxxRead 函数的实现代码，如程序清单 7-5 所示。AT24CxxRead 函数从指定地址开始读出指定长度的数据，其中，参数 readAddr 为起始地址，pBuffer 为读取到的数据存放的地址，numToRead 为需要读取的数据个数。

程序清单 7-5

```
void AT24CxxRead(unsigned int readAddr, unsigned char* pBuffer, unsigned int numToRead)
{
  while(numToRead)       //判断数据是否已读完
  {
    *pBuffer = AT24CxxReadOneByte(readAddr);        //逐个字节读出并存放到缓冲区

    readAddr++;          //读取字节地址加1
    pBuffer++;           //待读出数据存放的起始地址加1
    numToRead--;         //待读出的字节数据个数减1
  }
}
```

在 AT24Cxx.c 文件的"API 函数实现"区的 AT24CxxRead 函数实现区后，添加 AT24CxxWrite 函数的实现代码，如程序清单 7-6 所示。AT24CxxWrite 函数向指定地址开始写入指定长度的数据，其中，参数 writeAddr 为起始地址，pBuffer 为写入的数据要存放的地址，numToRead 为需要读取的数据个数。

程序清单 7-6

```
void AT24CxxWrite(unsigned int writeAddr, unsigned char* pBuffer, unsigned int numToWrite)
{
  while(numToWrite)      //判断数据是否已写完
  {
    AT24CxxWriteOneByte(writeAddr, *pBuffer);       //逐个字节写入数据数组

    writeAddr++;         //写入字节地址加1
    pBuffer++;           //待写入数据存放的起始地址加1
    numToWrite--;        //待写入的字节数据个数减1
  }
}
```

步骤 5：完善 ProcKeyOne.c 文件

首先，在 ProcKeyOne.c 的"包含头文件"区的最后，添加代码#include "AT24Cxx.h"和

#include "SCIB.h"。

　　在 ProcKeyOne.c 的"内部变量"区，定义 3 个数组，分别为 s_arrBuf0[]、s_arrBuf1[]和 s_iAddr，第一个数组用于存放 0x76、0x54、0x32 和 0x10，第二个数组用于存放 0x89、0xAB、0xCD 和 0xEF，这两个数组分别通过 KEY0 和 KEY2 控制写入 EEPROM；s_iAddr 用于存放读取的数据，通过 KEY1 读取数据，如程序清单 7-7 所示。

程序清单 7-7

```
static unsigned char s_arrBuf0[] = {0x76, 0x54, 0x32, 0x10};
static unsigned char s_arrBuf1[] = {0x89, 0xAB, 0xCD, 0xEF};
static unsigned int  s_iAddr = 0x0000;
```

　　注释掉 ProcKeyOne.c 文件中所有 printf 语句，再在 ProcKeyDownKey0、ProcKeyDownKey1 和 ProcKeyDownKey2 函数中增加相应的处理程序，如程序清单 7-8 所示。

　　（1）ProcKeyDownKey0 函数用于处理按键 KEY1 按下事件，该函数调用 AT24CxxWrite 函数，向 EEPROM 存储空间写入"0x76，0x54，0x32，0x10"。

　　（2）ProcKeyDownKey1 函数用于处理按键 KEY2 按下事件，该函数调用 AT24CxxRead 函数，从 EEPROM 存储空间读取 KEY0 或 KEY2 写入的数据，并通过 printf 打印这些数据，打印结果通过计算机上的串口助手显示。

　　（3）ProcKeyDownKey2 函数用于处理按键 KEY2 按下事件，该函数调用 AT24CxxWrite 函数，向 EEPROM 存储空间写入"0x89，0xAB，0xCD，0xEF"。

程序清单 7-8

```
void  ProcKeyDownKey0(void)
{
  AT24CxxWrite(s_iAddr, s_arrBuf0, 4);
  printf("Write:0x76 0x54 0x32 0x10\r\n");
  //printf("KEY0 PUSH DOWN\r\n");      //打印按键状态
}

void  ProcKeyDownKey1(void)
{
  unsigned char arrRecData[4];

  AT24CxxRead(s_iAddr, arrRecData, 4);

  printf(" Read:0x%2x 0x%2x 0x%2x 0x%2x\r\n", arrRecData[0], arrRecData[1], arrRecData[2],
arrRecData[3]);
  //printf("KEY1 PUSH DOWN\r\n");      //打印按键状态
}

void  ProcKeyDownKey2(void)
{
  AT24CxxWrite(s_iAddr, s_arrBuf1, 4);
  printf("Write:0x89 0xab 0xcd 0xef\r\n");
  //printf("KEY2 PUSH DOWN\r\n");      //打印按键状态
}
```

步骤 6：完善读写 EEPROM 实验应用层

　　在 Project Explorer 面板中，双击打开 main.c 文件，在 main.c 文件的"包含头文件"区的最后，添加代码#include "AT24Cxx.h"，即可在 main.c 文件中调用 AT24Cxx 模块的 API 函数，

实现对 AT24Cxx 模块的操作。

在 main.c 文件的 InitHardware 函数中，添加调用 InitAT24Cxx 函数的代码，如程序清单 7-9 所示，即可实现对 AT24Cxx 模块的初始化。

程序清单 7-9

```
static  void  InitHardware(void)
{
  SystemInit();        //初始化系统函数
InitXintf();           //初始化 Xintf 模块

#if DOWNLOAD_TO_FLASH
  MemCopy(&RamfuncsLoadStart, &RamfuncsLoadEnd, &RamfuncsRunStart);
  InitFlash();         //初始化 Flash 模块
#endif

  InitLED();           //初始化 LED 模块
  InitTimer();         //初始化 CPU 定时器模块
  InitSCIB(115200);    //初始化 SCIB 模块
  InitKeyOne();        //初始化 KeyOne 模块
  InitProcKeyOne();    //初始化 ProcKeyOne 模块
  InitAT24Cxx();       //初始化 AT24Cxx 模块

  EINT;                //使能全局中断
  ERTM;                //使能全局实时中断
}
```

在 main.c 文件的 Proc2msTask 函数中，添加调用 ScanKeyOne 函数的代码，如程序清单 7-10 所示。本实验通过串口助手打印读写 EEPROM 的信息，因此，还需要在 Proc1SecTask 函数中注释掉 printf 语句。

程序清单 7-10

```
static  void  Proc2msTask(void)
{
  static int s_iCnt5 = 0;

  if(Get2msFlag())  //检查 2ms 标志状态
  {
    LEDFlicker(250);//调用闪烁函数

    if(s_iCnt5 >= 4)
    {
      ScanKeyOne(KEY_NAME_KEY0, ProcKeyUpKey0, ProcKeyDownKey0);
      ScanKeyOne(KEY_NAME_KEY1, ProcKeyUpKey1, ProcKeyDownKey1);
      ScanKeyOne(KEY_NAME_KEY2, ProcKeyUpKey2, ProcKeyDownKey2);
      s_iCnt5 = 0;
    }
    else
    {
      s_iCnt5++;
    }

    Clr2msFlag();     //清除 2ms 标志
```

```
    }
}
```

步骤 7：编译及下载验证

代码编写完成后，编译工程，然后下载.out 文件到医疗电子 DSP 基础开发系统，具体操作参见 2.3 节步骤 9。下载完成后，打开串口助手，按下按键 KEY0 向 EEPROM 写入"0x76，0x54，0x32，0x10"，按下按键 KEY1 从 EEPROM 读出数据，观察串口助手是否读取到对应的数据；按下按键 KEY2 向 EEPROM 写入"0x89，0xAB，0xCD，0xEF"，再次按下按键 KEY1 读出修改后的数据，观察串口助手是否读取到对应的修改数据。

本 章 任 务

基于医疗电子 DSP 基础开发系统，编写程序实现密码解锁功能，具体包括：微处理器初始密码为"0x12，0x34，0x56，0x78"，该密码通过 AT24CxxWrite 函数写入 EEPROM，通过按下按键 KEY0 模拟输入密码为"0x12，0x34，0x56，0x78"，通过按下按键 KEY2 模拟输入密码为"0x87，0x65，0x43，0x21"，通过按下按键 KEY1 进行密码匹配，如果密码正确，则在串口助手上打印"Success！"，否则在串口助手上打印"Failure！"。

本 章 习 题

1. 简述 I^2C 的基本概念。
2. 简述 I^2C 时序的特点。
3. 简述 EEPROM 芯片的特性。
4. AT24C02 存储单元地址结构是怎样的？指出每一位的作用。

第8章 实验7——外部中断

CPU 在正常运行程序的过程中，有时会接收到优先级更高的指令或实时性更高的任务，不得不中断当前的程序，优先处理后者响应，即进入中断服务函数。本章主要介绍 TMS320F28335 的中断系统，并通过一个按键控制 LED 点亮和熄灭的中断服务函数来加深对中断的理解。

8.1 实验内容

学习 TMS320F28335 的中断系统及其相关寄存器，基于外部中断 0 和 1，利用按键 KEY0 和 KEY1，通过 GPIO 检测按键按下和弹起时产生的下降沿和上升沿事件，产生中断，在中断服务函数中实现 LED 点亮和熄灭的功能，处理完后再返回执行中断之前的代码。

8.2 实验原理

8.2.1 什么是中断

中断（Interrupt）是硬件和软件驱动事件，它使得 CPU 暂停当前的主程序，转而去执行一个中断服务子程序。为了更形象地理解中断，下面以办公时接电话为例来介绍中断的概念，通过这个例子可以更深地体会 CPU 执行中断时的原理。

如图 8-1 所示，假如一个工程师正在办公桌前专心致志地写程序，突然电话铃声响了（假设接电话比写程序更重要和紧急。电话事件相当于产生了一个中断请求，因为某种需求工程师不得不暂停写程序）。工程师听到铃声便拿起电话进行交谈（工程师响应了电话的请求，相当于 CPU 响应了一个中断，停下了正在执行的主程序，并转向执行中断服务子程序）。交谈完毕，工程师挂断

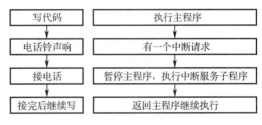

图 8-1 中断的生活实例

电话，又接着从刚才停下来的地方继续开始写程序（中断服务子程序执行完成之后，CPU 又回到了刚才停下来的地方开始执行主程序）。

当然，CPU 执行中断肯定比接电话的例子复杂，但是通过这个简单的生活实例，能够直观地理解什么是中断，以及中断产生时 CPU 是如何执行某些操作的。TMS320F28335 的中断系统从上到下分成三级，即 CPU 级中断、PIE 级中断和外设中断。下面先从上到下详细介绍各级中断，然后再从下到上并结合实例分析 CPU 三级中断的工作过程。

8.2.2 TMS320F28335 的 CPU 中断

在 DSP 中，中断申请信号通常是由软件或硬件产生的，它可以使 CPU 暂停正在执行的主程序，转而去执行一个中断服务子程序。通常中断申请信号是由外围设备提出的，表示一个特殊的事件已经发生，请求 CPU 暂停正在执行的主程序，去处理更紧急的事件。例如，CPU 定时器 0 完成一个周期的计数后，就会发出一个周期中断的请求信号，这个信号通知

CPU，CPU 定时器 0 已经完成了计时，这时可能有一些紧急事件需要 CPU 处理。

1．CPU 中断概述

TMS320F28335 的中断主要有两种触发方式：一种是在软件中写指令，如 INTR、OR IFR 或 TRAP 指令；另一种是由硬件触发，如来自片内外设或外围设备的中断信号表示某个事件已经发生。无论是软件中断还是硬件中断，都可以分为可屏蔽中断和不可屏蔽中断。

可屏蔽中断是指中断可以用软件加以屏蔽或解除屏蔽。TMS320F28335 片内外设所产生的中断都是可屏蔽中断，每一个中断都可以通过相应寄存器的中断使能位来禁止或使能。

不可屏蔽中断是指中断是不可被屏蔽的，一旦中断请求信号发出，CPU 必须无条件地立即响应该中断，并执行相应的中断服务子程序。TMS320F28335 的不可屏蔽中断主要包括软件中断（INTR 和 TRAP 指令等）、硬件中断 $\overline{\text{NMI}}$、非法指令陷阱及硬件复位中断。平时遇到最多的还是可屏蔽中断，所以本书仅不可屏蔽中断的硬件中断。通过引脚 XNMI_XINT13 可以进行不可屏蔽中断 $\overline{\text{NMI}}$ 的硬件中断请求，当该引脚为低电平时，CPU 可以检测到一个有效的中断请求，从而响应 $\overline{\text{NMI}}$ 中断。

TMS320F28335 的 CPU 按照图 8-2 所示的 4 个步骤来处理中断。首先由外设或其他方式向 CPU 提出中断请求，如果这个中断是可屏蔽中断，CPU 便会检查这个中断的使能情况，再决定是否响应该中断；如果这个中断是不可屏蔽中断，CPU 便会立即响应该中断。接着，CPU 会完整地执行当前指令，为了记住当前主程序的状态，CPU 必须做一些准备工作，例如，将 ST0、T、AH、AL、PC 等寄存器中的内容保存到堆栈中，以便自动保存主程序的大部分内容。准备工作完成之后，CPU 取回中断向量，开始执行中断服务子程序。处理完相应的中断事件后，CPU 回到原来主程序暂停的地方，恢复各个寄存器的内容，继续执行主程序。

2．CPU 中断向量和优先级

TMS320F28335 可支持 32 个 CPU 中断，其中每一个中断都是 32 位的中断向量，也就是 2 个 16 位的寄存器，里面存储的是相应中断服务子程序的入口地址，不过这个入口地址是 22 位的。其中地址的低 16 位保存该向量的低 16 位；地址的高 6 位则保存向量的高 6 位，其余更高的 10 位被忽略，如图 8-3 所示。

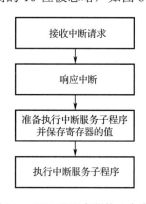

图 8-2　CPU 处理中断的 4 个步骤

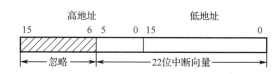

图 8-3　22 位的 CPU 中断向量

表 8-1 列出了 TMS320F28335 可以使用的中断向量，各个向量的存储位置及其各自的优先级。从表 8-1 中可以看出，CPU 中断向量表可以映射到程序空间的顶部或底部，主要取决于 CPU 状态寄存器 ST1 的向量映射位 VMAP。如果 VMAP 为 0，则向量映射到以 0x000000 开始的地址上；如果 VMAP 为 1，则向量映射到以 0x3FFFC0 开始的地址上。

表 8-1　CPU 中断向量和优先级

名　称	向量 ID	地　址	大小（×16 位）	描　述	CPU 优先级
RESET	0	0x00000D00	2	复位中断，总是从 Boot ROM 或者 XINTF7 空间的 0x003FFFC0 地址获取	1（最高）
INT1	1	0x00000D02	2	不使用，参考 PIE 组 1	5
INT2	2	0x00000D04	2	不使用，参考 PIE 组 2	6
INT3	3	0x00000D06	2	不使用，参考 PIE 组 3	7
INT4	4	0x00000D08	2	不使用，参考 PIE 组 4	8
INT5	5	0x00000D0A	2	不使用，参考 PIE 组 5	9
INT6	6	0x00000D0C	2	不使用，参考 PIE 组 6	10
INT7	7	0x00000D0E	2	不使用，参考 PIE 组 7	11
INT8	8	0x00000D10	2	不使用，参考 PIE 组 8	12
INT9	9	0x00000D12	2	不使用，参考 PIE 组 9	13
INT10	10	0x00000D14	2	不使用，参考 PIE 组 10	14
INT11	11	0x00000D16	2	不使用，参考 PIE 组 11	15
INT12	12	0x00000D18	2	不使用，参考 PIE 组 12	16
INT13	13	0x00000D1A	2	CPU 定时器 1 或外部中断 13	17
INT14	14	0x00000D1C	2	CPU 定时器 2	18
DLOGINT	15	0x00000D1E	2	CPU 数据记录中断	19（最低）
RTOSINT	16	0x00000D20	2	CPU 实时操作系统中断	4
EMUUINT	17	0x00000D22	2	CPU 仿真中断	2
NMI	18	0x00000D24	2	外部不可屏蔽中断	3
ILLEGAL	19	0x00000D26	2	非法中断	—
USER1	20	0x00000D28	2	用户定义的陷阱（TRAP）	—
USER2	21	0x00000D2A	2	用户定义的陷阱（TRAP）	—
USER3	22	0x00000D2C	2	用户定义的陷阱（TRAP）	—
USER4	23	0x00000D2E	2	用户定义的陷阱（TRAP）	—
USER5	24	0x00000D30	2	用户定义的陷阱（TRAP）	—
USER6	25	0x00000D32	2	用户定义的陷阱（TRAP）	—
USER7	26	0x00000D34	2	用户定义的陷阱（TRAP）	—
USER8	27	0x00000D36	2	用户定义的陷阱（TRAP）	—
USER9	28	0x00000D38	2	用户定义的陷阱（TRAP）	—
USER10	29	0x00000D3A	2	用户定义的陷阱（TRAP）	—
USER11	30	0x00000D3C	2	用户定义的陷阱（TRAP）	—
USER12	31	0x00000D3E	2	用户定义的陷阱（TRAP）	—

3．可屏蔽中断的响应过程

可屏蔽中断的响应过程如图 8-4 所示。当某个可屏蔽中断提出请求时，将其在中断标志寄存器 IFR 中的中断标志位自动置位。CPU 检测到该中断标志位被置位后，会检测该中断是否被使能，即读 CPU 中断使能寄存器 IER 中相应位的值。如果该中断并未使能，则 CPU 不理会此中断，直到其中断被使能为止。如果该中断已经被使能，CPU 会继续检查全局中断 INTM 是否被使能，如果未使能，则依然不会响应中断；如果 INTM 已经被使能，CPU 将响应该中断，暂停主程序并转向执行相应的中断服务子程序。CPU 响应中断后，IFR 中的中断标志位被自动清零，目的是使 CPU 能够去响应其他中断或该中断的下一次中断。

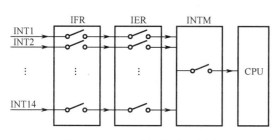

图 8-4　可屏蔽中断的响应过程

图 8-4 中的 IFR 与 IER 的关系比较简单，就好比在一个房间里，有很多灯，也有很多开关，一个开关控制一盏灯，开关闭合时，对应的灯点亮；开关断开时，对应的灯熄灭。通常，房间里除了这些开关，还会有一个总闸，如果总闸关了，就切断了房间线路与外面电网的连接，不论房间里的开关是开还是关，灯都不会亮。在 CPU 中断响应的过程中，IER 中的各个位就是控制各个灯的开关，INTM 就是总闸。如果一个中断被使能，而全局中断没有被使能，则 CPU 仍然不会响应中断。只有当单个中断和全局中断都被使能，此时该中断提出请求，CPU 才会响应。

下面介绍当多个中断同时提出中断请求时，CPU 的响应过程。假如有中断 A 和中断 B，中断 A 的优先级高于中断 B，中断 A 和中断 B 都被使能了，且全局中断 INTM 也被使能。当中断 A 和中断 B 同时提出中断请求时，CPU 会根据优先级的高低来先响应中断 A，同时清除 A 的中断标志位。当 CPU 处理完中断 A 的服务子程序后，如果这时中断 B 的标志位还处于置位的状态，那么 CPU 就会响应中断 B，转而去执行中断 B 的服务子程序。如果 CPU 在执行中断 A 的服务子程序时，中断 A 的标志位又被置位了，也就是中断 A 又向 CPU 提出了请求，那么当 CPU 完成中断响应之后，仍继续先响应中断 A，而让中断 B 继续在队列中等待。

8.2.3　TMS320F28335 的 PIE 中断

图 8-5 所示为 TMS320F28335 的中断源，TMS320F28335 的 CPU 共有 16 条中断线，其中包括 2 条不可屏蔽中断线 $\overline{RS}$ 和 $\overline{NMI}$ ，14 条可屏蔽中断线 $\overline{INT1} \sim \overline{INT14}$ 。

CPU 定时器 1 的中断分配给了 INT15，CPU 定时器 2 的中断分配给了 INT14。两个不可屏蔽中断各自都有专用的独立中断，同时还可以与 CPU 定时器 1 复用 $\overline{INT13}$ 。CPU 定时器 0 的周期中断、TMS320F28335 片内外设的所有中断、外部中断 $\overline{XINT1}$ 、外部中断 $\overline{XINT2}$ 和功率保护中断 $\overline{PDPINTx}$ 公用中断线 $\overline{INT1} \sim \overline{INT12}$ 。通常使用最多的也是 $\overline{INT1} \sim \overline{INT12}$ ，下面重点介绍这些中断。

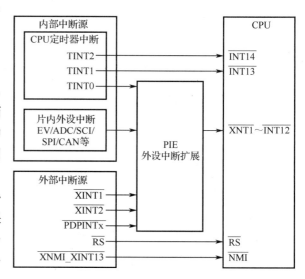

图 8-5　TMS32F28335 的中断源

1. PIE 中断概述

TMS320F28335 内部具有很多外设（EV、AD、SCI、SPI、McBSP 和 CAN），每个外设又可以产生一个或多个中断请求，例如事件管理器 EV 的通用定时器 1 就可以产生周期中断、比较中断、上溢中断和下溢中断共 4 个中断，而 CPU 没有足够的能力同时处理所有外设的中断请求。这就好比一家大公司，每天会有很多员工向总经理提交文件，请求总经理处理，但总经理事务繁忙，没有能力同时处理所有事情，于是总经理通常配有秘书，由秘书将内部员工或外部人员提交的各种事情进行分类筛选，按照事情的轻重缓急进行安排，然后再提交给总经理处理，这样就会提高工作效率。类似地，TMS320F28335 的 CPU 为了能够及时有效地处理各个外设的中断请求，特别设计了一个"秘书"，专门处理外设中断的扩展模块，简称外设中断控制器（PIE），它能够对各种中断请求源（来自外设或其他外部引脚的请求）做出判断和相应的决策。

PIE 一共可以支持 96 个不同的中断，并把这些中断分成 12 组，每组有 8 个中断，而且每个组都被反馈到 CPU 内核的 INT1～INT12 这 12 条中断线中的某一条上。常用的所有外设中断都被归入这 96 个中断中，并分布在不同的组里。外设中断在 PIE 中的分布情况如表 8-2 所示。

表 8-2　外设中断在 PIE 中的分布

	INTx.8	INTx.7	INTx.6	INTx.5	INTx.4	INTx.3	INTx.2	INTx.1
INT1.y	WAKEINT（LPM/WD）	TINT0（Timer0）	ADCINT（ADC）	XINT2（外部中断 2）	XINT1（外部中断 1）	保留	SEQ2INT（ADC）	SEQ1INT（ADC）
INT2.y	保留	保留	ePWM6_TZINT（ePWM6）	ePWM5_TZINT（Epwm5）	ePWM4_TZINT（ePWM4）	ePWM3_TZINT（ePWM3）	ePWM2_TZINT（ePWM2）	ePWM1_TZINT（ePWM1）
INT3.y	保留	保留	ePWM6_INT（ePWM6）	ePWM5_INT（ePWM5）	ePWM4_INT（ePWM4）	ePWM3_INT（ePWM3）	ePWM2_INT（ePWM2）	ePWM1_INT（ePWM1）
INT4.y	保留	保留	ECAP6_INT（eCAP6）	ECAP5_INT（eCAP5）	ECAP4_INT（eCAP4）	ECAP3_INT（eCAP3）	ECAP2_INT（eCAP2）	ECAP1_INT（eCAP1）
INT5.y	保留	保留	保留	保留	保留	保留	EQAP2_INT（eQEP2）	EQAP1_INT（eQEP1）
INT6.y	保留	保留	MXINTA（McBSP-A）	MRINTA（McBSP-A）	MXINTB（McBSP-B）	MRINTB（McBSP-B）	SPITXINTA（SPI-A）	SPIRXINTA（SPI-A）
INT7.y	保留	保留	DINTCH6（DMA6）	DINTCH5（DMA5）	DINTCH4（DMA4）	DINTCH3（DMA3）	DINTCH2（DMA2）	DINTCH1（DMA1）
INT8.y	保留	保留	SCITXINTC（SCI-C）	SCIRXINTC（SCI-C）	保留	保留	I2CINT2A（I2C-A）	I2CINT1A（I2C-A）
INT9.y	ECAN1INTB（eCAN-B）	ECAN0INTB（eCAN-B）	ECAN1INTA（eCAN-A）	ECAN0INTA（eCAN-A）	SCITXINTB（SCI-B）	SCIRXINTB（SCI-B）	SCITXINTA（SCI-A）	SCIRXINTA（SCI-A）
INT10.y	保留	保留	保留	保留	保留	保留	保留	保留
INT11.y	保留	保留	保留	保留	保留	保留	保留	保留
INT12.y	LUF（FPU）	LVF（FPU）	保留	XINT7（外部中断 7）	XINT6（外部中断 7）	XINT5（外部中断 7）	XINT4（外部中断 7）	XINT3（外部中断 7）

表 8-2 给出 TMS320F28335 内部的外设中断分布，共 8 列 12 行，共 96 个中断，"保留"部分表示尚未使用的中断，目前已经使用的有 58 个中断。CPU 定时器 0 的周期中断 TINT0

在表中的位置为行号 INT1.y，列号 INTx.7，即 TINT0 对应于 INT1，在 PIE 第 1 组的第 7 位。类似地，可以找到所有外设中断在 PIE 中的所属分组情况及在该组中的位置。

PIE 第 1 组的所有外设中断复用 CPU 中断 INT1；第 2 组的所有外设中断复用 CPU 中断 INT2；以此类推，第 12 组的所有外设中断复用 CPU 中断 INT12。在介绍 CPU 中断时，已知 INT1 的优先级比 INT2 的高，INT2 的优先级比 INT3 的高……那么对于 PIE 同组内的各个中断，是否也有优先级高低之分？答案是肯定的。在 PIE 同组内，INTx.1 的优先级比 INTx.2 高，INTx.2 的优先级比 INTx.3 高……即同组内排在前面的优先级比排在后面的高。而不同组之间，排在前面组内的任何一个中断优先级都比排在后面组内的在何一个中断优先级高。例如，位于 INT1.8 的 WAKEINT，虽然属于第 1 组的第 8 位，但它的优先级比位于 INT2.1 的 CMP1INT 优先级高。这样，表 8-2 中所有中断的优先级关系就清晰明了了。

可屏蔽 CPU 中断都可以通过中断使能寄存器 IER 和中断标志寄存器 IFR 来进行可编程控制。同样的，PIE 的每个组都有 3 个相关的寄存器，分别是 PIE 中断使能寄存器 PIEIERx、PIE 中断标志寄存器 PIEIFRx 和 PIE 中断应答寄存器 PIEACKx。例如，PIE 的第 1 组有寄存器 PIEIER1、PIEIFR1 和 PIEACK1。寄存器的每个位和中断的对应关系与表 11-4 中是相同的，例如，CPU 定时器中断 TINT0 对应于 PIEIER1.7、PIEIFR1.7 和 PIEACKINT1.7，就是分别在 PIEIER1、PIEIFR1 和 PIEACK1 的第 7 位。

2. PIE 中断向量表

PIE 可支持 96 个中断，每个中断都有中断服务子程序 ISR，CPU 响应中断时是如何找到对应的中断服务子程序？方法是将 DSP 的各个中断服务子程序的地址存储在一片连续的 RAM 空间内，这就是 PIE 中断向量表。TMS320F28335 的 PIE 中断向量表由 256×16 的 RAM 空间组成，如果不使用 PIE 模块，则该空间也可以用作通用 RAM。TMS320F28335 的 PIE 中断向量表如表 8-3 所示。

表 8-3 PIE 中断向量表

名 称	向量 ID	地 址	大小（×16 位）	描 述	CPU 优先级	PIE 优先级
RESET	0	0x00000D00	2	复位中断，总是从 Boot ROM 或者 XINTF7 空间的 0x003FFFC0 地址获取	1（最高）	—
INT1	1	0x00000D02	2	不使用，参考 PIE 组 1	5	—
INT2	2	0x00000D04	2	不使用，参考 PIE 组 2	6	—
INT3	3	0x00000D06	2	不使用，参考 PIE 组 3	7	—
INT4	4	0x00000D08	2	不使用，参考 PIE 组 4	8	—
INT5	5	0x00000D0A	2	不使用，参考 PIE 组 5	9	—
INT6	6	0x00000D0C	2	不使用，参考 PIE 组 6	10	—
INT7	7	0x00000D0E	2	不使用，参考 PIE 组 7	11	—
INT8	8	0x00000D10	2	不使用，参考 PIE 组 8	12	—
INT9	9	0x00000D12	2	不使用，参考 PIE 组 9	13	—
INT10	10	0x00000D14	2	不使用，参考 PIE 组 10	14	—
INT11	11	0x00000D16	2	不使用，参考 PIE 组 11	15	—

续表

名　称	向量 ID	地　址	大小（×16 位）	描　述	CPU 优先级	PIE 优先级
INT12	12	0x00000D18	2	不使用，参考 PIE 组 12	16	—
INT13	13	0x00000D1A	2	CPU 定时器 1 或外部中断 13	17	—
INT14	14	0x00000D1C	2	CPU 定时器 2	18	—
DLOGINT	15	0x00000D1E	2	CPU 数据记录中断	19（最低）	—
RTOSINT	16	0x00000D20	2	CPU 实时操作系统中断	4	—
EMUUINT	17	0x00000D22	2	CPU 仿真中断	2	—
NMI	18	0x00000D24	2	外部不可屏蔽中断	3	—
ILLEGAL	19	0x00000D26	2	非法中断	—	—
USER1	20	0x00000D28	2	用户定义的陷阱（TRAP）	—	—
USER2	21	0x00000D2A	2	用户定义的陷阱（TRAP）	—	—
USER3	22	0x00000D2C	2	用户定义的陷阱（TRAP）	—	—
USER4	23	0x00000D2E	2	用户定义的陷阱（TRAP）	—	—
USER5	24	0x00000D30	2	用户定义的陷阱（TRAP）	—	—
USER6	25	0x00000D32	2	用户定义的陷阱（TRAP）	—	—
USER7	26	0x00000D34	2	用户定义的陷阱（TRAP）	—	—
USER8	27	0x00000D36	2	用户定义的陷阱（TRAP）	—	—
USER9	28	0x00000D38	2	用户定义的陷阱（TRAP）	—	—
USER10	29	0x00000D3A	2	用户定义的陷阱（TRAP）	—	—
USER11	30	0x00000D3C	2	用户定义的陷阱（TRAP）	—	—
USER12	31	0x00000D3E	2	用户定义的陷阱（TRAP）	—	—
PIE 组 1 向量，多路复用 CPU 中断 INT1						
INT1.1	32	0x00000D40	2	SEQ1INT（ADC）	5	1（最高）
INT1.2	33	0x00000D42	2	SEQ2INT（ADC）	5	2
INT1.3	34	0x00000D44	2	保留	5	3
INT1.4	35	0x00000D46	2	XINT1	5	4
INT1.5	36	0x00000D48	2	XINT2	5	5
INT1.6	37	0x00000D4A	2	ADCINT（ADC）	5	6
INT1.7	38	0x00000D4C	2	TINT0（CPU 定时器 0）	5	7
INT1.8	39	0x00000D4E	2	WAKEINT（LPM/WD）	5	8（最低）
PIE 组 2 向量，多路复用 CPU 中断 INT2						
INT2.1	40	0x00000D50	2	ePWM1_TZINT（ePWM1）	6	1（最高）
INT2.2	41	0x00000D52	2	ePWM2_TZINT（ePWM2）	6	2
INT2.3	42	0x00000D54	2	ePWM3_TZINT（ePWM3）	6	3
INT2.4	43	0x00000D56	2	ePWM4_TZINT（ePWM4）	6	4

名　称	向量 ID	地　址	大小（×16 位）	描　述	CPU 优先级	PIE 优先级
INT2.5	44	0x00000D58	2	ePWM5_TZINT（ePWM5）	6	5
INT2.6	45	0x00000D5A	2	ePWM6_TZINT（ePWM6）	6	6
INT2.7	46	0x00000D5C	2	保留	6	7
INT2.8	47	0x00000D5E	2	保留	6	8（最低）
PIE 组 3 向量，多路复用 CPU 中断 INT3						
INT3.1	48	0x00000D60	2	ePWM1_INT（ePWM1）	7	1（最高）
INT3.2	49	0x00000D62	2	ePWM2_INT（ePWM2）	7	2
INT3.3	50	0x00000D64	2	ePWM3_INT（ePWM3）	7	3
INT3.4	51	0x00000D66	2	ePWM4_INT（ePWM4）	7	4
INT3.5	52	0x00000D68	2	ePWM5_INT（ePWM5）	7	5
INT3.6	53	0x00000D6A	2	ePWM6_INT（ePWM6）	7	6
INT3.7	54	0x00000D6C	2	保留	7	7
INT3.8	55	0x00000D6E	2	保留	7	8（最低）
PIE 组 4 向量，多路复用 CPU 中断 INT4						
INT4.1	56	0x00000D70	2	ECAP1_INT（ECAP1）	8	1（最高）
INT4.2	57	0x00000D72	2	ECAP2_INT（ECAP2）	8	2
INT4.3	58	0x00000D74	2	ECAP3_INT（ECAP3）	8	3
INT4.4	59	0x00000D76	2	ECAP4_INT（ECAP4）	8	4
INT4.5	60	0x00000D78	2	ECAP5_INT（ECAP5）	8	5
INT4.6	61	0x00000D7A	2	ECAP6_INT（ECAP6）	8	6
INT4.7	62	0x00000D7C	2	保留	8	7
INT4.8	63	0x00000D7E	2	保留	8	8（最低）
PIE 组 5 向量，多路复用 CPU 中断 INT5						
INT5.1	64	0x00000D80	2	EQEP1_INT（EQEP1）	9	1（最高）
INT5.2	65	0x00000D82	2	EQEP2_INT（EQEP2）	9	2
INT5.3	66	0x00000D84	2	保留	9	3
INT5.4	67	0x00000D86	2	保留	9	4
INT5.5	68	0x00000D88	2	保留	9	5
INT5.6	69	0x00000D8A	2	保留	9	6
INT5.7	70	0x00000D8C	2	保留	9	7
INT5.8	71	0x00000D8E	2	保留	9	8（最低）
PIE 组 6 向量，多路复用 CPU 中断 INT6						
INT6.1	72	0x00000D90	2	SPIRXINTA（SPI-A）	10	1（最高）
INT6.2	73	0x00000D92	2	SPITXINTA（SPI-B）	10	2
INT6.3	74	0x00000D94	2	MRINTB（McBSP-B）	10	3
INT6.4	75	0x00000D96	2	MXINTB（McBSP-B）	10	4
INT6.5	76	0x00000D98	2	MRINTA（McBSP-A）	10	5

名　称	向量 ID	地　址	大小（×16 位）	描　　述	CPU 优先级	PIE 优先级
INT6.6	77	0x00000D9A	2	MXINTA（McBSP-A）	10	6
INT6.7	78	0x00000D9C	2	保留	10	7
INT6.8	79	0x00000D9E	2	保留	10	8（最低）
PIE 组 7 向量，多路复用 CPU 中断 INT7						
INT7.1	80	0x00000DA0	2	DINTCH1 DMA 通道 1	11	1（最高）
INT7.2	81	0x00000DA2	2	DINTCH2 DMA 通道 2	11	2
INT7.3	82	0x00000DA4	2	DINTCH3 DMA 通道 3	11	3
INT7.4	83	0x00000DA6	2	DINTCH4 DMA 通道 4	11	4
INT7.5	84	0x00000DA8	2	DINTCH5 DMA 通道 5	11	5
INT7.6	85	0x00000DAA	2	DINTCH6 DMA 通道 6	11	6
INT7.7	86	0x00000DAC	2	保留	11	7
INT7.8	87	0x00000DAE	2	保留	11	8（最低）
PIE 组 8 向量，多路复用 CPU 中断 INT8						
INT8.1	88	0x00000DB0	2	I2CINT1A（I2C-A）	12	1（最高）
INT8.2	89	0x00000DB2	2	I2CINT1A（I2C-A）	12	2
INT8.3	90	0x00000DB4	2	保留	12	3
INT8.4	91	0x00000DB6	2	保留	12	4
INT8.5	92	0x00000DB8	2	SCIRXINT（SCI-C）	12	5
INT8.6	93	0x00000DBA	2	SCITXINT（SCI-C）	12	6
INT8.7	94	0x00000DBC	2	保留	12	7
INT8.8	95	0x00000DBE	2	保留	12	8（最低）
PIE 组 9 向量，多路复用 CPU 中断 INT9						
INT9.1	96	0x00000DC0	2	SCIRXINTA（SCI-A）	13	1（最高）
INT9.2	97	0x00000DC2	2	SCITXINTA（SCI-A）	13	2
INT9.3	98	0x00000DC4	2	SCIRXINTB（SCI-B）	13	3
INT9.4	99	0x00000DC6	2	SCITXINTB（SCI-B）	13	4
INT9.5	100	0x00000DC8	2	ECAN0INTA（eCAN-A）	13	5
INT9.6	101	0x00000DCA	2	ECAN1INTA（eCAN-A）	13	6
INT9.7	102	0x00000DCC	2	ECAN0INTB（eCAN-B）	13	7
INT9.8	103	0x00000DCE	2	ECAN1INTB（eCAN-B）	13	8（最低）
PIE 组 10 向量，多路复用 CPU 中断 INT10						
INT10.1	104	0x00000DD0	2	保留	14	1（最高）
INT10.2	105	0x00000DD2	2	保留	14	2
INT10.3	106	0x00000DD4	2	保留	14	3
INT10.4	107	0x00000DD6	2	保留	14	4
INT10.5	108	0x00000DD8	2	保留	14	5
INT10.6	109	0x00000DDA	2	保留	14	— 6

续表

名 称	向量 ID	地 址	大小（×16 位）	描 述	CPU 优先级	PIE 优先级
INT10.7	110	0x00000DDC	2	保留	14	7
INT10.8	111	0x00000DDE	2	保留	14	8（最低）
PIE 组 11 向量，多路复用 CPU 中断 INT11						
INT11.1	112	0x00000DE0	2	保留	15	1（最高）
INT11.2	113	0x00000DE2	2	保留	15	2
INT11.3	114	0x00000DE4	2	保留	15	3
INT11.4	115	0x00000DE6	2	保留	15	4
INT11.5	116	0x00000DE8	2	保留	15	5
INT11.6	117	0x00000DEA	2	保留	15	6
INT11.7	118	0x00000DEC	2	保留	15	7
INT11.8	119	0x00000DEE	2	保留	15	8（最低）
PIE 组 12 向量，多路复用 CPU 中断 INT12						
INT12.1	120	0x00000DF0	2	XINT3	16	1（最高）
INT12.2	121	0x00000DF2	2	XINT4	16	2
INT12.3	122	0x00000DF4	2	XINT5	16	3
INT12.4	123	0x00000DF6	2	XINT6	16	4
INT12.5	124	0x00000DF8	2	XINT7	16	5
INT12.6	125	0x00000DFA	2	保留	16	6
INT12.7	126	0x00000DFC	2	LVF（FPU）	16	7
INT12.8	127	0x00000DFE	2	LUF（FPU）	16	8（最低）

8.2.4 TMS320F28335 的三级中断系统分析

如图 8-6 所示，TMS320F28335 的中断采用的是三级中断机制，分别为外设级、PIE 级和 CPU 级。对于某一个具体的外设中断请求，只要有任意一级不许可，CPU 最终都不会响应该外设中断。例如，一个文件需要三级领导的批示，只要任意一级领导不同意，都不能被送至上一级领导，更不可能得到最终的批复，中断机制的原理也是如此。前面介绍了 CPU 定时器 0，也提及了当 CPU 定时器 0 完成一个周期的计数后会产生一个中断信号，也就是 CPU 定时器 0 的周期中断。接下来，将以 TMS320F28335 定时器 0 的周期中断为例来探讨 DSP 的三级中断系统。

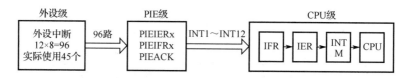

图 8-6　TMS320F28335 的三级中断机制

1．外设级

假如在程序执行过程中，某一个外设产生了一个中断事件，那么在这个外设的某个寄存器中与该中断事件相关的中断标志位（IF=Interrupt Flag）就被置 1。此时，如果该中断相应的中断使能位（IE=Interupt Enable）已经被置 1，该外设就会向 PIE 控制器发出一个中断请求。

相反，虽然中断事件已经发生了，相应的中断标志位也被置位了，但如果该中断没有被使能，即中断使能位的值为 0，那么外设就不会向 PIE 控制器提出中断请求。虽然外设不会向 PIE 控制器提出中断请求，但是相应的中断标志位会一直保持置位状态，直到程序将其清除为止。当然，在中断标志位保持置位状态时，一旦该中断被使能，外设会立即向 PIE 发出中断请求。

下面结合具体的 T0INT 进一步介绍。当 CPU 定时器 0 的计数器寄存器 TIMH:TIM 计数到 0 时，产生一个 T0INT 事件，即 CPU 定时器 0 的周期中断。这时，CPU 定时器 0 的控制寄存器 TIMER0TCR 的第 15 位定时器中断标志 TIF 被置 1。此时如果 TIMER0TCR 的第 14位（即定时器中断使能位 TIE）为 1，则 CPU 定时器 0 就会向 PIE 控制器发出中断请求；如果 TIE 的值为 0，即该中断未被使能，则 CPU 定时器 0 不会向 PIE 发出中断请求，而且中断标志位 TIF 将保持为 1，除非通过程序将其清除。注意，在任何情况下，外设寄存器中的中断标志位都必须手动清除（SCI、SPI 除外）。

那么，为什么清除中断标志位是对 TIF 位写 1？其实在 TMS320F28335 编程中，很多时候都是通过对寄存器的位写 1 来清除该位的。因为写 0 是无效的，只有写 1 才能将该标志位复位，请查阅各个寄存器位的具体说明。

以下总结在外设级编程时需要手动处理的地方。

（1）外设中断的使能，需要将与该中断相关的外设寄存器中的中断使能位置 1；

（2）外设中断的屏蔽，需要将与该中断相关的外设寄存器中的中断使能位置 0；

（3）外设中断标志位的清除，需要将与该中断相关的外设寄存器中的中断标志位置 1。

2．PIE 级

当外设产生中断事件，相关中断标志位置位，中断使能位使能后，外设就会把中断请求提交给 PIE 控制器。PIE 控制器将 96 个外设和外部引脚的中断进行分组，每 8 个中断为 1 组，共 12 组，分别为 PIE1～PIE12。每个组的中断被多路汇集进 1 个 CPU 中断。例如，PDPINTA、PDPINTB、XINT1、XINT2、ADCINT、TINT0、WAKEINT 这 7 个中断都在 PIE1 组内，这些中断也都汇集到 CPU 中断的 INT1；PIE2 组的中断都汇集到 CPU 中断的 INT2……

与外设级类似，PIE 控制器中的每一组都有一个中断标志寄存器 PIEIFRx 和一个中断使能寄存器 PIEIERx，x=1～12。每个寄存器的低 8 位对应 8 个外设中断，高 8 位保留。这些寄存器在 PIE 中断寄存器部分已经介绍过，如 CPU 定时器 0 的周期中断 T0INT 对应于 PIEIFR1 的第 7 位和 PIEIER1 的第 7 位。

由于 PIE 控制器是多路复用的，每一组内有许多不同的外设中断共同使用一个 CPU 中断，但是每一组在同一时间内只能有一个中断被响应，那么 PIE 控制器是如何实现的？首先，PIE 组内的各个中断也具有优先级，位置在前面的中断优先级比在后面的高，如果同时有多个中断提出请求，PIE 先处理优先级高的。同时，PIE 控制器除了每组有 PIEIFR 和 PIEIER 寄存器，还有一个 PIE 中断应答寄存器 PIEACK，它的低 12 位分别对应 12 个组，即 PIE1～PIE12，也即 INT1～INT12，高位保留。这些位的状态就表示 PIE 是否准备好去响应这些组内的中断。例如 CPU 定时器 0 的周期中断被响应了，则 PIEACK 的第 0 位（对应于 PIE1，即 INT1）就会被置位，且一直保持，直到手动清除该标志位。当 CPU 响应 T0INT 时，PIEACK 的第 0位保持为 1，这时如果 PIE1 组内发生了其他外设中断，则暂时不会被 PIE 控制器响应并发送给 CPU，必须等到 PIEACK 的第 0 位被复位后，如果该中断请求仍在，那么 PIE 控制器会立刻把中断请求发送给 CPU。所以，每个外设中断被响应后，一定要对 PIEACK 的相关位进行手动复位，以使得 PIE 控制器能够响应同组内的其他中断。

　　当外设中断向 PIE 提出中断请求后，PIE 中断标志寄存器 PIEIFRx 的相关标志位被置位，这时如果相应的 PIEIERx 的中断使能位被置位，PIEACK 相应位的值为 0，PIE 控制器便会将该外设中断请求提交给 CPU；如果相应的 PIEIERx 的中断使能位没有被置位，即没有被使能，或者 PIEACK 相应位的值为 1，即便 PIE 控制器正在处理同组的其他中断，PIE 控制器也不会响应外设的中断请求。

　　通过上面的分析，可以总结在 PIE 级编程时需要手动处理的地方。

　　（1）PIE 中断的使能，需要使能某个外设中断，就要将其相应组的使能寄存器 PIEIERx 的相应位进行置位；

　　（2）PIE 中断的屏蔽，与使能的操作相反；

　　（2）PIE 应答寄存器 PIEACK 相关位的清除，以使得 CPU 能够响应同组内的其他中断。

　　将 PIE 级的中断和外设级的中断比较后发现，外设中断的中断标志位是需要手动清除的，而 PIE 级的中断标志位是自动置位或清除的。但 PIE 级多了一个 PIEACK 寄存器，它相当于一个关卡，同一时间只能通过一个中断，只有等该中断被响应完成后，再给关卡一个放行命令，才能让同组的下一个中断通过，被 CPU 响应。

3．CPU 级

　　与其他两级类似，CPU 级也有中断标志寄存器 IFR 和中断使能寄存器 IER。当某个外设中断请求通过 PIE 发送到 CPU 时，CPU 中断标志寄存器 IFR 的中断标志位 INTx 被置位。例如，当 CPU 定时器 0 的周期中断 T0INT 发送到 CPU 时，IFR 的第 0 位 INT1 被置位，然后该状态被锁存在寄存器 IFR 中。这时 CPU 不会立刻执行相应的中断，而是检查 IER 寄存器中相应位的使能情况，以及 CPU 寄存器 ST1 中全局中断屏蔽位 INTM 的使能情况。如果 IER 中的相关位被置位，且 INTM 的值为 0，则中断就会被 CPU 响应。在 CPU 定时器 0 的周期中断例子中，如果 IER 的第 0 位 INT1 被置位，INTM 的值为 0，则 CPU 就会响应定时器 0 的周期中断 T0INT。

　　CPU 接到了中断请求，并发现可以响应时，便会暂停正在执行的程序，转而去响应中断程序，同时它也必须做一些准备工作，以便执行完中断程序后，还能找到原来暂停的地方和暂停时的状态。CPU 会将相应的 IFR 位清除，EALLOW 也被清除，INTM 被置位，即不能响应其他中断，相当于 CPU 向其他中断发出了通知"当前正在忙，没有时间处理其他请求，需要等处理完当前的中断后，才能处理其他请求"。然后，CPU 会存储返回地址并自动保存相关信息，例如，将正在处理的数据放入堆栈中等。做好这些准备工作后，CPU 会从 PIE 向量表中取出对应的中断向量 ISR，并转去执行中断服务子程序。

　　CPU 级中断标志位的置位和清除都是自动完成的。

　　图 8-7 形象地表示了 TMS320F28335 的三级中断，可以结合图更好地理解这部分内容。

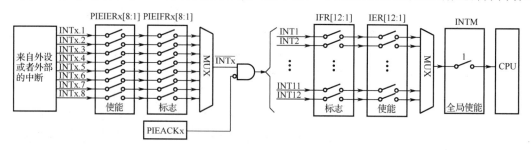

图 8-7　TMS320F28335 中断的工作过程

8.2.5　PIE 寄存器

PIE 寄存器名称、地址和描述如表 8-4 所示。PIE 寄存器包括 PIE 控制寄存器（PIECTRL）、PIE 应答寄存器（PIEACK）、PIE 组 1 使能寄存器（PIEIER1）、PIE 组 1 标志寄存器（PIEIFR1）、PIE 组 2 使能寄存器（PIEIER2）、PIE 组 2 标志寄存器（PIEIFR2），…，PIE 组 12 使能寄存器（PIEIER12）、PIE 组 12 标志寄存器（PIEIFR12）。PIE 模块寄存器组映射地址范围为外设帧 0 的 0x0CE0～0x0CF9。

表 8-4　PIE 寄存器（不受 EALLOW 保护）

名　　称	地　　址	大小（×16 位）	寄存器描述	Exp
PIECTRL	0x0CE0	1	PIE，控制寄存器	有
PIEACK	0x0CE1	1	PIE，应答寄存器	有
PIEIER1	0x0CE2	1	PIE，INT1 组使能寄存器	有
PIEIFR1	0x0CE3	1	PIE，INT1 组标志寄存器	无
PIEIER2	0x0CE4	1	PIE，INT2 组使能寄存器	无
PIEIFR2	0x0CE5	1	PIE，INT2 组标志寄存器	无
PIEIER3	0x0CE6	1	PIE，INT3 组使能寄存器	无
PIEIFR3	0x0CE7	1	PIE，INT3 组标志寄存器	无
PIEIER4	0x0CE8	1	PIE，INT4 组使能寄存器	无
PIEIFR4	0x0CE9	1	PIE，INT4 组标志寄存器	无
PIEIER5	0x0CEA	1	PIE，INT5 组使能寄存器	无
PIEIFR5	0x0CEB	1	PIE，INT5 组标志寄存器	无
PIEIER6	0x0CEC	1	PIE，INT6 组使能寄存器	无
PIEIFR6	0x0CED	1	PIE，INT6 组标志寄存器	无
PIEIER7	0x0CEE	1	PIE，INT7 组使能寄存器	无
PIEIFR7	0x0CEF	1	PIE，INT7 组标志寄存器	无
PIEIER8	0x0CF0	1	PIE，INT8 组使能寄存器	无
PIEIFR8	0x0CF1	1	PIE，INT8 组标志寄存器	无
PIEIER9	0x0CF2	1	PIE，INT9 组使能寄存器	无
PIEIFR9	0x0CF3	1	PIE，INT9 组标志寄存器	无
PIEIER10	0x0CF4	1	PIE，INT10 组使能寄存器	无
PIEIFR10	0x0CF5	1	PIE，INT10 组标志寄存器	无
PIEIER11	0x0CF6	1	PIE，INT11 组使能寄存器	无
PIEIFR11	0x0CF7	1	PIE，INT11 组标志寄存器	无
PIEIER12	0x0CF8	1	PIE，INT12 组使能寄存器	无
PIEIFR12	0x0CF9	1	PIE，INT12 组标志寄存器	无
被保留	0x0CFA-0x0CFF	6	被保留	无

1. PIE 控制寄存器（PIECTRL）

PIECTRL 的结构、地址和复位值如图 8-8 所示，对部分位的解释说明如表 8-5 所示。

地址：0x0CE0
复位值：0x0000 0000

15	14	13	12	11	10	9	8	7	6	5	4	3	2	1	0
						PIEVECT[14:0]									ENPIE
						R-0									R/W-0

图 8-8　PIECTRL 的结构、地址和复位值

表 8-5　PIECTRL 部分位的解释说明

位 15～1	这些位确定了 PIE 提供的中断向量在 PIE 中断向量表中的地址。因地址最低位无效，所以只给出 1～15 位的地址，用户可以通过读向量值来确定哪个中断产生了
位 0	从 PIE 向量表中获取中断向量的使能位。 0：禁止 PIE 模块，中断向量从 boot ROM 或中断向量表中获取。此时，当禁止 PIE 单元时，所有 PIE 模块寄存器（PIEACK、PIEIFR、PIEIER）均可被访问； 1：除复位之外的所有中断向量取自 PIE 向量表；复位向量始终取自 boot ROM

2. PIE 应答寄存器（PIEACK）

PIEACK 的结构、地址和复位值如图 8-9 所示，对部分位的解释说明如表 8-6 所示。

复位值：0x0000 0000

15	14	13	12	11	10	9	8	7	6	5	4	3	2	1	0
	Reserved							PIEACK[11:0]							
	R-0							R/W-1							

图 8-9　PIEACK 的结构、地址和复位值

表 8-6　PIEACK 部分位的解释说明

位 15～12	保留
位 11～0	0：读 0，说明 PIE 可以从相应的中断组向 CPU 发送中断；写 0 无效； 1：读 1，说明来自中断组的中断向量已经向 CPU 发送了中断请求，该中断组的其他中断目前被锁存；向相应的中断位写 1，可以使该位清零，同时当中断组中的中断没有执行时使能 PIE 脉冲中断进入 CPU中断

3. PIE INT1 使能寄存器（PIEIER1）

PIEIER1 的结构、地址和复位值如图 8-10 所示，对部分位的解释说明如表 8-7 所示。

地址：0x0CE2
复位值：0x0000 0000

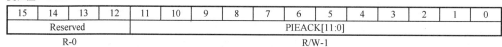

15	14	13	12	11	10	9	8	7	6	5	4	3	2	1	0
			Reserved					INT1.8	INT1.7	INT1.6	INT1.5	INT1.4	INT1.3	INT1.2	INT1.1
			R-0					R/W-0	R/W-0	R/W-0	R/W-0	R/W-0	R/W-0	R/W-0	R/W-0

图 8-10　PIEIER1 的结构、地址和复位值

表 8-7　PIEIER1 部分位的解释说明

位 15～8	保留
位 7	
位 6	
位 5	
位 4	这些寄存器位可以独立使能一组的某一个中断，与 CPU 中断使能寄存器相似。向某位写 1 使能相应的中断，
位 3	写 0 禁止相应中断的响应。INTx 指 CPU 中断 INT1～INT12
位 2	
位 1	
位 0	

8.2.6　外部中断寄存器

16 位外部中断寄存器名称、地址和描述如表 8-8 所示。外部中断寄存器包括外部中断控制寄存器（XINTnCR，n=1～7）、外部不可屏蔽中断控制寄存器（XNMICR）、外部中断 1/2 计数器和不可屏蔽中断计数器，映射地址范围为外设帧 2 的 0x7070～0x707F。

表 8-8　外部中断寄存器（受 EALLOW 保护）

名　　称	地　　址	大小（×16 位）	寄存器描述
XINT1CR	0x007070	1	XINT1 控制寄存器
XINT2CR	0x007071	1	XINT2 控制寄存器
XINT3CR	0x007072	1	XINT3 控制寄存器
XINT4CR	0x007073	1	XINT4 控制寄存器
XINT5CR	0x007074	1	XINT5 控制寄存器
XINT6CR	0x007075	1	XINT6 控制寄存器
XINT7CR	0x007076	1	XINT7 控制寄存器
XNMICR	0x007077	1	XNMI 控制寄存器
XINT1CTR	0x007078	1	XINT1 计数器寄存器
XINT2CTR	0x007079	1	XINT2 计数器寄存器
被保留	0x707A-0x707E5	5	—
XNMICTR	0x00707F	1	XNMI 计数器寄存器

1．XINT1 控制寄存器（XINT1CR）

XINT1CR 的结构、地址和复位值如图 8-11 所示，对部分位的解释说明如表 8-9 所示。

地址：0x007070
复位值：0x0000

15	14	13	12	11	10	9	8
			Reserved				
			R-0				

7	6	5	4	3	2	1	0
	Reserved			Polarity[1:0]		Reserved	Enable
	R-0			R/W-0		R-0	R/W-0

图 8-11　XINT1CR 的结构、地址和复位值

表 8-9　XINT1CR 部分位的解释说明

位 15～4	保留。 读该位，返回 0；向该位写无效
位 3～2	中断极性位。用于确定外部引脚的上升沿或下降沿信号产生中断。 00：下降沿产生 XINT1 中断； 01：上升沿产生 XINT1 中断； 10：下降沿产生 XINT1 中断； 11：下降沿或上升沿均产生 XINT1 中断
位 1	保留。 读该位，返回 0；向该位写无效
位 0	外部中断使能位。使能或禁止外部中断 XINT1。 0：禁止中断；1：使能中断

2. XINT2 控制寄存器（XINT2CR）

XINT2CR 的结构、地址和复位值如图 8-12 所示，对部分位的解释说明如表 8-10 所示。

地址：0x007071
复位值：0x0000

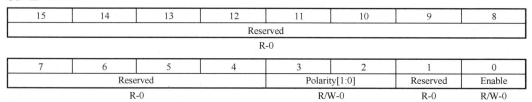

15	14	13	12	11	10	9	8
			Reserved				
			R-0				

7	6	5	4	3	2	1	0
	Reserved			Polarity[1:0]		Reserved	Enable
	R-0			R/W-0		R-0	R/W-0

图 8-12　XINT2CR 的结构、地址和复位值

表 8-10　XINT2CR 部分位的解释说明

位 15～4	保留。 读该位，返回 0；向该位写无效
位 3～2	中断极性位。用于确定外部引脚的上升沿或下降沿信号产生中断。 00：下降沿产生 XINT1 中断； 01：上升沿产生 XINT1 中断； 10：下降沿产生 XINT1 中断； 11：下降沿或上升沿均产生 XINT1 中断
位 1	保留。 读该位，返回 0；向该位写无效
位 0	外部中断使能位。使能或禁止外部中断 XINT2。 0：禁止中断；1：使能中断

8.3　实验步骤

步骤 1：复制并编译原始工程

首先，将 "D:\F28335CCSTest\Material\07.ExtIntExp" 文件夹复制到 "D:\F28335CCSTest\Product" 文件夹中。然后，参照 2.3 节步骤 4 打开工程文件，单击 按钮。当 Console 栏显示 Finished building target: 07.ExtIntExp.out 时，表示已经成功生成.out 文件；显示 Bulid Finished，表示编译成功。最后，将.out 文件下载到 F28335 的内部 Flash 中，可以观察到医疗电子 DSP 基础开发系统上的 LED0 和 LED1 交替闪烁，表示原始工程是正确的，可以进入下一步操作。

步骤 2：添加 ExtInt 文件对

将"D:\F28335CCSTest\Product\07.ExtIntExp\HW"文件夹中的 ExtInt.c 添加到 HW 分组，具体操作可参见 2.3 节步骤 7。

步骤 3：完善 ExtInt.h 文件

单击 ✎ 按钮，进行编译，编译结束后，在 Project Explorer 面板中，双击 ExtInt.c 中的 ExtInt.h。在 ExtInt.h 文件的"包含头文件"区，添加代码#include "DSP28x_Project.h"，

在 ExtInt.h 文件的"API 函数声明"区，添加如程序清单 8-1 所示的 API 函数声明代码，InitExtInt 函数用于初始化 ExtInt 模块。

程序清单 8-1

```
void InitExtInt(void);                    //初始化外部中断模块
```

步骤 4：完善 ExtInt.c 文件

在 ExtInt.c 文件的"内部函数声明"区，添加 xint1_isr 和 xint2_isr 函数的声明代码，如程序清单 8-2 所示。xint1_isr 函数用于 LED0 状态取反；xint2_isr 函数用于 LED1 状态取反。

程序清单 8-2

```
interrupt void xint1_isr(void);           //XINT1 中断服务函数，按下 KEY0，LED0 状态取反
interrupt void xint2_isr(void);           //XINT2 中断服务函数，按下 KEY1，LED1 状态取反
```

在 ExtInt.c 文件的"内部函数实现"区，添加 xint1_isr 函数的实现代码，如程序清单 8-3 所示。xint1_isr 函数由按键 KEY0 控制，每按一次 KEY0，标志位 s_iFlag 翻转，使得 GPIO8 引脚电平取反，同时使能第 1 组中断，这样便实现了 LED0 的状态取反。

程序清单 8-3

```
interrupt void xint1_isr(void)
{
  static unsigned char s_iFlag = 0;        //定义标志位

  if(s_iFlag)
  {
    GpioDataRegs.GPASET.bit.GPIO8   = 1;   //GPIO8 输出高电平
  }
  else
  {
    GpioDataRegs.GPACLEAR.bit.GPIO8 = 1;   //GPIO8 输出低电平
  }

  s_iFlag = !s_iFlag;                      //标志位翻转

  PieCtrlRegs.PIEACK.all = PIEACK_GROUP1;  //使能第 1 组中断
}
```

在 ExtInt.c 文件的"内部函数实现"区的 xint1_isr 函数实现区后，添加 xint2_isr 函数的实现代码，如程序清单 8-4 所示。xint2_isr 函数由按键 KEY1 控制，每按一次 KEY1，标志位 s_iFlag 翻转，使得 GPIO10 引脚电平取反，同时使能第 1 组中断，这样便实现了 LED1 的状态取反。

程序清单 8-4

```
interrupt void xint2_isr(void)
{
  static unsigned char s_iFlag = 0;         //定义标志位
```

```
  if(s_iFlag)
  {
    GpioDataRegs.GPACLEAR.bit.GPIO10 = 1;       //GPIO10 输出低电平
  }
  else
  {
    GpioDataRegs.GPASET.bit.GPIO10   = 1;       //GPIO10 输出高电平
  }

  s_iFlag = !s_iFlag;                           //标志位翻转

  PieCtrlRegs.PIEACK.all = PIEACK_GROUP1;       //使能第 1 组中断
}
```

在 ExtInt.c 文件的"API 函数实现"区，添加 API 函数的实现代码，如程序清单 8-5 所示，InitExtInt 函数用于初始化 ExtInt 模块。

程序清单 8-5

```
void InitExtInt(void)
{
  EALLOW;                                      //允许编辑受保护寄存器
  GpioCtrlRegs.GPAQSEL1.bit.GPIO14 = 0;        //设置 GPIO14 为仅与系统时钟频率同步
  GpioCtrlRegs.GPAMUX1.bit.GPIO14  = 0;        //设置 GPIO14 为通用 I/O
  GpioCtrlRegs.GPADIR.bit.GPIO14   = 0;        //设置 GPIO14 为输入

  GpioCtrlRegs.GPAQSEL1.bit.GPIO15 = 0;        //设置 GPIO15 为仅与系统时钟频率同步
  GpioCtrlRegs.GPAMUX1.bit.GPIO15  = 0;        //设置 GPIO15 为通用 I/O
  GpioCtrlRegs.GPADIR.bit.GPIO15   = 0;        //设置 GPIO15 为输入
  EDIS;                                        //禁止编辑受保护寄存器

  EALLOW;                                      //允许编辑受保护寄存器
  PieVectTable.XINT1 = &xint1_isr;             //映射 XINT1 中断服务函数
  PieVectTable.XINT2 = &xint2_isr;             //映射 XINT2 中断服务函数
  EDIS;                                        //禁止编辑受保护寄存器

  PieCtrlRegs.PIECTRL.bit.ENPIE = 1;           //使能 PIE 块
  PieCtrlRegs.PIEIER1.bit.INTx4 = 1;           //使能位于 PIE 中的组 1 的第 4 个中断，即 XINT1
  PieCtrlRegs.PIEIER1.bit.INTx5 = 1;           //使能位于 PIE 中的组 1 的第 5 个中断，即 XINT2
  IER |= M_INT1;                               //使能 INT1

  EALLOW;                                      //允许编辑受保护寄存器
  GpioIntRegs.GPIOXINT1SEL.bit.GPIOSEL = 14;   //选择 GPIO14 作为 XINT1 的输入引脚
  GpioIntRegs.GPIOXINT2SEL.bit.GPIOSEL = 15;   //选择 GPIO15 作为 XINT2 的输入引脚
  EDIS;                                        //禁止编辑受保护寄存器

  XIntruptRegs.XINT1CR.bit.POLARITY = 0;       //设置为下降沿触发中断
  XIntruptRegs.XINT2CR.bit.POLARITY = 0;       //设置为下降沿触发中断

  XIntruptRegs.XINT1CR.bit.ENABLE = 1;         //使能 XINT1
  XIntruptRegs.XINT2CR.bit.ENABLE = 1;         //使能 XINT2
}
```

步骤 5：完善外部中断实验应用层

在 Project Explorer 面板中，双击打开 main.c 文件，在 main.c 文件的 "包含头文件" 区的最后，添加代码#include "ExtInt.h"。这样就可以在 main.c 文件中调用 ExtInt 模块的 API 函数等。

在 main.c 文件的 InitHardware 函数中，添加调用 InitExtInt 函数的代码，如程序清单 8-6 所示，这样就实现了对 ExtInt 模块的初始化。

程序清单 8-6

```
static  void  InitHardware(void)
{
  SystemInit();        //初始化系统函数
InitXintf();           //初始化 Xintf 模块

#if DOWNLOAD_TO_FLASH
  MemCopy(&RamfuncsLoadStart, &RamfuncsLoadEnd, &RamfuncsRunStart);
  InitFlash();         //初始化 Flash 模块
#endif

  InitLED();           //初始化 LED 模块
  InitTimer();         //初始化 CPU 定时器模块
  InitSCIB(115200);    //初始化 SCIB 模块
  InitExtInt();        //初始化外部中断模块

  EINT;                //使能全局中断
  ERTM;                //使能全局实时中断
}
```

本实验基于医疗电子 DSP 基础开发系统上的 3 个按键，通过串口打印相应按键的信息，因此需要注释掉 Proc1SecTask 函数中的 printf 语句，如程序清单 8-7 所示。

程序清单 8-7

```
static  void  Proc1SecTask(void)
{
  if(Get1SecFlag()) //判断 1s 标志状态
  {
    //printf("This is the first TMS320F28335 Project, by Zhangsan\r\n");
    Clr1SecFlag();  //清除 1s 标志
  }
}
```

步骤 6：编译及下载验证

代码编写完成后，编译工程，然后下载.out 文件到医疗电子 DSP 基础开发系统，具体操作参见 2.3 节步骤 9。下载完成后，按下 KEY0 按键，可以观察到医疗电子 DSP 基础开发系统上 LED0 状态取反；按下 KEY1 按键，则 LED1 状态取反。

本　章　任　务

基于医疗电子 DSP 基础开发系统，编写程序，实现通过按键中断切换 LED0 和 LED1 的交替闪烁频率。初始状态为 800ms 完成一次交替闪烁，第二状态为 400ms 完成一次交替闪烁，第三状态为 200ms 完成一次交替闪烁，第四状态为 100ms 完成一次交替闪烁。按下 KEY0 按键，LED0 和 LED1 按照 "初始状态→第二状态→第三状态→第四状态→初始状态" 的顺序进行频率递增循环闪烁；按下 KEY2 按键，LED0 和 LED1 按照"初始状态→第四状态→第三状态→第二状态→初始状态"的顺序进行频率递减循环闪烁。

本 章 习 题

1. 简述什么是外部输入中断。
2. F28335 外部中断输入 XINT1～XINT7 是可屏蔽中断还是不可屏蔽中断？
3. F28335 的中断管理系统采用几级管理机制？分别是什么？简述各级中断的特点。
4. PIE 同一组 8 个外设中断源优先级的关系是怎样的？

第9章 实验8——七段数码管显示

本章通过七段数码管显示实验，介绍 74HC595 驱动芯片的工作原理及七段数码管的显示原理。

9.1 实验内容

通过学习七段数码管、74HC595 驱动芯片、七段数码管显示模块电路原理图和七段数码管显示原理，基于医疗电子 DSP 基础开发系统，编写七段数码管显示驱动程序。该驱动程序包括 4 个 API 函数，分别是初始化七段数码管模块函数 InitSeg7DigitalLED、控制全部显示字符 8/全部不显示函数 Seg7AllOn、控制显示 8 位数字函数 Seg7Disp8BitNum 和控制显示时间函数 Seg7DispTime。然后，在 main.c 文件中通过调用这些函数来验证七段数码管显示驱动程序是否正确。

9.2 实验原理

9.2.1 七段数码管

七段数码管实际上是由组成 8 字形状的 7 个发光二极管及 1 个显示小数点的发光二极管，共 8 个发光二极管构成的（见图 9-1），分别由字母 a、b、c、d、e、f、g、dp 表示。当发光二极管被施加电压后，相应的段即被点亮，从而显示出不同的字符，如图 9-2 所示。

图 9-1 七段数码管示意图

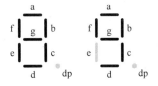

图 9-2 七段数码管显示样例

七段数码管内部电路有两种连接方式，所有发光二极管的阳极连接在一起，并与电源正极（VCC）相连，称为共阳型，如图 9-3（a）所示；所有发光二极管的阴极连接在一起，并与电源负极（GND）相连，称为共阴型，如图 9-3（b）所示。

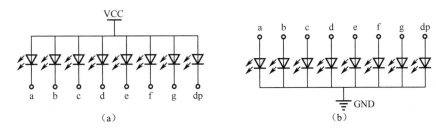

图 9-3 共阳型和共阴型七段数码管内部电路示意图

七段数码管常用来显示数字和简单字符，如 0、1、2、…、9、A、b、C、d、E、F。对于共阳型七段数码管，当 dp 和 g 引脚连接高电平，其他引脚连接低电平时，显示数字 0。如果将 dp、g、f、e、d、c、b、a 引脚按照从高位到低位组成一个字节，且规定引脚为高电平对应逻辑 1，引脚为低电平对应逻辑 0，那么，二进制编码 11000000（0xC0）对应数字 0，11111001（0xF9）对应数字 1。表 9-1 给出了共阳型七段数码管常用数字和简单字符译码表。

表 9-1　共阳型七段数码管译码表

序　号	8 位输出（dp g f e d c b a）	显 示 字 符	序　号	8 位输出（dp g f e d c b a）	显 示 字 符
0	11000000（0xC0）	0	8	10000000（0x80）	8
1	11111001（0xF9）	1	9	10010000（0x90）	9
2	10100100（0xA4）	2	10	10001000（0x88）	10
3	10110000（0xB0）	3	11	10000011（0x83）	11
4	10011001（0x99）	4	12	11000110（0xC6）	12
5	10010010（0x92）	5	13	10100001（0xA1）	13
6	10000010（0x82）	6	14	10000110（0x86）	14
7	11111000（0xF8）	7	15	10001110（0x8E）	15

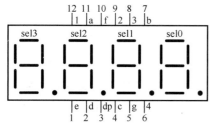

图 9-4　4 位七段数码管引脚图

医疗电子 DSP 基础开发系统上有两个 4 位共阳型七段数码管，支持 8 个数字或简单字符的显示，4 位七段数码管的引脚图如图 9-4 所示。其中，a、b、c、d、e、f、g、dp 为数据引脚，1、2、3、4 为位选引脚，4 位七段数码管的引脚描述如表 9-2 所示。

图 9-5 所示为 4 位共阳型七段数码管的内部电路示意图。数码管 sel3 的所有发光二极管的正极相连，引出作为 sel3 的位选引脚；数码管 sel2 的所有发光二极管的正极相连，引出作为 sel2 的位选引脚；以此类推，引出 sel1 和 sel0 的位选引脚。4 个数码管的 a 段对应的发光二极管的负极相连，引出作为 a 段数据的引脚；4 个数码管的 b 段对应的发光二极管的负极相连，引出作为 b 段数据的引脚；以此类推，引出 c、d、e、f、g、h、dp 段数据的引脚。

表 9-2　4 位七段数码管引脚描述

引 脚 编 号	引 脚 名 称	描　　述
1	e	e 段数据引脚
2	d	d 段数据引脚
3	dp	dp 段数据引脚
4	c	c 段数据引脚
5	g	g 段数据引脚
6	4	左起 4 号数码管（sel0）位选引脚
7	b	b 段数据引脚
8	3	左起 3 号数码管（sel1）位选引脚
9	2	左起 2 号数码管（sel2）位选引脚
10	f	f 段数据引脚
11	a	a 段数据引脚
12	1	左起 1 号数码管（sel3）位选引脚

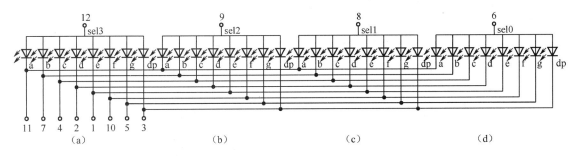

图 9-5　4 位共阳型七段数码管内部电路示意图

9.2.2　74HC595 驱动芯片

74HC595 驱动芯片是一个 8 位串行输入/并行输出的位移缓存器，其引脚图如图 9-6 所示，串行数据通过 SI 引脚输入，通过 QH′引脚输出，并行数据通过 QA～QH 引脚并行输出。表 9-3 给出了 74HC595 驱动芯片的引脚描述。

图 9-7 所示是 74HC595 芯片的内部结构图。当 $\overline{\text{SCLR}}$ 引脚为高电平时，在 SCK 的上升沿，串行数据由 SI 引脚输入内部的 8 位移位寄存器（FF0～FF7），然后按照 SI→FF0，FF0→FF1，…，FF6→FF7 的顺序进行移位，由 QH′引脚输出；在 SCK 的下降沿，移位寄存器状态保持。在 RCK 的上升沿，8 位移位寄存器中的数据被保存至 8 位并行输出锁存器（LATCH0～LATCH7）；在 RCK 的下降沿，输出锁存器状态

图 9-6　74HC595 芯片引脚图

保持。当 $\overline{\text{G}}$ 引脚为低电平时，并行数据输出端（QA～QH）的输出值等于 8 位并行输出锁存器的值；当 $\overline{\text{G}}$ 引脚为高电平时，并行数据输出端维持在高阻抗状态。当 $\overline{\text{SCLR}}$ 引脚为低电平时，8 位移位寄存器清零。表 9-4 为 74HC595 驱动芯片的真值表。

表 9-3　74HC595 驱动芯片引脚描述

引 脚 编 号	引 脚 名 称	描　　　述
1～7, 15	QA～QH	8 位并行数据输出
8	GND	接地
9	QH′	串行数据输出
10	$\overline{\text{SCLR}}$	主复位（低电平复位）
11	SCK	数据输入时钟线
12	RCK	数据输出锁存器锁存时钟线
13	$\overline{\text{G}}$	输出有效（低电平有效）
14	SI	串行数据输入
16	VCC	电源

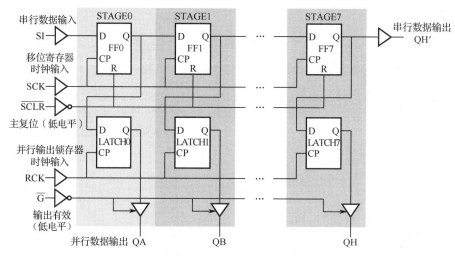

图 9-7　74HC595 芯片内部结构图

表 9-4　74HC595 芯片真值表

输 入 引 脚					输 出 引 脚
SI	SCK	$\overline{SCLR}$	RCK	$\overline{G}$	
X	X	X	X	H	QA~QH 输出高阻
X	X	X	X	L	QA~QH 输出有效值
X	X	L	X	X	移位寄存器清零
L	上升沿	H	X	X	移位寄存器存储 L
H	上升沿	H	X	X	移位寄存器存储 H
X	下降沿	H	X	X	移位寄存器状态保持
X	X	X	上升沿	X	输出锁存器锁存移位寄存器中的状态值
X	X	X	下降沿	X	输出锁存器状态保持

9.2.3　七段数码管显示模块电路原理图

七段数码管显示模块的硬件电路如图 9-8 所示，两个 4 位共阳型七段数码管的 16 个引脚通过两个 74HC595 芯片（编号为 U_{602} 和 U_{605}）与 TMS320F28335 芯片相连，这样，TMS320F28335 芯片就可以通过控制 74HC595 芯片，实现在七段数码管上显示数字和简单字符。U_{602} 的 QH′引脚与 U_{605} 的 SI 引脚相连，将两个 74HC595 芯片串联起来，直接控制 16 位输出；两芯片的 RCK 引脚相连引出的引脚为 HC595_RCK（连接至 TMS320F28335 芯片的 GPIO19 引脚），SCK 引脚相连引出的引脚为 HC595_SCK（连接至 TMS320F28335 芯片的 GPIO18 引脚），SI 引脚相连引出的引脚为 HC595_DIO（连接至 TMS320F28335 芯片的 GPIO13 引脚）。

图 9-8 中的两个 4 位共阳型七段数码管共有 8 个位选引脚和 8 个段数据引脚。在某一数码管上显示一个字符，需要通过 HC595_DIO 引脚分 16 个时钟周期将位数据依次写入 74HC595 驱动芯片。两个串联的 74HC595 驱动芯片完成 16 次移位操作的流程图如图 9-9 所示，将 U_{602} 的 8 个移位寄存器记为 FF0~FF7，8 个锁存器记为 LATCH0~LATCH7；U_{605} 的 8 个移位寄存器记为 FF8~FF15，8 个锁存器记为 LATCH8~LATCH15。在 HC595_SCK 的上升沿，HC595_DIO 引脚的位数据被保存至 FF0 寄存器，同时，FF0~FF15 寄存器中的位数据

按照 FF0→FF1,…,FF14→FF15 的顺序移位。将 a～dp、SEL0～SEL7 共 16 位数据写入 FF0～
FF15 寄存器需要 16 个时钟周期。最后，在 HC595_RCK 的上升沿将 FF0～FF15 寄存器中的
数据锁存至锁存器 LATCH0～LATCH15，至此实现了在某一数码管上显示一个字符。

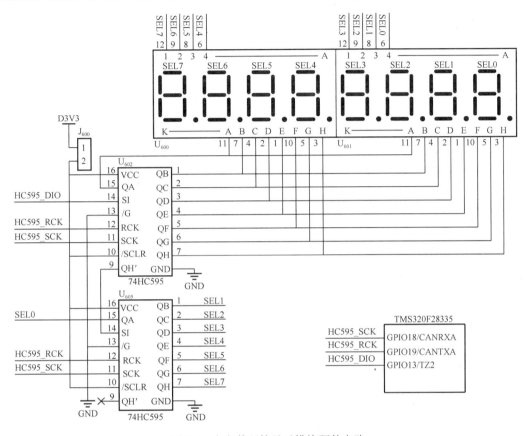

图 9-8　七段数码管显示模块硬件电路

	FF0	FF1	FF2	FF3	FF4	FF5	FF6	FF7	FF8	FF9	FF10	FF11	FF12	FF13	FF14	FF15
T0	SEL7															
T1	SEL6	SEL7														
T2	SEL5	SEL6	SEL7													
T3	SEL4	SEL5	SEL6	SEL7												
T4	SEL3	SEL4	SEL5	SEL6	SEL7											
T5	SEL2	SEL3	SEL4	SEL5	SEL6	SEL7										
T6	SEL1	SEL2	SEL3	SEL4	SEL5	SEL6	SEL7									
T7	SEL0	SEL1	SEL2	SEL3	SEL4	SEL5	SEL6	SEL7								
T8	dp	SEL0	SEL1	SEL2	SEL3	SEL4	SEL5	SEL6	SEL7							
T9	g	dp	SEL0	SEL1	SEL2	SEL3	SEL4	SEL5	SEL6	SEL7						
T10	f	g	dp	SEL0	SEL1	SEL2	SEL3	SEL4	SEL5	SEL6	SEL7					
T11	e	f	g	dp	SEL0	SEL1	SEL2	SEL3	SEL4	SEL5	SEL6	SEL7				
T12	d	e	f	g	dp	SEL0	SEL1	SEL2	SEL3	SEL4	SEL5	SEL6	SEL7			
T13	c	d	e	f	g	dp	SEL0	SEL1	SEL2	SEL3	SEL4	SEL5	SEL6	SEL7		
T14	b	c	d	e	f	g	dp	SEL0	SEL1	SEL2	SEL3	SEL4	SEL5	SEL6	SEL7	
T15	a	b	c	d	e	f	g	dp	SEL0	SEL1	SEL2	SEL3	SEL4	SEL5	SEL6	SEL7

图 9-9　两个串联 74HC595 驱动芯片完成 16 次移位操作流程图

9.2.4　七段数码管显示原理

在图 9-5 所示的 4 位共阳型七段数码管内部电路示意图中,每个数码管的 8 个段(a～dp)的同名端连接在一起,而每个数码管由一个独立的公共控制端控制。当向数码管发送一个字符时,所有数码管都接收到相同的字符,由哪个数码管显示该字符取决于公共控制端(sel0～sel3),这种显示方式称为动态扫描。

在动态扫描过程中,每个数码管的点亮时间间隔非常短(约 20ms),由于人的视觉暂留现象及发光二极管的余晖效应,并不会有闪烁感。

如果 4 个数码管轮流显示,每次只在一个数码管上显示某一字符,相邻数码管显示的时间间隔为 5ms,则完成 4 个数码管轮流显示需要 20ms,即同一个数码管显示间隔为 20ms。尽管实际上数码管并非同时点亮,但看上去却是一组稳定的字符显示。

如图 9-10 所示,T1 时刻数码管(a)显示数字 1,T2 时刻数码管(b)显示数字 2,T3 时刻数码管(c)显示数字 3,T4 时刻数码管(d)显示数字 4,相邻时刻的间隔为 5ms,这样循环往复,看上去 4 个数码管稳定地显示 1234。

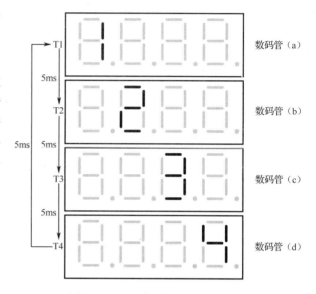

图 9-10　七段数码管动态扫描流程

9.3　实验步骤

步骤 1:复制并编译原始工程

首先,将"D:\F28335CCSTest\Material\08.Seg7Exp"文件夹复制到"D:\F28335CCSTest\Product"文件夹中。然后,参照 2.3 节步骤 4,打开工程文件,单击 🔧 按钮。当 Console 栏显示 Finished building target: 08.Seg7Exp.out 时,表示已经成功生成.out 文件;显示 Bulid Finished,表示编译成功。最后,将.out 文件下载到 F28335 的内部 Flash 中,可以观察到医疗电子 DSP 基础开发系统上的 LED0 和 LED1 交替闪烁,表示原始工程是正确的,可以进入下一步操作。

步骤 2:添加 Seg7DigitalLED 文件对

将"D:\F28335CCSTest\Product\08.Seg7Exp\App"文件夹中的 Seg7DigitalLED.c 添加到 App 分组,具体操作可参见 2.3 节步骤 7。

步骤 3:完善 Seg7DigitalLED.h 文件

单击 🔧 按钮,进行编译,编译结束后,在 Project Explorer 面板中,双击 Seg7DigitalLED.c 中的 Seg7DigitalLED.h。在 Seg7DigitalLED.h 文件的"包含头文件"区,添加代码#include "DSP28x_Project.h"。

在 Seg7DigitalLED.h 文件的"API 函数声明"区,添加如程序清单 9-1 所示的 API 函数声明代码。其中,InitSeg7DigitalLED 函数用于初始化 Seg7DigitalLED 模块;Seg7AllOn 函数

用于控制七段数码管全部显示数字 8 或全部不显示；Seg7Disp8BitNum 函数用于控制七段数码管显示数字；Seg7DispTime 函数用于控制七段数码管显示时间。

程序清单 9-1

```
void InitSeg7DigitalLED(void);                                    //初始化 Seg7DigitalLED 模块
void Seg7AllOn(unsigned char onFlag);                            //控制全部显示 8 或者全部不显示
void Seg7Disp8BitNum(unsigned long val);                         //七段数码管显示数字
void Seg7DispTime(unsigned char hour, unsigned char min, unsigned char sec);
                                                                 //七段数码管显示时间
```

步骤 4：完善 Seg7DigitalLED.c 文件

在 Seg7DigitalLED.c "宏定义"区，添加如程序清单 9-2 所示的宏定义代码。SET_595_SCK() 通过 GpioDataRegs.GPBSET.bit.GPIO18 将 HC595_SCK 引脚的电平拉高（置 1）；CLR_595_SCK() 通过 GpioDataRegs.GPBCLEAR.bit.GPIO18 将 HC595_SCK 引脚的电平拉低（清零）；SET_595_SI() 将 HC595_DIO 引脚的电平拉高；CLR_595_SI() 将 HC595_DIO 引脚的电平拉低；SET_595_RCK() 将 HC595_RCK 引脚的电平拉高；CLR_595_RCK() 将 HC595_RCK 引脚的电平拉低。

程序清单 9-2

```
#define SET_595_SCK()   GpioDataRegs.GPASET.bit.GPIO18 = 1;   //595 时钟线输出高电平
#define CLR_595_SCK()   GpioDataRegs.GPACLEAR.bit.GPIO18 = 1; //595 时钟线输出低电平

#define SET_595_SI()    GpioDataRegs.GPASET.bit.GPIO13 = 1;   //595 数据线输出高电平
#define CLR_595_SI()    GpioDataRegs.GPACLEAR.bit.GPIO13 = 1; //595 数据线输出低电平

#define SET_595_RCK()   GpioDataRegs.GPASET.bit.GPIO19 = 1;   //595 锁存线输出高电平
#define CLR_595_RCK()   GpioDataRegs.GPACLEAR.bit.GPIO19 = 1; //595 锁存线输出低电平
```

在 Seg7DigitalLED.c 文件的"内部变量"区，添加内部变量的定义代码，如程序清单 9-3 所示。其中，s_arrSegTabNoPoint 数组存放不带小数点的七段数码管编码表，例如，s_arrSegTabNoPoint[0] 等于 0xC0，对应字符"0"的编码。s_arrSegTabWithPoint 数组存放带小数点的七段数码管编码表，该数组存放的编码对应的字符比 s_arrSegTabNoPoint 数组多了一个小数点，例如，s_arrSegTabWithPoint[0] 等于 0x40，对应字符"0."的编码。s_arrSegAddr 数组存放七段数码管的每个位地址，例如，s_arrSegAddr[0] 等于 0x80，对应最左侧数码管（SEL7）的地址。注意，"内部变量"区的前半部分注释是七段数码管的编码表。

程序清单 9-3

```
//七段数码管的编码表，前 16 个分别为 0-F 的编码，0x10 表示"-"的编码，0x11 表示无显示
//dp g f e d c b a（不带小数点）        //dp g f e d c b a（带小数点）
//11000000（0xC0）-0                    //01000000（0x40）-0.
//11111001（0xF9）-1                    //01111001（0x79）-1.
//10100100（0xA4）-2                    //00100100（0x24）-2.
//10110000（0xB0）-3                    //00110000（0x30）-3.
//10011001（0x99）-4                    //00011001（0x19）-4.
//10010010（0x92）-5                    //00010010（0x12）-5.
//10000010（0x82）-6                    //00000010（0x02）-6.
//11111000（0xF8）-7                    //01111000（0x78）-7.
//10000000（0x80）-8                    //00000000（0x00）-8.
//10010000（0x90）-9                    //00010000（0x10）-9.
//10001000（0x88）-A                    //00001000（0x08）-A.
//10000011（0x83）-b                    //00000011（0x03）-b.
```

```
//11000110（0xC6）-C          //01000110（0x46）-C.
//10100001（0xA1）-d          //00100001（0x21）-d.
//10000110（0x86）-E          //00000110（0x06）-E.
//10001110（0x8E）-F          //00001110（0x0E）-F.
//10111111（0xBF）- "-"        //00111111（0x3F）--.
//11111111（0xFF）- "  "       //01111111（0x7F）- .
```

```
//不带小数点的七段数码管编码表
static unsigned char s_arrSegTabNoPoint[18]  =
    {0xC0, 0xF9, 0xA4, 0xB0, 0x99, 0x92, 0x82, 0xF8,    //0-7
     0x80, 0x90, 0x88, 0x83, 0xC6, 0xA1, 0x86, 0x8E,    //8-F
     0xBF,    //0x10 表示 "-"
     0xFF};   //0x11 表示无显示
```

```
//带小数点的七段数码管编码表
static unsigned char s_arrSegTabWithPoint[18]  =
    {0x40, 0x79, 0x24, 0x30, 0x19, 0x12, 0x02, 0x78,    //0.-7.
     0x00, 0x10, 0x08, 0x03, 0x46, 0x21, 0x06, 0x0E,    //8.-F.
     0x3F,    //0x10 表示 "-"
     0x7F};   //0x11 表示无显示
```

```
//数组中的元素作为 "位", 0x80 代表最左侧数码管（SEL7）, 0x01 代表最右侧数码管（SEL0）
static unsigned char s_arrSegAddr[8] = {0x80, 0x40, 0x20, 0x10, 0x08, 0x04, 0x02, 0x01};
```

在 Seg7DigitalLED.c 文件的 "内部函数声明" 区, 添加内部函数的声明代码, 如程序清单 9-4 所示。ConfigSeg7GPIO 函数用于配置 74HC595 驱动芯片相关的 GPIO；RCKRiseEdge 函数用于控制 HC595_RCK 引脚产生一个上升沿, 将 74HC595 驱动芯片的数据移位寄存器中的数据锁存至输出锁存器；HC595WriteByte 函数用于向 74HC595 驱动芯片写入 1 字节数据；Seg7WrSelData 函数用于在指定位置显示字符；HexToBCD 函数用于将十六进制数转换成 BCD 码数。

程序清单 9-4

```
static  void  ConfigSeg7GPIO(void);    //配置 595 的 GPIO
static  void  RCKRiseEdge(void);        //移位寄存器中的数据传输到存储寄存器
static  void  HC595WriteByte(unsigned char  data);              //将数据写入到 595

//在指定位置显示字符
static  void  Seg7WrSelData(unsigned char addr, unsigned char data, unsigned char pointFlag);
static  void  HexToBCD(unsigned char * pBuf, unsigned long  val); //将十六进制数转换成 BCD 码数
```

在 Seg7DigitalLED.c 文件的 "内部函数实现" 区, 添加 5 个内部函数的实现代码, 如程序清单 9-5 所示。下面依次对上述函数中的语句进行解释说明。

（1）HC595_SCK、HC595_RCK、HC595_DIO 引脚分别与 TMS320F28335 芯片的 GPIO18、GPIO19 和 GPIO13 引脚相连接。

（2）RCKRiseEdge 函数先将 HC595_RCK 引脚拉低, 并维持低电平 2μs, 再将该引脚电平拉高, 产生一个上升沿。

（3）HC595WriteByte 函数用于将参数 data 写入 74HC595。在 HC595_SCK 上升沿, 分 8 次通过 HC595_DIO 引脚将参数 data 写入, 如果参数 data 的最高位为 0, 通过 CLR_595_SI() 将 HC595_DIO 引脚电平拉低；如果参数 data 的最高位为 1, 通过 SET_595_SI() 将 HC595_DIO 引脚电平拉高；然后通过 SET_595_SCK() 将 HC595_SCK 引脚电平拉高, 产生一个上升沿,

并维持高电平 2μs；最后通过 CLR_595_SCK()将 HC595_SCK 引脚电平拉低，为下一次写入做准备。

（4）Seg7WrSelData 函数用于在数码管指定位置显示某一字符，第一次调用 HC595WriteByte 函数写入地址，第二次调用 HC595WriteByte 函数写入字符，最后调用 RCKRiseEdge 函数，在 HC595_RCK 引脚产生一个上升沿，将 74HC595 移位寄存器中的数据锁存至输出锁存器。

（5）HexToBCD 函数用于将十六进制数转换成 BCD 码数。参数 val 为 8 位十进制数，参数 pBuf 用于存放 BCD 码数，pBuf[0]存放 val 的最低位，pBuf[7]存放 val 的最高位。

程序清单 9-5

```
static  void  ConfigSeg7GPIO(void)
{
  EALLOW;                              //允许编辑受保护寄存器
  GpioCtrlRegs.GPAMUX1.bit.GPIO13 = 0; //设置 GPIO13 为通用 I/O
  GpioCtrlRegs.GPADIR.bit.GPIO13 = 1;  //设置 GPIO13 为输出

  GpioCtrlRegs.GPAMUX2.bit.GPIO18 = 0; //设置 GPIO18 为通用 I/O
  GpioCtrlRegs.GPADIR.bit.GPIO18 = 1;  //设置 GPIO18 为输出

  GpioCtrlRegs.GPAMUX2.bit.GPIO19 = 0; //设置 GPIO19 为通用 I/O
  GpioCtrlRegs.GPADIR.bit.GPIO19 = 1;  //设置 GPIO19 为输出
  EDIS;                                //禁止编辑受保护寄存器
}

static  void RCKRiseEdge(void)
{
  CLR_595_RCK();                       //RCK（STCP）输出低电平
  DELAY_US(2);                         //延时 2μs
  SET_595_RCK();                       //RCK（STCP）输出高电平
}

static void HC595WriteByte(unsigned char data)
{
  int i = 0;

  //每次发送 1 字节数据，8 次发送完毕，先发送高位（切记）
  for(i = 0; i < 8; i++)
  {
    if((data << i) & 0x80)             //只取 data 的最高位
    {
      SET_595_SI();                    //数据线输出高电平
    }
    else
    {
      CLR_595_SI();                    //数据线输出低电平
    }

    SET_595_SCK();                     //时钟线输出高电平

    DELAY_US(2);                       //延时 2μs
```

```c
    CLR_595_SCK();                              //时钟线输出低电平
  }
}

static void  Seg7WrSelData(unsigned char addr, unsigned char data, unsigned char pointFlag)
{
  unsigned char *pAddr = s_arrSegAddr;        //将内部静态数组的元素赋值给指针变量*pt

  //注意，先发送位选，因为控制位选的 595 芯片在控制段选的 595 芯片下一级
  HC595WriteByte(*(pAddr + addr));            //位选，控制显示的位置，addr 为 0 表示数码管最左侧，为
                                                             7 表示最右侧

  if(1 == pointFlag)
  {
    HC595WriteByte(s_arrSegTabWithPoint[data]); //段选，控制显示的数字，带小数点显示
  }
  else
  {
    HC595WriteByte(s_arrSegTabNoPoint[data]);    //段选，控制显示的数字，不带小数点显示
  }

  RCKRiseEdge();                              //发送到 595 输出
}

static  void  HexToBCD(unsigned char* pBuf, unsigned long val)
{
  if (val >= 100000000)
  {
    val = 99999999;
  }

  pBuf[7] = val /10000000;
  val = val % 10000000;

  pBuf[6] = val / 1000000;
  val = val % 1000000;

  pBuf[5] = val / 100000;
  val = val % 100000;

  pBuf[4] = val / 10000;
  val = val % 10000;

  pBuf[3] = val /1000;
  val = val % 1000;

  pBuf[2] = val / 100;
  val = val % 100;

  pBuf[1] = val / 10;
  val = val % 10;
```

```
  pBuf[0] = val;
}
```

　　在 Seg7DigitalLED.c 文件的"API 函数实现"区，添加 API 函数的实现代码，如程序清单 9-6 所示。Seg7DigitalLED.c 文件的 API 函数有 4 个，分别解释说明如下。

　　（1）在 InitSeg7DigitalLED 函数中，通过调用 ConfigSeg7GPIO 函数初始化 Seg7DigitalLED 模块。

　　（2）Seg7AllOn 函数根据参数 onFlag 控制七段数码管全部显示字符 8 或全部不显示。onFlag 为 1 时，七段数码管全部显示字符 8；onFlag 为 0 时，七段数码管不显示任何字符。

　　（3）Seg7Disp8BitNum 函数用于在七段数码管显示数字，显示的数字由参数 val 决定。该函数先将参数 val 通过 HexToBCD 转换为 BCD 码数，保存于 s_arrBuf 数组，然后，分 8 次调用 Seg7WrSelData 函数，分别将这些 BCD 码数写入七段数码管显示模块。

　　（4）Seg7DispTime 函数与 Seg7Disp8BitNum 函数类似，分 8 次将小时、分钟、秒值及分隔符"-"写入七段数码管显示模块。

程序清单 9-6

```
void InitSeg7DigitalLED(void)
{
  ConfigSeg7GPIO();              //配置 595 的 GPIO
}

void Seg7AllOn(unsigned char onFlag)
{
  if(1 == onFlag)
  {
    HC595WriteByte(0xFF); //开启所有位
    HC595WriteByte(0x80); //所有数字显示 8
    RCKRiseEdge();        //发送到 595 输出
  }
  else if(0 == onFlag)
  {
    HC595WriteByte(0x00); //关闭所有位
    HC595WriteByte(0xFF); //什么都不显示
    RCKRiseEdge();        //发送到 595 输出
  }
}

void Seg7Disp8BitNum(unsigned long val)
{
  static  int s_iCnt = 0;
  static  unsigned char s_arrBuf[8];

  s_iCnt++;

  if(1 == s_iCnt)
  {
    HexToBCD(s_arrBuf, val);               //第一次将数据存入 s_arrBuf
  }
  else if(2 == s_iCnt)
  {
```

```
      Seg7WrSelData(0, s_arrBuf[7], 0);        //显示在七段数码管的最左侧
  }
  else if(3 == s_iCnt)
  {
    Seg7WrSelData(1, s_arrBuf[6], 0);
  }
  else if(4 == s_iCnt)
  {
    Seg7WrSelData(2, s_arrBuf[5], 0);
  }
  else if(5 == s_iCnt)
  {
    Seg7WrSelData(3, s_arrBuf[4], 0);
  }
  else if(6 == s_iCnt)
  {
    Seg7WrSelData(4, s_arrBuf[3], 0);
  }
  else if(7 == s_iCnt)
  {
    Seg7WrSelData(5, s_arrBuf[2], 0);
  }
  else if(8 == s_iCnt)
  {
    Seg7WrSelData(6, s_arrBuf[1], 0);
  }
  else if(9 == s_iCnt)
  {
    Seg7WrSelData(7, s_arrBuf[0], 0);
  }
  else if(9 < s_iCnt)
  {
    s_iCnt = 0;
  }
}

void  Seg7DispTime(unsigned char hour, unsigned char min, unsigned char sec)
{
  static int s_iCnt8 = 0;

  if(7 <= s_iCnt8)
  {
    s_iCnt8 = 0;
  }
  else
  {
    s_iCnt8++;
  }

  if(0 == s_iCnt8)
  {
    Seg7WrSelData(0, hour / 10, 0);
```

```
}
else if(1 == s_iCnt8)
{
  Seg7WrSelData(1, hour % 10, 0);
}
else if(2 == s_iCnt8)
{
  Seg7WrSelData(2, 0x10, 0);        //0x10 表示 "-" 的编码
}
else if(3 == s_iCnt8)
{
  Seg7WrSelData(3, min / 10, 0);
}
else if(4 == s_iCnt8)
{
  Seg7WrSelData(4, min % 10, 0);
}
else if(5 == s_iCnt8)
{
  Seg7WrSelData(5, 0x10, 0);        //0x10 表示 "-" 的编码
}
else if(6 == s_iCnt8)
{
  Seg7WrSelData(6, sec / 10, 0);
}
else if(7 == s_iCnt8)
{
  Seg7WrSelData(7, sec % 10, 0);
}
}
```

步骤 5：完善七段数码管显示实验应用层

在 Project Explorer 面板中，双击打开 main.c 文件，在 main.c 文件 "包含头文件" 区的最后，添加代码#include "Seg7DigitalLED.h"。

在 main.c 文件的 InitHardware 函数中，添加调用 InitSeg7DigitalLED 函数的代码，如程序清单 9-7 所示，这样就实现了对 Seg7DigitalLED 模块的初始化。

程序清单 9-7

```
static  void  InitHardware(void)
{
  SystemInit();             //初始化系统函数
  InitXintf();              //初始化 Xintf 模块

#if DOWNLOAD_TO_FLASH
  MemCopy(&RamfuncsLoadStart, &RamfuncsLoadEnd, &RamfuncsRunStart);
  InitFlash();              //初始化 Flash 模块
#endif

  InitLED();                //初始化 LED 模块
  InitTimer();              //初始化 CPU 定时器模块
  InitSCIB(115200);         //初始化 SCIB 模块
  InitSeg7DigitalLED();     //初始化 Seg7DigitalLED 模块
```

```
    EINT;                         //使能全局中断
    ERTM;                         //使能全局实时中断
}
```

在 main.c 文件的 Proc2msTask 函数中，添加调用 Seg7Disp8BitNum 函数的代码，实现每 2ms 在七段数码管上显示一个字符的功能，如程序清单 9-8 所示。Proc1SecTask 函数中的 printf 语句执行时间约为 4.4ms，这会影响七段数码管的显示，导致七段数码管出现闪烁的现象，因此，需要注释掉 Proc1SecTask 函数中的 printf 语句。

程序清单 9-8

```
static   void   Proc2msTask(void)
{
  if(Get2msFlag())                //检查 2ms 标志状态
  {
    Seg7Disp8BitNum(12345678);    //调用七段数码管显示数字
    LEDFlicker(250);              //调用闪烁函数
    Clr2msFlag();                 //清除 2ms 标志
  }
}
```

步骤 6：编译及下载验证

代码编写完成后，编译工程，然后下载.out 文件到医疗电子 DSP 基础开发系统，具体操作参见 2.3 节步骤 9。下载完成后，可以观察到七段数码管上显示 12345678，如图 9-11 所示，表示实验成功。

图 9-11　七段数码管实验结果

本 章 任 务

在本实验的基础上增加以下功能：（1）增加 RunClock 模块；（2）通过 InitRunClock 函数初始化 RunClock 模块；（3）通过 RunClockPer2Ms 函数实现时钟的运行；（4）通过 SetTimeVal 函数设置时间值；（5）通过 GetTimeVal 函数获取时间值；（6）通过 Seg7DispTemp 函数在七段数码管上动态显示时间，如图 9-12 所示。

图 9-12　显示效果

本 章 习 题

1．简述七段数码管的显示原理。

2．简述 74HC595 芯片的工作原理。

3．简述 74HC595 芯片控制七段数码管的工作原理。

4．七段数码管 API 函数包括 InitSeg7DigitalLED、Seg7AllOn、Seg7Disp8BitNum 和 Seg7DispTime，简述这些函数的功能。

第10章 实验9——OLED显示

本章首先介绍 OLED 显示原理及 SSD1306 驱动芯片的工作原理，然后编写 SSD1963 芯片控制 OLED 模块的驱动程序。最后，在应用层调用 API 函数，验证 OLED 驱动是否能够正常工作。

10.1 实验内容

通过学习 OLED 显示原理及 SSD1306 芯片的工作原理，基于医疗电子 DSP 基础开发系统编写 OLED 驱动程序。该驱动包括 10 个 API 函数，分别是初始化 OLED 显示模块函数 InitOLED、开启 OLED 显示函数 OLEDDisplayOn、关闭 OLED 显示函数 OLEDDisplayOff、更新 GRAM 函数 OLEDRefreshGRAM、清屏函数 OLEDClear、显示数字函数 OLEDShowNum、指定位置显示字符函数 OLEDShowChar、显示字符串函数 OLEDShowString、清除屏幕上指定区域函数 OLEDClearArea，以及在 OLED 屏上指定位置显示带高位 0 的数字函数 OLEDShow0Num。最后，在 main.c 文件中调用这些函数来验证 OLED 驱动是否正确。

10.2 实验原理

10.2.1 OLED 显示模块

OLED，即有机发光二极管，又称为有机电激光显示。OLED 由于同时具备自发光、无需背光源、对比度高、厚度薄、视角广、反应速度快、可用于挠曲性面板、使用温度范围广、构造及制程较简单等优异特性，被广泛应用于各种产品中。OLED 自发光的特性源于其采用非常薄的有机材料涂层和玻璃基板，当有电流通过时，这些有机材料就会发光。由于 LCD 需要背光源，而 OLED 不需要，因此，OLED 的显示效果要比 LCD 的好。

医疗电子 DSP 基础开发系统使用的 OLED 显示模块是一款集 SSD1306 驱动芯片、0.96 寸 128×64ppi 分辨率显示屏及驱动电路于一体的集成显示屏，可以通过 SPI 接口控制 OLED 显示屏。OLED 显示效果如图 10-1 所示。

OLED 显示模块的引脚说明如表 10-1 所示。

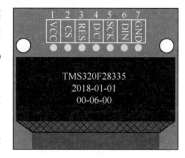

图 10-1　OLED 显示效果

表 10-1　OLED 显示模块引脚说明

序　号	名　　称	说　　明
1	VCC	电源（3.3V）
2	CS（OLED_CS）	片选信号，低电平有效，连接医疗电子 DSP 基础开发系统的 GPIO5引脚
3	RES（OLED_RES）	复位引脚，低电平有效，连接医疗电子 DSP 基础开发系统的 GPIO4引脚
4	D/C（OLED_DC）	数据/命令控制，D/C=1，传输数据；D/C=0，传输命令。连接医疗电子 DSP 基础开发系统的 GPIO3引脚

续表

序　号	名　称	说　明
5	SCK（OLED_SCK）	时钟线，连接医疗电子 DSP 基础开发系统的 GPIO34引脚
6	DIN（OLED_DIN）	数据线，连接医疗电子 DSP 基础开发系统的 GPIO12引脚
7	GND	接地

OLED 显示屏接口电路原理图如图 10-2 所示，将 OLED 显示模块插在医疗电子 DSP 基础开发系统的 OLED 显示屏接口（J_{300}）上，即可通过系统控制 OLED 显示屏。

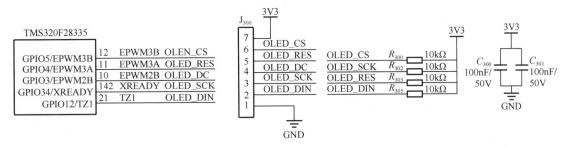

图 10-2　OLED 显示屏接口电路原理图

OLED 显示模块支持的 SPI 通信模式需要 4 根信号线，分别是 OLED 片选信号 CS、数据/命令控制信号 D/C、串行时钟线 SCK、串行数据线 DIN，以及复位控制线（即复位引脚 RES）。因此，只能向 OLED 显示模块写数据而不能读数据。在 SPI 通信模式下，每个数据长度均为 8 位，在 SCK 的上升沿，数据从 DIN 移入 SSD1306，高位在前，写操作时序图如图 10-3 所示。

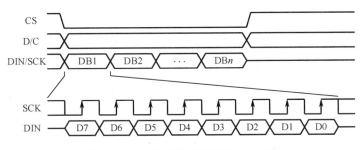

图 10-3　SPI 通信模式下写操作时序图

10.2.2　SSD1306 的显存

SSD1306 的显存大小为 128×64=8192bit，SSD1306 将这些显存分为 8 页，其对应关系如图 10-4 左上图所示。可以看出，SSD1306 包含 8 页，每页包含 128 字节，即 128×64 点阵。将图 10-4 左上图的 PAGE3 取出并放大，如图 10-4 右上图所示，左上图每个格子表示 1 字节，右上图每个格子表示 1 位。从图 10-4 的右上图和右下图中可以看出，SSD1306 显存中的 SEG62、COM29 位置 1，屏幕上的 62 列、34 行对应的点为点亮状态。为什么显存中的列编号与 OLED 显示屏的列编号是对应的，但显存中的行编号与 OLED 显示屏的行编号不对应？这是因为 OLED 显示屏上的列与 SSD1306 显存上的列是一一对应的，但 OLED 显示屏上的行与 SSD1306 显存上的行为互补关系，如 OLED 显示屏的第 34 行对应 SSD1306 显存上的 COM29。

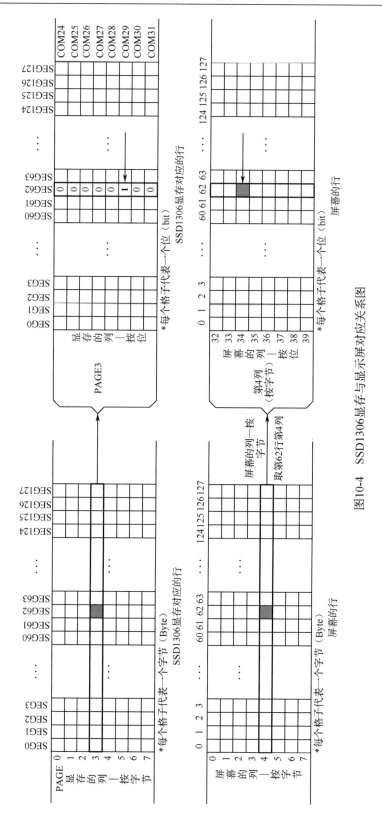

图10-4　SSD1306显存与显示屏对应关系图

10.2.3　SSD1306 常用命令

SSD1306 的命令较多，这里仅介绍几个常用的命令，如表 10-2 所示。如需了解其他命令，可参见 SSD1306 的数据手册。第 1 组命令用于设置屏幕对比度，该命令由 2 字节组成，第一字节 0x81 为操作码，第二字节为对比度，该值越大，屏幕越亮，对比度的取值范围为 0x00～0xFF。第 2 组命令用于设置显示的开和关，当 X0 为 0 时关闭显示，当 X0 为 1 时开启显示。第 3 组命令用于设置电荷泵，该命令为 2 字节，第一字节 0x8D 为操作码，第二字节的 A2 为电荷泵开关，该位为 1 时开启电荷泵，为 0 时关闭电荷泵。在模块初始化时，电荷泵一定要开启，否则看不到屏幕显示。第 4 组命令用于设置页地址，该命令取值范围为 0xB0～0xB7，对应页 0～7。第 5 组命令用于设置列地址的低 4 位，该命令取值范围为 0x00～0x0F。第 6 组命令用于设置列地址的高 4 位，该命令取值范围为 0x10～0x1F。

表 10-2　SSD1306 常用命令表

序号	命令 HEX	各位描述								命　　令	说　　　明
		D7	D6	D5	D4	D3	D2	D1	D0		
1	81	1	0	0	0	0	0	0	1	设置对比度	A 的值越大屏幕越亮，A 的范围从 0x00~0Xff
	A[7:0]	A7	A6	A5	A4	A3	A2	A1	A0		
2	AE/AF	1	0	1	0	1	1	1	X0	设置显示开关	X0=0，关闭显示；X0=1，开启显示
3	8D	1	0	0	0	1	1	0	1	电荷泵设置	A2=0，关闭电荷泵；A2=1，开启电荷泵
	A[7:0]	*	*	0	1	0	A2	0	0		
4	B0~B7	1	0	1	1	0	X2	X1	X0	设置页地址	X[2:0]=0~7 对应页 0~7
5	00~0F	0	0	0	0	X3	X2	X1	X0	设置列地址低 4 位	设置 8 位起始地址低 4 位
6	10~1F	0	0	0	1	X3	X2	X1	X0	设置列地址高 4 位	设置 8 位起始地址高 4 位

10.2.4　字模选项

字模选项包括点阵格式、取模走向和取模方式。其中，点阵格式分为阴码（1 表示亮，0 表示灭）和阳码（1 表示灭，0 表示亮）；取模走向包括逆向（低位在前）和顺向（高位在前）两种；取模方式包括逐列式、逐行式、列行式和行列式。

本实验的字模选项为"16×16 字体顺向逐列式（阴码）"，以图 10-5 所示的问号为例来说明。由于汉字是方块字，因此，16×16 字体的汉字像素为 16×16，而 16×16 字体的字符（如数字、标点符号、英文大写字母和英文小写字母）像素为 16×8。逐列式表示按照列进行取模，左上角的 8 个格子为第一字节，高位在前，即 0x00，左下角的 8 个格子为第二字节，即 0x00，第三字节为 0x0E，第四字节为 0x00，依次往下，分别是 0x12、0x00、0x10、0x0C、0x10、0x6C、0x10、0x80、0x0F、0x00、0x00、0x00。

可以看到，字符的取模过程较复杂。而在 OLED 显示中，常用的字符非常多，有数字、标点符号、英文大写字母、英文小写字母，还有汉字，而且字体和字宽有很多选择。因此，需要借助取模软件。在

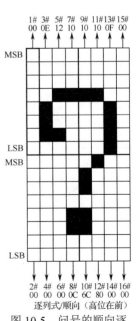

图 10-5　问号的顺向逐列式（阴码）取模示意图

本书配套资料包的"02.相关软件"目录下的"PCtoLCD2002 完美版"文件夹中，找到并双击 PCtoLCD2002.exe。该软件的运行界面如图 10-6 左图所示，单击菜单栏中的"选项"按钮，按照图 10-6 右图所示选择"点阵格式""取模走向""自定义格式""取模方式"和"输出数制"等，然后，在图 10-6 左图中间栏尝试输入 OLED12864，并单击"生成字模"，就可以使用最终生成的字模（数组格式）。

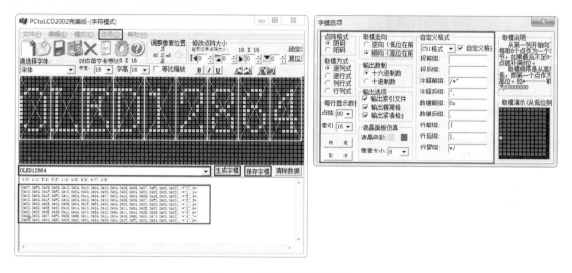

图 10-6　取模软件使用方法

10.2.5　ASCII 码表与取模工具

我们通常使用 OLED 来显示数字、标点符号、英文大写字母和英文小写字母。为了便于开发，可以提前通过取模软件取出常用字符的字模，保存到数组，在 OLED 应用设计中，直接调用这些数组即可将对应字符显示到 OLED 显示屏上。由于 ASCII 码表几乎涵盖了最常使用的字符，因此，本实验以 ASCII 码表（详见附录 C）为基础，将其中 95 个字符（ASCII 值为 32～126）生成字模数组。ASCII（American Standard Code for Information Interchange，美国信息交换标准代码）是基于拉丁字母的一套计算机编码系统，主要用于显示现代英语和其他西欧语言，是现今通用的计算机编码系统。在本书配套资料包的"04.例程资料\Material\10.OLED 显示实验\App\OLED"文件夹中的 OLEDFont.h 文件中，有 2 个数组，分别是 g_iASCII1206 和 g_iASCII1608，其中 g_iASCII1206 数组用于存放 12×6 字体字模，g_iASCII1608 数组用于存放 16×8 字体字模。

10.2.6　TMS320F28335 的 GRAM 与 SSD1306 的 GRAM

F28335 通过向 OLED 驱动芯片 SSD1306 的 GRAM 写入数据来实现 OLED 的显示功能。在 OLED 应用设计中，通常只需要更改某几个字符，例如，通过 OLED 显示时间，每秒只需要更新秒值，只有在进位时才会更新分钟值或小时值。为了确保之前写入的数据不被覆盖，可以采用"读→改→写"的方式，也就是将 SSD1306 的 GRAM 中原有的数据读取到 F28335 的 GRAM（实际上是内部 SRAM），然后对 F28335 的 GRAM 进行修改，最后再写入 SSD1306 的 GRAM，如图 10-7 所示。

"读→改→写"的方式要求 F28335 既能写 SSD1306，也能读 SSD1306，但是，医疗电子

DSP 基础开发系统只有写 OLED 显示模块的数据线（OLED_DIN），没有读 OLED 显示模块的数据线，因此不支持读 OLED 显示模块操作。推荐使用"改→写"的方式实现 OLED 显示，这种方式通过在 F28335 的内部建立一个 GRAM（128×8 字节，对应 128×64 像素），与 SSD1306 的 GRAM 对应，当需要更新显示时，只需修改 F28335 的 GRAM，然后一次性把 F28335 的 GRAM 写入 SSD1306 的 GRAM，如图 10-8 所示。

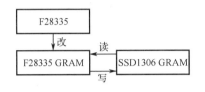　　　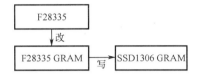

图 10-7　OLED "读→改→写" 方式示意图　　　图 10-8　OLED "改→写" 方式示意图

10.2.7　OLED 显示模块显示流程

OLED 显示模块的显示流程如图 10-9 所示。首先，配置 OLED 相关的 GPIO；然后，将 OLED_RES 拉低 10ms 之后再将 OLED_RES 拉高，对 SSD1306 进行复位，接着，关闭显示，配置 SSD1306，再开启显示，并执行清屏操作；最后，写 F28335 的 GRAM，并将 F28335 的 GRAM 更新到 SSD1306 上。

10.3　实验步骤

步骤 1：复制并编译原始工程

首先，将"D:\F28335CCSTest\Material\09.OLEDExp"文件夹复制到"D:\F28335CCSTest\ Product"文件夹中。然后，参照 2.3 节步骤 4，打开工程文件，单击 🔧 按钮。当 Console 栏显示 Finished building target: 09.OLEDExp. out 时，表示已经成功生成.out 文件，显示 Bulid Finished，表示编译成功。最后，将.out 文件下载到 F28335 的内部

图 10-9　OLED 显示模块显示流程图

Flash 中，可以观察到医疗电子 DSP 基础开发系统上的 LED0 和 LED1 交替闪烁，表示原始工程是正确的，可以进入下一步操作。

步骤 2：添加 OLED 文件对

将"D:\F28335CCSTest\Product\09.OLEDExp\App"文件夹中的 OLED.c 添加到 App 分组，具体操作可参见 2.3 节步骤 7。

步骤 3：完善 OLED.h 文件

单击 🔧 按钮，进行编译，编译结束后，在 Project Explorer 面板中，双击 OLED.c 中的 OLED.h。在 OLED.h 文件的"包含头文件"区，添加代码#include "DSP28x_Project.h"。

在 OLED.h 文件的"API 函数声明"区，添加如程序清单 10-1 所示的 API 函数声明代码。其中，InitOLED 函数用于初始化 OLED 显示模块；OLEDDisplayOn 函数用于开启 OLED 显示；OLEDDisplayOff 函数用于关闭 OLED 显示；OLEDRefreshGRAM 函数用于将 F28335 的

GRAM 更新到 SSD1306 的 GRAM 中；OLEDClear 函数用于清除 OLED 显示；OLEDShowChar 函数用于在指定位置显示一个字符；OLEDShowNum 函数用于在指定位置显示数字；OLEDShowString 函数用于在指定位置显示字符串。

程序清单 10-1

```
void  InitOLED(void);            //初始化 OLED 显示模块
void  OLEDDisplayOn(void);       //开启 OLED 显示
void  OLEDDisplayOff(void);      //关闭 OLED 显示
void  OLEDRefreshGRAM(void);     //将 F28335 的 GRAM 写入到 SSD1306 的 GRAM

void  OLEDClear(void);           //清屏函数，清完屏后整个屏幕是黑色的，和没点亮一样
void  OLEDShowChar(unsigned char x, unsigned char y, unsigned char chr, unsigned char size,
  unsigned char mode);           //在指定位置显示一个字符
void  OLEDShowNum(unsigned char x, unsigned char y, unsigned long num, unsigned char len,
  unsigned char size);           //在指定位置显示数字
void  OLEDShowString(Uint8 x, Uint8 y, const Uint8* p); //在指定位置显示字符串
```

步骤 4：完善 OLED.c 文件

在 OLED.c 文件的"包含头文件"区，添加代码#include " OLEDFont.h "。

在 OLED.c 文件的"宏定义"区，添加如程序清单 10-2 所示的宏定义代码。OLEDWriteByte 函数既可以向 OLED 显示模块写数据，又可以写命令，OLED_CMD 表示写命令，OLED_DATA 表示写数据。CLR_OLED_CS()通过 GpioDataRegs.GPACLEAR.bit.GPIO5 将 CS（OLED_CS）引脚的电平拉低（清零）， SET_OLED_CS()通过 GpioDataRegs.GPASET.bit.GPIO5 将 CS（OLED_CS）引脚的电平拉高（置 1），其余 8 个宏定义类似，这里不再赘述。

程序清单 10-2

```
#define OLED_CMD    0 //命令
#define OLED_DATA   1 //数据

//OLED 端口定义
#define CLR_OLED_CS()   GpioDataRegs.GPACLEAR.bit.GPIO5 = 1      //CS，片选
#define SET_OLED_CS()   GpioDataRegs.GPASET.bit.GPIO5 = 1

#define CLR_OLED_RES()  GpioDataRegs.GPACLEAR.bit.GPIO4 = 1      //RES，复位
#define SET_OLED_RES()  GpioDataRegs.GPASET.bit.GPIO4 = 1

#define CLR_OLED_DC()   GpioDataRegs.GPACLEAR.bit.GPIO3 = 1  //DC，命令数据标志（0-命令/1-数据）
#define SET_OLED_DC()   GpioDataRegs.GPASET.bit.GPIO3 = 1

#define CLR_OLED_SCK()  GpioDataRegs.GPBCLEAR.bit.GPIO34 = 1     //SCK，时钟
#define SET_OLED_SCK()  GpioDataRegs.GPBSET.bit.GPIO34 = 1

#define CLR_OLED_DIN()  GpioDataRegs.GPACLEAR.bit.GPIO12 = 1     //DIN，数据
#define SET_OLED_DIN()  GpioDataRegs.GPASET.bit.GPIO12 = 1
```

在 OLED.c 文件的"内部变量"区，添加内部变量的定义代码，如程序清单 10-3 所示。s_arrOLEDGRAM 是 F28335 的 GRAM，大小为 128×8 字节，与 SSD1306 上的 GRAM 对应。本实验中，先将需要显示在 OLED 显示模块上的数据写入 F28335 的 GRAM，再将 F28335 的 GRAM 写入 SSD1306 的 GRAM 中。

程序清单 10-3

```
static  Uint8  s_arrOLEDGRAM[128][8];    //OLED 显存缓冲区
```

在 OLED.c 文件的"内部函数声明"区，添加内部函数的声明代码，如程序清单 10-4 所示。其中，ConfigOLEDGPIO 函数用于配置 OLED 相关的 GPIO；ConfigOLEDReg 函数用于配置 SSD1306 的寄存器；OLEDWriteByte 函数用于向 SSD1306 写入 1 字节数据；OLEDDrawPoint 函数用于点亮或熄灭 OLED 显示屏上的某一点；CalcPow 函数用于计算 m 的 n 次方。

程序清单 10-4

```
static  void  ConfigOLEDGPIO(void); //配置 OLED 的 GPIO
static  void  ConfigOLEDReg(void);  //配置 OLED 的 SSD1306 寄存器

static  void  OLEDWriteByte(unsigned char dat, unsigned char cmd); //向 SSD1306 写入 1 字节数据
static  void  OLEDDrawPoint(unsigned char x, unsigned char y, unsigned char t);//在 OLED 指定位置画点

static  unsigned long CalcPow(unsigned char m, unsigned char n); //计算 m 的 n 次方
```

在 OLED.c 文件的"内部函数实现"区，添加 ConfigOLEDGPIO 函数的实现代码，如程序清单 10-5 所示。

（1）本实验 OLED 与 TMS320F28335 芯片相连的对应引脚为 OLED_CS（GPIO5）、OLED_RES（GPIO4）、OLED_DC（GPIO3）、OLED_SCK（GPIO34）和 OLED_DIN（GPIO12）。

（2）通过 GpioCtrlRegs 数组将这 5 个引脚的初始电平设置为高电平。

程序清单 10-5

```
static  void  ConfigOLEDGPIO(void)
{
    EALLOW;
    GpioCtrlRegs.GPAMUX1.bit.GPIO3 = 0;        //DC
    GpioCtrlRegs.GPAMUX1.bit.GPIO4 = 0;        //RES
    GpioCtrlRegs.GPAMUX1.bit.GPIO5 = 0;        //CS
    GpioCtrlRegs.GPBMUX1.bit.GPIO34 = 0;       //SCK
    GpioCtrlRegs.GPAMUX1.bit.GPIO12 = 0;       //DIN

    GpioCtrlRegs.GPADIR.bit.GPIO3 = 1;
    GpioCtrlRegs.GPADIR.bit.GPIO4 = 1;
    GpioCtrlRegs.GPADIR.bit.GPIO5 = 1;
    GpioCtrlRegs.GPBDIR.bit.GPIO34 = 1;        // output
    GpioCtrlRegs.GPADIR.bit.GPIO12 = 1;        // output
  EDIS;
}
```

在 OLED.c 文件"内部函数实现"区的 ConfigOLEDGPIO 函数实现区后，添加 ConfigOLEDReg 函数的实现代码，如程序清单 10-6 所示。下面依次说明 ConfigOLEDReg 函数中的语句。

（1）ConfigOLEDReg 函数首先通过 OLEDWriteByte 函数向 SSD1306 写入 0xAE，关闭 OLED 显示。

（2）ConfigOLEDReg 函数主要通过写 SSD1306 的寄存器来配置 SSD1306，包括设置时钟分频因子、振荡频率、驱动路数、显示偏移、显示对比度、电荷泵等。读者可查阅 SSD1306 数据手册深入了解这些命令。

（3）ConfigOLEDReg 函数最后通过 OLEDWriteByte 函数向 SSD1306 写入 0xAF，开启 OLED 显示。

程序清单 10-6

```
static  void  ConfigOLEDReg(void)
{
  OLEDWriteByte(0xAE, OLED_CMD); //关闭显示

  OLEDWriteByte(0xD5, OLED_CMD); //设置时钟分频因子、振荡频率
  OLEDWriteByte(0x50, OLED_CMD); //[3:0]为分频因子，[7:4]为振荡频率

  OLEDWriteByte(0xA8, OLED_CMD); //设置驱动路数
  OLEDWriteByte(0x3F, OLED_CMD); //默认 0x3F（1/64）

  OLEDWriteByte(0xD3, OLED_CMD); //设置显示偏移
  OLEDWriteByte(0x00, OLED_CMD); //默认为 0

  OLEDWriteByte(0x40, OLED_CMD); //设置显示开始行，[5:0]为行数

  OLEDWriteByte(0x8D, OLED_CMD); //设置电荷泵
  OLEDWriteByte(0x14, OLED_CMD); //bit2 用于设置开启（1）/关闭（0）

  OLEDWriteByte(0x20, OLED_CMD); //设置内存地址模式
  OLEDWriteByte(0x02, OLED_CMD); //[1:0]，00-列地址模式，01-行地址模式，10-页地址模式（默认值）

  OLEDWriteByte(0xA1, OLED_CMD); //设置段重定义,bit0 为 0,列地址 0->SEG0,bit0 为 1,列地址 0->SEG127

  OLEDWriteByte(0xC0, OLED_CMD); //设置 COM 扫描方向，bit3 为 0，普通模式，bit3 为 1，重定义模式

  OLEDWriteByte(0xDA, OLED_CMD); //设置 COM 硬件引脚配置
  OLEDWriteByte(0x12, OLED_CMD); //[5:4]为硬件引脚配置信息

  OLEDWriteByte(0x81, OLED_CMD); //设置对比度
  OLEDWriteByte(0xEF, OLED_CMD); //1～255，默认为 0x7F（亮度设置，越大越亮）

  OLEDWriteByte(0xD9, OLED_CMD); //设置预充电周期
  OLEDWriteByte(0xf1, OLED_CMD); //[3:0]为 PHASE1，[7:4]为 PHASE2

  OLEDWriteByte(0xDB, OLED_CMD); //设置 VCOMH 电压倍率
  OLEDWriteByte(0x30, OLED_CMD); //[6:4]，000-0.65*vcc, 001-0.77*vcc, 011-0.83*vcc

  OLEDWriteByte(0xA4, OLED_CMD); //全局显示开启，bit0 为 1，开启，bit0 为 0，关闭

  OLEDWriteByte(0xA6, OLED_CMD); //设置显示方式，bit0 为 1，反相显示，bit0 为 0，正常显示

  OLEDWriteByte(0xAF, OLED_CMD); //开启显示
}
```

在 OLED.c 文件"内部函数实现"区的 ConfigOLEDReg 函数实现区后，添加 OLEDWriteByte 函数的实现代码，如程序清单 10-7 所示。对 OLEDWriteByte 函数中的语句解释如下。

（1）OLEDWriteByte 函数用于向 SSD1306 写入 1 字节数据，参数 dat 是要写入的数据或命令。参数 cmd 为 0，表示写入命令（宏定义 OLED_CMD 为 0），将 OLED_DC 引脚通过 CLR_OLED_DC()拉低；参数 cmd 为 1，表示写入数据（宏定义 OLED_DATA 为 1），将 OLED_DC

引脚通过 SET_OLED_DC()拉高。

（2）将 OLED_CS 引脚通过 CLR_OLED_CS()拉低，即将片选信号拉低，为写入数据或命令做准备。

（3）在 OLED_SCK 引脚的上升沿，分 8 次通过 OLED_DIN 引脚向 SSD1306 写入数据或命令，OLED_DIN 引脚通过 CLR_OLED_DIN()被拉低，通过 SET_OLED_DIN()被拉高。OLED_SCK 引脚通过 CLR_OLED_SCK()被拉低，通过 SET_OLED_SCK()被拉高。

（4）写入数据或命令之后，将 OLED_CS 引脚通过 SET_OLED_CS()拉高。

程序清单 10-7

```c
static  void  OLEDWriteByte(unsigned char dat, unsigned char cmd)
{
  int i;

  //判断要写入数据还是写入命令
  if(OLED_CMD == cmd)              //如果标志 cmd 为传入命令
  {
    CLR_OLED_DC();                 //DC 输出低电平用来读写命令
  }
  else if(OLED_DATA == cmd)       //如果标志 cmd 为传入数据
  {
    SET_OLED_DC();                 //DC 输出高电平用来读写数据
  }

  CLR_OLED_CS();                   //CS 输出低电平为写入数据或命令做准备

  for(i = 0; i < 8; i++)           //循环 8 次，从高到低取出要写入的数据或命令的 8bit
  {
    CLR_OLED_SCK();                //SCK 输出低电平为写入数据做准备

    if(dat & 0x80)                 //判断要写入的数据或命令的最高位是 1 还是 0
    {
      SET_OLED_DIN();              //要写入的数据或命令的最高位是 1, DIN 输出高电平表示 1
    }
    else
    {
      CLR_OLED_DIN();              //要写入的数据或命令的最高位是 0, DIN 输出低电平表示 0
    }
    SET_OLED_SCK();                //SCK 输出高电平, DIN 的状态不再变化, 此时写入数据线的数据

    dat <<= 1;                     //左移一位, 次高位移到最高位
  }

  SET_OLED_CS();                   //OLED 的 CS 输出高电平, 不再写入数据或命令
  SET_OLED_DC();                   //OLED 的 DC 输出高电平
}
```

在 OLED.c 文件"内部函数实现"区的 OLEDWriteByte 函数实现区后，添加 OLEDDrawPoint 函数的实现代码，如程序清单 10-8 所示。OLEDDrawPoint 函数有 3 个参数，分别是 x 和 y 坐标及 t（t 为 1，表示点亮 OLED 上的某一点，t 为 0，表示熄灭 OLED 上的某一点），xy 坐标系的原点位于 OLED 显示屏的左上角，这是因为显存中的列编号与 OLED 显

示屏的列编号是对应的,但显存中的行编号与 OLED 显示屏的行编号不对应(参见 10.2.2 节)。例如,OLEDDrawPoint(127,63,1)表示点亮 OLED 显示屏右下角对应的点,实际上是向 F28335 的 GRAM（与 SSD1306 的 GRAM 对应），即 s_iOLEDGRAM[127][0]的最低位写入 1。OLEDDrawPoint 函数体的前半部分实现 OLED 显示屏物理坐标到 SSD1306 显存坐标的转换,后半部分根据参数 t 向 SSD1306 显存的某一位写入 1 或 0。

程序清单 10-8

```
static  void  OLEDDrawPoint(unsigned char x, unsigned char y, unsigned char t)
{
  unsigned char pos;        //存放点所在的页数
  unsigned char bx;         //存放点所在的屏幕的行号
  unsigned char temp = 0;   //用来存放画点位置相对于字节的位

  if(x > 127 || y > 63)     //如果指定位置超过额定范围
  {
    return;                 //返回空, 函数结束
  }

  pos = 7 - y / 8;          //求指定位置所在页数
  bx = y % 8;               //求指定位置在上面求出页数中的行号
  temp = 1 << (7 - bx);     //（7-bx）求出相应 SSD1306 的行号，并将字节中相应的位置为 1

  if(t)                     //判断填充标志为 1 还是 0
  {
    s_arrOLEDGRAM[x][pos] |= temp;    //如果填充标志为 1, 指定点填充
  }
  else
  {
    s_arrOLEDGRAM[x][pos] &= ~temp;   //如果填充标志为 0, 指定点清空
  }
}
```

在 OLED.c 文件"内部函数实现"区的 ConfigOLEDGPIO 函数实现区后，添加 CalcPow 函数的实现代码，如程序清单 10-9 所示。CalcPow 函数的参数为 m 和 n，最终返回值为 m 的 n 次幂的值。

程序清单 10-9

```
static  Uint32 CalcPow(unsigned char m, unsigned char n)
{
  Uint32 result = 1;     //定义用来存放结果的变量

  while(n--)             //随着每次循环, n 递减, 直至为 0
  {
    result *= m;         //循环 n 次, 相当于 n 个 m 相乘
  }

  return result;         //返回 m 的 n 次幂的值
}
```

在 OLED.c 文件的"API 函数实现"区，添加 InitOLED 函数的实现代码，如程序清单 10-10 所示。下面依次解释 InitOLED 函数中的语句。

（1）ConfigOLEDGPIO 函数用于配置与 OLED 显示模块相关的 5 个 GPIO。

（2）将 OLED_RES 拉低 10ms，对 SSD1306 进行复位，再将 OLED_RES 拉高。

（3）OLED_RES 拉高 10ms 之后，通过 ConfigOLEDReg 函数配置 SSD1306。

（4）通过 OLEDClear 函数清除 OLED 显示屏的内容。

程序清单 10-10

```
void  InitOLED(void)
{
  ConfigOLEDGPIO();        //配置 OLED 的 GPIO

  CLR_OLED_RES();
  DELAY_US(10*1000);
  SET_OLED_RES();          //RES 引脚务必拉高
  DELAY_US(10*1000);

  ConfigOLEDReg();         //配置 OLED 的寄存器

  OLEDClear();             //清除 OLED 屏内容
}
```

在 OLED.c 文件 "API 函数实现" 区的 InitOLED 函数实现区后，添加 OLEDDisplayOn
和 OLEDDisplayOff 函数的实现代码，如程序清单 10-11 所示。下面依次解释 OLEDDisplayOn
和 OLEDDisplayOff 函数中的语句。

（1）开启 OLED 显示之前，要先打开电荷泵，因此，需要通过 OLEDWriteByte 函数向
SSD1306 写入 0x8D 和 0x14，然后通过 OLEDWriteByte 函数向 SSD1306 写入 0xAF，开启
OLED 显示。

（2）关闭 OLED 显示之前，要先关闭电荷泵，因此，需要通过 OLEDWriteByte 函数向
SSD1306 写入 0x8D 和 0x10，然后通过 OLEDWriteByte 函数向 SSD1306 写入 0xAE，关闭
OLED 显示。

程序清单 10-11

```
void  OLEDDisplayOn( void )
{
  //打开关闭电荷泵，第一字节为命令字，0x8D，第二字节设置值，0x10-关闭电荷泵，0x14-打开电荷泵
  OLEDWriteByte(0x8D, OLED_CMD);        //第一字节 0x8D 为命令
  OLEDWriteByte(0x14, OLED_CMD);        //0x14-打开电荷泵

  //设置显示开关，0xAE-关闭显示，0xAF-开启显示
  OLEDWriteByte(0xAF, OLED_CMD);   //开启显示
}


void  OLEDDisplayOff(void)
{
  //打开关闭电荷泵，第一字节为命令字，0x8D，第二字节设置值，0x10-关闭电荷泵，0x14-打开电荷泵
  OLEDWriteByte(0x8D, OLED_CMD);         //第一字节为命令字，0x8D
  OLEDWriteByte(0x10, OLED_CMD);         //0x10-关闭电荷泵

  //设置显示开关，0xAE-关闭显示，0xAF-开启显示
  OLEDWriteByte(0xAE, OLED_CMD);         //关闭显示
}
```

在 OLED.c 文件"API 函数实现"区的 OLEDDisplayOff 函数实现区后，添加 OLEDRefreshGRAM 函数的实现代码，如程序清单 10-12 所示。OLEDRefreshGRAM 以页为单位将 F28335 的 GRAM 写入 SSD1306 的 GRAM，每页通过 OLEDWriteByte 函数分 128 次向 SSD1306 的 GRAM 写入数据。因此，在进行页写入操作之前，需要通过 OLEDWriteByte 函数设置页地址和列地址，每次设置的页地址按照从 PAGE0 到 PAGE7 的顺序，而每次设置的列地址固定为 0x00。

程序清单 10-12

```
void  OLEDRefreshGRAM(void)
{
  int i;
  int n;

  for(i = 0; i < 8; i++)                 //遍历每一页
  {
    OLEDWriteByte(0xb0 + i, OLED_CMD);   //设置页地址（0～7）
    OLEDWriteByte(0x00, OLED_CMD);       //设置显示位置——列低地址
    OLEDWriteByte(0x10, OLED_CMD);       //设置显示位置——列高地址
    for(n = 0; n < 128; n++)             //遍历每一列
    {
      //通过循环将 F28335 的 GRAM 写入到 SSD1306 的 GRAM
      OLEDWriteByte(s_arrOLEDGRAM[n][i], OLED_DATA);
    }
  }
}
```

在 OLED.c 文件"API 函数实现"区的 OLEDRefreshGRAM 函数实现区后，添加 OLEDClear 函数的实现代码，如程序清单 10-13 所示。OLEDClear 函数用于清除 OLED 显示屏，先向 F28335 的 GRAM（即 s_iOLEDGRAM 的每一字节）写入 0x00，然后将 F28335 的 GRAM 通过 OLEDRefreshGRAM 函数写入 SSD1306 的 GRAM。

程序清单 10-13

```
void  OLEDClear(void)
{
  int i;
  int n;

  for(i = 0; i < 8; i++)                 //遍历每一页
  {
    for(n = 0; n < 128; n++)             //遍历每一列
    {
      s_arrOLEDGRAM[n][i] = 0x00;        //将指定点清零
    }
  }

  OLEDRefreshGRAM();                      //将 F28335 的 GRAM 写入 SSD1306 的 GRAM
}
```

在 OLED.c 文件"API 函数实现"区的 OLEDClear 函数实现区后，添加 OLEDShowChar 函数的实现代码，如程序清单 10-14 所示。OLEDShowChar 函数用于在指定位置显示一个字符，字符位置由参数 x、y 确定，待显示的字符以整数形式（ASCII 码）存放于参数 chr 中。

参数 size 是字体选项，16 代表 16×16 字体（汉字像素为 16×16，字符像素为 16×8）；12 代表 12×12 字体（汉字像素为 12×12，字符像素为 12×6）。最后一个参数 mode 用于选择显示方式，mode 为 1 代表阴码显示（1 表示亮，0 表示灭），mode 为 0 代表阳码显示（1 表示灭，0 表示亮）。

　　由于本实验只对 ASCII 码表中的 95 个字符（见 10.2.5 节）进行取模，12×6 字体字模存放于数组 g_iASCII1206 中，16×8 字体字模存放于数组 g_iASCII1608 中，这 95 个字符的第一个字符是 ASCII 码表的空格（空格的 ASCII 值为 32），而且所有字符的字模都按照 ASCII 码表顺序存放于数组 g_iASCII1206 和 g_iASCII1608 中，又由于 OLEDShowChar 函数的参数 chr 是字符型数据（以 ASCII 码存放），因此，需要将 chr 减去空格的 ASCII 值（32），得到 chr 在数组中的索引。

　　对于 16×16 字体的字符（实际像素是 16×8），每个字符由 16 字节组成，每字节由 8 个有效位组成，每个有效位对应 1 个点，这里采用两个循环画点，其中，大循环执行 16 次，每次取出 1 字节，再执行 8 次小循环，每次画 1 个点。类似地，对于 12×12 字体的字符（实际像素是 12×6），采用 12 个大循环和 6 个小循环画点。本实验的字模选项为"16×16 字体顺向逐列式（阴码）"（见 10.2.4 节），因此，在向 F28335 的 GRAM 按照字节写入数据时，是按列写入的。

程序清单 10-14

```
void  OLEDShowChar(unsigned char x, unsigned char y, unsigned char chr, unsigned char size,
  unsigned char mode)
{
  unsigned char   temp;        //用来存放字符顺向逐列式的相对位置
  unsigned char   t1;          //循环计数器 1
  unsigned char   t2;          //循环计数器 2
  unsigned char   y0 = y;      //当前操作的行数

  chr = chr - ' ';             //得到相对于空格（ASCII 为 0x20）的偏移值，求出 chr 在数组中的索引

  for(t1 = 0; t1 < size; t1++)       //循环逐列显示
  {
    if(size == 12) //判断字号大小，选择相对的顺向逐列式
    {
      temp = g_iASCII1206[chr][t1];  //取出字符在 g_iASCII1206 数组中的第 t1 列
    }
    else
    {
      temp = g_iASCII1608[chr][t1];  //取出字符在 g_iASCII1608 数组中的第 t1 列
    }

    for(t2 = 0; t2 < 8; t2++)        //在一个字符的第 t2 列的横向范围（8 个像素）内显示点
    {
      if(temp & 0x80)                //取出 temp 的最高位，并判断为 0 还是 1
      {
        OLEDDrawPoint(x, y, mode);   //如果 temp 的最高位为 1 则填充指定位置的点
      }
      else
      {
        OLEDDrawPoint(x, y, !mode);  //如果 temp 的最高位为 0 则清除指定位置的点
```

```
      }

      temp <<= 1;                    //左移一位，次高位移到最高位
      y++; //进入下一行

      if((y - y0) == size)           //如果显示完一列
      {
        y = y0;                      //行号回到原来的位置
        x++;                         //进入下一列
        break;                       //跳出上面带#的循环
      }
    }
  }
}
```

在 OLED.c 文件"API 函数实现"区的 OLEDShowChar 函数实现区后，添加 OLEDShowNum 和 OLEDShowString 函数的实现代码，如程序清单 10-15 所示。这两个函数调用 OLEDShowChar 函数实现数字和字符串的显示。

程序清单 10-15

```
void  OLEDShowNum(unsigned char x, unsigned char y, unsigned long num, unsigned char len,
  unsigned char size)
{
  int t;                      //循环计数器
  unsigned char temp;             //用来存放要显示数字的各个位
  unsigned char enshow = 0;  //区分 0 是否为高位 0 标志位

  for(t = 0; t < len; t++)
  {
    temp = (num / CalcPow(10, len - t - 1) ) % 10; //按从高到低取出要显示数字的各个位，存到 temp 中
    if(enshow == 0 && t < (len - 1))        //如果标记 enshow 为 0 并且还未取到最后一位
    {
      if(temp == 0)                         //如果 temp 等于 0
      {
        OLEDShowChar(x + (size / 2) * t, y, ' ', size, 1);        //此时的 0 在高位，用空格替代
        continue;                           //提前结束本次循环，进入下一次循环
      }
      else
      {
        enshow = 1;                         //否则将标记 enshow 置为 1
      }
    }
    OLEDShowChar(x + (size / 2) * t, y, temp + '0', size, 1);     //在指定位置显示得到的数字
  }
}

void  OLEDShowString(unsigned char x, unsigned char y, const unsigned char* p)
{
#define MAX_CHAR_POSX 122               //OLED 屏幕横向的最大范围
#define MAX_CHAR_POSY 58                //OLED 屏幕纵向的最大范围

  while(*p != '\0')                     //指针不等于结束符时，进入循环
  {
```

```
    if(x > MAX_CHAR_POSX)                    //如果 x 超出指定最大范围，x 赋值为 0
    {
      x = 0;
      y += 16;                               //显示到下一行左端
    }

    if(y > MAX_CHAR_POSY)                    //如果 y 超出指定最大范围，x 和 y 均赋值为 0
    {
      x = 0;
      y = 0;

      OLEDClear();                           //显示到 OLED 屏幕左上角
    }

    OLEDShowChar(x, y, *p, 16, 1);           //指定位置显示一个字符

    x += 8;                                  //一个字符横向占 8 个像素点
    p++;                                     //指针指向下一个字符
  }
}
```

步骤 5：完善 OLED 显示实验应用层

在 Project Explorer 面板中，双击打开 main.c 文件，在"包含头文件"区的最后，添加代码#include "OLED.h"。这样就可以在 main.c 文件中调用 OLED 模块的宏定义和 API 函数，实现对 OLED 显示屏的控制。

在 main.c 文件的 InitHardware 函数中，添加调用 InitOLED 函数的代码，如程序清单 10-16 所示，这样就实现了对 OLED 模块的初始化。

程序清单 10-16

```
static  void  InitHardware(void)
{
  SystemInit();          //初始化系统函数
  InitXintf();           //初始化 Xintf 模块

#if DOWNLOAD_TO_FLASH
  MemCopy(&RamfuncsLoadStart, &RamfuncsLoadEnd, &RamfuncsRunStart);
  InitFlash();           //初始化 Flash 模块
#endif

  InitLED();             //初始化 LED 模块
  InitTimer();           //初始化 CPU 定时器模块
  InitSCIB(115200);      //初始化 SCIB 模块
  InitOLED();            //初始化 OLED 模块

  EINT;                  //使能全局中断
  ERTM;                  //使能全局实时中断
}
```

在 main.c 文件的 main 函数中，添加调用 OLEDShowString 函数的代码，如程序清单 10-17 所示。通过 4 次调用 OLEDShowString 函数，将待显示的数据写入 F28335 的 GRAM，即 s_iOLEDGRAM。

程序清单 10-17

```
void main(void)
{
  InitSoftware();    //初始化软件相关函数
  InitHardware();    //初始化硬件相关函数

  printf("Init System has been finished.\r\n" );   //打印系统状态

  OLEDShowString(16, 0, "TMS320F28335");
  OLEDShowString(24, 16, "2018-01-01");
  OLEDShowString(32, 32, "00-06-00");
  OLEDShowString(24, 48, "OLED IS OK!");

  while(1)
  {
    Proc2msTask();  //处理 2ms 任务
    Proc1SecTask(); //处理 1sec 任务
  }
}
```

仅在 main 函数中调用 OLEDShowString 函数，还无法将这些字符串显示在 OLED 显示屏上，还要通过每秒调用一次 OLEDRefreshGRAM 函数，将 F28335 的 GRAM 中的数据写入 SSD1306 的 GRAM，才能实现 OLED 显示屏上的数据更新。在 main.c 文件的 Proc1SecTask 函数中，添加调用 OLEDRefreshGRAM 函数的代码，如程序清单 10-18 所示，即每秒将 F28335 的 GRAM 中的数据写入 SSD1306 的 GRAM 一次。

程序清单 10-18

```
static  void  Proc1SecTask(void)
{
  if(Get1SecFlag()) //判断 1s 标志状态
  {
    //printf("This is the first TMS320F28335 Project, by Zhangsan\r\n");
    OLEDRefreshGRAM();
    Clr1SecFlag();   //清除 1s 标志
  }
}
```

步骤 6：编译及下载验证

代码编写完成后，编译工程，然后下载.out 文件到医疗电子 DSP 基础开发系统，具体操作参见 2.3 节步骤 9。下载完成后，可以看到 OLED 显示屏上显示如图 10-10 所示的字符，同时， LED0 和 LED1 闪烁，表示实验成功。

图 10-10　OLED 显示实验结果

本 章 任 务

在本实验的基础上增加以下功能：（1）增加 RunClock 模块；（2）通过 InitRunClock 函数初始化 RunClock 模块；（3）通过 RunClockPer2Ms 函数实现时钟的运行；（4）通过 SetTimeVal 函数设置时间值；（5）通过 GetTimeVal 函数获取时间值；（6）通过 OLED 显示模块动态显示时间，格式如图 10-11 所示。

0	8	16	24	32	40	48	56	64	72	80	88	96	104	112	120
	T	M	S	3	2	0	F	2	8	3	3	5			
	2	0	1	8	-	0	1	-	0	1					
			2	3	-	5	9	-	5	0					
		Z	H	A	N	G			S	A	N				

图 10-11　显示结果

本 章 习 题

1. 简述 OLED 显示原理。
2. 简述 SSD1306 芯片的工作原理。
3. 简述 SSD1306 芯片控制 OLED 显示的原理。
4. 基于 F28335 微处理器 OLED 驱动的 API 函数包括 InitOLED、OLEDDisplayOn、OLEDDisplayOff、OLEDRefreshGRAM、OLEDClear、OLEDShowNum、OLEDShowChar、OLEDShowString，简述这些函数的功能。

第11章 实验10——ePWM

PWM（Pulse Width Modulation），即脉冲宽度调制。TI 公司的 C2000 系列 DSP 之所以能在电气控制领域大放异彩，除了其 DSP 内核，还因其内部集成了众多适合电气检测与控制的外设，PWM 模块是其中之一，很多电气工程师正是因为电机控制、电源控制需要采用 PWM 控制而选择使用 C2000 系列 DSP。TMS320F28335 内部集成了 6 个 ePWM 模块，每个模块都有两路 PWM 输出（ePWMxA 和 ePWMxB）。本章首先介绍 ePWM 功能框图、ePWM 实验分析及 ePWM 部分寄存器；然后通过一个 ePWM 实验，帮助读者掌握 ePWM 输出控制的方法。

11.1 实验内容

通过 TMS320F28335 的 ePWM4B（映射到 GPIO7 引脚）输出一个频率为 25kHz、占空比可调的方波，默认占空比为 54%，可以通过按键 KEY0 对占空比进行递增调节，每次递增方波周期的 1/10，直到占空比为 94%；通过按键 KEY2 对占空比进行递减调节，每次递减方波周期的 1/10，直到占空比为 4%。医疗电子 DSP 基础开发系统上的 ePWM4B 引脚与直流电机的 DM 12EN 引脚相连，要求能够通过按键 KEY1 控制电机的转向。

11.2 实验原理

11.2.1 ePWM 功能框图

图 11-1 所示为 ePWM 功能框图，下面依次介绍时钟分频器、时间基准子模块、比较计数子模块、动作限定子模块、死区产生子模块、PWM 斩波控制子模块、故障捕获子模块和功能引脚。

1. 时钟分频器

时钟分频器通过时基控制寄存器（TBCTL）的 HSPCLKDIV 和 CLKDIV 对系统时钟 SYSCLKOUT 进行分频，得到 TBCLK，TBCLK 作为时间基准子模块的基准时钟，TBCLK 的时钟周期 $T_{TBCLK}=T_{SYSCLKOUT}/(\text{HSPCLKDIV}\times\text{CLKDIV})$。

2. 时间基准子模块

每个 ePWM 模块都有自己的时间基准子模块，用于决定整个 ePWM 模块的工作时序，通过同步逻辑信号可以使多个 ePWM 模块以相同的时间基准工作。

PWM 脉冲的时钟周期由时间基准周期寄存器（TBPRD）和时间基准计数器的运行方式共同决定。时间基准计数器具有 3 种工作模式：（1）增减计数，时间基准计数器从零开始递增计数，直到等于 TBPRD 的值，然后开始递减计数，直到等于零，重复上述过程；（2）增计数，时间基准计数器从零开始递增计数，直到等于 TBPRD，然后时间基准计数器复位为零，重复上述过程；（3）减计数，时间基准计数器从 TBPRD 开始递减计数，直到等于零，然后时间基准计数器复位到 TBPRD，重复上述过程。

时间基准周期寄存器（TBPRD）具有一个映射寄存器，映射功能可以使寄存器的更新与硬件同步。所有 ePWM 模块的映射寄存器都可用以下方式来描述。

（1）当前计数器，用来控制系统硬件的运行，并反映硬件的当前状态。

（2）映射寄存器，用来暂存数据，并在特定的时刻将数据传送到当前寄存器中，对硬件没有任何直接作用。

映射寄存器与当前寄存器拥有相同的地址，TBCTL 的 PRDLD 决定了是否使用 TBPRD 的映射寄存器功能，从而决定了读写操作作用于当前寄存器还是映射寄存器。

（1）TBPRD 映射模式，当 TBCTL 的 PRDLD 为 0 时使能 TBPRD 的映射模式，此时读写 TBPRD 的地址单元将直接作用于映射寄存器，当时间基准计数器的值为 0 时，映射寄存器中的内容直接装载到当前寄存器。默认情况下 TBPRD 采用映射模式。

（2）TBPRD 立即模式，当 TBCTL 的 PRDLD 为 1 时使能 TBPRD 的立即模式，此时读写 TBPRD 的地址单元将直接作用于当前寄存器。

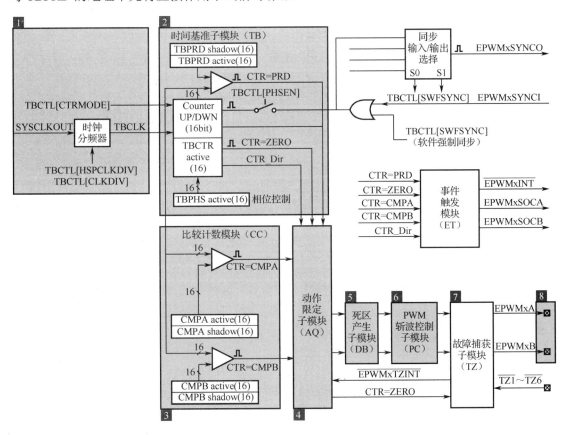

图 11-1　ePWM 功能框图

3. 比较计数子模块

比较计数子模块主要通过两个寄存器产生两路独立的比较事件：（1）CTR=CMPA；（2）CTR=CMPB。对于增计数和减计数模式，比较事件在一个计数周期内出现一次。对于增减计数模式，如果比较值在 0x0000～TBPRD 之间，则比较事件在一个周期内出现两次；如果比较值为 0x0000 或 TBPRD，则比较事件在一个周期内出现一次。这些产生的事件都被送到动作限定子模块中，用来生成需要的动作。

CMPA 和 CMPB 寄存器都有相应的映射寄存器，分别通过 CMPCTL 的 SHDWAMODE 和 SHDWBMODE 控制。通过对相应的控制位清零可以使能 CMPA 和 CMPB 的映射寄存器，默认情况下映射寄存器是使能的。当映射寄存器使能时，可选择在 3 种情况下将映射寄存器中的值装载到当前寄存器中：（1）CTR=PRD，即时间基准计数器的值等于周期寄存器中的值；（2）CTR=ZERO，即时间基准计数器的值等于 0x0000；（3）CTR=PRD 和 CTR=ZERO，即时间基准计数器的值等于周期寄存器中的值，且时间基准计数器的值等于 0x0000。

比较计数子模块可以在 3 种计数模式中都产生相应的比较事件：（1）增计数模式用来产生不对称的 PWM 脉冲；（2）减计数模式用来产生不对称的 PWM 脉冲；（3）增减计数模式用来产生对称的 PWM 脉冲。

4. 动作限定子模块

动作限定子模块是 ePWM 模块中最重要的子模块，用来决定在特定事件发生时刻生成何种动作，从而在 ePWMxA 和 ePWMxB 引脚产生需要的 PWM 脉冲。动作限定子模块根据以下 4 种事件产生拉高、拉低或翻转的动作：（1）来自时间基准子模块的 CTR=PRD；（2）来自时间基准子模块的 CTR=ZERO；（3）来自比较计数模块的 CTR=CMPA；（4）来自比较计数模块的 CTR=CMPB。对 ePWMxA 和 ePWMxB 的动作设定是完全独立的，任何一个事件都可以对 ePWMxA 或 ePWMxB 产生任何动作。例如，CTR=CMPA 和 CTR=CMPB 这两个事件都可以控制 cPWMxA 产生相应的动作，也可以控制 cPWMxB 产生相应的动作。

5. 死区产生子模块

当计数器的值与比较计数模块的比较寄存器中的值相等时，就会产生一个比较匹配事件，这时波形发生器能改变引脚电平的状态，形成上升沿或下降沿，产生一对互补的 PWM 波形。然后，通过死区单元为这对 PWM 波形设置死区，改变原始的 PWM 波形，使得互补的波形之间具有一定的死区时间。实际上在动作限定子模块中就可以产生死区，但是如果要严格控制死区的边沿延时和极性，则需要通过死区产生子模块来实现。本实验不使用此功能，可通过相关寄存器完全旁路该子模块（寄存器复位值为旁路该子模块），使 PWM 脉冲直接通过。

6. PWM 斩波控制子模块

PWM 斩波控制子模块（PC）允许使用高频载波信号对 AQ 子模块或 DB 子模块产生的 PWM 脉冲信号进行调制，这项功能在高开关频率功率器件的控制过程中非常有用。本实验不使用此功能，可通过相关寄存器完全屏蔽该子模块（寄存器复位值为屏蔽该子模块），使 PWM 脉冲直接通过。

7. 故障捕获子模块

每个 ePWM 模块都与通过 GPIO 的 6 路触发信号 $\overline{\mathrm{TZ}n}$ 相连接，这 6 路触发信号用来表明外部错误或其他事件，而 ePWM 模块可对此做出相应的动作。本实验不使用此功能，可用上述方法将其屏蔽。

8. 功能引脚

TMS320F28335 的 ePWM 功能引脚包括 ePWMxA 和 ePWMxB。ePWMxA 和 ePWMxB 的引脚信息如表 11-1 所示。TMS320F28335 内部集成了 6 个 ePWM 模块，分别是 ePWM1、ePWM2、ePWM3、ePWM4、ePWM5、ePWM6，每个模块都有两路 PWM 输出（ePWMxA 和 ePWMxB）。

表 11-1　ePWM 的 GPIO 引脚说明

引 脚 编 号	引 脚 名 称	备　　注
5	GPIO0/ePWM1A	
6	GPIO1/ePWM1B	

续表

引脚编号	引脚名称	备 注
7	GPIO2/ePWM2A	
10	GPIO3/ePWM2B	
11	GPIO4/ePWM3A	
12	GPIO5/ePWM3B	
13	GPIO6/ePWM4A	
16	GPIO7/ePWM4B	DM 12EN
17	GPIO8/ePWM5A	
18	GPIO9/ePWM5B	
19	GPIO10/ePWM6A	
20	GPIO11/ePWM6B	

11.2.2 ePWM 实验分析

如图 11-2 所示，本实验在 ePWM4B 引脚上产生一个对称的 PWM 脉冲，当 TBCTR 向上计数，且 TBCTR=CMPA 时，将 ePWM4B 置为低电平；当 TBCTR 向下计数，且 TBCTR=CMPA时，将 ePWM4B 置为高电平。通过更改 TBPRD 可以修改 PWM 脉冲的时钟周期，通过更改CMPA 可以修改 PWM 脉冲的占空比。PWM 脉冲的频率等于 f_{TBCLK}/TBPRD/2，PWM 脉冲的占空比等于(CMPA/TBPRD)×100%。

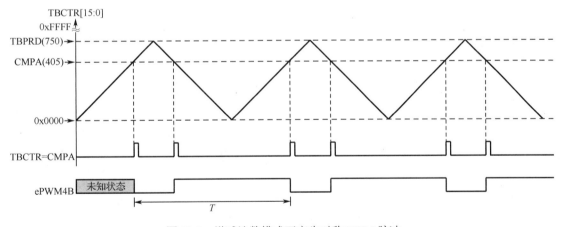

图 11-2 增减计数模式下产生对称 PWM 脉冲

本实验中的 HSPCLKDIV 和 CLKDIV 均为 1，根据 HSPCLKDIV 和 CLKDIV 可以计算出TBCLK 的时钟频率 $f_{TBCLK}=f_{SYSCLKOUT}$/(CLKDIV×HSPCLKDIV)=150MHz/(2×2)=37.5MHz。本实验中的 TBPRD 和 CMPA 分别为 750 和 405，由此可以计算出 PWM 脉冲的频率等于f_{TBCLK}/TBPRD/2=37.5MHz/750/2=25kHz，PWM 脉冲的初始占空比等于(CMPA/TBPRD)×100%=(405/750)×100%=54%。

图 11-3 是 ePWM 实验流程图。首先向 TBPRD 写入 750，向 CMPA 写入 405，设置 PWM脉冲的初始频率和占空比；然后向 TBCTL 的 CTRMODE 写入 2，将 ePWM4 设置为增减计数模式；再向 TBCTL 的 HSPCLKDIV 和 CLKDIV 写入 1，设置 TBCLK 的时钟周期；最后设

置当 TBCTR=CMPA 且递增计数时，使 ePWMxB 输出低电平，当 TBCTR=CMPA 且递减计数时，ePWMxB 输出高电平。

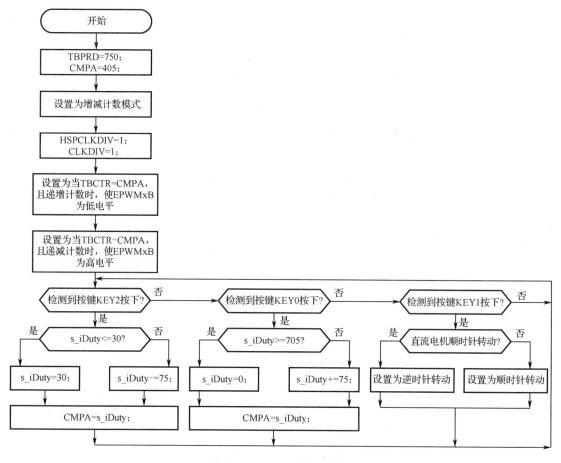

图 11-3　ePWM 实验流程图

按下 KEY2 按键对占空比进行递减调节，每次 s_iDuty 递减 75，由于 TBCTR 从 0 递增到 750，再从 750 递减到 0 计数，因此，占空比每次递减方波周期的 1/10，最多递减到 4%。按下 KEY0 按键对占空比进行递增调节，每次递增方波周期的 1/10，最多递增到 94%。当按下 KEY2 按键时，通过更改 GPIO51 和 GPIO52 的输出电平来更改直流电机的转向，当 GPIO51 输出低电平，GPIO52 输出高电平时，直流电机转向为顺时针；当 GPIO51 输出高电平，GPIO52 输出低电平时，直流电机转向为逆时针。

11.2.3　ePWM 部分寄存器（PF1 中的默认配置）

ePWM 控制和状态寄存器名称、地址和描述如表 11-2 所示。ePWM 主要包含以下 7 种寄存器：时间基准子模块寄存器、计数比较子模块寄存器、动作限定子模块寄存器、死区控制子模块寄存器、PWM 斩波器子模块寄存器、错误区域控制子模块寄存器和事件错误子模块寄存器。每个 ePWM 模块都由 7 个子模块组成，且系统内通过信号连接。

表 11-2　ePWM 控制和状态寄存器

名　称	ePWM1	ePWM2	ePWM3	ePWM4	ePWM5	ePWM6	大小（×16 位）/#SHADOW	寄存器描述
TBCTL	0x6800	0x6840	0x6880	0x68C0	0x6900	0x6940	1/0	时基控制寄存器
TBSTS	0x6801	0x6841	0x6881	0x68C1	0x6901	0x6941	1/0	时基状态寄存器
TBPHSHR	0x6802	0x6842	0x6882	0x68C2	0x6902	0x6942	1/0	时基相位 HRPWM 寄存器
TBPHS	0x6803	0x6843	0x6883	0x68C3	0x6903	0x6943	1/0	时基相位寄存器
TBCTR	0x6804	0x6844	0x6884	0x68C4	0x6904	0x6944	1/0	时基计数器寄存器
TBPRD	0x6805	0x6845	0x6885	0x68C5	0x6905	0x6945	1/0	时基周期寄存器集
CMPCTL	0x6807	0x6847	0x6887	0x68C7	0x6907	0x6947	1/0	计数器比较控制寄存器
CMPAHR	0x6808	0x6848	0x6888	0x68C8	0x6908	0x6948	1/0	时基比较 AHRPWM 寄存器
CMPA	0x6809	0x6849	0x6889	0x68C9	0x6909	0x6949	1/0	计数器比较 A 寄存器集
CMPB	0x680A	0x684A	0x688A	0x68CA	0x690A	0x694A	1/0	计数器比较 B 寄存器集
AQCTLA	0x680B	0x684B	0x688B	0x68CB	0x690B	0x694B	1/0	输出 A 操作限定器控制寄存器
AQCTLB	0x680C	0x684C	0x688C	0x68CC	0x690C	0x694C	1/0	输出 B 操作限定器控制寄存器
AQSFRC	0x680D	0x684D	0x688D	0x68CD	0x690D	0x694D	1/0	操作限定器软件强制寄存器
AQCSFRC	0x680E	0x684E	0x688E	0x68CE	0x690E	0x694E	1/0	操作限定器连续强制寄存器
DBCTL	0x680F	0x684F	0x688F	0x68CF	0x690F	0x694F	1/0	死区发送器控制寄存器
DBRED	0x6810	0x6850	0x6890	0x68D0	0x6910	0x6950	1/0	死区发送器上升沿延迟计数寄存器
DBFED	0x6811	0x6851	0x6891	0x68D1	0x6911	0x6951	1/0	死区发送器下降沿延迟计数寄存器
TZSEL	0x6812	0x6852	0x6892	0x68D2	0x6912	0x6952	1/0	错误区选择寄存器
TZCTL	0x6814	0x6854	0x6894	0x68D4	0x6914	0x6954	1/0	错误区控制寄存器
TZEINT	0x6815	0x6855	0x6895	0x68D5	0x6915	0x6955	1/0	错误区使能中断寄存器
TZFLG	0x6816	0x6856	0x6896	0x68D6	0x6916	0x6956	1/0	错误区标志寄存器
TZCLR	0x6817	0x6857	0x6897	0x68D7	0x6917	0x6957	1/0	错误区清除寄存器
TZFRC	0x6818	0x6858	0x6898	0x68D8	0x6918	0x6958	1/0	错误区强制寄存器
ETSEL	0x6819	0x6859	0x6899	0x68D9	0x6919	0x6959	1/0	事件错误器选择寄存器
ETPS	0x681A	0x685A	0x689A	0x68DA	0x691A	0x695A	1/0	事件触发器预分频寄存器
ETFLG	0x681B	0x685B	0x689B	0x68DB	0x691B	0x695B	1/0	事件触发器标志寄存器
ETCLR	0x681C	0x685C	0x689C	0x68DC	0x691C	0x695C	1/0	事件触发器清除寄存器
ETFRC	0x681D	0x685D	0x689D	0x68DD	0x691D	0x695D	1/0	事件触发器强制寄存器
PCCTL	0x681E	0x685E	0x689E	0x68DE	0x691E	0x695E	1/0	PWM 斩波器控制寄存器
HRCNFG	0x6820	0x6860	0x68A0	0x68E0	0x6920	0x6960	1/0	HRPWM 配置寄存器

1. 时基控制寄存器（TBCTL）

TBCTL 的结构、地址和复位值如图 11-4 所示，对部分位的解释说明如表 11-3 所示。

地址: 0x6800
复位值: 0x00 07FF

15	14	13	12	11	10	9	8
FREE, SOFT[1:0]		PHSDIR	CLKDIV[2:0]			HSPCLKDIV[1:0]	
R/W-0		R/W-0	R/W-0			R/W-0, 0, 1	

7	6	5	4	3	2	1	0
SWFSYNC[1:0]		SYNCOSEL[1:0]		PRDLD	PHSEN	CTRMODE[1:0]	
R/W-0		R/W-0		R/W-0	R/W-0	R/W-11	

图 11-4　TBCTL 的结构、地址和复位值

表 11-3　TBCTL 部分位的解释说明

位 15～14	仿真模式位。决定 ePWM 在仿真挂起时的动作。 00: 在下次时间基准计数器递增或递减后停止; 01: 当计数器完成一个周期后停止。对于增计数, 当 TBCTR=TBPRD 时停止; 对于减计数, 当 TBCTR=0x0000 时停止; 对于增减计数, 当 TBCTR=0x0000 时停止; 1x: 自由运行
位 13	相位方向控制位。用来决定同步后增减计数器的计数方向, 仅用于增减计数模式。在增计数或减计数模式下此位被忽略。 0: 同步后递减计数; 1: 同步后递增计数
位 12～10	基准时钟分频位。这些位决定了对 TBCLK 时钟进行分频的部分值。TBCLK=SYSCLKOUT/(HSPCLKDIV_n×CLKDIV_k), 其中, CLKDIV_k=2^k, k 为 CLKDIV 的取值（0～7）, 默认情况下 k=0, 即 TBCLK=SYSCLKOUT/(HSPCLKDIV_n×1)
位 9～8	高速基准时钟分频位。这些位决定了对 TBCLK 时钟进行分频的部分值。TBCLK=SYSCLKOUT/(HSPCLKDIV_n×CLKDIV_k)。设 HSPCLKDIV 取值为 n, 当 n=0 时, HSPCLKDIV_n=1; 当 n=1～7 时, HSPCLKDIV_n=2×n。默认情况下 n=1, 即 TBCLK=SYSCLKOUT/(2×CLKDIV_k)
位 7～6	软件强制同步脉冲位。 0: 写 0 无效, 读返回 0; 1: 写 1 将强制产生一次同步脉冲信号
位 5～4	同步信号输出选择位, 用于选择 ePWMxSYNCO 信号源。 00: ePWMxSYNC; 01: CTR=0, 时间基准计数器 TBCTR=0x0000; 10: CTR=CMPB, 时间基准计数器等于比较器 B（TBCTR=CMPB）; 11: 禁用 ePWMxSYNCO 信号
位 3	定时器周期寄存器装载条件位, 决定周期寄存器 TBPRD 映射单元何时向当前单元装载数据。 0: 当 TBCTR=0 时, 将映射寄存器中的数据装载到当前计数器; 1: 立即装载到 TBPRD, 而无须使用映射寄存器
位 2	计数寄存器装载相位寄存器使能位。 0: 禁止 TBCTR 装载相位寄存器 TBPHS 中的值; 1: 当同步信号 ePWMxSYNC 输入或当软件强制同步事件发生时, TBCTR 装载相位寄存器 TBPHS 的值
位 1～0	计数模式位。 00: 增计数; 01: 减计数; 10: 增减计数; 11: 停止计数操作（复位时默认）

2．时基相位寄存器（TBPHS）

TBPHS 的结构、地址和复位值如图 11-5 所示，对部分位的解释说明如表 11-4 所示。

地址：0x6803
复位值：0x0000 0000

15	14	13	12	11	10	9	8	7	6	5	4	3	2	1	0
							TBPHS[15:0]								
							R/W-0								

图 11-5　TBPHS 的结构、地址和复位值

表 11-4　TBPHS 部分位的解释说明

位 15～0	用于设定 ePWM 时间基准计数器的相位。 如果 TBCTL[PHSEN]=0，同步事件被忽略，时间基准计数器不会装载相位寄存器中的值； 如果 TBCTL[PHSEN]=1，当同步事件发生时，时间基准计数器装载相位寄存器中的值

3．时基计数器寄存器（TBCTR）

TBCTR 的结构、地址和复位值如图 11-6 所示，对部分位的解释说明如表 11-5 所示。

地址：0x6804
复位值：0x0000 0000

15	14	13	12	11	10	9	8	7	6	5	4	3	2	1	0
							TBCTR[15:0]								
							R/W-0								

图 11-6　TBCTR 的结构、地址和复位值

表 11-5　TBCTR 部分位的解释说明

位 15～0	读寄存器，将返回计数器的当前值； 写寄存器，将立即更新 TBCTR 的值，写操作并不同步于基准时钟 TBCLK

4．时基周期寄存器集（TBPRD）

TBPRD 的结构、地址和复位值如图 11-7 所示，对部分位的解释说明如表 11-6 所示。

地址：0x6805
复位值：0x0000 0000

15	14	13	12	11	10	9	8	7	6	5	4	3	2	1	0
							TBPRD[15:0]								
							R/W-0								

图 11-7　TBPRD 的结构、地址和复位值

表 11-6　TBPRD 部分位的解释说明

位 15～0	这些位设定了时间基准计数器的周期，用于设定 PWM 的频率；该寄存器具有映射功能，由 TBCTL 寄存器的 PRLD 位决定，默认使用映射功能。 如果 TBCTL[PRDLD]=0，使能映射寄存器，任何读写操作将针对映射寄存器。当时间基准计数器为 0 时，主寄存器将从映射寄存器中装载内容； 如果 TBCTL[PRDLD]=1，禁止映射寄存器，任何读写操作将直接作用于主寄存器

5．计数器比较控制寄存器（CMPCTL）

CMPCTL 的结构、地址和复位值如图 11-8 所示，对部分位的解释说明如表 11-7 所示。

地址：0x6807
复位值：0x0000 0000

15	14	13	12	11	10	9	8
Reserved						SHDWB FULL	SHDWA FULL
R-0						R-0	R-0

7	6	5	4	3	2	1	0
Reserved	SHDWB MODE	Reserved	SHDWA MODE	LOADB MODE[1:0]		LOADA MODE[1:0]	
R-0	R/W-0	R-0	R/W-0	R/W-0		R/W-0	

图 11-8　CMPCTL 的结构、地址和复位值

表 11-7　CMPCTL 部分位的解释说明

位 15~10	保留
位 9	CMPB 映射寄存器满状态标志位。 0：CMPB 映射寄存器未满； 1：CMPB 映射寄存器满，此时 CPU 的写操作将会覆盖当前的值
位 8	CMPA 映射寄存器满状态标志位。 0：CMPA 映射寄存器未满； 1：CMPA 映射寄存器满，此时 CPU 的写操作将会覆盖当前的值
位 7	保留
位 6	CMPB 寄存器工作模式选择位。 0：映射模式，作为双缓冲操作，所有写操作通过 CPU 访问映射寄存器； 1：直接模式，仅使用当前工作的比较寄存器 B，所有读写操作直接访问当前工作寄存器
位 5	保留
位 4	CMPA 寄存器工作模式选择位。 0：映射模式，作为双缓冲操作，所有写操作通过 CPU 访问映射寄存器； 1：直接模式，仅使用当前工作的比较寄存器 A，所有读写操作直接访问当前工作寄存器
位 3~2	决定 CMPB 主寄存器何时从映射寄存器中装载数据。 00：当 CTR=0 时装载，TBCTR=0x0000； 01：当 CTR=PRD 时装载，TBCTR=TBPRD； 10：当 CTR=0 或 CTR=PRD 时装载； 11：无操作
位 1~0	决定 CMPA 主寄存器何时从映射寄存器中装载数据。 00：当 CTR=0 时装载，TBCTR=0x0000； 01：当 CTR=PRD 时装载，TBCTR=TBPRD； 10：当 CTR=0 或 CTR=PRD 时装载； 11：无操作

6. 计数器比较 A 寄存器集（CMPA）

CMPA 的结构、地址和复位值如图 11-9 所示，对部分位的解释说明如表 11-8 所示。

地址：0x6809
复位值：0x0000 0000

15	14	13	12	11	10	9	8	7	6	5	4	3	2	1	0
CMPA[15:0]															
R/W-0															

图 11-9　CMPA 的结构、地址和复位值

表 11-8　CMPA 部分位的解释说明

位 15～0	CMPA 主寄存器中的值不断与时间基准计数器（TBCTR）相比较，当两值相等时，计数比较子模块会产生一个 TBCTR=CMPA 事件。这时将根据动作限定寄存器 AQCTLA 和 AQCTLB 的配置来决定 ePWMxA 或 ePWMxB 的输出。通过 AQCTLA 和 AQCTLB 寄存器的配置可使 ePWMxA 或 ePWMxB 产生如下动作： （1）忽略：该事件被忽略，引脚状态不变； （2）清除：ePWMxA 或 ePWMxB 信号拉低，输出低电平； （3）置位：ePWMxA 或 ePWMxB 信号拉高，输出高电平； （4）翻转：ePWMxA 或 ePWMxB 信号翻转，原来的高电平变为低电平，原来的低电平变为高电平。 该寄存器是否使用映射寄存器由 CMPCTL[SHDWAMODE]位决定。默认情况下是使用映射寄存器的。 如果 CMPCTL[SHDWAMODE]=0，则使用映射寄存器； 如果 CMPCTL[SHDWAMODE]=1，则禁用映射寄存器。 无论是何种模式，主寄存器和映射寄存器共享同一内存映射地址

7．计数器比较 B 寄存器集（CMPB）

CMPB 的结构、地址和复位值如图 11-10 所示，对部分位的解释说明如表 11-9 所示。

地址：0x680A
复位值：0x0000 0000

15	14	13	12	11	10	9	8	7	6	5	4	3	2	1	0
							CMPB[15:0]								

R/W-0

图 11-10　CMPB 的结构、地址和复位值

表 11-9　CMPB 部分位的解释说明

位 15～0	该寄存器具体描述与 CMPA 类似

8．输出 B 操作限定器控制寄存器（AQCTLB）

AQCTLB 的结构、地址和复位值如图 11-11 所示，对部分位的解释说明如表 11-10 所示。

地址：0x680C
复位值：0x0000 0000

15	14	13	12	11	10	9	8	7	6	5	4	3	2	1	0
Reserved				CBD[1:0]		CBU[1:0]		CAD[1:0]		CAU[1:0]		PRD[1:0]		ZRO[1:0]	
R-0				R/W-0		R/W-0		R/W-0		R/W-0		R/W-0		R/W-0	

图 11-11　AQCTLB 的结构、地址和复位值

表 11-10　AQCTLB 部分位的解释说明

位 15～12	保留
位 11～10	当时间基准计数器的值等于 CMPB 的值，且正在递减计数时的动作设置。 00：无动作； 01：清除，使 ePWMxB 输出低电平； 10：设置，使 ePWMxB 输出高电平； 11：翻转 ePWMxB 的当前状态，低电平将变为高电平，高电平将变为低电平

续表

位 9～8	当时间基准计数器的值等于 CMPB 的值，且正在递增计数时的动作设置。 00：无动作； 01：清除，使 ePWMxB 输出低电平； 10：设置，使 ePWMxB 输出高电平； 11：翻转 ePWMxB 的当前状态，低电平将变为高电平，高电平将变为低电平
位 7～6	当时间基准计数器的值等于 CMPA 的值，且正在递减计数时的动作设置。 00：无动作； 01：清除，使 ePWMxB 输出低电平； 10：设置，使 ePWMxB 输出高电平； 11：翻转 ePWMxB 的当前状态，低电平将变为高电平，高电平将变为低电平
位 5～4	当时间基准计数器的值等于 CMPA 的值，且正在递增计数时的动作设置。 00：无动作； 01：清除，使 ePWMxB 输出低电平； 10：设置，使 ePWMxB 输出高电平； 11：翻转 ePWMxB 的当前状态，低电平将变为高电平，高电平将变为低电平
位 3～2	当时间基准计数器的值等于周期寄存器的值时的动作设置。 00：无动作； 01：清除，使 ePWMxB 输出低电平； 10：设置，使 ePWMxB 输出高电平； 11：翻转 ePWMxB 的当前状态，低电平将变为高电平，高电平将变为低电平
位 1～0	当时间基准计数器的值等于 0 时的动作设置。 00：无动作； 01：清除，使 ePWMxB 输出低电平； 10：设置，使 ePWMxB 输出高电平； 11：翻转 ePWMxB 的当前状态，低电平将变为高电平，高电平将变为低电平

9. 死区发送器控制寄存器（DBCTL）

DBCTL 的结构、地址和复位值如图 11-12 所示，对部分位的解释说明如表 11-11 所示。

地址：0x680F
复位值：0x0000 0000

15	14	13	12	11	10	9	8	7	6	5	4	3	2	1	0
				Reserved						IN MODE[1:0]		POLSEL		OUT MODE[1:0]	
				R-0						R/W-0		R/W-0		R/W-0	

图 11-12　DBCTL 的结构、地址和复位值

表 11-11　DBCTL 部分位的解释说明

位 15～6	保留
位 5～4	死区输入模式控制位。 位 5 控制 S5 开关，位 4 控制 S4 开关。 00：ePWMxA In 作为上升沿及下降沿时的信号源； 01：ePWMxB In 作为上升沿时的信号源，ePWMxA In 作为下降沿时的信号源； 10：ePWMxA In 作为上升沿时的信号源，ePWMxB In 作为下降沿时的信号源； 11：ePWMxB 作为上升沿及下降沿时的信号源

位 3~2	极性选择控制位。 位 3 控制 S3 开关，位 2 控制 S2 开关。 允许用户在信号输出前，选择性地对延时后的信号进行极性反转。 00：高（AH）模式，ePWMxA 和 ePWMxB 均不反转极性（默认）； 01：低互补（ALC）模式，ePWMxA 反转极性； 10：高互补（AHC）模式，ePWMxB 反转极性； 11：低（AL）模式，ePWMxA 和 ePWMxB 都反转极性
位 1~0	死区输出模式控制位。 位 1 控制 S1 开关，位 0 控制 S0 开关。 00：两路信号不使用 DB 模块进行延时控制； 01：禁止上升沿延时，即 ePWMxA 信号直接通过该模块； 10：禁止下降沿延时，即 ePWMxB 信号直接通过该模块； 11：使能上升沿及下降沿延时信号。 00：两路信号不使用 DB 模块进行延时控制，在这种模式下，来自动作限定子模块的 ePWMxA 和 ePWMxB 输出信号可以直接传递给 PWM 斩波器子模块，POLSEL 位和 IN_MODE 位均无效。 01：禁用上升沿延迟，来自动作限定子模块的 ePWMxA 输出信号直接传送至 PWM 斩波器子模块的 ePWMxA 输入端；下降沿延迟信号送至 ePWMxB 输出端，其延迟输入信号源由 DBCTL[IN_MODE]位决定； 10：禁用下降沿延迟，来自动作限定子模块的 ePWMxB 输出信号直接传送至 PWM 斩波器子模块的 ePWMxB 输入端；上升沿延迟信号送至 ePWMxA 输出端，其延迟输入信号源由 DBCTL[IN_MODE]位决定； 11：死区完全使能，上升沿延迟信号送至 ePWMxA 输出端，下降沿延迟信号送至 ePWMxB 输出端。延迟输入信号源由 DBCTL[IN_MODE]位决定

11.3　实验步骤

步骤 1：复制并编译原始工程

首先，将"D:\F28335CCSTest\Material\10.ePWMExp"文件夹复制到"D:\F28335CCSTest\Product"文件夹中。然后，参照 2.3 节步骤 4，打开工程文件，单击 按钮。当 Console 栏显示 Finished building target: 10.ePWMExp.out 时，表示已经成功生成.out 文件；显示 Bulid Finished，表示编译成功。最后，将.out 文件下载到 F28335 的内部 Flash 中，可以观察到医疗电子 DSP 基础开发系统上的 LED0 和 LED1 交替闪烁，表示原始工程是正确的，可以进入下一步操作。

步骤 2：添加 ePWM 文件对

将"D:\F28335CCSTest\Product\10.ePWMExp\HW"文件夹中的 ePWM.c 添加到 HW 分组，具体操作可参见 2.3 节步骤 7。

步骤 3：完善 ePWM.h 文件

单击 按钮，进行编译，编译结束后，在 Project Explorer 面板中，双击 ePWM.c 中的 ePWM.h。在 ePWM.h 文件的"包含头文件"区，添加代码#include "DSP28x_Project.h"。

在 ePWM.h 文件的"API 函数声明"区，添加如程序清单 11-1 所示的 API 函数声明代码。其中，InitePWM 函数用于初始化 ePWM 模块；SetDMDir 函数用于设置直流电机转动方向；IncPWMDuty 函数用于递增方波占空比；DecPWMDuty 函数用于递减方波占空比。

程序清单 11-1

```
void InitePWM(void);    //初始化 ePWM 模块，初始状态下，ePWM4B 输出方波的频率为 25kHz，占空比为 6%
void SetDMDir(unsigned char dir); //设置直流电机转动方向，0-顺时针转动，1-逆时针转动
void IncPWMDuty(void); //递增占空比，每次递增方波周期的 1/10，直至占空比为 94%
void DecPWMDuty(void); //递减占空比，每次递减方波周期的 1/10，直至占空比为 4%
```

步骤 4：完善 ePWM.c 文件

在 ePWM.c 文件的"内部变量"区，添加如程序清单 11-2 所示的内部变量定义代码，s_iDuty 用于存放占空比值。

程序清单 11-2

```
static unsigned int s_iDuty; //方波占空比
```

在 ePWM.c 文件的"内部函数声明"区，添加 ConfigePWMGPIO、void ConfigePWM 和 void SetPWM 函数的声明代码，如程序清单 11-3 所示，ConfigePWMGPIO 函数用于配置 ePWM 的 GPIO；ConfigePWM 函数用于配置 ePWM；SetPWM 函数用于设置占空比。

程序清单 11-3

```
static void ConfigePWMGPIO(void); //配置 ePWM 的 GPIO
static void ConfigePWM(void);        //配置 ePWM
static void SetPWM(unsigned int val);  //设置占空比
```

在 ePWM.c 文件的"内部函数实现"区，添加 ConfigePWMGPIO 和 ConfigePWM 函数的实现代码，如程序清单 11-4 所示。下面按照顺序对这两个函数中的语句进行解释说明。

（1）ConfigePWMGPIO 函数用于配置相应的引脚，并将直流电机设置为顺时针转动。

（2）ConfigePWM 函数在配置 ePWM 基本参数时，首先关闭所有 ePWM 模块的时钟，再对 ePWM 时间基准计数器、时间基准计数器的值、时间基准计数器的周期、占空比等参数进行初始化，之后再对计数器及两路信号的读写操作进行基本配置，最后打开所有 ePWM 模块的时钟。

程序清单 11-4

```
static void ConfigePWMGPIO(void)
{
 EALLOW; //允许编辑受保护寄存器
 GpioCtrlRegs.GPAMUX1.bit.GPIO7  = 1; //设置 GPIO7 为 ePWM4B
 GpioCtrlRegs.GPAPUD.bit.GPIO7   = 0; //使能内部上拉电阻，GPIO7(ePWM4B)

 GpioCtrlRegs.GPBMUX2.bit.GPIO51 = 0; //设置 GPIO51 为通用 I/O
 GpioCtrlRegs.GPBDIR.bit.GPIO51  = 1; //设置 GPIO51 为输出

 GpioCtrlRegs.GPBMUX2.bit.GPIO52 = 0; //设置 GPIO52 为通用 I/O
 GpioCtrlRegs.GPBDIR.bit.GPIO52  = 1; //设置 GPIO52 为输出
 EDIS;      //禁止编辑受保护寄存器

 //将直流电机设置为逆时针转动
// GpioDataRegs.GPBSET.bit.GPIO51   = 1; //GPIO51 输出高电平
// GpioDataRegs.GPBCLEAR.bit.GPIO52 = 1; //GPIO52 输出低电平

 //将直流电机设置为顺时针转动
 GpioDataRegs.GPBCLEAR.bit.GPIO51 = 1; //GPIO51 输出低电平
 GpioDataRegs.GPBSET.bit.GPIO52   = 1; //GPIO52 输出高电平
```

```
}

static void ConfigePWM(void)
{
  EALLOW; //允许编辑受保护寄存器
  SysCtrlRegs.PCLKCR0.bit.TBCLKSYNC = 0; //关闭所有 ePWM 模块的时钟
  EDIS;   //禁止编辑受保护寄存器

  EPwm4Regs.TBPHS.half.TBPHS = 0; //设置 ePWM 时间基准计数器的相位为 0
  EPwm4Regs.TBCTR = 0; //设置 ePWM 时间基准计数器的值为 0

  EPwm4Regs.TBPRD = 750;//设置 ePWM 时间基准计数器的周期为 750

  EPwm4Regs.CMPA.half.CMPA = 405; //设置占空比, 405/750x100%=54%
  EPwm4Regs.CMPB = 0;

  EPwm4Regs.TBCTL.bit.CTRMODE = TB_COUNT_UPDOWN; //设置为增减计数模式
  EPwm4Regs.TBCTL.bit.PHSEN = TB_DISABLE; //禁止 TBCTR 加载 TBPHS 中的值
  EPwm4Regs.TBCTL.bit.PRDLD = TB_SHADOW;  //使能 TBPRD 的映射模式, 读写 TBPRD 的地址单元将直接作
                                               用于映射寄存器
  EPwm4Regs.TBCTL.bit.SYNCOSEL = TB_SYNC_DISABLE; //关闭同步信号

  //TBCLK=SYSCLKOUT/(CLKDIV x HSPCLKDIV)=150MHz/(2 x 2)=37.5MHz
  EPwm4Regs.TBCTL.bit.HSPCLKDIV = 1;        //000-111(k), HSPCLKDIV 等于 2 的 k 次方
  EPwm4Regs.TBCTL.bit.CLKDIV    = 1;        //000-111(k), CLKDIV 等于 2 的 k 次方

  EPwm4Regs.CMPCTL.bit.SHDWAMODE = CC_SHADOW;   //使用映射模式, 读写操作将直接作用于 CMPA 映射寄
                                                  存器
  EPwm4Regs.CMPCTL.bit.SHDWBMODE = CC_SHADOW;   //使用映射模式, 读写操作将直接作用于 CMPB 映射寄
                                                  存器
  EPwm4Regs.CMPCTL.bit.LOADAMODE = CC_CTR_ZERO;//当 TBCTR=0 时, CMPA 映射寄存器向当前寄存器装载
                                                  数据
  EPwm4Regs.CMPCTL.bit.LOADBMODE = CC_CTR_ZERO;//当 TBCTR=0 时, CMPB 映射寄存器向当前寄存器装载
                                                  数据

  EPwm4Regs.AQCTLB.bit.CAU = AQ_CLEAR; //当 TBCTR=CMPA 时, 且正在递增计数, 使 ePWMxB 为低电平
  EPwm4Regs.AQCTLB.bit.CAD = AQ_SET;   //当 TBCTR=CMPA 时, 且正在递减计数, 使 ePWMxB 为高电平

  //不设置死区, 即两路信号直接通过 DB 子模块, 即不使用 DB 子模块进行延时控制
  EPwm4Regs.DBCTL.bit.OUT_MODE = DB_DISABLE;

  EALLOW; //允许编辑受保护寄存器
  SysCtrlRegs.PCLKCR0.bit.TBCLKSYNC = 1; //开启所有 ePWM 模块的时钟
  EDIS;   //禁止编辑受保护寄存器
}
```

在 ePWM.c 文件的"API 函数实现"区, 添加 API 函数的实现代码, 如程序清单 11-5 所示。ePWM.c 文件的 API 函数有 5 个, 分别解释说明如下。

（1）InitePWM 函数通过调用 ConfigePWMGPIO 和 ConfigePWM 函数对 ePWM 模块进行初始化。

（2）SetDMDir 函数用于设置直流电机转动的方向, 当 GPIO51 引脚输出低电平且 GPIO52

引脚输出高电平时，直流电机顺时针转动；当 GPIO51 引脚输出高电平且 GPIO52 引脚输出低电平时，直流电机逆时针转动。

（3）SetPWM 函数用于直接设置 ePWM 输出方波的占空比。

（4）IncPWMDuty 函数用于递增占空比，当按下 KEY0 按键时，若方波占空比不小于 705（94%），则保持方波占空比为 705（94%）；若小于，则递增方波周期的 1/10。

（5）DecPWMDuty 函数用于递减占空比，当按下 KEY2 按键时，若方波占空比不大于 30（4%），则保持方波占空比为 30（4%）；若大于，则递增方波周期的 1/10。

程序清单 11-5

```c
void InitePWM(void)
{
  ConfigePWMGPIO(); //配置 ePWM 的 GPIO
  ConfigePWM();       //配置 ePWM
}

void SetDMDir(unsigned char dir)
{
  if(0 == dir) //将直流电机设置为顺时针转动
  {
    GpioDataRegs.GPBCLEAR.bit.GPIO51 = 1; //GPIO51 输出低电平
    GpioDataRegs.GPBSET.bit.GPIO52   = 1; //GPIO52 输出高电平
  }
  else if(1 == dir) //将直流电机设置为逆时针转动
  {
    GpioDataRegs.GPBSET.bit.GPIO51   = 1; //GPIO51 输出高电平
    GpioDataRegs.GPBCLEAR.bit.GPIO52 = 1; //GPIO52 输出低电平
  }
}

void SetPWM(unsigned int val)
{
  EPwm4Regs.CMPA.half.CMPA = val; //设置占空比，val/750x100%
}

void IncPWMDuty(void)
{
  if(s_iDuty >= 705) //如果占空比不小于 705(周期为 750)
  {
    s_iDuty = 705;     //保持占空比值为 705(周期为 750)
  }
  else
  {
    s_iDuty += 75;     //占空比递增方波周期的 1/10
  }

  SetPWM(s_iDuty);     //设置占空比
}

void DecPWMDuty(void)
{
```

```
  if(s_iDuty <= 30) //如果占空比不大于30(周期为750)
  {
    s_iDuty = 30;    //保持占空比值为30(周期为750)
  }
  else
  {
    s_iDuty -= 75;   //占空比递减方波周期的1/10
  }

  SetPWM(s_iDuty);   //设置占空比
}
```

步骤 5：完善 ProcKeyOne.c 文件

在 ProcKeyOne.c 文件"包含头文件"区的最后，添加代码#include " ePWM.h"。

在 ProcKeyOne.c 文件的 KEY0、KEY1 和 KEY2 按键按下事件处理函数中都写入相应的处理程序，如程序清单 11-6 所示。下面依次解释 3 个按键按下事件处理函数中的语句。

（1）按键 KEY0 用于对 ePWM 输出方波占空比进行递增调节，因此，需要在 ProcKeyDownKey0 函数中调用递增占空比函数 IncPWMDuty。

（2）按键 KEY1 用于设置直流电机转动方向，每按下一次按键，标志位反转，即直流电机的转动方向改变。

（3）按键 KEY2 用于对 ePWM 输出方波占空比进行递减调节，因此，需要在 ProcKeyDownKey2 函数中调用递减占空比函数 DecPWMDuty。

程序清单 11-6

```
void  ProcKeyDownKey0(void)
{
  IncPWMDuty(); //递增占空比，每次递增方波周期的1/10，直至占空比为94%
  //printf("KEY0 PUSH DOWN\r\n");    //打印按键状态
}

void  ProcKeyDownKey1(void)
{
  static unsigned char s_iFlag = 0; //定义标志位

  s_iFlag = !s_iFlag; //标志位翻转
  SetDMDir(s_iFlag);  //设置直流电机转动方向，0-顺时针转动，1-逆时针转动

  //printf("KEY1 PUSH DOWN\r\n");    //打印按键状态
}

void  ProcKeyDownKey2(void)
{
  DecPWMDuty(); //递减占空比，每次递减方波周期的1/10，直至占空比为4%
  //printf("KEY2 PUSH DOWN\r\n");    //打印按键状态
}
```

步骤 6：完善 ePWM 输出实验应用层

在 Project Explorer 面板中，双击打开 main.c 文件，在"包含头文件"区的最后，添加代码#include "ePWM.h"。

　　在 main.c 文件的 InitHardware 函数中，添加调用 InitePWM 函数的代码，如程序清单 11-7 所示，这样就实现了对 ePWM 模块的初始化。

程序清单 11-7

```
static  void  InitHardware(void)
{
  SystemInit();          //初始化系统函数
  InitXintf();           //初始化 Xintf 模块

#if DOWNLOAD_TO_FLASH
  MemCopy(&RamfuncsLoadStart, &RamfuncsLoadEnd, &RamfuncsRunStart);
  InitFlash();           //初始化 Flash 模块
#endif

  InitLED();             //初始化 LED 模块
  InitTimer();           //初始化 CPU 定时器模块
  InitSCIB(115200);      //初始化 SCIB 模块
  InitKeyOne();          //初始化 KeyOne 模块
  InitProcKeyOne();      //初始化 ProcKeyOne 模块
  InitECAP();            //初始化 ECAP 模块
  InitePWM();            //初始化 ePWM 模块

  EINT;                  //使能全局中断
  ERTM;                  //使能全局实时中断
}
```

　　在 main.c 文件的 Proc2msTask 函数中，添加调用 ScanKeyOne 函数的代码，如程序清单 11-8 所示。

程序清单 11-8

```
static  void  Proc2msTask(void)
{
  static int s_iCnt5 = 0;

  if(Get2msFlag())   //检查 2ms 标志状态
  {
    if(s_iCnt5 >= 4)
    {
      ScanKeyOne(KEY_NAME_KEY0, ProcKeyUpKey0, ProcKeyDownKey0);
      ScanKeyOne(KEY_NAME_KEY1, ProcKeyUpKey1, ProcKeyDownKey1);
      ScanKeyOne(KEY_NAME_KEY2, ProcKeyUpKey2, ProcKeyDownKey2);
      s_iCnt5 = 0;
    }
    else
    {
      s_iCnt5++;
    }

    LEDFlicker(250);//调用闪烁函数
    Clr2msFlag();    //清除 2ms 标志
  }
}
```

步骤 7：编译及下载验证

代码编写完成后，编译工程，然后下载 .out 文件到医疗电子 DSP 基础开发系统，具体操作参见 2.3 节步骤 9。下载完成后，用杜邦线将 GPIO24 引脚连接到 GPIO7 引脚，同时将 GPIO7 引脚连接到示波器探头，可以看到如图 11-13 所示的方波信号。通过按键调节方波的占空比，按下 KEY0 按键，递增占空比，每次递增方波周期的 1/10，直至占空比为 94%；按下 KEY1 按键，设置直流电机转动方向；按下 KEY2 按键，递减占空比，每次递减方波周期的 1/10，直至占空比为 4%。

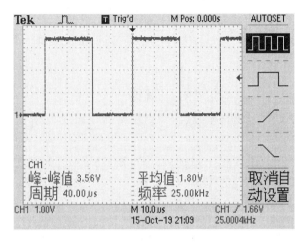

图 11-13　占空比为 54% 的示波器实测图

本 章 任 务

呼吸灯是指灯光在被动控制下完成亮、暗之间的逐渐变化，类似于人的呼吸。利用 PWM 的输出高低电平持续时长变化，设计一个程序，实现呼吸灯功能。为了充分利用 F28335 核心板，首先不使能 GPIO8 引脚，然后通过杜邦线将 GPIO8 引脚连接到 GPIO7 引脚。在主函数中通过持续改变输出波形的占空比实现呼吸灯功能。要求占空比变化能在最小值和某个合适值之内循环往复，以达到 LED0 亮度由亮到暗、由暗到亮的渐变效果。

本 章 习 题

1. 时间基准计数器有哪几种计数方式？简要说明这些计数方式的特点。
2. 通过哪个寄存器配置时间基准计数器的计数方式？
3. 简述相位寄存器（TBPHS）的作用。
4. 简述 PWM 波产生的原理及过程。
5. F28335 芯片还有哪些引脚可以用作 PWM 输出？

第 12 章　实验 11——eCAP

eCAP 为增强型脉冲捕获模块，通常应用在两种场合，分别为脉冲跳变沿时间（脉宽）测量和 PWM 输入测量。TMS320F28335 通过 eCAP 模块记录脉冲量连续上升沿和下降沿的定时器时间，然后计算两者的差值，即可得到脉冲的宽度，再根据脉冲周期即可计算出占空比。本章首先介绍 eCAP 功能框图、实验流程图分析及相关寄存器，然后通过一个 eCAP 实验，介绍捕获一个方波上升沿和下降沿的方法，以及计算方波的频率和占空比的方法。

12.1　实验内容

通过 TMS320F28335 的 ePWM4B 输出一个频率为 25kHz 且占空比可调的方波，然后将 TMS320F28335 的 ePWM4B（映射到 GPIO7 引脚）通过杜邦线连接到 ECAP1（映射到 GPIO24 引脚），编写程序实现以下功能：（1）使能 eCAP1 的捕获事件 4 中断；（2）根据时间标识寄存器 CAP1～CAP4 计算捕获方波的频率和占空比；（3）通过 SCIB 将计算得到的频率和占空比发送到计算机，由串口助手显示打印。

12.2　实验原理

12.2.1　eCAP 功能框图

图 12-1 所示是 eCAP 的功能框图，下面依次介绍功能引脚、32 位时钟计数器、事件预分频器、边沿极性选择器、连续/单次捕获控制模块、时间标识寄存器和中断控制。

1. 功能引脚

TMS320F28335 的内部共有 6 个 eCAP 模块，分别是 eCAP1、eCAP2、eCAP3、eCAP4、eCAP5、eCAP6，每个 eCAP 模块都有一个对应的输入捕获引脚，分别是 ECAP1、ECAP2、ECAP3、ECAP4、ECAP5、ECAP6。所有 eCAP 模块的引脚信息如表 12-1 所示。

表 12-1　eCAP 的 GPIO 引脚说明

引脚编号	引脚名称	引脚编号	引脚名称
6	GPIO1/ECAP6	69	GPIO25/ECAP2
10	GPIO3/ECAP5	72	GPIO26/ECAP3
12	GPIO5/ECAP1	73	GPIO27/ECAP4
16	GPIO7/ECAP2	142	GPIO34/ECAP1
18	GPIO9/ECAP3	150	GPIO37/ECAP2
20	GPIO11/ECAP4	88	GPIO48/ECAP5
68	GPIO24/ECAP1	89	GPIO49/ECAP6

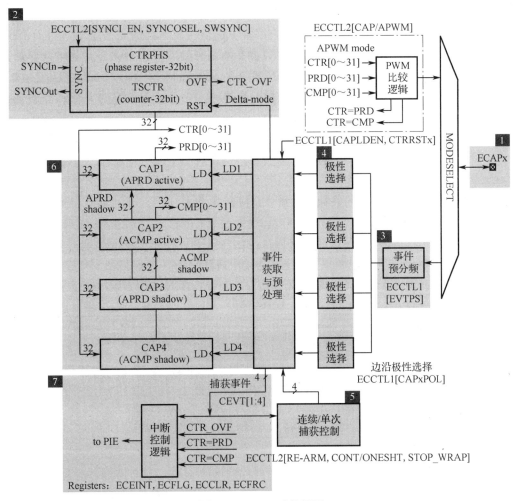

图 12-1　eCAP 功能框图

2．32 位时钟计数器

eCAP 模块的 32 位时钟计数器为捕获事件提供基准时钟，且直接由系统时钟 SYSCLKOUT 驱动，4 个装载事件中的任何一个都可以用来复位这个 32 位时钟计数器，这项功能可用来捕获信号边沿间的时间差。

3．事件预分频器

通过事件预分频器可对捕获模块的输入信号进行 N 分频，当外部信号频率较高时可使用此功能，外部信号也可以直接通过预分频器而不进行预分频。

4．边沿极性选择器

可使用多路选择器分别将 4 个捕获事件配置成上升沿或下降沿捕获。

5．连续/单次捕获控制模块

连续/单次捕获控制模块中的计数器在边沿事件触发时进行递增计数，该计数器连续不断地计数（0→1→2→3→0），直到有事件将其终止。连续/单次捕获控制模块中的两位比较停止寄存器用来与计数器的值进行比较，当二者相等时，计数器停止计数，且禁止装载 4 个时间标识寄存器（CAP1～CAP4），这种情况用于单次捕获操作。

在单次模式下，eCAP 模块等待 N（1～4）个捕获事件发生，N 的值为两位比较停止寄存器的值。一旦达到 N 值，计数器和时间标识寄存器的值将被冻结。如果向 CAP 控制寄存器（ECCTL2）中的 RE-ARM 写入 1，则计数器复位，并从冻结状态恢复作用；同时，如果将 CAP 控制寄存器（ECCTL1）中的 CAPLDEN 置 1，那么时间标识寄存器（CAP1～CAP4）将再次加载新值。

在连续模式下，计数器连续计数（0→1→2→3→0），捕获值连续不断地被装载到 4 个时间标识寄存器（CAP1～CAP4）。

6．时间标识寄存器

eCAP 模块有 4 个时间标识寄存器（CAP1～CAP4），这 4 个寄存器的输入端与 32 位时钟计数器的总线相连接，当相应的装载信号触发时，32 位时钟计数器的值装载到相应的时间寄存器中。通过 CAPLDEN 可禁止装载功能。

7．中断控制

eCAP 模块可以产生 7 种中断事件，分别是 4 个捕获中断事件（CEVT1、CEVT2、CEVT3、CEVT4），1 个捕获计数器向上溢出事件（CNT_OVF），1 个时钟计数器的值等于周期寄存器的值事件（CTR=PRD），以及 1 个时钟计数器的值等于比较寄存器的值事件（CTR=CMP）。其中，捕获工作模式下有 5 种，分别是 CEVT1、CEVT2、CEVT3、CEVT4 和 CNTOVF；APWM 工作模式下有 2 种，分别是 CTR=PRD 和 CTR=CMP。

中断使能寄存器（ECEINT）用于使能和禁止每个中断事件；中断标志寄存器（ECFLG）用于表明一个中断事件是否发生，且包含全局中断标志位 INT。在中断复位程序中必须通过写 ECCLR 中的相应位来清除全局中断标志位，以接收下一个中断事件。通过中断强制寄存器（ECFRC）可以软件强制产生中断事件，用于测试。

12.2.2　eCAP 实验流程图分析

图 12-2 是 eCAP 实验初始化 ECAP 模块流程图。首先配置 ECAP1（映射到 GPIO24 引脚）；其次设置捕获事件 1 和 3 发生时的触发极性为上升沿，设置捕获事件 2 和 4 发生时的触发极性为下降沿；然后设置在捕获事件 1、2 和 3 发生时不复位计数器，在捕获事件 4 发生时复位计数器；再使能在捕获事件发生时装载 CAP1～CAP4；最后将事件预分频器设置为不分频，使能捕获事件 4 中断。

图 12-3 是 eCAP 实验中断服务函数流程图。当产生捕获事件 4 中断时，将时间标识寄存器 CAP1 的值赋值给 cap1，将 CAP2 的值赋值给 cap2，将 CAP3 的值赋值给 cap3；然后计算捕获脉冲的周期计数值 t1 = cap3-cap1，计算捕获脉冲的高电平计数 t2 = cap2-cap1，每次进入中断服务函数 ecap1_isr 一次，s_iECAPCnt 都执行一次加 1 操作；接着判断 s_iECAPCnt 是否大于或等于 100，如果 s_iECAPCnt≥100，则计算捕获脉冲频率 s_iFreq = 150000×1000/t1，及捕获脉冲占空比 s_iDuty = t2×100/t1；最后将 s_iECAPCnt 清零，并退出中断服务函数。

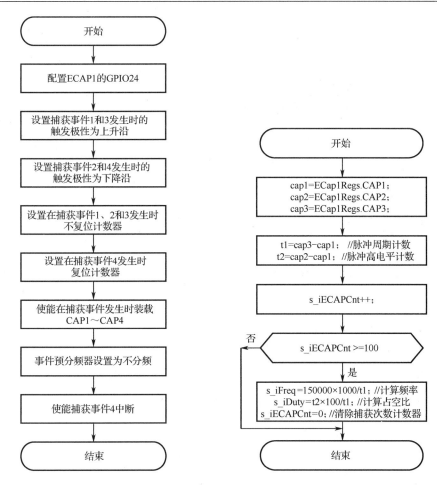

图 12-2 eCAP 实验初始化 ECAP 模块流程图　　图 12-3 eCAP 实验中断服务函数流程图

12.2.3 eCAP 部分寄存器

TMS320F28335 有 6 个增强型捕获寄存器（eCAP1、eCAP2、eCAP3、eCAP4、eCAP5 和 eCAP6），eCAP 控制和状态寄存器名称、地址和描述如表 12-2 所示。下面以 eCAP1 为例介绍相关寄存器。

表 12-2 eCAP 控制和状态寄存器

名　　称	eCAP1	eCAP2	eCAP3	eCAP4	eCAP5	eCAP6	大小 （×16 位）	寄存器描述
TSCTR	0x6A00	0x6A20	0x6A40	0x6A60	0x6A80	0x6AA0	2	时间戳计数器
CTRPHS	0x6A02	0x6A22	0x6A42	0x6A62	0x6A82	0x6AA2	2	计数器相位偏移值寄存器
CAP1	0x6A04	0x6A24	0x6A44	0x6A64	0x6A84	0x6AA4	2	捕获 1 寄存器
CAP2	0x6A06	0x6A26	0x6A46	0x6A66	0x6A86	0x6AA6	2	捕获 2 寄存器
CAP3	0x6A08	0x6A28	0x6A48	0x6A68	0x6A88	0x6AA8	2	捕获 3 寄存器
CAP4	0x6A0A	0x6A2A	0x6A4A	0x6A6A	0x8A6A	0x6AAA	2	捕获 4 寄存器
ECCTL1	0x6A14	0x6A34	0x6A54	0x6A74	0x6A94	0x6AB4	1	捕获控制寄存器 1

续表

名　　称	eCAP1	eCAP2	eCAP3	eCAP4	eCAP5	eCAP6	大小 （×16 位）	寄存器描述
ECCTL2	0x6A15	0x6A35	0x6A55	0x6A75	0x6A95	0x6AB5	1	捕获控制寄存器 2
ECEINT	0x6A16	0x6A36	0x6A56	0x6A76	0x6A96	0x6AB6	1	捕获中断使能寄存器
ECFLG	0x6A17	0x6A37	0x6A57	0x6A77	0x6A97	0x6AB7	1	捕获中断标志寄存器
ECCLR	0x6A18	0x6A38	0x6A58	0x6A78	0x6A98	0x6AB8	1	捕获中断清除寄存器
ECFRC	0x6A19	0x6A39	0x6A59	0x6A79	0x6A99	0x6AB9	1	捕获中断强制寄存器

1. 捕获寄存器 1（CAP1）

CAP1 的结构、地址和复位值如图 12-4 所示，对部分位的解释说明如表 12-3 所示。

地址：0x6A04
复位值：0x0000 0000

31	30	29	28	27	26	25	24	23	22	21	20	19	18	17	16	15	14	13	12	11	10	9	8	7	6	5	4	3	2	1	0
															CAP1[31:0]																

R/W-0

图 12-4　CAP1 的结构、地址和复位值

表 12-3　CAP1 部分位的解释说明

位 31～0	该寄存器可以用来装载以下值： （1）捕获事件发生时 TSCTR 的值； （2）软件写入的值； （3）APWM 模式下的周期映射寄存器 APRD 的值

2. 捕获寄存器 2（CAP2）

CAP2 的结构、地址和复位值如图 12-5 所示，对部分位的解释说明如表 12-4 所示。

地址：0x6A06
复位值：0x0000 0000

31	30	29	28	27	26	25	24	23	22	21	20	19	18	17	16	15	14	13	12	11	10	9	8	7	6	5	4	3	2	1	0
															CAP2[31:0]																

图 12-5　CAP2 的结构、地址和复位值

表 12-4　CAP2 部分位的解释说明

位 31～0	该寄存器可以用来装载以下值： （1）捕获事件发生时 TSCTR 的值； （2）软件写入的值； （3）APWM 模式下的周期映射寄存器 ACMP 的值

3. 捕获寄存器 3（CAP3）

CAP3 的结构、地址和复位值如图 12-6 所示，对部分位的解释说明如表 12-5 所示。

地址：0x6A08
复位值：0x0000 0000

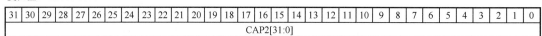

31	30	29	28	27	26	25	24	23	22	21	20	19	18	17	16	15	14	13	12	11	10	9	8	7	6	5	4	3	2	1	0
															CAP3[31:0]																

图 12-6　CAP3 的结构、地址和复位值

表 12-5　CAP3 部分位的解释说明

位 31～0	该寄存器可以用来装载以下值： （1）捕获事件发生时 TSCTR 的值； （2）软件写入的值； （3）APWM 模式下，作为周期映射寄存器（CAP1）的映射单位

4．捕获寄存器 4（CAP4）

CAP4 的结构、地址和复位值如图 12-7 所示，对部分位的解释说明如表 12-6 所示。

地址：0x6A0A
复位值：0x0000 0000

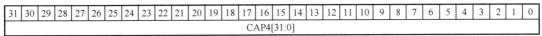

31	30	29	28	27	26	25	24	23	22	21	20	19	18	17	16	15	14	13	12	11	10	9	8	7	6	5	4	3	2	1	0
CAP4[31:0]																														

R/W-0

图 12-7　CAP4 的结构、地址和复位值

表 12-6　CAP4 部分位的解释说明

位 31～0	该寄存器可以用来装载以下值： （1）捕获事件发生时 TSCTR 的值； （2）软件写入的值； （3）APWM 模式下，作为周期映射寄存器（CAP2）的映射单位

5．控制寄存器 1（ECCTL1）

ECCTL1 的结构、地址和复位值如图 12-8 所示，对部分位的解释说明如表 12-7 所示。

复位值：0x0000 0000

15	14	13	12	11	10	9	8
FREE/SOFT[1:0]		PRESCALE[4:0]				CAPLDEN
R/W-0		R/W-0				R/W-0

7	6	5	4	3	2	1	0
CTRRST4	CAP4POL	CTRRST3	CAP3POL	CTRRST2	CAP2POL	CTRRST1	CAP1POL
R/W-0	R/W-0	R/W-0	R/W-0	R/W-0	R/W-0	R/W-0	R/W-0

图 12-8　ECCTL1 的结构、地址和复位值

表 12-7　ECCTL1 部分位的解释说明

位 15～14	仿真控制位。 00：仿真挂起时，TSCTR 计数器立即停止； 01：TSCTR 计数器继续计数，直到计数为 0； 1x：TSCTR 计数器计数不受影响
位 13～9	事件预分频控制位 00000：除以 1； 00001：除以 2； 00010：除以 4； 00100：除以 6； ⋮ 11110：除以 60； 11111：除以 62

续表

位 8	CAP1~CAP4 对捕获事件的装载使能位。 0：禁止 CAP1~CAP4 在捕获事件发生时装载； 1：使能 CAP1~CAP4 在捕获事件发生时装载
位 7	捕获事件 4 对计数器复位控制位。 0：捕获事件 4 发生时不复位计数器（绝对时间模式）； 1：捕获事件 4 发生时复位计数器（差分时间模式）
位 6	捕获事件 4 极性选择位。 0：在上升沿（RE）触发捕获事件 4； 1：在下降沿（FE）触发捕获事件 4
位 5	捕获事件 3 对计数器复位控制位。 0：捕获事件 3 发生时不复位计数器（绝对时间模式）； 1：捕获事件 3 发生时复位计数器（差分时间模式）
位 4	捕获事件 3 极性选择位。 0：在上升沿（RE）触发捕获事件 3； 1：在下降沿（FE）触发捕获事件 3
位 3	捕获事件 2 对计数器复位控制位。 0：捕获事件 2 发生时不复位计数器（绝对时间模式）； 1：捕获事件 2 发生时复位计数器（差分时间模式）
位 2	捕获事件 2 的极性选择位。 0：在上升沿（RE）错误捕获事件 2； 1：在下降沿（FE）错误捕获事件 2
位 1	捕获事件 1 对计数器复位控制位。 0：捕获事件 2 发生时不复位计数器（绝对时间模式）； 1：捕获事件 2 发生时复位计数器（差分时间模式）
位 0	捕获事件 1 的极性选择。 0：在上升沿（RE）错误捕获事件 1； 1：在下降沿（FE）错误捕获事件 1

6．控制寄存器 2（ECCTL2）

ECCTL2 的结构、地址和复位值如图 12-9 所示，对部分位的解释说明如表 12-8 所示。

地址：0x6A15
复位值：0x0000 07FF

15	14	13	12	11	10	9	8
		Reserved			APWMPOL	CAP/APWM	SWSYNC
		R-0			R/W-0	R/W-0	R/W-0

7	6	5	4	3	2	1	0
SYNCO_SEL[1:0]		SYNCI_EN	TSCTRSTOP	REARM	STOP_WRAP[1:0]		CONT/ONESHT
R/W-0		R/W-0	R/W-0	R/W-0	R/W-1		R/W-0

图 12-9 ECCTL2 的结构、地址和复位值

表 12-8 ECCTL2 部分位的解释说明

位 15~11	保留
位 10	APWM 输出极性选择，仅适用于 APWM 模式。 0：输出高电平有效（比较值决定高电平时间）； 1：输出低电平有效（比较值决定低电平时间）

续表

位 9	CAP/APWM 操作模式选择位。 0：选择工作在捕获模式（CAP）； 1：工作在 APWM 模式
位 8	软件强制同步脉冲产生，用来同步所有 eCAP 模块内的计数器。 0：写 0 无效，读操作时返回 0； 1：写 1 将强制产生一次同步事件，写 1 后此位自动清零
位 7~6	同步输出选择位。 00：同步输入 SYNC_IN 将作为同步输出 SYNC_OUT 信号； 01：选择 CTR=PRD 事件作为 SYNC_OUT 信号； 1x：禁止 SYNC OUT 输出信号
位 5	计数器 TSCTR 同步使能位。 0：禁止同步功能； 1：在外部同步事件 SYNCI 信号或软件强制复位 S/W 事件时，将 CTRPHS 值装载到 TSCTR 中
位 4	TSCTR 控制位。 0：TSCTR 停止； 1：TSCTR 继续计数
位 3	单次运行时重新装载控制，在单次及连续运行时都有效。 0：无效（读操作时将返回 0）； 1：将单次运行序列重新装载，过程如下： （1）将 Mod4 计数器复位到 0； （2）启动 Mod4 计数器； （3）使能捕获寄存器装载功能
位 2~1	单次控制方式下的停止值，连续控制方式下的溢出值。 00：在单次模式下，捕获事件 1 之后停止；在连续模式下，捕获事件 1 之后返回； 01：在单次模式下，捕获事件 2 之后停止；在连续模式下，捕获事件 2 之后返回； 10：在单次模式下，捕获事件 3 之后停止；在连续模式下，捕获事件 3 之后返回； 11：在单次模式下，捕获事件 4 之后停止；在连续模式下，捕获事件 4 之后返回。 注意，STOP_WRAP 的值与 Mod4 的值进行比较，相等时进行以下两个操作：Mod4 计数器停止；禁止捕获寄存器装载。在单次控制模式下，重装载后才能产生新的中断信号
位 0	连续/单次模式控制位。 0：运行于连续模式； 1：运行于单次模式

7. 中断使能寄存器（ECEINT）

ECEINT 的结构、地址和复位值如图 12-10 所示，对部分位的解释说明如表 12-9 所示。

地址：0x6A16
复位值：

15	14	13	12	11	10	9	8
			Reserved				

7	6	5	4	3	2	1	0
CTR=CMP	CTR=PRD	CTROVF	CEVT4	CEVT3	CEVT2	CEVT1	Reserved
		R/W-x	R/W-x	R/W-x	R/W-x	R/W-x	

图 12-10　ECEINT 的结构、地址和复位值

表 12-9　ECEINT 部分位的解释说明

位 15~8	保留
位 7	计数器等于比较值时,中断使能。 0:禁止中断;1:使能中断
位 6	计数器等于周期值时,中断使能。 0:禁止中断;1:使能中断
位 5	计数器上溢中断使能位。 0:禁止中断;1:使能中断
位 4	捕获事件 4 的中断使能位。 0:禁止中断;1:使能中断
位 3	捕获事件 3 的中断使能位。 0:禁止中断;1:使能中断
位 2	捕获事件 2 的中断使能位。 0:禁止中断;1:使能中断
位 1	捕获事件 1 的中断使能位。 0:禁止中断;1:使能中断
位 0	保留

8. 中断标志清除寄存器(ECCLR)

ECCLR 的结构、地址和复位值如图 12-11 所示,对部分位的解释说明如表 12-10 所示。

地址:0x6A18
复位值:0x00 0000

15	14	13	12	11	10	9	8
Reserved							
R-0							

7	6	5	4	3	2	1	0
CTR=CMP	CTR=PRD	CTROVF	CEVT4	CEVT3	CEVT2	CEVT1	INT
R/W-0	R/W-0	R/W-0	R/W-0	R/W-0	R/W-0	R/W-0	R/W-0

图 12-11　ECCLR 的结构、地址和复位值

表 12-10　ECCLR 部分位的解释说明

位 15~8	保留
位 7	计数器值等于比较值的中断标志清除位。 0:写 0 无效,读始终返回 0;1:写 1 清除相应的中断标志位
位 6	计数器值等于周期值的中断标志清除位。 0:写 0 无效,读始终返回 0;1:写 1 清除相应的中断标志位
位 5	计数器上溢中断标志清除位。 0:写 0 无效,读始终返回 0;1:写 1 清除相应的中断标志位
位 4	捕获事件 4 的中断清除标志位。 0:写 0 无效,读始终返回 0;1:写 1 清除相应的中断标志位
位 3	捕获事件 3 的中断清除标志位。 0:写 0 无效,读始终返回 0;1:写 1 清除相应的中断标志位
位 2	捕获事件 2 的中断清除标志位。 0:写 0 无效,读始终返回 0;1:写 1 清除相应的中断标志位

位 1	捕获事件 1 的中断清除标志位。 0：写 0 无效，读始终返回 0；1：写 1 清除相应的中断标志位
位 0	全局中断标志清除位。 0：写 0 无效，读始终返回 0；1：写 1 清除相应的中断标志位

12.3　实验步骤

步骤 1：复制并编译原始工程

首先，将 "D:\F28335CCSTest\Material\11.ECAPExp" 文件夹复制到 "D:\F28335CCSTest\Product" 文件夹中。然后，参照 2.3 节步骤 4 打开工程文件，单击 🔧 按钮。当 Console 栏显示 Finished building target: 11.ECAPExp.out 时，表示已经成功生成.out 文件；显示 Bulid Finished，表示编译成功。最后，将.out 文件下载到 F28335 的内部 Flash 中，可以观察到医疗电子 DSP 基础开发系统上的 LED0 和 LED1 交替闪烁，表示原始工程是正确的，可以进入下一步操作。

步骤 2：添加 ECAP 文件对

将 "D:\F28335CCSTest\Material\11.ECAPExp\HW" 文件夹中的 ECAP.c 添加到 HW 分组，具体操作可参见 2.3 节步骤 7。

步骤 3：完善 ECAP.h 文件

单击 🔧 按钮，进行编译，编译结束后，在 Project Explorer 面板中，双击 ECAP.c 中的 ECAP.h。在 ECAP.h 文件的 "包含头文件" 区添加代码#include "DSP28x_Project.h"。

在 ECAP.h 文件的 "API 函数声明" 区，添加如程序清单 12-1 所示的 API 函数声明代码。

程序清单 12-1

```
void InitECAP(void); //初始化 ECAP 模块
int GetFreq(void);    //获取频率值
int GetDuty(void);    //获取占空比值
```

步骤 4：完善 ECAP.c 文件

在 ECAP.c 文件的 "内部变量" 区，添加如程序清单 12-2 所示的内部变量定义代码。s_iFreq 用于存放频率，s_iCaptureVal 用于存放占空比。

程序清单 12-2

```
static int s_iFreq = 0; //频率
static int s_iDuty = 0; //占空比
```

在 ECAP.c 文件的 "内部函数声明" 区，添加 ConfigECAPGPIO、ConfigECAP 和 ecap1_isr 函数的声明代码，如程序清单 12-3 所示，ConfigECAPGPIO 函数用于配置 ECAP 的 GPIO；ConfigECAP 用于配置 ECAP；ecap1_isr 为 ECAP1 中断服务函数。

程序清单 12-3

```
static void ConfigECAPGPIO(void); //配置 ECAP 的 GPIO
static void ConfigECAP(void);     //配置 ECAP
__interrupt void ecap1_isr(void); //ECAP1 中断服务函数
```

在 ECAP.c 文件的 "内部函数实现" 区，添加 ConfigECAPGPIO 和 ConfigECAP 函数的实现代码，如程序清单 12-4 所示。ConfigECAPGPIO 函数配置 ECAP 的 GPIO 为 GPIO24，并设置其时钟频率与系统时钟同步，使能其内部上拉电阻；ConfigECAP 函数用于配置 ECAP

的相关参数，如捕获事件的触发方式及中断服务函数的使能等。

程序清单 12-4

```
static void ConfigECAPGPIO(void)
{
  EALLOW; //允许编辑受保护寄存器
  GpioCtrlRegs.GPAMUX2.bit.GPIO24  = 1; //设置 GPIO24 为 ECAP1
  GpioCtrlRegs.GPAQSEL2.bit.GPIO24 = 0; //设置 GPIO24 为仅与系统时钟频率同步
  GpioCtrlRegs.GPAPUD.bit.GPIO24   = 0; //使能内部上拉电阻, GPIO24(ECAP1)
  EDIS;    //禁止编辑受保护寄存器
}

static void ConfigECAP(void)
{
  ECap1Regs.ECCTL1.bit.CAP1POL = 0; //设置捕获事件 1 发生时的触发极性为上升沿
  ECap1Regs.ECCTL1.bit.CAP2POL = 1; //设置捕获事件 2 发生时的触发极性为下降沿
  ECap1Regs.ECCTL1.bit.CAP3POL = 0; //设置捕获事件 3 发生时的触发极性为上升沿
  ECap1Regs.ECCTL1.bit.CAP4POL = 1; //设置捕获事件 4 发生时的触发极性为下降沿
  ECap1Regs.ECCTL1.bit.CTRRST1 = 0; //设置为在捕获事件 1 发生时不复位计数器
  ECap1Regs.ECCTL1.bit.CTRRST2 = 0; //设置为在捕获事件 2 发生时不复位计数器
  ECap1Regs.ECCTL1.bit.CTRRST3 = 0; //设置为在捕获事件 3 发生时不复位计数器
  ECap1Regs.ECCTL1.bit.CTRRST4 = 1; //设置为在捕获事件 4 发生时复位计数器

  ECap1Regs.ECCTL1.bit.CAPLDEN  = 1; //使能在捕获事件发生时装载 CAP1~CAP4
  ECap1Regs.ECCTL1.bit.PRESCALE = 0; //事件预分频控制位, 设置为不分频

  ECap1Regs.ECCTL2.bit.CAP_APWM    = 0; //设置为捕获模式
  ECap1Regs.ECCTL2.bit.CONT_ONESHT = 0; //设置为连续控制方式
  ECap1Regs.ECCTL2.bit.SYNCO_SEL   = 2; //禁止 SYNC_OUT 输出信号
  ECap1Regs.ECCTL2.bit.SYNCI_EN    = 0; //禁止同步功能

  ECap1Regs.ECEINT.all = 0x0000; //屏蔽所有 ECAP 模块中断
  ECap1Regs.ECCLR.all  = 0xFFFF; //清除所有 ECAP 模块中断标志
  ECap1Regs.ECCTL2.bit.TSCTRSTOP = 1; //启动 TSCTR 计数
  ECap1Regs.ECEINT.bit.CEVT4 = 1;      //使能捕获事件 4 中断

  EALLOW; //允许编辑受保护寄存器
  PieVectTable.ECAP1_INT = &ecap1_isr; //映射 ECAP1 中断服务函数
  EDIS;    //禁止编辑受保护寄存器

  IER |= M_INT4; //使能 INT4

  PieCtrlRegs.PIECTRL.bit.ENPIE = 1; //使能 PIE 块
  PieCtrlRegs.PIEIER4.bit.INTx1 = 1; //使能位于 PIE 中的组 4 的第 1 个中断, 即 ECAP1
}
```

在 ECAP.c 文件"内部函数实现"区的 ConfigECAP 函数实现区后，添加 ecap1_isr 中断服务函数的实现代码，如程序清单 12-5 所示。对 ecap1_isr 函数中的语句解释如下。

（1）ecap1_isr 函数先分别获取 3 个捕获事件触发时的 TSCTR 的值，然后通过这 3 个值计算出连续两个上升沿之间的计数差，即一个周期内的计数值 t1，以及连续上升沿和下降沿之间的计数差，即一个完整高电平内的计数值 t2。

（2）然后对捕获次数 s_iECAPCnt 进行判断，当捕获次数大于或等于 100 时，根据 t1、t2，计算频率和占空比，计算完成后清除捕获次数计数器。最后清除所有 ECAP 模块的中断标志，同时使能第 4 组中断，跳出当前中断服务函数。

程序清单 12-5

```
__interrupt void ecap1_isr(void)
{
  unsigned long cap1; //存放捕获事件 1 发生时 TSCTR 的值
  unsigned long cap2; //存放捕获事件 2 发生时 TSCTR 的值
  unsigned long cap3; //存放捕获事件 3 发生时 TSCTR 的值

  unsigned long t1; //连续两个上升沿之间的计数差，即一个周期内的计数值
  unsigned long t2; //连续上升沿和下降沿之间的计数差，即一个完整高电平内的计数值

  static int s_iECAPCnt; //捕获次数计数器

  cap1 = ECap1Regs.CAP1;
  cap2 = ECap1Regs.CAP2;
  cap3 = ECap1Regs.CAP3;

  t1 = cap3 - cap1; //计算连续两个上升沿之间的计数差，即一个周期内的计数值
  t2 = cap2 - cap1; //计算连续上升沿和下降沿之间的计数差，即一个完整高电平内的计数值

  s_iECAPCnt++;

  //捕获次数大约等于 100 时，进行频率和占空比计算
  if(s_iECAPCnt >= 100)
  {
    s_iFreq = (150000 * 1000 / t1); //计算频率
    s_iDuty = t2 * 100 / t1; //计算占空比
    s_iECAPCnt = 0; //清除捕获次数计数器
  }

  ECap1Regs.ECCLR.all = 0xFFFF; //清除所有 ECAP 模块中断标志
  PieCtrlRegs.PIEACK.all = PIEACK_GROUP4; //使能第 4 组中断
}
```

在 ECAP.c 文件的"API 函数实现"区，添加 API 函数的实现代码，如程序清单 12-6 所示。ECAP.c 文件的 API 函数有 3 个，分别解释说明如下。

（1）InitECAP 函数调用 ConfigECAPGPIO 函数和 ConfigECAP 函数对 ECAP 模块及模块相关的 GPIO 进行初始化。

（2）GetFreq 函数直接获取当前 ePWM 输出方波的频率值。

（3）GetDuty 函数直接获取当前 ePWM 输出方波的占空比值。

程序清单 12-6

```
void InitECAP(void)
{
  ConfigECAPGPIO(); //配置 ECAP 的 GPIO
  ConfigECAP();     //配置 ECAP 的 GPIO
}
```

```
int GetFreq(void)
{
  return(s_iFreq);
}

int GetDuty(void)
{
  return(s_iDuty);
}
```

步骤 5：完善输入捕获实验应用层

在 Project Explorer 面板中，双击打开 main.c，在"包含头文件"区的最后，添加代码#include "ECAP.h"。

在 main.c 文件的 InitHardware 函数中添加调用 InitECAP 函数的代码，如程序清单 12-7 所示，这样就实现了对 ECAP 模块的初始化。

程序清单 12-7

```
static  void  InitHardware(void)
{
  SystemInit();          //初始化系统函数
  InitXintf();           //初始化 Xintf 模块

#if DOWNLOAD_TO_FLASH
  MemCopy(&RamfuncsLoadStart, &RamfuncsLoadEnd, &RamfuncsRunStart);
  InitFlash();           //初始化 Flash 模块
#endif

  InitLED();             //初始化 LED 模块
  InitTimer();           //初始化 CPU 定时器模块
  InitSCIB(115200);      //初始化 SCIB 模块
  InitKeyOne();          //初始化 KeyOne 模块
  InitProcKeyOne();      //初始化 ProcKeyOne 模块
  InitePWM();            //初始化 ePWM 模块
  InitECAP();            //初始化 ECAP 模块

  EINT;                  //使能全局中断
  ERTM;                  //使能全局实时中断
}
```

在 main.c 文件的 Proc1SecTask 函数中，直接打印获取的频率和占空比值，并且将 Proc1SecTask 函数中的 printf 语句注释掉，如程序清单 12-8 所示。

程序清单 12-8

```
static  void  Proc1SecTask(void)
{
  if(Get1SecFlag()) //判断 1s 标志状态
  {
    printf("Freq=%d Duty=%d\r\n", GetFreq(), GetDuty());
    //printf("This is the first TMS320F28335 Project, by Zhangsan\r\n");
    Clr1SecFlag();   //清除 1s 标志
  }
}
```

步骤 6：编译及下载验证

代码编写完成后，编译工程，然后下载.out 文件到医疗电子 DSP 基础开发系统，具体操作参见 2.3 节步骤 9。下载完成后，用杜邦线将 GPIO24 引脚连接到 GPIO7 引脚，打开串口助手，按下 KEY0 或 KEY2 按键改变方波的占空比，观察串口打印的数据是否与预期一致。

本 章 任 务

完成本章学习后，利用输入捕获的功能，检测第 11 章 PWM 实验中高电平持续的时间，并在 OLED 显示屏上显示。具体操作如下：用杜邦线将 GPIO24 引脚连接到 GPIO7 引脚，每捕获 10 次高电平，计算平均值并显示在 OLED 显示屏上；然后观察在按下相应 PWM 输出占空比变化操作按键后，得到的数据变化是否与理论计算值相符。

本 章 习 题

1. 简述单次捕获与连续捕获的特点。
2. 时间标识寄存器的作用是什么？
3. 简述 eCAP 模块的工作模式。通过哪个寄存器配置 eCAP 模块的工作模式？
4. eCAP 模块可以产生多少种中断？这些中断分别在 eCAP 模块的哪种模式下产生？
5. 简述 eCAP 模块测量脉冲周期与脉宽的原理。

第13章 实验12——DAC

DAC（Digital to Analog Converter），即数/模转换器。TMS320F28335 芯片内部没有 DAC 模块，医疗电子 DSP 基础开发系统上有一个 DAC7612 模块，DAC7612 芯片内嵌 2 个 12 位数字输入、电压输出型 DAC，该芯片将 SPI 接口输入的数字量转换为模拟量。本章首先介绍 DAC7612 芯片、DAC 实验逻辑图分析、PCT 通信协议及 PCT 通信协议的应用，然后通过一个 DAC 实验演示如何进行数/模转换。

13.1 实验内容

将 TMS320F28335 芯片的 ADCINA0 引脚连接到 DAC7612 模块的 DACA 测试点，编写程序实现以下功能：（1）通过医疗电子 DSP 基础开发系统的 SCIB 接收和处理信号采集工具（位于本书配套资料包的"08.软件资料\信号采集工具.V1.0"）发送的波形类型切换指令；（2）根据波形类型切换指令，控制 DAC7612 模块的 DACA 测试点输出对应的正弦波、三角波或方波；（3）将 DACA 测试点连接到示波器探头，通过示波器查看输出的波形是否正确。

如果没有示波器，也可以将 DACA 测试点连接到 ADCINA0 引脚，通过信号采集工具查看输出的波形是否正确。因为本书配套资料包的"04.例程资料\Material"文件夹中的"12.DAC实验"已经实现了以下功能：（1）通过 ADC 对 ADCINA0 引脚的模拟信号进行采样和模/数转换；（2）将转换后的数字量按照 PCT 通信协议进行打包；（3）通过 SCIB 将打包后的数据包实时发送至计算机，由信号采集工具动态显示接收到的波形。

13.2 实验原理

13.2.1 DAC7612 芯片

DAC7612 是一个双 12 位数/模转换器（DAC），通过 5V 电源供电，芯片内部包含一个输入移位寄存器、锁存器、2.435V 基准电压源、双 DAC 和高速轨对轨输出放大器。图 13-1 给出了该芯片的示意图。

表 13-1 为 DAC7612 芯片引脚描述，该芯片共有 8 个引脚，其中 6 号引脚接地，7 号引脚接电源，SDI 为串行数据输入引脚，CLK 为时钟输入引脚，$\overline{\text{LOADDACS}}$ 为加载内部 DAC 寄存器引脚，$\overline{\text{CS}}$ 为片选引脚，V_{OUTA} 和 V_{OUTB} 分别为 DACA 和 DACB 输出引脚。

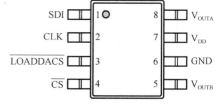

图 13-1 DAC7612 芯片示意图

表 13-1 DAC7612 芯片引脚描述

引 脚 编 号	引 脚 名 称	描 述
1	SDI	串行数据输入
2	CLK	时钟输入
3	$\overline{\text{LOADDACS}}$	加载内部 DAC 寄存器
4	$\overline{\text{CS}}$	片选（低电平有效）

续表

引 脚 编 号	引 脚 名 称	描　　述
5	V_{OUTB}	DACB 输出
6	GND	地
7	V_{DD}	电源
8	V_{OUTA}	DACA 输出

图 13-2 为 DAC7612 芯片的内部结构图。当 $\overline{CS}$ 引脚为低电平时，SDI 引脚上的串行数据在 CLK 的上升沿依次传入 14 位串行移位寄存器中。当 $\overline{LOADDACS}$ 引脚为低电平时，14 位串行移位寄存器中的数据（D11～D0）被加载到 DAC 寄存器 A 或 DAC 寄存器 B 中，也可以同时加载到两个寄存器中。DAC 寄存器 A 或 DAC 寄存器 B 中的数据发生变化时，V_{OUTA} 或 V_{OUTB} 引脚上的电平会同步发生变化。

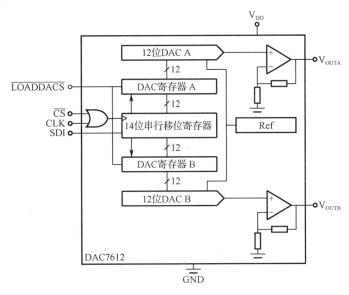

图 13-2　DAC7612 内部结构图

表 13-2 为 DAC7612 的真值表。只有当 $\overline{CS}$ 引脚为低电平，$\overline{LOADDACS}$ 引脚为高电平，且 CLK 为上升沿时，串行移位寄存器中的数据才会移位，其他情况下串行移位寄存器中的数据保持不变。将串行数据加载到 DAC 寄存器的前提条件是 $\overline{CS}$ 引脚为高电平，$\overline{LOADDACS}$ 引脚为低电平，此时若 A1 为低电平，则 DAC7612 会将串行数据（D11～D0）同时加载到 DAC 寄存器 A 和 DAC 寄存器 B 中；若 A1 为高电平，A0 为低电平，则 DAC7612 将串行数据（D11～D0）加载到 DAC 寄存器 A 中；若 A1 和 A0 同时为高电平，则 DAC7612 将串行数据（D11～D0）加载到 DAC 寄存器 B 中。

表 13-2　DAC7612 真值表

A1	A0	CLK	$\overline{CS}$	$\overline{LOADDACS}$	串行移位寄存器	DAC 寄存器 A	DAC 寄存器 B
X	X	X	H	H	保持不变	保持不变	保持不变
X	X	↑	L	H	移位	保持不变	保持不变
L	X	X	H	L	保持不变	加载串行数据	加载串行数据

续表

A1	A0	CLK	$\overline{\text{CS}}$	$\overline{\text{LOADDACS}}$	串行移位寄存器	DAC 寄存器 A	DAC 寄存器 B
H	L	X	H	L	保持不变	加载串行数据	保持不变
H	H	X	H	L	保持不变	保持不变	加载串行数据

图 13-3 为 DAC7612 的时序图。当 $\overline{\text{CS}}$ 引脚为低电平，$\overline{\text{LOADDACS}}$ 引脚为高电平，在 CLK 的上升沿时，串行移位寄存器中的数据进行移位，A1 先移入 DAC7612，最后移入 DAC7612 的是 D0。当所有数据（A1～A0 和 D11～D0）全部移入 DAC7612 之后，将 $\overline{\text{CS}}$ 引脚拉高，将 $\overline{\text{LOADDACS}}$ 引脚拉低，串行数据（D11～D0）即被加载到 DAC 寄存器中，具体加载到哪个 DAC 寄存器，由 A1 和 A0 决定。完成后将 $\overline{\text{LOADDACS}}$ 拉高。

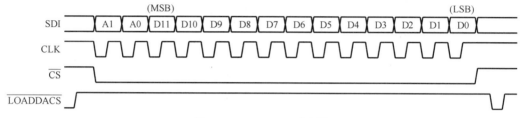

图 13-3　DAC7612 时序图

13.2.2　DAC 实验逻辑图分析

图 13-4 所示为 DAC 实验逻辑框图。在本实验中，正弦波、方波和三角波存放在 Wave.c 文件的 s_arrSineWave100Point、s_arrRectWave100Point、s_arrTriWave100Point 数组中，每个数组有 100 个元素，即每个波形的一个周期由 100 个离散点组成，可以分别通过 GetSineWave100PointAddr、GetRectWave100PointAddr、GetTriWave100PointAddr 函数获取三个存放波形数组的首地址，具体获取哪个波形数组的首地址，由 SCIB 接收到的命令来决定。波形变量存放在 RAM 中，DAC 先读取存放在 RAM 中的数字量，再将其转换为模拟量，V_{OUTA} 引脚上的模拟信号经过分压后通过 DACA 端口输出。图 13-4 中灰色部分的代码已由本书配套资料包提供，本实验只需要完成 DAC 输出部分即可。

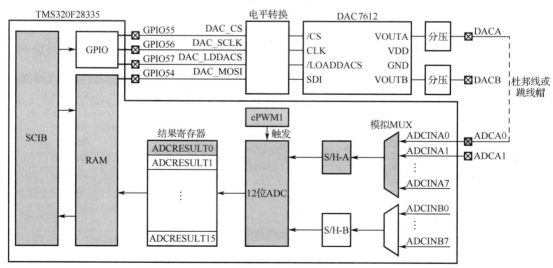

图 13-4　DAC 实验逻辑框图

13.2.3　PCT 通信协议

从机常常被用作执行单元，处理一些具体的事务；主机（如 Window、Linux、Android 和 emWin 平台等）则用于与从机进行交互，向从机发送命令，或处理来自从机的数据，如图 13-5 所示。

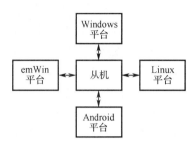

图 13-5　主机与从机的交互

主机与从机之间的通信过程如图 13-6 所示。

主机向从机发送命令的具体过程是：（1）主机对待发命令进行打包；（2）主机通过通信设备（串口、蓝牙、Wi-Fi 等）将打包好的命令发送出去；（3）从机接收到命令后，对命令进行解包；（4）从机按照相应的命令执行任务。

从机向主机发送数据的具体过程是：（1）从机对待发数据进行打包；（2）从机通过通信设备（串口、蓝牙、Wi-Fi 等）将打包好的数据发送出去；（3）主机接收到数据后，对数据进行解包；（4）主机对接收到的数据进行处理，如计算、显示等。

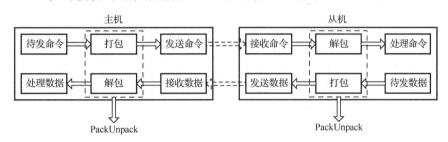

图 13-6　主机与从机之间的通信过程

1．PCT 通信协议格式

在通信过程中，主机和从机有一个共同的模块，即打包解包模块（PackUnpack），该模块必须遵照某种通信协议。通信协议有很多种，下面介绍一种 PCT 通信协议，该协议由本书作者设计，其数据包格式如图 13-7 所示。

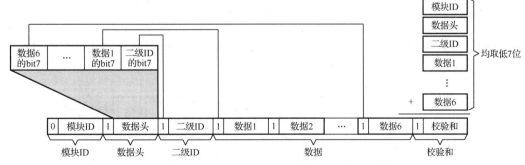

图 13-7　PCT 通信协议的数据包格式

协议规定：

（1）数据包由 1 字节模块 ID、1 字节数据头、1 字节二级 ID、6 字节数据、1 字节校验和构成，共计 10 字节。

（2）数据包中有 6 个数据，每个数据为 1 字节。

（3）模块 ID 的最高位（bit7）固定为 0。

（4）模块 ID 的取值范围为 0x00~0x7F，最多有 128 种类型。

（5）数据头的最高位（bit7）固定为 1，数据头的低 7 位按照从低位到高位的顺序，依次存放二级 ID 的最高位、数据 1 至数据 6 的最高位。

（6）二级 ID、数据 1 至数据 6 的最高位存放于数据头。

（7）校验和的低 7 位为模块 ID+数据头+二级 ID+数据 1+数据 2+…+数据 6 的结果（取低 7 位）。

（8）二级 ID、数据 1 至数据 6 及校验和的最高位固定为 1。

2．PCT 通信协议打包过程

协议的打包过程分为 4 步。

第 1 步，准备原始数据，原始数据由模块 ID（0x00~0x7F）、二级 ID、数据 1 至数据 6 组成，如图 13-8 所示。其中，模块 ID 的取值范围为 0x00~0x7F，二级 ID 和数据的取值范围为 0x00~0xFF。

图 13-8　打包第 1 步

第 2 步，依次取出二级 ID、数据 1 至数据 6 的最高位，将其存放于数据头的低 7 位，按照从低位到高位的顺序依次存放二级 ID、数据 1 至数据 6 的最高位，如图 13-9 所示。

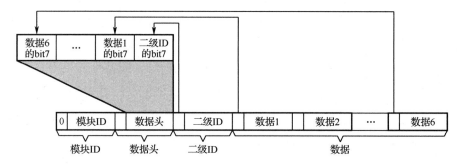

图 13-9　打包第 2 步

第 3 步，对模块 ID、数据头、二级 ID、数据 1 至数据 6 的低 7 位求和，取求和结果的低 7 位，将其存放于校验和的低 7 位，如图 13-10 所示。

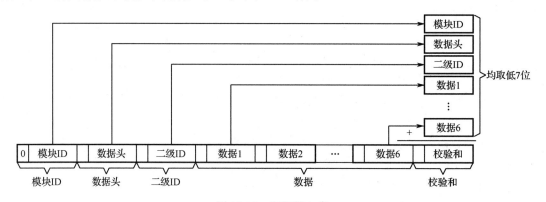

图 13-10　打包第 3 步

第 4 步，将数据头、二级 ID、数据 1 至数据 6 和校验和的最高位置为 1，如图 13-11 所示。

图 13-11　打包第 4 步

3. PCT 通信协议解包过程

协议的解包过程也分为 4 步。

第 1 步，准备解包前的数据包，原始数据包由模块 ID、数据头、二级 ID、数据 1 至数据 6 组成，如图 13-12 所示。其中，模块 ID 的最高位为 0，其余字节的最高位均为 1。

图 13-12　解包第 1 步

第 2 步，对模块 ID、数据头、二级 ID、数据 1 至数据 6 的低 7 位求和，如图 13-13 所示，取求和结果的低 7 位与数据包的校验和低 7 位进行对比，如果两个值相等，则说明校验正确。

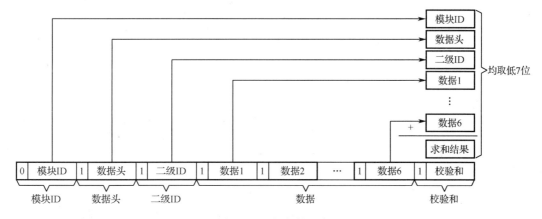

图 13-13　解包第 2 步

第 3 步，数据头的最低位（bit0）与二级 ID 的低 7 位拼接后作为最终的二级 ID，数据头的 bit1 与数据 1 的低 7 位拼接后作为最终的数据 1，数据头的 bit2 与数据 2 的低 7 位拼接后作为最终的数据 2，以此类推，如图 13-14 所示。

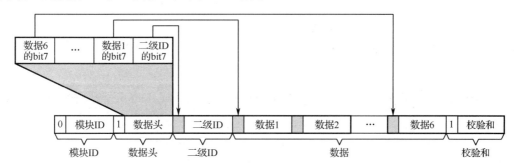

图 13-14　解包第 3 步

第 4 步，图 13-15 所示即为解包后的结果，由模块 ID、二级 ID、数据 1 至数据 6 组成。其中，模块 ID 的取值范围为 0x00～0x7F，二级 ID 和数据的取值范围为 0x00～0xFF。

图 13-15　解包第 4 步

4. PCT 通信协议实现

PCT 通信协议既可以使用面向过程语言（如 C 语言）实现，也可以使用面向对象语言（如 C++或 C#语言）实现，还可以用硬件描述语言（Verilog HDL 或 VHDL）实现。

下面以 C 语言为实现载体，介绍 PackUnpack 模块的 PackUnpack.h 文件。该文件的全部代码如程序清单 13-1 所示。

（1）在"枚举结构体定义区"，结构体 StructPackType 有 5 个成员，分别是 packModuleId、packHead、packSecondId、arrData、checkSum，与图 13-7 中的模块 ID、数据头、二级 ID、数据、校验——对应。

（2）枚举 EnumPackID 中的元素是对模块 ID 的定义，模块 ID 的范围为 0x00～0x7F，且不可重复。初始状态下，EnumPackID 中只有一个模块 ID 的定义，即系统模块 MODULE_SYS（0x01）的定义，任何通信协议都必须包含系统模块 ID 的定义。

（3）在枚举 EnumPackID 的定义之后紧跟着一系列二级 ID 的定义，二级 ID 的范围为 0x00～0xFF，不同模块的二级 ID 可以重复。初始状态下，模块 ID 只有 MODULE_SYS，因此，二级 ID 也只有与之对应的二级 ID 枚举 EnumSysSecondID 的定义。EnumSysSecondID 在初始状态下有 6 个元素，分别是 DAT_RST、DAT_SYS_STS、DAT_SELF_CHECK、DAT_CMD_ACK、CMD_RST_ACK 和 CMD_GET_POST_RSLT，这些二级 ID 分别对应系统复位信息数据包、系统状态数据包、系统自检结果数据包、命令应答数据包、模块复位信息应答命令包和读取自检结果命令包。

（4）PackUnpack 模块有 4 个 API 函数，分别是初始化打包解包模块函数 InitPackUnpack、对数据进行打包函数 PackData、对数据进行解包函数 UnPackData，以及读取解包后数据包函数 GetUnPackRslt。

程序清单 13-1

```
/*********************************************************************************
* 模块名称：PackUnpack.h
* 摘    要：PackUnpack 模块
* 当前版本：1.0.0
* 作    者：SZLY(COPYRIGHT 2018 - 2020 SZLY. All rights reserved.)
* 完成日期：2020 年 01 月 01 日
* 内    容：
* 注    意：
* *******************************************************************************/
* 取代版本：
* 作    者：
* 完成日期：
* 修改内容：
* 修改文件：
* ********************************************************************************/
```

```
#ifndef _PACK_UNPACK_H_
#define _PACK_UNPACK_H_

/**********************************************************************
*                          包含头文件
**********************************************************************/
#include "DataType.h"
#include "SCIB.h"


/**********************************************************************
*                            宏定义
**********************************************************************
***********/


/**********************************************************************
*                        枚举结构体定义
**********************************************************************/
//包类型结构体
typedef struct
{
  u8 packModuleId;      //模块 ID
  u8 packHead;          //数据头
  u8 packSecondId;      //二级 ID
  u8 arrData[6];        //数据
  u8 checkSum;          //校验和
}StructPackType;

//枚举定义，定义模块 ID，0x00～0x7F，不可以重复
typedef enum
{
  MODULE_SYS      = 0x01,  //系统信息

  MODULE_WAVE     = 0x71,  //wave 模块信息


  MAX_MODULE_ID   = 0x80
}EnumPackID;

//定义二级 ID，0x00～0xFF，因为是分属于不同的模块 ID，因此不同模块 ID 的二级 ID 可以重复
//系统模块的二级 ID
typedef enum
{
  DAT_RST          = 0x01,        //系统复位信息
  DAT_SYS_STS      = 0x02,        //系统状态
  DAT_SELF_CHECK   = 0x03,        //系统自检结果
  DAT_CMD_ACK      = 0x04,        //命令应答

  CMD_RST_ACK      = 0x80,        //模块复位信息应答
  CMD_GET_POST_RSLT = 0x81,       //读取自检结果
}EnumSysSecondID;


/**********************************************************************
```

```
*                                           API 函数声明
*************************************************************************/
void    InitPackUnpack(void);              //初始化 PackUnpack 模块
u8      PackData(StructPackType* pPT);      //对数据进行打包, 1-打包成功, 0-打包失败
u8      UnPackData(u8 data);                //对数据进行解包, 1-解包成功, 0-解包失败

StructPackType  GetUnPackRslt(void);        //读取解包后数据包

#endif
```

13.2.4　PCT 通信协议应用

13.2.3 节已详细介绍了 PCT 通信协议及其实现, 无论是本章的 DAC 实验, 还是第 14 章的 ADC 实验, 都涉及该协议。DAC 实验和 ADC 实验的流程图如图 13-16 所示。在 DAC 实验中, 从机(医疗电子 DSP 基础开发系统)接收来自主机(计算机上的信号采集工具)的生成波形命令包, 对接收到的命令包进行解包, 根据解包后的命令(生成正弦波、三角波或方波命令), 调用 OnGenWave 函数控制 DAC 输出对应的波形。在 ADC 实验中, 从机通过 ADC 接收波形信号, 并进行模/数转换, 再将转换后的波形数据进行打包处理, 最后将打包后的波形数据包发送至主机。

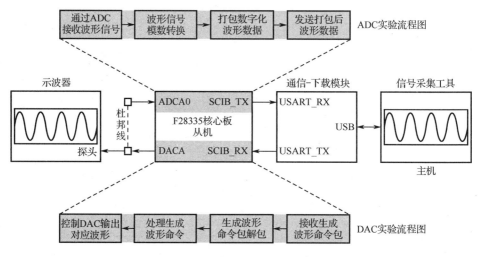

图 13-16　DAC 实验和 ADC 实验流程图

信号采集工具界面如图 13-17 所示, 该工具用于控制医疗电子 DSP 基础开发系统输出不同波形, 并接收和显示医疗电子 DSP 基础开发系统发送到计算机的波形数据。通过左下方的"波形选择"下拉菜单控制输出不同的波形, 右侧黑色区显示从医疗电子 DSP 基础开发系统接收到的波形数据, 串口参数可以通过左侧栏设置, 串口状态可以通过状态栏查看(图中显示"串口已关闭")。

信号采集工具在 DAC 实验和 ADC 实验中扮演主机角色, 医疗电子 DSP 基础开发系统扮演从机角色, 主机和从机之间的通信采用 PCT 通信协议。下面介绍这两个实验采用的 PCT 通信协议。

主机到从机有一个生成波形的命令包, 从机到主机有一个波形数据包, 两个数据包属于同一个模块, 将其定义为 wave 模块, wave 模块的模块 ID 取值为 0x71。

wave 模块的生成波形命令包的二级 ID 取值为 0x80，该命令包的定义如图 13-18 所示。

图 13-17　信号采集工具界面

模块ID	HEAD	二级ID	DAT1	DAT2	DAT3	DAT4	DAT5	DAT6	CHECK
71H	数据头	80H	波形类型	保留	保留	保留	保留	保留	校验和

图 13-18　wave 模块生成波形命令包的定义

波形类型的定义如表 13-3 所示。注意，复位后，波形类型取值为 0x00。

表 13-3　波形类型的定义

位	定　义
7:0	波形类型：0x00-正弦波，0x01-三角波，0x02-方波

wave 模块的波形数据包的二级 ID 为 0x01，该数据包的定义如图 13-19 所示，一个波形数据包包含 5 个连续的波形数据，对应波形上连续的 5 个点。波形数据包每 8ms 由从机发送给主机一次。

模块ID	HEAD	二级ID	DAT1	DAT2	DAT3	DAT4	DAT5	DAT6	CHECK
71H	数据头	01H	波形数据1	波形数据2	波形数据3	波形数据4	波形数据5	保留	校验和

图 13-19　wave 模块波形数据包的定义

从机接收到主机发送的命令后，向主机发送命令应答数据包，图 13-20 所示为命令应答数据包的定义。

模块ID	HEAD	二级ID	DAT1	DAT2	DAT3	DAT4	DAT5	DAT6	CHECK
01H	数据头	04H	模块ID	二级ID	应答消息	保留	保留	保留	校验和

图 13-20　命令应答数据包的定义

应答消息的定义如表 13-4 所示。

表 13-4　应答消息的定义

位	定　义
7:0	应答消息：0-命令成功，1-校验和错误，2-命令包长度错误，3-无效命令，4-命令参数数据错误，5-命令不接受

主机和从机的 PCT 通信协议明确之后,接下来介绍该协议在 DAC 实验和 ADC 实验中的应用。按照模块 ID 和二级 ID 的定义,分两步更新 PackUnpack.h 文件。

（1）在枚举 EnumPackID 的定义中,将 wave 模块对应的元素定义为 MODULE_WAVE,该元素取值为 0x71,将新增的 MODULE_WAVE 元素添加至 EnumPackID 中,如程序清单 13-2 所示。

程序清单 13-2

```
//枚举定义,定义模块 ID, 0x00~0x7F, 不可以重复
typedef enum
{
MODULE_SYS      = 0x01,            //系统信息
MODULE_WAVE     = 0x71,            //wave 模块信息

  MAX_MODULE_ID  = 0x80
}EnumPackID;
```

（2）添加完模块 ID 的枚举定义,还需要进一步添加二级 ID 的枚举定义。wave 模块包含一个波形数据包和一个生成波形命令包,这里将数据包元素定义为 DAT_WAVE_WDATA,取值为 0x01；将命令包元素定义为 CMD_GEN_WAVE,取值为 0x80。最后,将 DAT_WAVE_WDATA 和 CMD_GEN_WAVE 元素添加至 EnumWaveSecondID 中,如程序清单 13-3 所示。

程序清单 13-3

```
//Wave 模块的二级 ID
typedef enum
{
  DAT_WAVE_WDATA = 0x01,        //波形数据

  CMD_GEN_WAVE   = 0x80,        //生成波形命令
}EnumWaveSecondID;
```

PackUnpack 模块的 PackUnpack.c 和 PackUnpack.h 文件位于本书配套资料包的 "04.例程资料\Material" 文件夹中的 "12.DACExp" 和 "13.ADCExp" 中,建议读者深入分析该模块的实现和应用。

13.3　实验步骤

步骤 1：复制并编译原始工程

首先,将 "D:\F28335CCSTest\Material\12.DACExp" 文件夹复制到 "D:\F28335CCSTest\Product" 文件夹中。然后,参照 2.3 节步骤 4,打开工程文件,单击 🔨 按钮。当 Console 栏显示 Finished building target: 12.DACExp.out 时,表示已经成功生成.out 文件；显示 Bulid Finished,表示编译成功。最后,将.out 文件下载到 F28335 的内部 Flash 中,可以观察到医疗电子 DSP 基础开发系统上的 LED0 和 LED1 交替闪烁,表示原始工程是正确的,可以进入下一步操作。

步骤 2：添加 DAC 文件对和 Wave 文件对

将 "D:\F28335CCSTest\Product\12.DACExp\HW" 文件夹中的 DAC.c 和 Wave.c 添加到 HW 分组,具体操作可参见 2.3 节步骤 7。

步骤 3：完善 DAC.h 文件

单击 按钮，进行编译，编译结束后，在 Project Explorer 面板中，双击 DAC.c 中的 DAC.h。在 DAC.h 文件的"包含头文件"区，添加代码#include "DSP28x_Project.h"。

在 DAC.h 文件的"枚举结构体定义"区，添加如程序清单 13-4 所示的结构体定义代码。

程序清单 13-4

```
//枚举定义，定义波形类型，0x00~0x02
typedef enum
{
  SINE_WAVE = 0x00,  //正弦波
  TRI_WAVE  = 0x01,  //方波
  RECT_WAVE = 0x02,  //三角波

  MAX_WAVE  = 0x80
}EnumWaveType;
```

在 DAC.h 文件的"API 函数声明"区，添加如程序清单 13-5 所示的 API 函数声明代码。其中，InitDAC 函数用于初始化 DAC 模块；SetDACWave 函数用于设置 DAC 波形类型；SendDACWave 函数用于发送 DAC 波形。

程序清单 13-5

```
void InitDAC(void); //初始化 DAC 模块
void SetDACWave(EnumWaveType type); //设置 DAC 波形类型
void SendDACWave(void); //发送 DAC 波形（每次发送一个点）
```

步骤 4：完善 DAC.c 文件

在 DAC.c 文件的"包含头文件"区的最后，添加代码#include "Wave.h"。

在 DAC.c 文件的"内部变量"区，添加如程序清单 13-6 所示的内部变量定义代码。指针变量 s_pAddr 用于存储波形存放数组的地址。

程序清单 13-6

```
static unsigned int* s_pAddr; //波形存放数组的地址
```

在 DAC.c 文件的"内部函数声明"区，添加内部函数的声明代码，如程序清单 13-7 所示。ConfigDAC7612GPIO 函数用于配置 DAC7612 的 GPIO；DAC7612SendData 函数用于DAC7612 发送数据。

程序清单 13-7

```
static void ConfigDAC7612GPIO(void); //配置 DAC7612 的 GPIO
static void DAC7612SendData(unsigned char ch, unsigned int dac); //DAC7612 发送数据
```

在 DAC.c 文件的"内部函数实现"区，添加 ConfigDAC7612GPIO 函数的实现代码，如程序清单 13-8 所示。DAC7612 涉及的 GPIO 为 GPIO54、GPIO56、GPIO55 和 GPIO57，ConfigDAC7612GPIO 函数将这几个 GPIO 设置为通用 I/O 并将它们设置为输出，之后将 GPIO57 电平设置为高电平，GPIO55 电平设置为低电平，完成 DAC7612 的 GPIO 的初始化。

程序清单 13-8

```
static void ConfigDAC7612GPIO(void)
{
  EALLOW; //允许编辑受保护寄存器
  GpioCtrlRegs.GPBMUX2.bit.GPIO54 = 0;  //设置 GPIO54 为通用 I/O
  GpioCtrlRegs.GPBMUX2.bit.GPIO56 = 0;  //设置 GPIO56 为通用 I/O
```

```
GpioCtrlRegs.GPBMUX2.bit.GPIO55 = 0;  //设置 GPIO55 为通用 I/O
GpioCtrlRegs.GPBMUX2.bit.GPIO57 = 0;  //设置 GPIO57 为通用 I/O

GpioCtrlRegs.GPBDIR.bit.GPIO54 = 1;     //设置 GPIO54 为输出
GpioCtrlRegs.GPBDIR.bit.GPIO56 = 1;     //设置 GPIO56 为输出
GpioCtrlRegs.GPBDIR.bit.GPIO55 = 1;     //设置 GPIO55 为输出
GpioCtrlRegs.GPBDIR.bit.GPIO57 = 1;     //设置 GPIO57 为输出
EDIS;   //禁止编辑受保护寄存器

GpioDataRegs.GPBSET.bit.GPIO57 = 1;     //设置 GPIO57 输出电平为高电平
GpioDataRegs.GPBCLEAR.bit.GPIO55 = 1; //设置 GPIO55 输出电平为低电平
}
```

在 DAC.c 文件的"内部函数实现"区的 ConfigDAC7612GPIO 函数实现区后，添加 DAC7612SendData 函数的实现代码，如程序清单 13-9 所示。DAC7612SendData 函数首先将 dac 的值赋给 data，然后判断 ch 的值，若 ch 为 1，则 DAC 数据通过 14 位的串行移位寄存器加载到 DAC 寄存器 A；若 ch 为 2，则 DAC 数据加载到 DAC 寄存器 B。最后使能指定引脚，完成数据的发送。

程序清单 13-9

```
static void DAC7612SendData(unsigned char ch, unsigned int dac)
{
  int i;
  unsigned long data = 0;

  data = data | dac;

  if(ch == 1)
  {
    data = data | 0x2000;
  }
  else if(ch == 2)
  {
    data = data | 0x3000;
  }

  GpioDataRegs.GPBCLEAR.bit.GPIO55 = 1;
  DELAY_US(1);

  for(i = 0; i < 14;i++)
  {
    GpioDataRegs.GPBCLEAR.bit.GPIO56 = 1;

    if(data & 0x2000)
    {
      GpioDataRegs.GPBSET.bit.GPIO54 = 1;
    }
    else
    {
      GpioDataRegs.GPBCLEAR.bit.GPIO54 = 1;
    }
```

```
  DELAY_US(1);

  GpioDataRegs.GPBSET.bit.GPIO56 = 1;
  data <<= 1;
  GpioDataRegs.GPBCLEAR.bit.GPIO56 = 1;
 }

 DELAY_US(1);
 GpioDataRegs.GPBCLEAR.bit.GPIO57 = 1;
 DELAY_US(1);
 GpioDataRegs.GPBSET.bit.GPIO57 = 1;

 DELAY_US(1);
 GpioDataRegs.GPBSET.bit.GPIO55 = 1;
}
```

在 DAC.c 文件的"API 函数实现"区,添加 InitDAC 函数的实现代码,如程序清单 13-10
所示。InitDAC 函数通过调用 ConfigDAC7612GPIO 函数来配置 DAC7612 的 GPIO,调用
SetDACWave 函数将 DAC7612 初始输出设置为正弦波。

程序清单 13-10

```
void InitDAC(void)
{
  ConfigDAC7612GPIO();    //配置 DAC7612 的 GPIO

  SetDACWave(SINE_WAVE); //设置 DAC7612 输出正弦波
}
```

在 DAC.c 文件 "API 函数实现"区的 InitDAC 函数实现区后,添加 SetDACWave 与
SendDACWave 函数的实现代码,如程序清单 13-11 所示。SetDACWave 函数用于设置 DAC
波形类型,包括正弦波、三角波和方波;SendDACWave 函数用于发送 DAC 波形。本实验调
用 SetDACWave 函数来切换不同的波形通过 DAC 通道输出。

程序清单 13-11

```
void SetDACWave(EnumWaveType type)
{
  if(type == SINE_WAVE)
  {
    s_pAddr = GetSineWave100PointAddr();  //获取正弦波数组的地址
  }
  else if(type == TRI_WAVE)
  {
    s_pAddr = GetTriWave100PointAddr();   //获取三角波数组的地址
  }
  else if(type == RECT_WAVE)
  {
    s_pAddr = GetRectWave100PointAddr();  //获取方波数组的地址
  }
}


void SendDACWave(void)
{
```

```
static int s_iCnt100 = 0;

if(s_iCnt100 >= 99)
{
  s_iCnt100 = 0;
}
else
{
  s_iCnt100++;
}

DAC7612SendData(1, *(s_pAddr + s_iCnt100));
}
```

步骤 5：添加 ProcHostCmd 文件对

将 "D:\F28335CCSTest\Product\12.DACExp\App" 文件夹中的 ProcHostCmd.c 添加到 App 分组。

步骤 6：完善 ProcHostCmd.h 文件

单击 🔨 按钮，进行编译，编译结束后，在 ProcHostCmd.h 文件的 "枚举结构体定义" 区，添加如程序清单 13-12 所示的枚举定义代码。从机接收到主机发送的命令后，向主机发送应答消息，该枚举的元素即为应答消息，定义如表 13-4 所示。

程序清单 13-12

```
//应答消息定义
typedef enum{
  CMD_ACK_OK,        //0 命令成功
  CMD_ACK_CHECKSUM,  //1 校验和错误
  CMD_ACK_LEN,       //2 命令包长度错误
  CMD_ACK_BAD_CMD,   //3 无效命令
  CMD_ACK_PARAM_ERR, //4 命令参数数据错误
  CMD_ACK_NOT_ACC    //5 命令不接受
}EnumCmdAckType;
```

在 ProcHostCmd.h 文件的 "API 函数声明" 区，添加如程序清单 13-13 所示的 API 函数声明代码。InitProcHostCmd 函数用于初始化 ProcHostCmd 模块；ProcHostCmd 函数用于处理来自主机的命令。

程序清单 13-13

```
void  InitProcHostCmd(void);              //初始化 ProcHostCmd 模块
void  ProcHostCmd(unsigned char recData); //处理主机命令
```

步骤 7：完善 ProcHostCmd.c 文件

在 ProcHostCmd.c 文件的 "包含头文件" 区的最后，添加如程序清单 13-14 所示的代码。

程序清单 13-14

```
#include "PackUnpack.h"
#include "SendDataToHost.h"
#include "DAC.h"
#include "Wave.h"
```

在 ProcHostCmd.c 文件的 "内部函数声明" 区添加内部函数的声明代码，如程序清单 13-15 所示。OnGenWave 函数是生成波形命令的响应函数。

程序清单 13-15

```
static unsigned char  OnGenWave(unsigned char* pMsg);  //生成波形的响应函数
```

在 ProcHostCmd.c 文件的"内部函数实现"区，添加 OnGenWave 函数的实现代码，如程序清单 13-16 所示。OnGenWave 函数调用 SetDACWave 函数设置 DAC 波形类型，之后返回设置成功指令。

程序清单 13-16

```
static unsigned char OnGenWave(unsigned char* pMsg)
{
  SetDACWave((EnumWaveType)pMsg[0]); //设置 DAC 波形类型
  return(CMD_ACK_OK); //返回命令成功
}
```

在 ProcHostCmd.c 文件的"API 函数实现"区，添加 InitProcHostCmd 和 ProcHostCmd 函数的实现代码，如程序清单 13-17 所示。InitProcHostCmd 函数用于初始化 ProcHostCmd 模块，因为没有需要初始化的内容，函数体留空即可。对 ProcHostCmd 函数中的语句解释说明如下。

（1）定义一个 StructPackType 类型的结构体变量 pack，用于存放解包后的命令包。

（2）UnPackData 函数用于解包接收到的命令包。

（3）GetUnPackRslt 函数用于获取解包结果，并将解包结果赋值给结构体变量 pack。

（4）OnGenWave 函数根据 pack 的成员变量 packModuleId 生成不同的波形。

（5）SendAckPack 函数用于向主机发送响应消息包。

程序清单 13-17

```
void  InitProcHostCmd(void)
{

}

void ProcHostCmd(unsigned char recData)
{
  unsigned char ack;   //存储应答消息
  StructPackType pack; //包结构体变量

  while(UnPackData(recData))     //解包成功
  {
    pack = GetUnPackRslt();     //获取解包结果

    switch(pack.packModuleId)   //模块 ID
    {
      case MODULE_WAVE: //波形信息
        ack = OnGenWave(pack.arrData); //生成波形
        SendAckPack(MODULE_WAVE, CMD_GEN_WAVE, ack);  //发送命令应答消息包
        break;
      default:
        break;
    }
  }
}
```

步骤 8：完善 DAC 实验应用层

在 Project Explorer 面板中，双击打开 main.c 文件，在"包含头文件"区的最后，添加如

程序清单 13-18 所示的代码。

程序清单 13-18

```
#include "DAC.h"
#include "Wave.h"
#include "ProcHostCmd.h"
```

在 main.c 文件的 InitSoftware 函数中，添加调用 InitProcHostCmd 函数的代码，如程序清单 13-19 所示，这样就实现了对 ProcHostCmd 模块的初始化。

程序清单 13-19

```
static  void  InitSoftware(void)
{
  InitPackUnpack();        //初始化 PackUnpack 模块
  InitSendDataToHost();    //初始化 SendDataToHost 模块
  InitProcHostCmd();       //初始化 ProcHostCmd 模块
}
```

在 main.c 文件的 InitHardware 函数中，添加调用 InitDAC 函数的代码，如程序清单 13-20 所示，这样就实现了对 DAC 模块的初始化。

程序清单 13-20

```
static  void  InitHardware(void)
{
  SystemInit();        //初始化系统函数
InitXintf();           //初始化 Xintf 模块

#if DOWNLOAD_TO_FLASH
  MemCopy(&RamfuncsLoadStart, &RamfuncsLoadEnd, &RamfuncsRunStart);
  InitFlash();         //初始化 Flash 模块
#endif

  InitLED();           //初始化 LED 模块
  InitTimer();         //初始化 CPU 定时器模块
  InitSCIB(115200);    //初始化 SCIB 模块
  InitADC();           //初始化 ADC 模块
  InitDAC();           //初始化 DAC 模块

  EINT;                //使能全局中断
  ERTM;                //使能全局实时中断
}
```

在 main.c 文件的 Proc2msTask 函数中，添加调用 ReadSCIB 和 ProcHostCmd 函数的代码，以及 scibRecData 变量的定义代码，如程序清单 13-21 所示。ReadSCIB 函数用于读取主机发送给从机的命令；ProcHostCmd 函数用于处理接收到的主机命令。

程序清单 13-21

```
static  void  Proc2msTask(void)
{
  unsigned int  adcData;       //队列数据
  unsigned char waveData;      //波形数据
  unsigned char scibRecData;   //串口数据

  static unsigned char s_iCnt4 = 0;      //计数器
```

```
static unsigned char s_iPointCnt = 0; //波形数据包的点计数器
static unsigned char s_arrWaveData[5] = {0}; //初始化数组

if(Get2msFlag())  //检查 2ms 标志状态
{
  if(ReadSCIB(&scibRecData, 1))    //读串口接收数据
  {
    ProcHostCmd(scibRecData);      //处理命令
  }

  if(s_iCnt4 >= 3) //达到 8ms
  {
    if(ReadADCBuf(&adcData))  //从缓存队列中取出 1 个数据
    {
      waveData = adcData >> 5;  //将数据范围由 0-4095 压缩至 0-127
      s_arrWaveData[s_iPointCnt] = waveData;  //存放到数组
      s_iPointCnt++;  //波形数据包的点计数器加 1 操作

      if(s_iPointCnt >= 5)  //接收到 5 个点
      {
        s_iPointCnt = 0;  //计数器清零
        SendWaveToHost(s_arrWaveData);  //发送波形数据包
      }
    }

    SendDACWave(); //发送 DAC 波形
    s_iCnt4 = 0;   //准备下次的循环
  }
  else
  {
    s_iCnt4++; //计数递增
  }

  LEDFlicker(250);//调用闪烁函数
  Clr2msFlag();   //清除 2ms 标志
}
}
```

步骤 9：编译及下载验证

　　代码编写完成后，编译工程，然后下载.out 文件到医疗电子 DSP 基础开发系统，具体操作参见 2.3 节步骤 9。下载完成后，将医疗电子 DSP 基础开发系统的 ADCA0 引脚通过杜邦线连接到 DACA 测试点，并通过通信-下载模块将医疗电子 DSP 基础开发系统连接到计算机，打开信号采集工具（位于本书配套资料包的 "08.软件资料" 文件夹中）。DAC 实验硬件连接图如图 13-21 所示。

　　在信号采集工具窗口中，单击左侧的 "扫描" 按钮，选择通信-下载模块对应的串口号（提示：每台机器的 COM 编号可能不同）。将 "波特率" 设置为 115200，"数据位" 设置为 8，"停止位" 设置为 1，"校验位" 设置为 NONE，然后单击 "打开" 按钮（单击之后，按钮名称将切换为 "关闭"）。信号采集工具的状态栏显示 "COM3 已打开，115200，8，One，None"；同时，在波形显示区可以实时观察到正弦波，如图 13-22 所示。

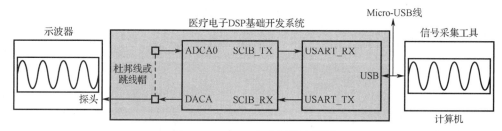

图 13-21   DAC 实验硬件连接图

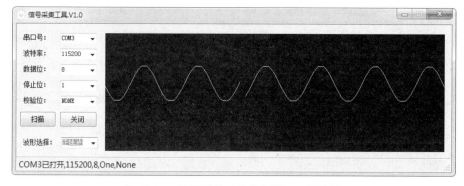

图 13-22   波形采集工具实测图——正弦波

在示波器上也可以观察到正弦波，如图 13-23 所示。

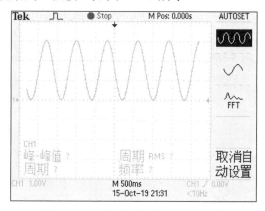

图 13-23   示波器实测图——正弦波

在信号采集工具窗口左下方的"波形选择"下拉框中选择三角波，可以在波形显示区实时观察到三角波，如图 13-24 所示。

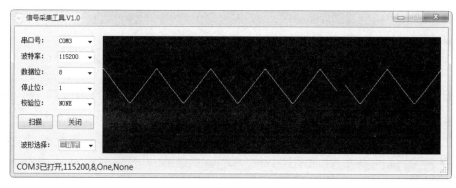

图 13-24   波形采集工具实测图——三角波

在示波器上观察到的三角波如图 13-25 所示。

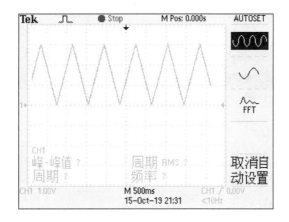

图 13-25　示波器实测图——三角波

选择方波，可以在波形显示区实时观察到方波，如图 13-26 所示。

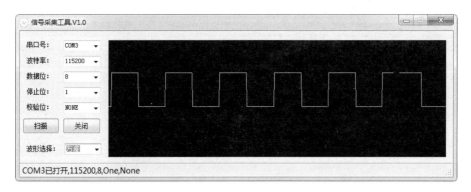

图 13-26　波形采集工具实测图——方波

在示波器上观察到的方波如图 13-27 所示。

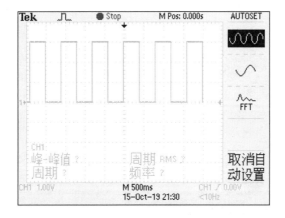

图 13-27　示波器实测图——方波

本 章 任 务

　　基于医疗电子 DSP 基础开发系统编写程序，通过 DAC 输出正弦波、方波和三角波；通过医疗电子 DSP 基础开发系统上的按键 KEY0 可以切换波形类型，并将波形类型显示在 OLED 显示屏上；通过按键 KEY1 可以对波形的幅值进行递增调节；通过按键 KEY2 可以对波形的幅值进行递减调节。最后将波形的变化情况通过信号采集工具显示出来。

本 章 习 题

　　1. 简述 DAC7612 芯片的特点。

　　2. 根据 DAC7612 时序图，简述其作用。

　　3. 简述本实验中的 DAC 工作原理。

　　4. 计算本实验中 DAC 输出的正弦波的周期。

　　5. 本实验中的 DAC 模块配置为 12 位电压输出数/模转换器，这里的"12 位"代表什么？如果将 DAC 输出数据设置为 4095，则引脚输出的电压是多少？

第14章 实验13——ADC

ADC（Analog to Digital Converter），即模/数转换器。TMS320F28335 芯片内嵌 1 个 12 位 ADC 模块，该 ADC 模块公用多达 16 个采样通道，可以实现单次或多次扫描转换。本章首先介绍 ADC 及 ADC 部分寄存器，然后通过实验介绍如何通过 ADC 进行模/数转换。

14.1 实验内容

将 TMS320F28335 芯片的 ADCINA0 引脚连接到 DAC7612 模块的 DACA 测试点，编写程序实现以下功能：（1）通过 ADC 模块对 ADCINA0 引脚的模拟信号量进行采样及模/数转换；（2）将转换后的数字量按照 PCT 通信协议进行打包；（3）通过医疗电子 DSP 基础开发系统的 SCIB 将打包后的数据实时发送至计算机；（4）通过信号采集工具动态显示接收到的波形。

14.2 实验原理

14.2.1 ADC 功能框图

图 14-1 所示是 ADC 的功能框图，下面依次介绍时钟及采样频率、功能引脚、触发源、序列发生器、模拟多路复用器、采样保持器、12 位 ADC 模块及 ADC 转换结果。

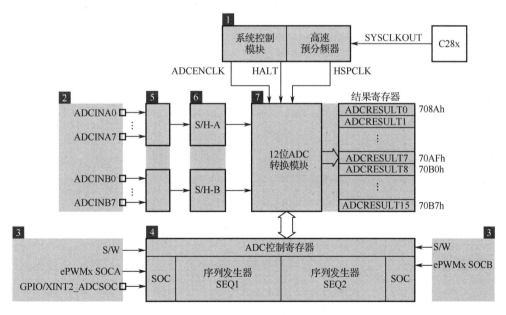

图 14-1 ADC 功能框图

1. 时钟及采样频率

TMS320F28335 的系统时钟通过高速预分频器得到 HSPCLK，用户可以通过 ADCTRL3 的 ADCCLKPS 对 HSPCLK 进一步分频，再经 ADCTRL1 中的 CPS 分频后即可得到 ADC 模块的时钟 ADCCLK。之后可以通过 ADCTRL1 中的 ACQ_PS 对 ADCCLK 进行分频，用于指定 ADC 的采样窗口。注意，不要将 ADCCLK 设置为最高的 12.5MHz，采样串口必须保证 ADC 采样电容有足够的时间来反映输入引脚的电压信号，因此不要将 ACQ_PS 设置为 0，除非外部电路已做处理。

2. 功能引脚

TMS320F28335 的内部仅有 1 个 ADC 模块，但 ADC 模块有 16 个采样通道，分为 2 组：一组为 ADCINA0～ADCINA7；另一组为 ADCINB0～ADCINB7，每个通道对应一个功能引脚。

3. 触发源

ADC 模块有多个触发源可以启动转换序列，分别是软件触发（S/W）、ePWM 触发（ePWM1～ePWM6）和外部触发（GPIO/XINT2）。

4. 序列发生器

在双排模式下，SEQ1 和 SEQ2 分别应用于 2 组采样通道，SEQ1 对应 A 通道 ADCINA0～ADCINA7，SEQ2 对应 B 通道 ADCINB0～ADCINB7。SEQ1 启动方式有 3 种：软件触发、ePWM_SOCA 触发和外部触发。SEQ2 启动方式有 2 种：软件触发和 ePWM_SOCB 触发。在级联模式下，SEQ1 和 SEQ2 级联成一个 16 状态序列发生器 SEQ，此时 SEQ 启动方式需借用 SEQ1 的启动方式。

5. 模拟多路复用器

ADC 模块具有多个输入通道，但内部只有一个转换器。当有多路信号需要转换时，ADC 模块通过模拟多路复用器的控制，同一时间只允许 1 路信号输入 ADC 的转换器中，这就是序列发生器的作用。

TMS320F28335 具有 2 种排序方式：级联序列发生器和双排序列发生器。在级联模式下，SEQ1 和 SEQ2 级联成一个 16 状态序列发生器；在双排模式下，序列发生器由 2 个 SEQ1 和 2 个 SEQ2 组成。

6. 采样保持器

ADC 模块的 16 个采样通道分成 2 组：一组为 ADCINA0～ADCINA7（A 组）；另一组为 ADCINB0～ADCINB7（B 组）。A 组的采样通道使用采样保持器 A（S/H-A），B 组的采样通道使用采样保持器 B（S/H-B）。

7. 12 位 ADC 模块及 ADC 转换结果

ADC 模块有 16 个结果寄存器（ADCRESULT0～ADCRESULT15），用于保存转换的结果。每个结果寄存器是 16 位的，而 TMS320F28335 的 ADC 模块是 12 位的，即转换后的数值按照右对齐的方式存放在结果寄存器中。

如果模拟输入电压为 3V，ADC 转换结果寄存器的高 12 位均为 1，低 4 位均为 0，则此时结果寄存器中的数字量为 0xFFF，即 4095。如果模拟输入电压为 0V，则结果寄存器中的数字量为 0。由于 ADC 转换的特性是具有线性关系，可用下式表示：

$$ADCResult=(ADCInput-ADCLO)/3.0×4095$$

其中，ADCResult 是结果寄存器中的数字量；ADCInput 是模拟电压输入量；ADCLO 是 ADC 转换的参考电平，实际使用时将其与 AGND 连在一起，此时 ADCLO 的值是 0。

14.2.2 ADC 实验逻辑框图分析

图 14-2 是 ADC 实验逻辑框图，其中，ePWM1 的 SOCA 设置为 ADC 的触发源，每 8ms 触发一次，用于对 ADC1INA0 的模拟信号量进行模/数转换，每次转换结束后，ADC 会把 ADCRESULT0 中的数据发送到 RAM 中。ADC 每 8ms 通过中断服务函数 WriteADCBuf 将 ADCRESULT0 变量值存入 s_structADCCirQue 缓冲区，该缓冲区是一个循环队列，应用层通过函数 ReadADCBuf 读取其中的数据。图 14-2 中灰色部分的代码已由本书配套的资料包提供，本实验只需要完成 ADC 采样和处理部分。

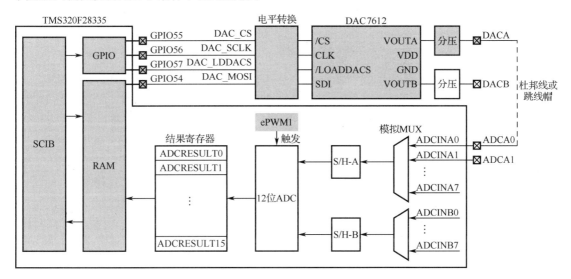

图 14-2　ADC 实验逻辑框图

14.2.3 ADC 缓冲区

如图 14-3 所示，写 ADC 缓冲区实际上是间接调用 EnADCQueue 函数实现，读 ADC 缓冲区实际上是间接调用 DeADCQueue 函数实现。ADC 缓冲区的大小由 ADC_BUF_SIZE 决定，本实验中，ADC_BUF_SIZE 取 100，该缓冲区的变量类型为 int 型。

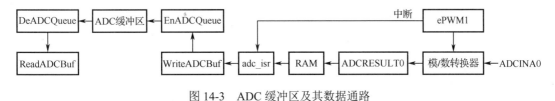

图 14-3　ADC 缓冲区及其数据通路

14.2.4 ADC 部分寄存器

ADC 寄存器由 28 个相关寄存器组成，集中映射在外设帧 2 的地址空间 0x7100～0x711F，其中 16 个 ADC 结果寄存器是双映射寄存器，供 CPU 存取的 16 个 ADC 结果寄存器映射在外设帧 2 的地址空间 0x7108～0x710F，供 DMA 存取的 16 个 ADC 结果寄存器映射在外设帧 0 的地址空间 0x0B00～0x0B0F，如表 14-1 所示。

表 14-1　ADC 寄存器（不受 EALLOW 保护）

名　　称	地址 1	地址 2	大小（×16 位）	寄存器描述
ADCTRL1	0x7100		1	ADC 控制寄存器
ADCTRL2	0x7101		1	ADC 控制寄存器
ADCMAXCONV	0x7102		1	ADC 最大转换通道数寄存器
ADCCHSELSEQ1	0x7103		1	ADC 通道选择定序控制寄存器
ADCCHSELSEQ2	0x7104		1	ADC 通道选择定序控制寄存器
ADCCHSELSEQ3	0x7105		1	ADC 通道选择定序控制寄存器
ADCCHSELSEQ4	0x7106		1	ADC 通道选择定序控制寄存器
ADCASEQSR	0x7107		1	ADC 自动定序状态寄存器
ADCRESULT0	0x7108	0x0B00	1	ADC 转换结果缓冲寄存器 0
ADCRESULT1	0x7109	0x0B01	1	ADC 转换结果缓冲寄存器 1
ADCRESULT2	0x710A	0x0B02	1	ADC 转换结果缓冲寄存器 2
ADCRESULT3	0x710B	0x0B03	1	ADC 转换结果缓冲寄存器 3
ADCRESULT4	0x710C	0x0B04	1	ADC 转换结果缓冲寄存器 4
ADCRESULT5	0x710D	0x0B05	1	ADC 转换结果缓冲寄存器 5
ADCRESULT6	0x710E	0x0B06	1	ADC 转换结果缓冲寄存器 6
ADCRESULT7	0x710F	0x0B07	1	ADC 转换结果缓冲寄存器 7
ADCRESULT8	0x7110	0x0B08	1	ADC 转换结果缓冲寄存器 8
ADCRESULT9	0x7111	0x0B09	1	ADC 转换结果缓冲寄存器 9
ADCRESULT10	0x7112	0x0B0A	1	ADC 转换结果缓冲寄存器 10
ADCRESULT11	0x7113	0x0B0B	1	ADC 转换结果缓冲寄存器 11
ADCRESULT12	0x7114	0x0B0C	1	ADC 转换结果缓冲寄存器 12
ADCRESULT13	0x7115	0x0B0D	1	ADC 转换结果缓冲寄存器 13
ADCRESULT14	0x7116	0x0B0E	1	ADC 转换结果缓冲寄存器 14
ADCRESULT15	0x7117	0x0B0F	1	ADC 转换结果缓冲寄存器 15
ADCTRL3	0x7118		1	ADC 控制寄存器 3
ADCST	0x7119		1	ADC 状态寄存器
被保留	0x711A-0x711B		2	—
ADCREFSEL	0x711C		1	ADC 基准选择寄存器
ADCOFFTRIM	0x711D		1	ADC 偏移调整寄存器
被保留	0x711E-0x711F		2	—

1．ADC 控制寄存器 1（ADCTRL1）

ADCTRL1 的结构、地址和复位值如图 14-4 所示，对部分位的解释说明如表 14-2 所示。

地址：0x7100
复位值：0x0000 0000

15	14	13	12	11	10	9	8
Reserved	RESET	SUSMOD[1:0]		ACQ_PS[3:0]			
R-0	R/W-0	R/W-0	R/W-0	R/W-0	R/W-0	R/W-0	R/W-0

7	6	5	4	3	2	1	0
CPS	CONT_RUN	SEQ_OVRD	SEQ_CASC	Reserved			
R/W-0	R/W-0	R/W-0	R/W-0	R/W-0	R/W-0	R/W-0	R-0

图 14-4　ADCTRL1 的结构、地址和复位值

表 14-2　ADCTRL1 部分位的解释说明

位 15	保留位，读时返回 0，写无效
位 14	ADC 模块软件复位。该位可以使整个 ADC 模块复位。当芯片复位引脚被拉低时（或上电复位后），所有的寄存器和序列发生器状态机构复位到初始状态。这是一个一次性的影响位，即该位置 1 后，立即可以自动清零。读取该位时，返回 0。ADC 复位信号需要锁存 3 个时钟周期，即 ADC 复位后，3 个时钟周期内不能改变 ADC 的控制寄存器。 0：写 0 无效； 1：复位整个 ADC 模块（ADC 控制逻辑将该位清零）
位 13～12	仿真暂停模式位。这两位决定仿真暂停时执行的操作（例如，调试器遇到一个断点）。 00：模式 0 忽略仿真暂停； 01：模式 1 当前的序列完成时，序列发生器和其他数字电路逻辑停止，锁存最后结果，更新状态机； 10：模式 2 当前的转换完成时，序列发生器和其他数字电路逻辑停止，锁存最后结果，更新状态机； 11：模式 3 在仿真暂停时，序列发生器和其他数字电路逻辑立即停止
位 11～8	采集窗口大小设置位。该位控制 SOC 脉冲的宽度，同时也确定了采样开关闭合的时间。SOC 脉冲的宽度是（ACQ_PS+1）个 ADCLK 周期数
位 7	ADC 内核时钟预分频位，用来对外设时钟 HSPCLK 进行分频。 该预定标器用于对外设高速时钟 HSPCLK 进行分频。 0：ADCCLK=F_{clk}/1； 1：ADCCLK=F_{clk}/2； 注意，F_{clk} 为经过 ADCCLKPS[3:0]分频后的信号
位 6	连续运行位。该位决定了序列发生器运行在连续方式还是启动/停止方式。当一个当前转换正在进行时，可对该位进行写操作。在当前序列转换结束时，该位将起作用；即在 EQS 出现前，也就是采取有效的动作前，可以用软件设置/清除该位。在连续方式下，没必要复位序列发生器；然而，在启动/停止方式下，必须复位序列发生器，将转换器置为 CONVOO。 0：启动/停止模式，到达 EOS 后，序列发生器停止。除非复位序列发生器，否则，在下一个 SOC，序列发生器将从它结束的状态开始； 1：连续转换模式，到达 EOS 后，序列发生器从状态 CONV00（对于 SEQ1 和级联方式）或 CONVO8（对于 SEQ2）开始
位 5	排序器过载位。 0：转换完 MAX_CONVn 个通道后，排序器指针复位到初始状态； 1：最后一个排序状态后，排序器指针复位到初始状态
位 4	排序器级联操作选择位。本位决定 SEQ1 和 SEQ2 是作为两个 8 状态序列发生器运行还是一个 16 状态序列发生器（SEQ）。 0：双排序器模式，SBQ1 和 SEQ2 作为两个 8 状态序列发生器操作； 1：级联模式，SEQ1 和 SEQ2 级联起来，作为一个 16 状态序列发生器操作（SEQ）
位 3～0	保留位，读时返回 0，写无效

2. ADC 控制寄存器 2（ADCTRL2）

ADCTRL2 的结构、地址和复位值如图 14-5 所示，对部分位的解释说明如表 14-3 所示。

地址：0x7101
复位值：0x0000 0000

15	14	13	12	11	10	9	8
ePWM_SOCB_SEQ	RST_SEQ1	SOC_SEQ1	Reserved	INT_ENA_SEQ1	INT_MOD_SEQ1	Reserved	ePWM_SOCA_SEQ1
R/W-0	R/W-0	R/W-0	R-0	R/W-0	R/W-0	R-0	R/W-0

7	6	5	4	3	2	1	0
EXT_SOC_SEQ1	RST_SEQ2	SOC_SEQ2	Reserved	INT_ENA_SEQ2	INT_MOD_SEQ2	Reserved	ePWM_SOCB_SEQ2
R/W-0	R/W-0	R/W-0	R-0	R/W-0	R/W-0	R-0	R/W-0

图 14-5　ADCTRL2 的结构、地址和复位值

表 14-3　ADCTRL2 部分位的解释说明

位 15	在级联排序发生器方式下，ePWM_SOCB 启动转换使能位。 0：无效； 1：允许 ePWM_SOCB 信号启动级联的序列发生器
位 14	复位序列发生器 1。 0：无效； 1：立即复位排序器 1 到 CONV00 状态
位 13	序列发生器 SEQ1 或级联序列发生器 SEQ 的启动转换触发位，此位可以通过以下几种方式进行置位： （1）S/W，软件对此位写 1； （2）ePWM_SOCA； （3）ePWM_SOCB，仅用于级联模式； （4）EXT，外部引脚（如 ADCSOC）。 0：写 0，清除悬挂的 SOC 触发信号；（注意，如果序列发生器已经启动，则此位自动清零，写 0 无反应。） 1：软件触发，从当前位置启动 SEQ1
位 12	保留，读取返回 0，写无效
位 11	SEQ1 中断使能位。该位使能 SEQ1 向 CPU 发出的中断请求。 0：禁止 SEQ1 的中断请求； 1：使能 SEQ1 的中断请求
位 10	SEQ1 中断模式位。 0：每个 SEQ1 序列结束时，置位 SEQ1 的中断标志位； 1：每隔一个 SEQ1 序列结束时，置位 SEQ1 的中断标志位
位 9	保留，读取返回 0，写无效
位 8	SEQ1 事件管理器 A 的 SOC 屏蔽位。 0：不能通过 ePWM_SOCA 触发启动 SEQ1； 1：允许 ePWM_S0CA 触发启动 SEQ1/SEQ
位 7	SEQ1 的外部信号启动转换位。 0：无效； 1：通过设定 GPIOXINT2SEL 可以使用端口 A（GPIO0～GPIO31）中的 XINT2 信号启动 ADC 转换过程
位 6	复位 SEQ2。 0：无效； 1：写 1 则立即将序列发生器 SEQ2 复位到 CONV08

续表

位 5	SEQ2 启动转换触发位。仅适用于双序列发生器模式，在级联方式中被忽略。该位可被下列触发置位： （1）S/W，软件对此位写 1； （2）ePWM_SOCB； 0：写 0，清除悬挂的 SOC 触发信号；（注意，如果序列发生器已经启动，则此位自动清零，写 0 无反应。） 1：软件触发，从当前位置启动 SEQ2（即空闲方式）
位 4	保留，读取返回 0，写无效
位 3	SEQ2 中断使能位。该位使能 SEQ2 向 CPU 提出的中断请求。 0：禁止 SEQ2 的中断请求； 1：使能 SEQ2 的中断请求
位 2	SEQ2 中断模式位。 0：每个 SEQ2 序列转换结束时，置位 SEQ2 的中断标志位； 1：每隔一个 SEQ2 序列结束时，置位 SEQ2 的中断标志位
位 1	保留，读取返回 0，写无效
位 0	0：不能通过 ePWM_SOCB 触发启动 SEQ2； 1：允许 ePWM_SOCB 触发启动 SEQ2

3．ADC 控制寄存器 3（ADCTRL3）

ADCTRL3 的结构、地址和复位值如图 14-6 所示，对部分位的解释说明如表 14-4 所示。

地址：0x7118
复位值：0x0000 0000

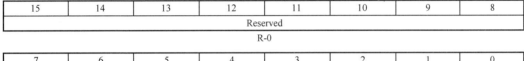

15	14	13	12	11	10	9	8
Reserved								
R-0								

7	6	5	4	3	2	1	0
ADCBGRFDN[1:0]		ADCPWDN	ADCCLKPS[3:0]				SMODE_SEL
R/W-0		R/W-0	R/W-0				R/W-0

图 14-6　ADCTRL3 的结构、地址和复位值

表 14-4　ADCTRL3 部分位的解释说明

位 15～8	保留，读返回 0，写无效
位 7～6	ADC 带隙（BandGap）和参考电源控制位。该位控制内部模拟的内部带隙和参考电路的电源。 00：带隙和参考源电路掉电； 11：带隙和参考源电路上电
位 5	ADC 掉电位状态位。该位控制带隙和参考源电路外的 ADC 其他模拟电路的供电。 0：除带隙和参考源电路外的 ADC 其他模拟电路掉电； 1：除带隙和参考源电路外的 ADC 其他模拟电路上电
位 4～1	ADC 内核时钟分频器。 高速外设预定标时钟 HSPCLK 被 2×ADCCLKPS[3:0]分频（ADCCLKPS[3:0]为 0 时除外，在这种情况下，HSPCLK 直接送出），分频后的时钟被 ACTRL1[7]+1 ADCCLKPS[3:0]进一步分频，产生 ADC 的内核时钟 ADCCLK。 0000：ADCCLK=HSPCLK/(ADCTRL1[7]+1) 0001：ADCCLK=HSPCLK/[2×(ADCTRL1[7]+1)]; 0010：ADCCLK=HSPCLK/[4×(ADCTRL1[7]+1)]; ⋮ 1111：ADCCLK=HSPCLK/[30×(ADCTRL1[7]+1)]

续表

位 0	采样模式选择位。该位可选择顺序方式或同步方式。 0：顺序采样模式； 1：同步采样模式

4. ADC 最大转换通道寄存器（ADCMAXCONV）

ADCMAXCONV 的结构、地址和复位值如图 14-7 所示，对部分位的解释说明如表 14-5 所示。

地址：0x7102
复位值：0x0000 0000

15	14	13	12	11	10	9	8	7	6	5	4	3	2	1	0
Reserved									MAX_CONV2[2:0]			MAX_CONV1[3:0]			
R-0									R/W-0			R/W-0			

图 14-7　ADCMAXCONV 的结构、地址和复位值

表 14-5　ADCMAXCONV 部分位的解释说明

位 15～7	保留，读返回 0，写无效
位 6～0	MAXCONVn 定义了一个自动转换序列中完成的最大转换通道数。该位根据序列发生器的工作模式变化而变化。 对 SEQ1 操作来说，使用 MAX_CONV1_[2～0]位； 对 SEQ2 操作来说，使用 MAX_CONV2_[2～0]位； 对 SEQ 操作来说，使用 MAX_CONV1_[3～0]位

5. ADC 输入通道选择排序控制寄存器（ADCCHSELSEQ1）

16 位 ADC 输入通道选择排序控制寄存器 1/2/3/4（ADCCHSELSEQ1/2/3/4）的每 4 位 CONVn（n=00～15）表示一个排序通道号，4 个 ADCCHSELSEQ1/2/3/4 共有 16 个 4 位位域变量 CONVnn（nn=00～15）。系统复位 CONVnn（n=00～15）默认值均为 0（对应 ADC 的通道 0：ADCINA0）。ADCCHSELSEQ1 的结构、地址和复位值如图 14-8 所示，CONVnn 与 ADC 模块输入选择通道的关系如表 14-6 所示。

地址：0x7103
复位值：0x0000 0000

15	14	13	12	11	10	9	8	7	6	5	4	3	2	1	0
CONV03[3:0]				CONV02[3:0]				CONV01[3:0]				CONV00[3:0]			
R/W-0				R/W-0				R/W-0				R/W-0			

图 14-8　ADCCHSELSEQ1 的结构、地址和复位值

表 14-6　CONVnn 和 ADC 模块输入选择通道的关系

CONVnn 值	ADC 输入选择通道	CONVnn 值	ADC 输入选择通道
0000	ADCINA0	1000	ADCINB0
0001	ADCINA1	1001	ADCINB1
0010	ADCINA2	1010	ADCINB2
0011	ADCINA3	1011	ADCINB3
0100	ADCINA4	1100	ADCINB4

CONVnn 值	ADC 输入选择通道	CONVnn 值	ADC 输入选择通道
0101	ADCINA5	1101	ADCINB5
0110	ADCINA6	1110	ADCINB6
0111	ADCINA7	1111	ADCINB7

6. 左对齐 ADC 转换结果缓冲寄存器（ADCRESULT0）

12 位 ADC 转换结果存储在 16 位 ADCRESULTn 中，有左对齐存储和右对齐存储两种存储方式。16 个模拟通道配置 16 个 ADC 转换结果缓冲寄存器（ADCRESULTn，n=0～15）。16 个 ADCRESULTn（n=0～15）双映射到外设帧 2（0x7108～0x7117，供 CPU 存取的 16 个转换结果寄存器）和外设帧 0（0x0B00～0x0B0F，供 DMA 存取的 16 个转换结果寄存器）的 16 个单元。外设帧 2（0x7108～0x7117）的 ADC 转换结果缓冲寄存器（ADCRESULTn）以左对齐方式存储的，其结构、地址和复位值如图 14-9 所示。

地址：0x7108-0x07117
复位值：0x0000 0000

15	14	13	12	11	10	9	8	7	6	5	4	3	2	1	0
D11	D10	D9	D8	D7	D6	D5	D4	D3	D2	D1	D0	Reserved			
R-0	R-0	R-0	R-0	R-0	R-0	R-0	R-0	R-0	R-0	R-0	R-0	R-0			

图 14-9　ADCRESULTn 的结构、地址和复位值

7. ADC 状态和标志寄存器（ADCST）

ADCST 的结构、地址和复位值如图 14-10 所示，对部分位的解释说明如表 14-7 所示。

地址：0x7119
复位值：0x0000 0000

15	14	13	12	11	10	9	8
Reserved							
R-0							

7	6	5	4	3	2	1	0
EOS_BUF2	EOS_BUF1	INT_SEQ2_CLR	INT_SEQ1_CLR	SEQ2_BSY	SEQ1_BSY	INT_SEQ2	INT_SEQ1
R-0	R-0	R/W-0	R/W-0	R-0	R-0	R-0	R-0

图 14-10　ADCST 的结构、地址和复位值

表 14-7　ADCST 部分位的解释说明

位 15～8	读返回 0，写无效
位 7	SEQ2 的序列缓冲器结束位。 在中断方式 0，即当 ADCTRL2[2]=0 时，该位不用或一直保持为 0 值； 在中断方式 1，即当 ADCTRL2[2]=1 时，在每一个 SEQ2 序列结束时出发； 设备复位时，该位清零，序列发生器复位或清除相应的中断标志位并不影响该位
位 6	SEQ1 的序列缓冲器结束位。 在中断方式 0，即当 ADCTRL2[10]=0 时，该位不用或一直保持为 0 值； 在中断方式 1，即当 ADCTRL2[10]=1 时，在每一个 SBQ1 序列结束时重复出现； 设备复位时，该位清零，序列发生器复位或清除相应的中断标志位并不影响该位

续表

位 5	中断清除位。 读该位总是返回 0，可以通过向该位写 1 清除标志位。 0：向该位写 0 无效； 1：向该位写 1，清除 SEQ2 中断标志位 INT SEQ2
位 4	中断清除位。 读该位总是返回 0，可以通过向该位写 1 清除标志位。 0：向该位写 0 无效； 1：向该位写 1，清除 SEQ1 中断标志位 INT SEQ1
位 3	SEQ2 忙状态位。 0：SEQ2 处于空闲状态，等待触发； 1：SEQ2 正在进行中，写该位无效
位 2	SEQ1 忙状态位。 0：SEQ1 处于空闲状态，等待触发； 1：SEQ1 正在进行中，写该位无效
位 1	SEQ2 中断标志位。 对该位进行写操作无效。 在中断方式 0，即当 ADCTRL2[2]=0 时，在每个 SEQ2 序列结束时将该位置 1； 在中断方式 1，即当 ADCTRL2[2]=1 时，如果 EOS_BUF2 被置位，则在 SEQ2 序列结束时，该位置 1。 0：没有 SEQ2 中断事件； 1：SEQ2 中断事件产生
位 0	SEQ1 中断标志位。 对该位进行写操作无效。 在中断方式 0，即当 ADCTRL2[10]=0 时，在 S8Q1 序列结束时将该位置 1； 在中断方式 1，即当 ADCTRL2[10]=1 时，如果 EOS_BUF1 被置位，则在 SEQ1 序列结束时，该位置 1。 0：没有 SEQ1 中断事件； 1：SEQ1 中断事件产生

8. ADC 参考源选择寄存器（ADCREFSEL）

ADCREFSEL 的结构、地址和复位值如图 14-11 所示，对部分位的解释说明如表 14-8 所示。

地址：0x711C
复位值：0x0000 0000

15	14	13	12	11	10	9	8	7	6	5	4	3	2	1	0
REF_SEL[1:0]		Reserved													
R/W-0							R/W-0								

图 14-11　ADCREFSEL 的结构、地址和复位值

表 14-8　ADCREFSEL 部分位的解释说明

位 15～14	参考电压选择位。 00：内部参考选择（默认）； 01：外部参考电压，ADCREFIN 引脚电压为 2.048V； 10：外部参考电压，ADCREFIN 引脚电压为 1.500V； 11：外部参考电压，ADCREFIN 引脚电压为 1.024V
位 13～0	参考校正数据保留位

14.3　实验步骤

步骤 1：复制并编译原始工程

首先，将"D:\F28335CCSTest\Material\13.ADCExp"文件夹复制到"D:\F28335CCSTest\Product"文件夹中。然后，参照 2.3 节步骤 4 打开工程文件，单击✎按钮。当 Console 栏显示 Finished building target: 13.ADCExp.out 时，表示已经成功生成.out 文件；显示 Bulid Finished，表示编译成功。最后，将.out 文件下载到 F28335 的内部 Flash 中，可以观察到医疗电子 DSP 基础开发系统上的 LED0 和 LED1 交替闪烁，表示原始工程是正确的，可以进入下一步操作。

步骤 2：添加 ADC 和 ADCQueue 文件对

将"D:\F28335CCSTest\Product\13.ADCExp\HW"文件夹中的 ADC.c 和 ADCQueue.c 添加到 HW 分组，具体操作可参见 2.3 节步骤 7。

步骤 3：完善 ADC.h 文件

单击✎按钮，进行编译，编译结束后，在 Project Explorer 面板中，双击 ADC.c 中的 ADC.h。在 ADC.h 文件的"包含头文件"区，添加代码#include "DSP28x_Project.h"。

在 ADC.h 文件的"宏定义"区，添加如程序清单 14-1 所示的宏定义代码。该宏定义为 ADC 缓冲区大小的定义。

程序清单 14-1

```
#define ADC_BUF_SIZE 100 //设置缓冲区的大小
```

在 ADC.h 文件的"API 函数声明"区，添加如程序清单 14-2 所示的 API 函数声明代码。其中，InitADC 函数用于初始化 ADC 模块；WriteADCBuf 函数用于写 ADC 缓冲区；ReadADCBuf 函数用于读 ADC 缓冲区。

程序清单 14-2

```
void InitADC(void);        //初始化 ADC
unsigned char WriteADCBuf(unsigned int d); //向 ADC 缓冲区写入数据
unsigned char ReadADCBuf(unsigned int *p); //从 ADC 缓冲区读取数据
```

步骤 4：完善 ADC.c 文件

在 ADC.c 文件的"包含头文件"区的最后，添加代码#include "ADCQueue.h"。

在 ADC.c 文件的"内部变量"区，添加如程序清单 14-3 所示的内部变量定义代码。其中，结构体变量 s_structADCCirQue 为 ADC 循环队列；数组 s_arrADCBuf 为 ADC 循环队列的缓冲区，该数组的大小 ADC1_BUF_SIZE 为缓冲区的大小。

程序清单 14-3

```
static StructADCCirQue  s_structADCCirQue;       //ADC 循环队列
static unsigned int s_arrADCBuf[ADC_BUF_SIZE]; //ADC 循环队列的缓冲区
```

在 ADC.c 文件的"内部函数声明"区，添加内部函数的声明代码，如程序清单 14-4 所示。adc_isr 为 ADC 中断服务函数。

程序清单 14-4

```
__interrupt void  adc_isr(void); //ADC 中断服务函数
```

在 ADC.c 文件的"内部函数实现"区，添加 adc_isr 函数的实现代码，如程序清单 14-5 所示。由于 ADCRESULT0 寄存器的低 4 位是保留的，没有数据，所以需要将其右移 4 位再将其数据赋给 adcData，再将 adcData 写入 ADC 缓冲区。将序列发生器 SEQ1 或级联序列发

生器 SEQ 复位到 CONV00，然后清除 SEQ1 的中断标志位 INT_SEQ1，使能第 1 组中断，完
成后退出当前中断服务。

程序清单 14-5

```
__interrupt void  adc_isr(void)
{
  unsigned int adcData;

  adcData =   AdcRegs.ADCRESULT0 >> 4;
  //adcData = AdcRegs.ADCRESULT1 >> 4;
  //adcData = AdcRegs.ADCRESULT2 >> 4;

  WriteADCBuf(adcData); //将 adcData 写入 ADC 缓冲区

  AdcRegs.ADCTRL2.bit.RST_SEQ1   = 1;          //立即将序列发生器 SEQ1 或级联序列发生器 SEQ 复位到
                                                                                        CONV00
  AdcRegs.ADCST.bit.INT_SEQ1_CLR = 1;          //清除 SEQ1 的中断标志位 INT_SEQ1
  PieCtrlRegs.PIEACK.all = PIEACK_GROUP1; //使能第 1 组中断

  return;
}
```

在 ADC.c 文件的"API 函数实现"区，添加 API 函数的实现代码，如程序清单 14-6 所
示。其中，InitADC 函数用于初始化 ADC 相关参数；WriteADCBuf 函数调用入队函数
EnADCQueue，将数据写入 ADC 缓冲区；ReadADCBuf 函数调用出队函数 DeADCQueue，从
ADC 缓冲区将数据读出。

程序清单 14-6

```
void InitADC(void)
{
  EALLOW; //允许编辑受保护寄存器
  #if (CPU_FRQ_150MHZ)
  #define ADC_MODCLK 0x03 //HSPCLK = SYSCLKOUT/2*ADC_MODCLK2 = 150/(2*3) = 25.0 MHz
  #endif

  #if (CPU_FRQ_100MHZ)
  #define ADC_MODCLK 0x02 //HSPCLK = SYSCLKOUT/2*ADC_MODCLK2 = 100/(2*2) = 25.0 MHz
  #endif

  //通过向 HSIPCP 的 HSPCLK 写入参数，定义 ADCCLK 时钟频率（必须小于或等于 25MHz）
  SysCtrlRegs.HISPCP.all = ADC_MODCLK;

  PieVectTable.ADCINT = &adc_isr; //映射 ADC 中断服务函数
  EDIS;     //禁止编辑受保护寄存器

  AdcRegs.ADCREFSEL.bit.REF_SEL = 0x01; //选择外部 ADCREFIN 引脚上的 2.048V 参考电压

  AdcRegs.ADCTRL3.bit.ADCBGRFDN = 0x03; //ADC 的带隙及参考电压电路上电
  AdcRegs.ADCTRL3.bit.ADCPWDN   = 0x01; //ADC 的所有电路（除带隙及参考电压电路）上电
  DELAY_US(5000L); //延时 1ms

  PieCtrlRegs.PIECTRL.bit.ENPIE = 1; //使能 PIE 块
```

```
  PieCtrlRegs.PIEIER1.bit.INTx6 = 1; //使能位于 PIE 中的组 1 的第 6 个中断，即 ADCINT(ADC)
  IER |= M_INT1;    //使能 INT1

  AdcRegs.ADCMAXCONV.bit.MAX_CONV1 = 0x0002; //设置 SEQ1 的最大转换通道数为 3
  AdcRegs.ADCCHSELSEQ1.bit.CONV00 = 0x00; //将 ADCINA0 设置为 SEQ1 的第 1 次转换
  AdcRegs.ADCCHSELSEQ1.bit.CONV01 = 0x01; //将 ADCINA0 设置为 SEQ1 的第 2 次转换
  AdcRegs.ADCCHSELSEQ1.bit.CONV02 = 0x02; //将 ADCINA0 设置为 SEQ1 的第 3 次转换

  AdcRegs.ADCTRL2.bit.ePWM_SOCA_SEQ1 = 1; //允许 SEQ1 被 ePWMx SOCA 触发信号启动
  AdcRegs.ADCTRL2.bit.INT_ENA_SEQ1   = 1; //使能 INT_SEQ1 的中断
  AdcRegs.ADCTRL2.bit.RST_SEQ1       = 1; //软件触发，从当前位置启动 SEQ1

  AdcRegs.ADCTRL1.bit.ACQ_PS   = 1; //设置 SOC 脉冲宽度，SOC 脉冲宽度=(ADC_PS[3:0] + 1)×ADCCLK
                                                                          周期
  AdcRegs.ADCTRL3.bit.ADCCLKPS = 0; //对 HSPCLK 进行分频，当 ADCCLKPS[3:0]=0 时，HSPCLK 不分频

  AdcRegs.ADCTRL1.bit.SEQ_CASC = 1; //将序列发生器的工作模式设置为级联方式
  AdcRegs.ADCTRL3.bit.SMODE_SEL= 0; //设置为顺序采样模式
  AdcRegs.ADCTRL1.bit.CONT_RUN = 1; //设置为连续运行模式
  AdcRegs.ADCTRL1.bit.SEQ_OVRD = 1; //设置序列发生器覆盖功能

  EPwm1Regs.ETSEL.bit.SOCAEN  = 1;          //使能 ADC 启动脉冲 ePWMXSOCA
  EPwm1Regs.ETSEL.bit.SOCASEL = 4;          //选择 ePWMxSOCA 产生的条件，当 TBCTR=CMPA 且计数器处于
                                                                          递增状态时产生
  EPwm1Regs.ETPS.bit.SOCAPRD  = 1;          //设置为在第 1 次事件产生脉冲
  EPwm1Regs.CMPA.half.CMPA    = 0x0080;  //设置 CMPA，当 TBCTR=CMPA 时，产生一次事件
  EPwm1Regs.TBPRD = 4687;                   //设置时间基准计数器的周期，从 0 计数到 4687 大约为 125Hz

  EPwm1Regs.TBCTL.bit.CTRMODE   = 0;      //设置为增计数模式
  //TBCLK=SYSCLKOUT/(CLKDIV x HSPCLKDIV)=150MHz/(64 x 4)=585937.5Hz
  EPwm1Regs.TBCTL.bit.HSPCLKDIV = 2;      //000-111(k)，HSPCLKDIV 等于 2 的 k 次方
  EPwm1Regs.TBCTL.bit.CLKDIV    = 6;      //000-111(k)，CLKDIV 等于 2 的 k 次方

  InitADCQueue(&s_structADCCirQue, s_arrADCBuf, ADC_BUF_SIZE); //初始化 ADC 缓冲区
}

unsigned char WriteADCBuf(unsigned int d)
{
  unsigned char ok = 0;  //将读取成功标志位的值设置为 0

  ok = EnADCQueue(&s_structADCCirQue, &d, 1); //入队

  return ok;  //返回读取成功标志位的值
}

unsigned char ReadADCBuf(unsigned int* p)
{
  unsigned char ok = 0;  //将读取成功标志位的值设置为 0

  ok = DeADCQueue(&s_structADCCirQue, p, 1); //出队

  return ok;  //返回读取成功标志位的值
}
```

步骤 5：添加 SendDataToHost 文件对

首先，将"D:\F28335CCSTest\Product\13.ADCExp\App"文件夹中的 SendDataToHost.c 添加到 App 分组。

步骤 6：完善 SendDataToHost.h 文件

在 SendDataToHost.h 文件的"API 函数声明"区，添加如程序清单 14-7 所示的 API 函数声明代码。InitSendDataToHost 函数用于初始化 SendDataToHost 模块；SendAckPack 函数用于发送响应消息包；SendWaveToHost 函数用于发送波形数据包到主机。

程序清单 14-7

```
//初始化 SendDataToHost 模块
void   InitSendDataToHost(void);
//发送命令应答数据包
void   SendAckPack(unsigned char moduleId, unsigned char secondId, unsigned char ackMsg);

void   SendWaveToHost(unsigned char* pWaveData); //发送波形数据包到主机，一次性发送 5 个点
```

步骤 7：完善 SendDataToHost.c 文件

在 SendDataToHost.c 文件"包含头文件"区的最后，添加代码#include "PackUnpack.h"、#include "SCIB.h"。

在 SendDataToHost.c 文件的"内部函数声明"区，添加内部函数的声明代码，如程序清单 14-8 所示。SendPackToHost 函数用于发送打包后的数据包到主机。

程序清单 14-8

```
static   void   SendPackToHost(StructPackType* pPackSent);   //打包数据，并将数据发送到主机
```

在 SendDataToHost.c 文件的"内部函数实现"区，添加 SendPackToHost 函数的实现代码，如程序清单 14-9 所示。SendPackToHost 函数通过 packValid 获取打包数据结束返回的 valid 值（1 表示打包成功，0 表示打包失败），然后对 packValid 进行判断，若 packValid 大于 0，则表示打包正确，之后将打包的数据写到串口。

程序清单 14-9

```
static   void   SendPackToHost(StructPackType* pPackSent)
{
  unsigned char packValid = 0; //打包正确标志位，默认值为 0

  packValid = PackData(pPackSent);   //打包数据

  if(0 < packValid)                  //如果打包正确
  {
    WriteSCIB((unsigned char*)pPackSent, 10); //写数据到串口
  }
}
```

在 SendDataToHost.c 文件的"API 函数实现"区，添加 InitSendDataToHost、SendAckPack、SendWaveToHost 函数的实现代码，如程序清单 14-10 所示。InitSendDataToHost 函数用于初始化 SendDataToHost 模块，这里没有需要初始化的内容，如果后续升级版有需要初始化的代码，直接填入即可。对 SendAckPack 和 SendWaveToHost 函数中的语句解释说明如下。

（1）定义一个 StructPackType 类型的结构体变量 pt，用于存放打包前的数据包。

（2）SendAckPack 函数将 MODULE_SYS 和 DAT_CMD_ACK 分别赋值给 pt.packModuleId

和 pt.packSecondId,将参数 moduleId、secondId 和 ackMsg 分别赋值给 pt.arrData[0]、pt.arrData[1]
和 pt.arrData[2],再对 pt.arrData[3]~pt.arrData[5]均赋值 0,最后调用 SendPackToHost 函数对
结构体变量 pt 进行打包,并将打包之后的结果发送到主机。

（3）SendWaveToHost 函数将 MODULE_WAVE 和 DAT_WAVE_WDATA 分别赋值给
pt.packModuleId 和 pt.packSecondId,将参数 pWaveData 指向的前 5 个 u8 类型变量依次赋值
给 pt.arrData[0]~pt.arrData[4],再对 pt.arrData[5]赋值 0,最后调用 SendPackToHost 函数对结
构体变量 pt 进行打包,并将打包之后的结果发送到主机。

程序清单 14-10

```
void  InitSendDataToHost(void)
{

}

void SendAckPack(unsigned char moduleId, unsigned char secondId, unsigned char ackMsg)
{
  StructPackType pt;  //包结构体变量

  pt.packModuleId = MODULE_SYS;  //系统信息模块的模块 ID
  pt.packSecondId = DAT_CMD_ACK;  //系统信息模块的二级 ID
  pt.arrData[0] = moduleId; //模块 ID
  pt.arrData[1] = secondId; //二级 ID
  pt.arrData[2] = ackMsg;   //应答消息
  pt.arrData[3] = 0;  //保留
  pt.arrData[4] = 0;  //保留
  pt.arrData[5] = 0;  //保留

  SendPackToHost(&pt);//打包数据,并将数据发送到主机
}

void  SendWaveToHost(unsigned char* pWaveData)
{
  StructPackType  pt; //包结构体变量

  pt.packModuleId = MODULE_WAVE;      //wave 模块的模块 ID
  pt.packSecondId = DAT_WAVE_WDATA; //wave 模块的二级 ID
  pt.arrData[0] = pWaveData[0]; //波形数据 1
  pt.arrData[1] = pWaveData[1]; //波形数据 2
  pt.arrData[2] = pWaveData[2]; //波形数据 3
  pt.arrData[3] = pWaveData[3]; //波形数据 4
  pt.arrData[4] = pWaveData[4]; //波形数据 5
  pt.arrData[5] = 0;  //保留

  SendPackToHost(&pt);  //打包数据,并将数据发送到主机
}
```

步骤 8：完善 ProcHostCmd.c 文件

在 ProcHostCmd.c 文件的"包含头文件"区的最后,添加代码#include "SendDataToHost.h"。
在 ProcHostCmd.c 文件的"API 函数实现"区,先定义 ack 变量,并将 OnGenWave 函数
的返回值赋值给 ack,然后在 OnGenWave 函数后添加调用 SendAckPack 函数的代码,如程序

清单 14-11 所示。OnGenWave 函数根据变量 pack 生成不同的波形，返回值为生成波形命令响应消息，SendAckPack 函数将该响应消息发送到主机。

程序清单 14-11

```
void ProcHostCmd(unsigned char recData)
{
  StructPackType pack; //包结构体变量
  unsigned char ack;    //存储应答消息

  while(UnPackData(recData))   //解包成功
  {
    pack = GetUnPackRslt();     //获取解包结果

    switch(pack.packModuleId)  //模块 ID
    {
      case MODULE_WAVE: //波形信息
        ack = OnGenWave(pack.arrData); //生成波形
        SendAckPack(MODULE_WAVE, CMD_GEN_WAVE, ack);  //发送命令应答消息包
        break;
      default:
        break;
    }
  }
}
```

步骤 9：完善 ADC 实验应用层

在 Project Explorer 面板中，双击打开 main.c 文件，在"包含头文件"区的最后，添加代码#include "SendDataToHost.h"、#include "ADC.h"。

在 main.c 文件的 InitSoftware 函数中，添加调用 InitSendDataToHost 函数的代码，如程序清单 14-12 所示，这样就实现了对 SendDataToHost 模块的初始化。

程序清单 14-12

```
static  void  InitSoftware(void)
{
  InitPackUnpack();        //初始化 PackUnpack 模块
  InitProcHostCmd();       //初始化 ProcHostCmd 模块
  InitSendDataToHost();    //初始化 SendDataToHost 模块
}
```

在 main.c 文件的 InitHardware 函数中，添加调用 InitADC 函数的代码，如程序清单 14-13 所示，这样就实现了对 ADC 模块的初始化。

程序清单 14-13

```
static  void  InitHardware(void)
{
  SystemInit();        //初始化系统函数
InitXintf();           //初始化 Xintf 模块

#if DOWNLOAD_TO_FLASH
  MemCopy(&RamfuncsLoadStart, &RamfuncsLoadEnd, &RamfuncsRunStart);
  InitFlash();         //初始化 Flash 模块
  #endif
```

```
    InitLED();          //初始化 LED 模块
    InitTimer();        //初始化 CPU 定时器模块
    InitSCIB(115200);   //初始化 SCIB 模块
    InitDAC();          //初始化 DAC 模块
    InitADC();          //初始化 ADC 模块

    EINT;               //使能全局中断
    ERTM;               //使能全局实时中断
}
```

在 main.c 文件的 Proc2msTask 函数中，添加代码如程序清单 14-14 所示，实现读取 ADC 缓冲区的波形数据，并将波形数据发送到主机的功能，下面依次解释说明添加的语句。

（1）在 Proc2msTask 函数中，每 8ms 通过 ReadADCBuf 函数读取一次 ADC 缓冲区的波形数据，然后将波形数据范围从 0～4095 压缩到 0～127，因为信号采集工具的显示范围为 0～127，而 F28335 的 ADC 模块转换输出的数据范围为 0～4095。

（2）在 PCT 通信协议中，一个波形数据包（模块 ID 为 0x71，二级 ID 为 0x01）包含 5 个连续的波形数据，对应波形上的 5 个点，因此还需要通过 s_iPointCnt 计数，当计数到 5 时，调用 SendWaveToHost 函数将数据包发送到信号采集工具。

程序清单 14-14

```
static  void  Proc2msTask(void)
{
  unsigned int  adcData;        //队列数据
  unsigned char waveData;       //波形数据
  unsigned char scibRecData;    //串口数据

  static unsigned char s_iCnt4 = 0;       //计数器
  static unsigned char s_iPointCnt = 0;   //波形数据包的点计数器
  static unsigned char s_arrWaveData[5] = {0};  //初始化数组

  if(Get2msFlag())  //检查 2ms 标志状态
  {
    if(ReadSCIB(&scibRecData, 1))  //读串口接收数据
    {
      ProcHostCmd(scibRecData);    //处理命令
    }

    LEDFlicker(250);//调用闪烁函数

    if(s_iCnt4 >= 3)
    {
      if(ReadADCBuf(&adcData))  //从缓存队列中取出 1 个数据
      {
        waveData = adcData >> 5;  //将数据范围由 0～4095 压缩至 0～127
        s_arrWaveData[s_iPointCnt] = waveData;  //存放到数组
        s_iPointCnt++;  //波形数据包的点计数器加 1 操作

        if(s_iPointCnt >= 5)  //接收到 5 个点
        {
          s_iPointCnt = 0;  //计数器清零
```

```
        SendWaveToHost(s_arrWaveData);   //发送波形数据包
      }
    }

    SendDACWave();
    s_iCnt4 = 0;
  }
  else
  {
    s_iCnt4++;
  }

  Clr2msFlag();      //清除 2ms 标志
  }
}
```

步骤 10：编译及下载验证

代码编写完成后，编译工程，然后下载.out 文件到医疗电子 DSP 基础开发系统，具体操作参见 2.3 节步骤 9。下载完成后，通过 B 型 USB 将系统连接到计算机，再将 ADC 模块中的 ADCA0 测试点通过杜邦线或跳线帽连接到 DACB 测试点，最后将 DACB 测试点连接到示波器探头。可以通过信号采集工具和示波器观察到与实验 12 相同的现象。

本 章 任 务

将 ADCA1 测试点通过杜邦线连接到 DACB 测试点，在本实验的基础上，重新修改程序，通过 ADCA1 将 DACB 的模拟信号量转换为数字量，并将转换后的数字量按照 PCT 通信协议进行打包，通过 SCIB 将打包后的数据实时发送至计算机，通过信号采集工具动态显示接收到的波形。

本 章 习 题

1. ADC 模块的触发源有哪些？
2. ADC 模块序列发生器的作用是什么？
3. 简述本实验的 ADC 工作原理。
4. 如果 ADC 的转换范围及输入信号幅度超过 ADC 参考电压范围，将有什么后果？
5. 如何通过 F28335 的 ADC 检测 7.4V 锂电池的电压？
6. 在读取 ADC 采样结果时，为什么要先将结果寄存器中的值右移 4 位？

第15章 实验14——体温测量与显示

从本章开始,将通过体温测量与显示、呼吸监测与显示、心电监测与显示、血氧监测与显示和血压测量与显示5个实验,介绍常见的人体生理参数(体温、呼吸、心电、血氧和血压)的测量与显示。这些实验涉及独立按键、串口通信、定时器、七段数码管显示、OLED显示、ADC和DAC等模块,既用到LY-TMS320F2M型医疗电子DSP基础开发系统,还用到LY-M501型人体生理参数监测系统。这5个实验与生物医学工程和医疗器械工程专业密切相关。

15.1 实验内容

通过医疗电子DSP基础开发系统读取人体生理参数监测系统(使用说明见附录A)发送来的体温数据包,解包后将体温数据显示在七段数码管上,实验原理框图如图15-1所示。人体生理参数监测系统测量的体温值为连接到该系统的体温探头1和探头2感应到的温度值。

为了进行实验对照,还需要实现如下功能:(1)通过SCIA模块接收人体生理参数监测系统的数据包,并将接收到的数据包通过SCIC发送至触摸屏;(2)通过SCIC接收触摸屏的命令包,并将接收到的命令包通过SCIA发送至人体生理参数监测系统。这样,就可以通过对比触摸屏("体温测量与显示实验"界面)上显示的数值与七段数码管显示的数值,验证实验是否正确。

本实验需要将SCIA模块接收到的体温数据包进行解包处理,并将解包后的体温探头1的体温值显示在七段数码管的左侧,如图15-2所示。

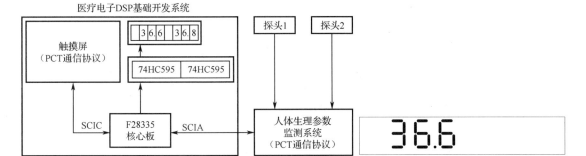

图 15-1 体温测量与显示实验原理框图   图 15-2 体温测量与显示实验结果

15.2 实验原理

15.2.1 体温数据包的 PCT 通信协议

完整的体温数据包和命令包参见附录B。本实验只用到体温数据包。

15.2.2 SCI 模块函数

本实验使用了SCIA和SCIC模块,两个模块的设置和使用方式类似,这里以SCIA为例进行说明。SCIA模块包括3个API函数,分别是InitSCIA、WriteSCIA、ReadSCIA。

1. InitSCIA

InitSCIA 函数的功能是初始化 SCI 模块，输入参数波特率在 main 函数中设置。具体描述如表 15-1 所示。

表 15-1 InitSCIA 函数的描述

函数名	InitSCIA
函数原型	void InitSCIA (void)
功能描述	初始化 SCI 模块
输入参数	bound：波特率
输出参数	无
返回值	void

2. WriteSCIA

WriteSCIA 函数的功能是写 SCIA，即将待发送的数据通过 SCIA 模块的发送缓冲寄存器 SCITXBUF 发送出去。具体描述如表 15-2 所示。

表 15-2 WriteSCIA 函数的描述

函数名	WriteSCIA
函数原型	void WriteSCIA(unsigned char *pBuf, unsigned char len)
功能描述	写 SCIA，即写数据到的 SCIA 发送缓冲区
输入参数 1	pBuf：待写入的数据存放的起始地址
输入参数 2	len：要写入的长度，即待写入串口数据的个数
输出参数	无
返回值	

3. ReadSCIA

ReadSCIA 函数的功能是读 SCIA，即读取 SCIA 接收到的数据。具体描述如表 15-3 所示。

表 15-3 ReadSCIA 函数的描述

函数名	ReadSCIA
函数原型	unsigned char ReadSCIA(unsigned char *pBuf, unsigned char len)
功能描述	读取 SCIA 缓冲区中的数据
输入参数 1	pBuf：读取的数据存放的起始地址
输入参数 2	len：期望读出的数据个数
返回值	成功读出串口数据的个数

15.2.3 SCIA 与 SCIC 数据传输流程

图 15-1 中，F28335 核心板的 SCIA 与人体生理参数监测系统相连接，SCIC 与医疗电子 DSP 基础开发系统上的触摸屏相连接。

F28335 核心板通过 SCIA 接收来自人体生理参数监测系统发送的数据包，首先进行解包，然后，对解包结果进行打包，最后，将打包后的数据包通过 SCIC 发送至触摸屏，如图 15-3

所示。这个过程将在 ProcTemp 模块的 SCIAToSCIC 函数中实现。

F28335 核心板通过 SCIC 接收来自触摸屏发送的数据（即命令包），并将接收到的数据通过 SCIA 发送至人体生理参数监测系统，如图 15-4 所示。这个过程将在 ProcTemp 模块的 SCICToSCIA 函数中实现。

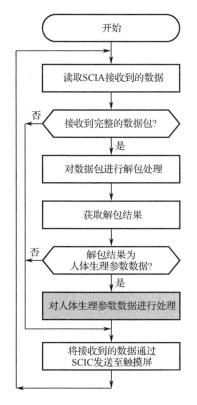
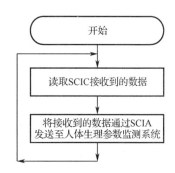

　　图 15-3　SCIA 至 SCIC 数据包传输流程图　　　　图 15-4　SCIC 至 SCIA 命令包传输流程图

15.2.4　解包结果处理流程

本实验要求在图 15-3 所示的 SCIA 至 SCIC 数据包传输流程基础上，进一步对解包结果进行处理。当接收到体温数据包时，将体温通道 1 数据保存至 s_iTemp1 变量，将体温通道 2 数据保存至 s_iTemp2 变量，如图 15-5 所示。对解包结果进行处理的流程将在 ProcTemp 模块的 SCIAToSCIC 函数中实现。

15.2.5　七段数码管显示体温参数

在 Seg7DigitalLED 模块中，通过调用 ProcTemp 模块的 GetTempData 函数读取 s_iTemp1 和 s_iTemp2 变量，并将 s_iTemp1 的最高位赋值给 t1HighBit，中间位赋值给 t1MidBit，最低位赋值给 t1LowBit；然后分 8 次将体温通道 1 的体温值（t1HighBit、t1MidBit 和 t1LowBit 共 3 位）显示在七段数码管上，七段数码管的其余 5 位不显示任何字符，如图 15-6 所示。该流程将在 Seg7DigitalLED 模块中的 Seg7DispTemp 函数中实现。

Seg7DispTemp 函数每调用一次，只能在七段数码管的 1 位上显示字符，因此，只需要每 2ms 调用一次该函数，即在 Timer.c 文件的 cpu_timer1_isr 函数中调用 Seg7DispTemp 函数，就可以实现将体温通道 1 数据显示在七段数码管上, 如图 15-7 所示。

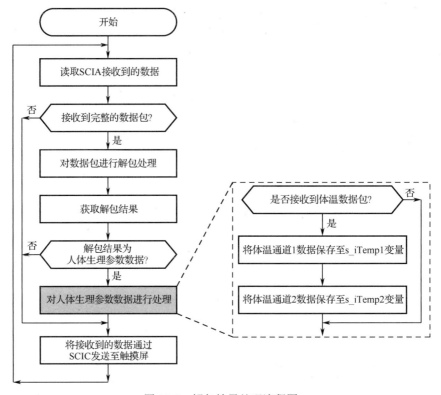

图 15-5　解包结果处理流程图

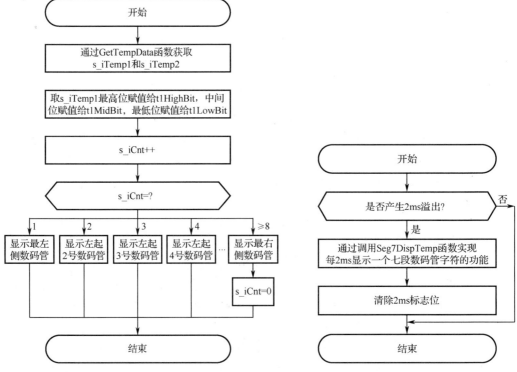

图 15-6　七段数码管显示体温参数流程图 1　　　　图 15-7　七段数码管显示体温参数流程图 2

15.3　实验步骤

步骤 1：复制并编译原始工程

首先，将"D:\F28335CCSTest\Product\14.TempExp"文件夹复制到"D:\F28335CCSTest\Material"文件夹中。然后，参照 2.3 节步骤 4，打开工程文件，单击 🔧 按钮。当 Console 栏显示 Finished building target: 14.TempExp.out 时，表示已经成功生成.out 文件，显示 Bulid Finished，表示编译成功。最后，将.out 文件下载到 F28335 的内部 Flash 中，可以观察到医疗电子 DSP 基础开发系统上的 LED0 和 LED1 交替闪烁，表示原始工程是正确的，可以进入下一步操作。

步骤 2：添加 ProcTemp 文件对

将"D:\F28335CCSTest\Product\14.TempExp\App"文件夹中的 ProcTemp.c 添加到 App 分组，具体操作可参见 2.3 节步骤 7。

步骤 3：完善 ProcTemp.h 文件

单击 🔧 按钮，进行编译，编译结束后，在 Project Explorer 面板中，双击 ProcTemp.c 中的 ProcTemp.h。在 ProcTemp.h 文件的"API 函数声明"区，添加如程序清单 15-1 所示的 API 函数声明代码。其中，InitProcTemp 函数用于初始化 ProcTemp 模块；SCIAToSCIC 函数用于接收人体生理参数监测系统的数据，并将这些数据发送至触摸屏；SCICToSCIA 函数用于接收触摸屏的数据，并将数据发送至人体生理参数监测系统；GetTempData 函数用于获取体温数据。

程序清单 15-1

```
void  InitProcTemp(void); //初始化 ProcTemp 模块
void  SCIAToSCIC(void); //接收到下位机串口的数据，转发给触摸屏的串口
void  SCICToSCIA(void); //接收到触摸屏串口的数据转发到下位机串口
void  GetTempData(unsigned int* pT1, unsigned int* pT2); //获取体温数据
```

步骤 4：完善 ProcTemp.c 文件

在 ProcTemp.c 文件"包含头文件"区的最后，添加如程序清单 15-2 所示的代码。

程序清单 15-2

```
#include "PackUnpack.h"
#include "SCIA.h"
#include "SCIC.h"
```

在 ProcTemp.c 文件的"内部变量"区，添加如程序清单 15-3 所示的内部变量定义代码。其中，s_iTemp1、s_iTemp2 分别保存体温通道 1、通道 2 的体温值，这两个体温值均为原始值乘以 10，即，若体温通道 1 的原始体温值为 36.5，s_iTemp1 则为 365。

程序清单 15-3

```
static unsigned int s_iTemp1;
static unsigned int s_iTemp2;
```

在 ProcTemp.c 文件的"API 函数实现"区，添加 API 函数的实现代码，如程序清单 15-4 所示。ProcTemp.c 文件有 4 个 API 函数，分别解释说明如下。

（1）在 InitProcTemp 函数中，通过对 s_iTemp1 和 s_iTemp2 赋值 0，初始化 ProcTemp 模块。

（2）SCIAToSCIC 函数通过 ReadSCIA 函数读取人体生理参数监测系统的数据，接着通过 UnPackData 函数对接收到的数据进行解包，然后通过 GetUnPackRslt 获取解包结果，如果解

包结果是体温数据，则将体温通道 1 和体温通道 2 的数据分别保存于 s_iTemp1 和 s_iTemp2 变量，最后通过 WriteSCIC 函数发送至触摸屏。

（3）SCICToSCIA 函数通过 ReadSCIC 函数读取触摸屏的数据，然后将这些数据发送至人体生理参数监测系统。

（4）GetTempData 函数用于获取体温通道 1 和体温通道 2 的数据，为方便计算，这两个体温值均为原始值乘以 10。

程序清单 15-4

```c
void  InitProcTemp(void)
{
  s_iTemp1 = 0;
  s_iTemp2 = 0;
}

void  SCIAToSCIC(void)
{
  unsigned char recData;
  unsigned char len = 0;

  StructPackType pt;

  len = ReadSCIA(&recData, 1);

  while(len > 0)
  {
    if(UnPackData(recData))
    {
      pt = GetUnPackRslt();

      if(pt.packModuleId == MODULE_TEMP && pt.packSecondId == DAT_TEMP_DATA)
      {
        s_iTemp1 = (unsigned int)(((unsigned char)(pt.arrData[2]))
          | ((unsigned int)((unsigned char)(pt.arrData[1]))) << 8);
        s_iTemp2 = (unsigned int)(((unsigned char)(pt.arrData[4]))
          | ((unsigned int)((unsigned char)(pt.arrData[3]))) << 8);
      }
    }

    WriteSCIC(&recData, 1);
    len = ReadSCIA(&recData, 1);
  }
}

void  SCICToSCIA(void)
{
  unsigned char recData;
  unsigned char len = 0;

  len = ReadSCIC(&recData, 1);

  while(len > 0)
```

```
{
    WriteSCIA(&recData, 1);
    len = ReadSCIC(&recData, 1);
  }
}


void  GetTempData(unsigned int* pT1, unsigned int* pT2)
{
  *pT1 = s_iTemp1;
  *pT2 = s_iTemp2;
}
```

步骤 5：完善 Seg7DigitalLED.h 文件

在 Seg7DigitalLED.h 文件 "API 函数声明" 区的最后，添加 Seg7DispTemp 函数声明代码 void Seg7DispTemp(void)。Seg7DispTemp 函数用于在七段数码管显示两路体温值。

步骤 6：完善 Seg7DigitalLED.c 文件

在 Seg7DigitalLED.c 文件的 "包含头文件" 区，添加代码#include "ProcTemp.h"。

在 Seg7DigitalLED.c 文件 "API 函数实现" 区的最后，添加 Seg7DispTemp 函数的实现代码，如程序清单 15-5 所示。对 Seg7DispTemp 函数中的语句解释说明如下。

（1）t1 和 t2 变量用于保存人体生理参数监测系统发送到医疗电子 DSP 基础开发系统的两路体温值（原始值乘以 10）。人体体温一般为 35～42℃，误差为 0.1，七段数码管需要用 3 位来显示体温值。因此，需要定义 3 个变量，t1HighBit、t1MidBit、t1LowBit 分别用于保存体温值的最高位、中间位、最低位。

（2）七段数码管共有 8 位，每次只显示 1 位，显示间隔为 2ms。因此，需要定义 s_iCnt 变量，Seg7DispTemp 函数每执行一次，该变量执行一次加 1 操作，s_iCnt 变量计数范围为 1～8。

（3）Seg7WrSelData 函数的功能是在七段数码管的指定位置显示字符，参数 addr 是地址（addr 为 0 表示向最左侧写字符，addr 为 7 表示向最右侧写字符）；参数 data 是待显示的字符；参数 pointFlag 是有无小数点标志（pointFlag 为 0 表示无小数点，pointFlag 为 1 表示有小数点）。当 s_iCnt 为 1 时，通过调用 Seg7WrSelData 函数向最左侧的七段数码管显示一个字符，依次类推，当 s_iCnt 为 8 时，通过调用 Seg7WrSelData 函数向最右侧的七段数码管显示一个字符。

程序清单 15-5

```
void Seg7DispTemp(void)
{
  unsigned int t1 = 365;
  unsigned int t2 = 333;

  unsigned char t1HighBit, t1MidBit, t1LowBit;
  //u8 t2HighBit, t2MidBit, t2LowBit;

  static  int s_iCnt = 0;

  GetTempData(&t1, &t2);

  t1HighBit =  t1 / 100;
  t1MidBit  = (t1 % 100) / 10;
  t1LowBit  = (t1 % 100) % 10;
```

```
//t2HighBit =  t2 / 100;
//t2MidBit  = (t2 % 100) / 10;
//t2LowBit  = (t2 % 100) % 10;

s_iCnt++;

if(1 == s_iCnt)
{
  Seg7WrSelData(0, 0x11, 0);        //显示在七段数码管的最左侧
}
else if(2 == s_iCnt)
{
  Seg7WrSelData(1, t1HighBit, 0);
}
else if(3 == s_iCnt)
{
  Seg7WrSelData(2, t1MidBit, 1);
}
else if(4 == s_iCnt)
{
  Seg7WrSelData(3, t1LowBit, 0);
}
else if(5 == s_iCnt)
{
  Seg7WrSelData(4, 0x11, 0);
}
else if(6 == s_iCnt)
{
  Seg7WrSelData(4, 0x11, 0);
  //Seg7WrSelData(5, t2HighBit, 0);
}
else if(7 == s_iCnt)
{
  Seg7WrSelData(4, 0x11, 0);
  //Seg7WrSelData(6, t2MidBit, 1);
}
else if(8 <= s_iCnt)
{
  Seg7WrSelData(4, 0x11, 0);
  //Seg7WrSelData(7, t2LowBit, 0);
  s_iCnt = 0;
}
}
```

步骤 7：完善 Timer.c 文件

在 Timer.c 文件的"包含头文件"区，添加代码#include "Seg7DigitalLED.h"。

在 Timer.c 文件"内部函数实现"区的__interrupt void cpu_timer1_isr 函数实现代码中，添加调用 Seg7DispTemp 函数的代码，如程序清单 15-6 所示。__interrupt void cpu_timer1_isr 函数每毫秒执行一次，因此，Seg7DispTemp 函数同样每毫秒执行一次。

程序清单 15-6

```
__interrupt void cpu_timer1_isr(void)
{
  static int s_iCnt2 = 0;       //定义一个静态变量 s_iCnt2 作为 2ms 计数器
  static int s_iCnt1000  = 0; //定义一个静态变量 s_iCnt1000 作为 1s 计数器

  EALLOW; //允许编辑受保护寄存器
  CpuTimer1.InterruptCount++;
  EDIS;    //禁止编辑受保护寄存器

  s_iCnt2++;              //2ms 计数器的计数值加 1

  if(s_iCnt2 >= 2)       //2ms 计数器的计数值大于或等于 2
  {
    Seg7DispTemp();       //七段数码管显示两路体温值
    s_iCnt2 = 0;          //重置 2ms 计数器的计数值为 0
    s_i2msFlag = TRUE;  //将 2ms 标志位的值设置为 TRUE
  }

  s_iCnt1000++;          //1000ms 计数器的计数值加 1

  if(s_iCnt1000 >= 1000)//1000ms 计数器的计数值大于或等于 1000
  {
    s_iCnt1000 = 0;       //重置 1000ms 计数器的计数值为 0
    s_i1secFlag = TRUE; //将 1s 标志位的值设置为 TRUE
  }
}
```

步骤 8：完善体温测量与显示实验应用层

在 Project Explorer 面板中，双击打开 main.c 文件，在 main.c 文件"包含头文件"区的最后，添加代码#include "ProcTemp.h"。

在 main.c 文件的 InitSoftware 函数中，添加调用 InitProcTemp 函数的代码，如程序清单 15-7 所示，这样就实现了对 ProcTemp 模块的初始化。

程序清单 15-7

```
static  void  InitSoftware(void)
{
  InitPackUnpack();       //初始化 PackUnpack 模块
  InitProcTemp();         //初始化 ProcTemp 模块
}
```

在 main.c 文件的 Proc2msTask 函数中，添加调用 SCIAToSCIC 与 SCICToSCIA 函数的代码，实现数据传输，如程序清单 15-8 所示。由于 Proc1SecTask 函数中的 printf 语句执行时间约为 4.4ms，导致七段数码管显示字符时出现闪烁的现象，因此，需要注释掉 printf 语句。

程序清单 15-8

```
static  void  Proc2msTask(void)
{
  if(Get2msFlag())  //检查 2ms 标志状态
  {
    LEDFlicker(250);//调用闪烁函数
```

```
    SCIAToSCIC();    //接收到下位机串口的数据，转发给液晶屏的串口
    SCICToSCIA();    //接收到液晶屏串口的数据转发到下位机串口

    Clr2msFlag();    //清除 2ms 标志
  }
}
```

步骤 9：编译及下载验证

代码编写完成后，编译工程，然后下载.out 文件到医疗电子 DSP 基础开发系统，具体操作参见 2.3 节步骤 9。

下载完成后，将人体生理参数监测系统通过 USB 连接线连接到医疗电子 DSP 基础开发系统右侧的 USB 接口，确保 J101 的 SCITXDA 与 USART_RX 相连接，SCIRXDA 与 USART_TX相连接。将人体生理参数监测系统的"数据模式"设置为"演示模式"，将"通信模式"设置为 UART，将"参数模式"设置为"五参"或"体温"。

可以观察到七段数码管上显示体温通道 1 的体温值（36.6），如图 15-8 所示。同时，将触摸屏切换到"体温测量与显示实验"界面，可以看到，触摸屏上的体温数值与七段数码管上的一致，表示实验成功。读者也可以将人体生理参数监测系统的"数据模式"设置为"实时模式"，通过体温探头测量模拟器的体温值。

图 15-8　体温测量与显示实验结果

本 章 任 务

在本实验的基础上增加以下功能：（1）在 ProcTemp 模块的 SCIAToSCIC 函数中，如果解包结果是体温探头状态，则将体温探头 1 和体温探头 2 的状态信息分别保存于 s_iSensSts1 和 s_iSensSts2 变量；（2）在 ProcTemp 模块中，通过 GetTempSensSts 函数获取体温探头 1 和体温探头 2 的状态信息；（3）在 Seg7DigitalLED 模块中，通过 Seg7DispTemp 函数显示体温通道 1 和体温通道 2 的体温值或探头脱落信息；（4）当两路体温探头相连接时，七段数码管显示正常的体温值，如图 15-9 左图所示；（5）当两路体温探头未连接时，七段数码管的显示效果如图 15-9 右图所示。注意，本章任务需要将人体生理参数监测系统的"数据模式"由"演示模式"切换到"实时模式"，具体切换方式参见附录 A。

```
  3.6.6  36.8        - - -  - - -
```

图 15-9　本章任务结果效果图

本 章 习 题

1．本实验采用热敏电阻法测量人体体温，除此之外，是否还有其他方法可以测量人体体温？

2．如果体温通道 1 和体温通道 2 的探头均为连接状态，且体温通道 1 和体温通道 2 的测得体温分别为 36.0℃ 和 36.2℃，按照附录 B 定义的体温数据包应该是什么？

3．PackUnpack 模块的 UnPackData 和 GetUnPackRslt 函数的功能分别是什么？

4．简述 ProcTemp 模块的 SCIAToSCIC 和 SCICToSCIA 函数的功能。为什么需要在 Timer 模块中调用这两个函数？

5．人体生理参数监测系统发送到医疗电子 DSP 基础开发系统的体温数据包在哪个函数中进行解包处理？

6．本实验中，Seg7DispTemp 函数每 2ms 调用一次，能否更改为每 2.5ms 或 4ms 调用一次？并解释原因。

第16章 实验15——呼吸监测与显示

本实验的设计思路是，由医疗电子 DSP 基础开发系统上的 F28335 核心板对人体生理参数监测系统获取的呼吸率数据包进行解包，然后通过七段数码管显示呼吸率值（见图 16-1）。本实验要求在七段数码管上按照"RESP 20"的格式显示，如果导联脱落，则呼吸率数据包中的呼吸率为无效值，即"-100"，应按照"RESP --"的格式显示。

图 16-1　呼吸监测与显示实验结果

16.1　实验内容

呼吸监测与显示实验的原理框图如图 16-2 所示。该实验的数据源来自人体生理参数监测系统，该系统在"演示模式"下，呼吸率为 20bpm；在"实时模式"下，需要将心电线缆的一端连接到系统的 ECG/RESP 接口，另一端连接到人体生理参数模拟器，才可以实时监测人体生理参数模拟器的呼吸信号。注意，在本实验中，禁止将心电线缆与人体相连。

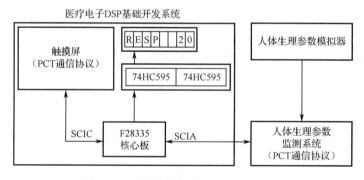

图 16-2　呼吸监测与显示实验原理框图

为了进行实验对照，还需要实现如下功能：（1）通过 SCIA 模块接收人体生理参数监测系统的数据包，并将接收到的数据包通过 SCIC 发送至触摸屏；（2）通过 SCIC 接收触摸屏的命令包，并将接收到的命令包通过 SCIA 发送至人体生理参数监测系统。这样，就可以通过对比触摸屏（"呼吸监测与显示实验"界面）上显示的数值与七段数码管显示的数值，验证实验是否正确。

16.2　实验原理

16.2.1　呼吸数据包的 PCT 通信协议

本实验涉及的呼吸数据包仅包含呼吸率数据包。完整的呼吸数据包和命令包参见附录 B。

16.2.2　解包结果处理流程

本实验要求在图 15-3 所示的 SCIA 至 SCIC 数据包传输流程基础上，进一步对解包结果进行处理。接收到呼吸率数据包后，将呼吸率数据保存至 s_iRespRate 变量，如图 16-3 所示。对解包结果进行处理的流程将在 ProcResp 模块的 SCIAToSCIC 函数中实现。

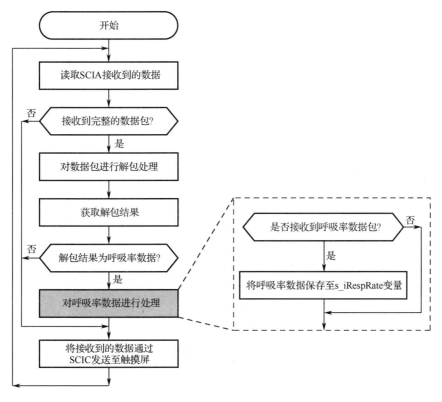

图 16-3　呼吸监测与显示实验对解包结果进行处理流程图

16.2.3　七段数码管显示呼吸数据流程

七段数码管显示呼吸数据流程如图 16-4 所示。在 Seg7DigitalLED 模块中，通过调用 ProcResp 模块中的 GetRespRate 函数读取 s_iRespRate 变量，并将 s_iRespRate 的最高位赋值给 rrHighBit，最低位赋值给 rrLowBit；然后，分 8 次将呼吸率值（rrHighBit、rrLowBit 共 2 位）显示在七段数码管上，七段数码管的其余 6 位不显示字符。该流程将在 Seg7DigitalLED 模块的 Seg7DispRespRate 函数中实现。

Seg7DispTemp 函数每次被调用，只能在七段数码管的 1 位上显示字符，因此，只需要每 2ms 调用一次 Seg7DispRespRate 函数，即可实现在七段数码管上显示呼吸率数据，如图 16-5 所示。

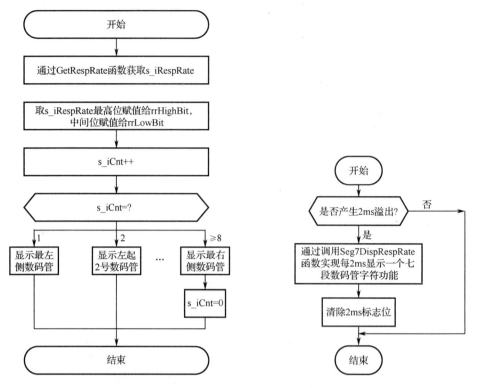

图 16-4　七段数码管显示呼吸数据流程图 1　　　　图 16-5　七段数码管显示呼吸数据流程图 2

16.3　实验步骤

步骤 1：复制并编译原始工程

首先，将"D:\F28335CCSTest\Material\15.RespExp"文件夹复制到"D:\F28335CCSTest\Product"文件夹中。然后，参照 2.3 节步骤 4，打开工程文件，单击🔨按钮。当 Console 栏显示 Finished building target: 15.RespExp.out 时，表示已经成功生成.out 文件；显示 Bulid Finished，表示编译成功。最后，将.out 文件下载到 F28335 的内部 Flash 中，可以观察到医疗电子 DSP 基础开发系统上的 LED0 和 LED1 交替闪烁，表示原始工程是正确的，可以进入下一步操作。

步骤 2：添加 ProcResp 文件对

将"D:\F28335CCSTest\Product\15.RespExp\App"文件夹中的 ProcResp.c 添加到 App 分组，具体操作可参见 2.3 节步骤 7。

步骤 3：完善 ProcResp.h 文件

单击🔨按钮，进行编译，编译结束后，在 Project Explorer 面板中，双击 ProcResp.c 中的 ProcResp.h。在 ProcResp.h 文件的"API 函数声明"区，添加如程序清单 16-1 所示的 API 函数声明代码。其中，InitProcResp 函数用于初始化 ProcResp 模块；SCIAToSCIC 函数用于接收人体生理参数监测系统的数据，并将这些数据发送至触摸屏；SCICToSCIA 函数用于接收触摸屏的数据，并将这些数据发送至人体生理参数监测系统；GetRespRate 函数用于获取呼吸率。

程序清单 16-1

```
void  InitProcResp(void);        //初始化 ProcResp 模块
void  SCIAToSCIC(void);          //接收到下位机串口的数据，转发给触摸屏的串口
```

```
void  SCICToSCIA(void);          //接收到触摸屏串口的数据转发到下位机串口
void  GetRespRate(int* pRR);     //获取呼吸率
```

步骤 4：完善 ProcResp.c 文件

在 ProcResp.c 文件的"包含头文件"区，添加代码如程序清单 16-2 所示。

程序清单 16-2

```
#include "PackUnpack.h"
#include "SCIA.h"
#include "SCIC.h"
```

在 ProcResp.c 文件的"内部变量"区，添加如程序清单 16-3 所示的内部变量定义代码。其中，s_iRespRate 用于保存呼吸率值。

程序清单 16-3

```
static int s_iRespRate;
```

在 ProcResp.c 文件的"API 函数实现"区，添加 API 函数的实现代码，如程序清单 16-4 所示。ProcResp.c 文件有 4 个 API 函数，分别解释说明如下。

（1）在 InitProcResp 函数中，通过对 s_iRespRate 赋值 0 初始化 ProcResp 模块。

（2）SCIAToSCIC 函数通过 ReadSCIA 函数读取人体生理参数监测系统的数据，通过 UnPackData 函数对接收到的数据进行解包；然后，通过 GetUnPackRslt 函数获取解包结果，如果解包结果是呼吸率数据，则将该数据保存于 s_iRespRate 变量；最后，将接收到的数据通过 WriteSCIC 函数发送至触摸屏。

（3）SCICToSCIA 函数通过 ReadSCIC 函数读取触摸屏的数据，再将这些数据发送至人体生理参数监测系统。

（4）GetRespRate 函数用于获取呼吸率数据。

程序清单 16-4

```
void  InitProcResp(void)
{
  s_iRespRate = 0;
}

void  SCIAToSCIC(void)
{
  unsigned char recData;
  unsigned char len = 0;

  StructPackType pt;

  len = ReadSCIA(&recData, 1);

  while(len > 0)
  {
    if(UnPackData(recData))
    {
      pt = GetUnPackRslt();

      if(pt.packModuleId == MODULE_RESP && pt.packSecondId == DAT_RESP_RR)
      {
```

```
      s_iRespRate = (unsigned int)(((unsigned char)(pt.arrData[1])) | ((unsigned int)((unsigned
char)(pt.arrData[0]))) << 8);
    }
  }

  WriteSCIC(&recData, 1);
  len = ReadSCIA(&recData, 1);
  }
}

void  SCICToSCIA(void)
{
  unsigned char recData;
  unsigned char len = 0;

  len = ReadSCIC(&recData, 1);

  while(len > 0)
  {
    WriteSCIA(&recData, 1);
    len = ReadSCIC(&recData, 1);
  }
}

void  GetRespRate(int* pRR)
{
  *pRR = s_iRespRate;
}
```

步骤 5：完善 Seg7DigitalLED.h 文件

在 Seg7DigitalLED.h 文件的"API 函数声明"区，添加如程序清单 16-5 所示的 Seg7DispRespRate 函数声明代码。该函数用于在七段数码管中显示呼吸率值。

程序清单 16-5

```
void Seg7DispRespRate(void);          //七段数码管显示呼吸率
```

步骤 6：完善 Seg7DigitalLED.c 文件

在 Seg7DigitalLED.c 文件"包含头文件"区，添加代码#include "ProcResp.h"。

在 Seg7DigitalLED.c 文件"API 函数实现"区的最后，添加 Seg7DispRespRate 函数的实现代码，如程序清单 16-6 所示。

（1）rr 变量用于保存人体生理参数监测系统发送到医疗电子 DSP 基础开发系统的呼吸率值。七段数码管需要用两位显示呼吸率值，因此，需要定义两个变量，rrHighBit 变量用于保存呼吸率值的高位，rrLowBit 变量用于保存呼吸率值的低位。

（2）医疗电子 DSP 基础开发系统上的七段数码管共有 8 位，每次只能显示一位，显示间隔为 2ms。因此，还需要定义 s_iCnt 变量，Seg7DispTemp 函数每执行一次，该变量执行一次加 1 操作，s_iCnt 变量计数范围为 1～8。

（3）Seg7WrSelData 函数的功能是在七段数码管的指定位置显示字符，参数 addr 是地址（addr 为 0，向最左侧写字符，addr 为 7，向最右侧写字符），参数 data 是待显示的字符，参数 pointFlag 是有无小数点标志（pointFlag 为 0 表示无小数点，pointFlag 为 1 表示有小数点）。

当 s_iCnt 为 1 时，通过调用 Seg7WrSelData 函数向最左侧的七段数码管显示一个字符，依次类推，当 s_iCnt 为 8 时，通过调用 Seg7WrSelData 函数向最右侧的七段数码管显示一个字符。

程序清单 16-6

```
void Seg7DispRespRate(void)
{
  int rr = 0;

  unsigned char rrHighBit, rrLowBit;

  static  int s_iCnt = 0;

  GetRespRate(&rr);

  rrHighBit = rr / 10;
  rrLowBit  = rr % 10;

  s_iCnt++;

  if(1 == s_iCnt)
  {
    Seg7WrSelData(0, 0x11, 0);      //显示在七段数码管的最左侧
  }
  else if(2 == s_iCnt)
  {
    Seg7WrSelData(1, 0x11, 0);
  }
  else if(3 == s_iCnt)
  {
    Seg7WrSelData(2, 0x11, 0);
  }
  else if(4 == s_iCnt)
  {
    Seg7WrSelData(3, 0x11, 0);
  }
  else if(5 == s_iCnt)
  {
    Seg7WrSelData(4, 0x11, 0);
  }
  else if(6 == s_iCnt)
  {
    Seg7WrSelData(5, 0x11, 0);
  }
  else if(7 == s_iCnt)
  {
    Seg7WrSelData(6, rrHighBit, 0);
  }
  else if(8 <= s_iCnt)
  {
    Seg7WrSelData(7, rrLowBit, 0);
    s_iCnt = 0;
  }
}
```

步骤 7：完善 Timer.c 文件

在 Timer.c 文件的"包含头文件"区，添加代码#include "Seg7DigitalLED.h"。

在 Timer.c 文件"内部函数实现"区的 cpu_timer1_isr 函数实现代码中，添加 Seg7DispRespRate 函数的调用代码，实现每 2ms 显示一个七段数码管字符的功能，如程序清单 16-7 所示。

程序清单 16-7

```c
__interrupt void cpu_timer1_isr(void)
{
  static int s_iCnt2 = 0;       //定义一个静态变量 s_iCnt2 作为 2ms 计数器
  static int s_iCnt1000  = 0;  //定义一个静态变量 s_iCnt1000 作为 1s 计数器

  EALLOW; //允许编辑受保护寄存器
  CpuTimer1.InterruptCount++;
  EDIS;    //禁止编辑受保护寄存器

  s_iCnt2++;              //2ms 计数器的计数值加 1

  if(s_iCnt2 >= 2)       //2ms 计数器的计数值大于或等于 2
  {
    Seg7DispRespRate(); //七段数码管显示呼吸率
    s_iCnt2 = 0;         //重置 2ms 计数器的计数值为 0
    s_i2msFlag = TRUE;  //将 2ms 标志位的值设置为 TRUE
  }

  s_iCnt1000++;           //1000ms 计数器的计数值加 1

  if(s_iCnt1000 >= 1000)//1000ms 计数器的计数值大于或等于 1000
  {
    s_iCnt1000 = 0;      //重置 1000ms 计数器的计数值为 0
    s_i1secFlag = TRUE; //将 1s 标志位的值设置为 TRUE
  }
}
```

步骤 8：完善呼吸监测与显示实验应用层

在 Project Explorer 面板中，双击打开 main.c 文件，在 main.c 文件"包含头文件"区的最后，添加代码#include "ProcResp.h"。

在 main.c 文件的 InitSoftware 函数中，添加调用 InitProcResp 函数的代码，如程序清单 16-8 所示，这样就实现了对 ProcResp 模块的初始化。

程序清单 16-8

```c
static  void  InitSoftware(void)
{
  InitPackUnpack();       //初始化 PackUnpack 模块
  InitProcResp();         //初始化 ProcResp 模块
}
```

在 main.c 文件的 Proc2msTask 函数中，添加调用添加 SCIAToSCIC 和 SCICToSCIA 函数的代码，如程序清单 16-9 所示。

程序清单 16-9

```
static  void  Proc2msTask(void)
{
  if(Get2msFlag())  //检查 2ms 标志状态
  {
    LEDFlicker(250);//调用闪烁函数

    SCIAToSCIC();    //接收到下位机串口的数据，转发给触摸屏的串口
    SCICToSCIA();    //接收到触摸屏串口的数据转发到下位机串口

    Clr2msFlag();    //清除 2ms 标志
  }
}
```

步骤 9：编译及下载验证

代码编写完成后，编译工程，然后下载.out 文件到医疗电子 DSP 基础开发系统，具体操作参见 2.3 节步骤 9。

下载完成后，将人体生理参数监测系统通过 USB 连接线连接到医疗电子 DSP 基础开发系统右侧的 USB 接口，确保 J101 的 SCITXDA 与 PARA_RX 相连接，SCIRXDA 与 PARA_TX 相连接。另外，将人体生理参数监测系统的"数据模式"设置为"演示模式"，将"通信模式"设置为"UART"，将"参数模式"设置为"五参"或"呼吸"。

可以观察到，七段数码管上显示的呼吸率值（20）如图 16-6 所示，同时，将触摸屏切换到"呼吸监测与显示实验"界面，可以观察到触摸屏上显示的呼吸率值与七段数码管显示的一致，表示实验成功。读者也可以将人体生理参数监测系统的"数据模式"设置为"实时模式"，通过心电线缆测量模拟器的呼吸率。

图 16-6　呼吸监测与显示实验结果

本 章 任 务

在本实验的基础上增加以下功能：（1）在 Seg7DigitalLED 模块中，通过 GetRespRate 函数获取呼吸率值，呼吸率值不为-100 时，七段数码管显示正常的呼吸率值，如图 16-7 左图所示，LED0 和 LED1 保持熄灭状态；（2）当呼吸率值为-100 时，七段数码管显示"RESP　--"，如图 16-7 右图所示，同时 LED0 和 LED1 每 500ms 交替闪烁一次。注意，需要将人体生理参数监测系统的"数据模式"由"演示模式"切换到"实时模式"，切换方式参见附录 A，并通过心电线缆将人体生理参数监测系统连接到人体生理参数模拟器。

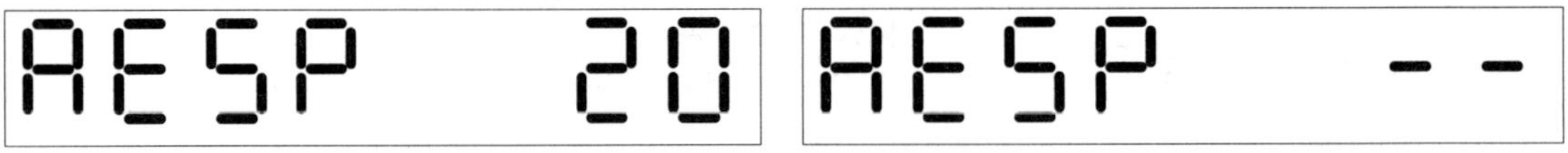

图 16-7　本章任务结果效果图

本 章 习 题

1．如何更改 Seg7DigitalLED 模块的驱动，使得导联脱落时显示"RESP OFF"，导联连接时显示"RESP ON"？

2．呼吸率的单位是 bpm，解释该单位的含义。

3．正常成人呼吸率的取值范围是多少？正常新生儿呼吸率的取值范围是多少？

4．如果呼吸率为 25bpm，按照附录 B 定义的呼吸率数据包应该是什么？

5．本实验采用阻抗法测呼吸，通过人体生理参数模拟器验证人体生理参数监测系统采用的是 RA-LA 导联连接方式，还是 RA-LL 导联连接方式。

6．除了阻抗法测呼吸，还有哪些方法可以测量呼吸？

7．什么是腹式呼吸？什么是胸式呼吸？

第17章 实验16——心电监测与显示

本实验的设计思路是，医疗电子 DSP 基础开发系统上的 F28335 核心板对人体生理参数监测系统发送的心率和心电导联信息数据包进行解包，然后将心率值和 RA 导联信息显示在 OLED 显示屏上。心率按照"HR：60"格式显示，如果心率为无效值（-100 代表无效值），则显示"HR：---"；导联脱落时，显示"RA: OFF"，导联连接时，显示"RA: ON"。本实验要求在 OLED 显示屏上显示出所有导联脱落信息和心率值。

17.1 实验内容

心电监测与显示实验原理如图 17-1 所示。本实验的数据源来自人体生理参数监测系统，该系统在"演示模式"下工作，心率为 60bpm；若在"实时模式"下，则需要将心电线缆的一端连接到该系统的 ECG/RESP 接口，另一端连接到人体生理参数模拟器，这样才可以实时监测模拟器的心电信号。注意，不允许将心电线缆与人体连接。

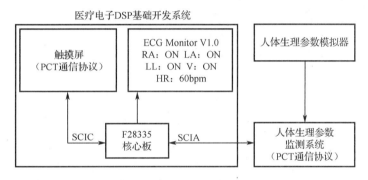

图 17-1　心电监测与显示实验原理框图

为了进行实验对照，还需要实现如下功能：（1）通过 SCIA 模块接收人体生理参数监测系统的数据包，并将接收到的数据包通过 SCIC 发送至触摸屏；（2）通过 SCIC 接收触摸屏的命令包，并将接收到的命令包通过 SCIA 发送至人体生理参数监测系统。这样，就可以通过对比触摸屏（"心电监测与显示实验"界面）上显示的数值与 OLED 显示屏上的数值，验证实验是否正确。

本实验需要将 SCIA 接收到的心率和心电导联信息数据包进行解包处理，并将解包结果中的心率值和 RA 导联信息显示在 OLED 显示屏上，其他 3 个导联信息固定显示为 OFF，如图 17-2 所示。

0	8	16	24	32	40	48	56	64	72	80	88	96	104	112	120
E	C	G		M	o	n	i	t	o	r		V	1	.	0
R	A	:			O	N		L	A	:	O	F	F		
L	L	:	O	F	F				V	:	O	F	F		
H	R	:		6	0	b	p	m							

图 17-2　心电监测与显示实验结果

17.2　实验原理

17.2.1　心电数据包的 PCT 通信协议

本实验中使用到的心电数据包包含心电导联信息数据包和心率数据包。完整的心电数据包和命令包参见附录 B。

17.2.2　解包结果处理流程

本实验要求在图 15-3 所示的 SCIA 至 SCIC 数据包传输流程基础上，进一步对解包结果进行处理。将接收到的心电导联信息数据保存至 s_iLLOffSts、s_iLAOffSts、s_iRAOffSts、s_iVOffSts 变量；将接收到的心率数据保存至 s_iECGHR 变量，如图 17-3 所示。对解包结果进行处理的流程将在 ProcECG 模块的 SCIAToSCIC 函数中实现。

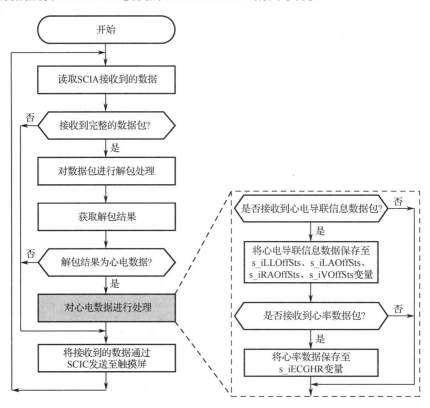

图 17-3　心电监测与显示实验对解包结果进行处理流程图

17.2.3　OLED 显示心电参数流程

无论是在 OLED 显示屏上显示心电导联信息，还是显示心率，均需要三步。第 1 步，获取心电参数，通过 GetECGLeadSts 函数获取心电导联信息（包含 RA 导联信息），通过 GetECGHR 函数获取心率值；第 2 步，通过调用 OLEDShowString 函数，将心电参数更新到 F28335 的 GRAM；第 3 步，通过调用 OLEDRefreshGRAM 函数，将 F28335 的 GRAM 更新到 SSD1306 芯片的 GRAM。

GetECGLeadSts、GetECGHR、OLEDShowString 和 OLEDRefreshGRAM 函数每秒执行一次，在 main.c 文件的 Proc1SecTask 函数中调用这些函数，即可实现每秒在 OLED 显示屏上更新一次心电参数。OLED 显示屏显示心电参数流程图如图 17-4 所示。

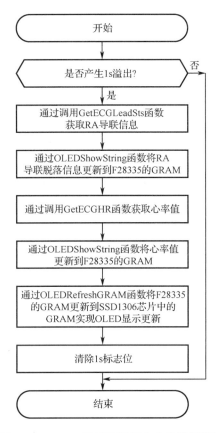

图 17-4 OLED 显示屏显示心电参数流程图

17.3 实验步骤

步骤 1：复制并编译原始工程

首先，将 "D:\F28335CCSTest\Material\16.ECGExp" 文件夹复制到 "D:\F28335CCSTest\Product" 文件夹中。然后，参照 2.3 节步骤 4，打开工程文件，单击🔧按钮。当 Console 栏显示 Finished building target: 16.ECGExp.out 时，表示已经成功生成.out 文件；显示 Bulid Finished，表示编译成功。最后，将.out 文件下载到 F28335 的内部 Flash 中，下载成功后，可以观察到医疗电子 DSP 基础开发系统上的 LED0 和 LED1 交替闪烁,表示原始工程是正确的，可以进入下一步操作。

步骤 2：添加 ProcECG 文件对

将"D:\F28335CCSTest\Product\16.ECGExp\App"文件夹中的 ProcECG.c 添加到 App 分组，具体操作可参见 2.3 节步骤 7。

步骤 3：完善 ProcECG.h 文件

单击🔧按钮，进行编译，编译结束后，在 Project Explorer 面板中，双击 ProcECG.c 中的 ProcECG.h。在 ProcECG.h 文件的 "枚举结构体定义" 区，添加如程序清单 17-1 所示的枚举定义代码。枚举 EnumECGLeadType 中的 ECG_LEAD_TYPE_LL 表示 LL 导联，对应值为 0；
ECG_LEAD_TYPE_LA 表示 LA 导联，对应值为 1；ECG_LEAD_TYPE_RA 表示 RA 导联，
对应值为 2；ECG_LEAD_TYPE_V 表示 V 导联，对应值为 3。

程序清单 17-1

```
//定义枚举
typedef enum
{
  ECG_LEAD_TYPE_LL = 0, //LL 导联
  ECG_LEAD_TYPE_LA,     //LA 导联
  ECG_LEAD_TYPE_RA,     //RA 导联
  ECG_LEAD_TYPE_V,      //V 导联
  ECG_LEAD_TYPE_MAX
}EnumECGLeadType;
```

在 ProcECG.h 文件的"API 函数声明"区，添加如程序清单 17-2 所示的 API 函数声明代
码。其中，InitProcECG 函数用于初始化 ProcECG 模块；SCIAToSCIC 函数用于接收人体生理
参数监测系统的数据，然后将这些数据发送至触摸屏；SCICToSCIA 函数用于接收触摸屏的
数据，然后将这些数据发送至人体生理参数监测系统；GetECGLeadSts 函数用于获取 ECG 导
联信息；GetECGHR 函数用于获取心率值。

程序清单 17-2

```
void   InitProcECG(void);    //初始化 ProcECG 模块
void   SCIAToSCIC(void);     //接收到下位机串口的数据，转发给触摸屏的串口
void   SCICToSCIA(void);     //接收到触摸屏串口的数据转发到下位机串口

int    GetECGLeadSts(EnumECGLeadType type);  //获取 ECG 导联信息
int    GetECGHR(void);       //获取心率值
```

步骤 4：完善 ProcECG.c 文件

在 ProcECG.c 文件的"包含头文件"区，添加如程序清单 17-3 所示的代码。

程序清单 17-3

```
#include "PackUnpack.h"
#include "SCIA.h"
#include "SCIC.h"
```

在 ProcECG.c 文件的"内部变量"区，添加如程序清单 17-4 所示的内部变量定义代码。
其中，s_iECGHR 用于保存心率值，s_iLLOffSts 用于保存 LL 导联脱落信息，s_iLAOffSts 用
于保存 LA 导联脱落信息，s_iRAOffSts 用于保存 RA 导联脱落信息，s_iVOffSts 用于保存 V
导联脱落信息。对于所有导联，1 表示脱落，0 表示连接。

程序清单 17-4

```
static int  s_iECGHR = 0; //心率
static unsigned char s_iLLOffSts = 1; //LL 导联脱落信息，1-脱落，0-连接
static unsigned char s_iLAOffSts = 1; //LA 导联脱落信息，1-脱落，0-连接
static unsigned char s_iRAOffSts = 1; //RA 导联脱落信息，1-脱落，0-连接
static unsigned char s_iVOffSts  = 1; //V 导联脱落信息，1-脱落，0-连接
```

在 ProcECG.c 文件的"API 函数实现"区，添加 API 函数的实现代码，如程序清单 17-5
所示。ProcECG.c 文件有 5 个 API 函数，下面依次解释说明这 5 个函数中的语句。

（1）在 InitProcECG 函数中，通过对 s_iECGHR 赋值 0，对 s_iLLOffSts、s_iLAOffSts、s_iRAOffSts、s_iVOffSts 赋值 1，初始化 ProcECG 模块。

（2）SCIAToSCIC 函数首先通过 ReadSCIA 函数读取人体生理参数监测系统的数据，通过 UnPackData 函数对接收到的数据进行解包；然后通过 GetUnPackRslt 函数获取解包结果，如果解包结果是心率数据，则将该数据保存于 s_iECGHR 变量，如果解包结果是导联信息，则将其保存于 s_iLLOffSts、s_iLAOffSts、s_iRAOffSts、s_iVOffSts 变量；最后通过 PackData 函数对解包数据进行打包，并将打包结果通过 WriteSCIC 函数发送至触摸屏。注意，在编写和调试代码过程中，可以通过 printf 打印心率值和导联信息。

（3）SCICToSCIA 函数通过 ReadSCIC 函数读取触摸屏的数据，再将这些数据发送至人体生理参数监测系统。

（4）GetECGLeadSts 函数用于获取 ECG 导联信息，可以通过参数 type 指定具体获取哪一个 ECG 导联信息。

（5）GetECGHR 函数用于获取心率数据。

程序清单 17-5

```
void  InitProcECG(void)
{
  s_iECGHR    = 0; //心率
  s_iLLOffSts = 1; //LL 导联脱落信息，1-脱落，0-连接
  s_iLAOffSts = 1; //LA 导联脱落信息，1-脱落，0-连接
  s_iRAOffSts = 1; //RA 导联脱落信息，1-脱落，0-连接
  s_iVOffSts  = 1; //V 导联脱落信息，1-脱落，0-连接
}


void  SCIAToSCIC(void)
{
  unsigned char recData;
  unsigned char len = 0;

  StructPackType pt;

  len = ReadSCIA(&recData, 1);

  while(len > 0)
  {
    if(UnPackData(recData))
    {
      pt = GetUnPackRslt();

      if(pt.packModuleId == MODULE_ECG && pt.packSecondId == DAT_ECG_LEAD)
      {
        s_iLLOffSts = (pt.arrData[0] >> 0) & 0x01;
        s_iLAOffSts = (pt.arrData[0] >> 1) & 0x01;
        s_iRAOffSts = (pt.arrData[0] >> 2) & 0x01;
        s_iVOffSts  = (pt.arrData[0] >> 3) & 0x01;

        //printf("LL-%d  LA-%d  RA-%d  V-%d\r\n",  s_iLLOffSts,  s_iLAOffSts,  s_iRAOffSts,
```

```
s_iVOffSts);
        }
        else if(pt.packModuleId == MODULE_ECG && pt.packSecondId == DAT_ECG_HR)
        {
            //s_iECGHR = MAKEHWORD(pt.arrData[0], pt.arrData[1]);
            s_iECGHR = (unsigned int)(((unsigned char)(pt.arrData[1])) | ((unsigned int)((unsigned
                                                          char)(pt.arrData[0]))) << 8);
            //printf("HR-%d\r\n", s_iECGHR);
        }
    }

    WriteSCIC(&recData, 1);
    len = ReadSCIA(&recData, 1);
  }
}


void   SCICToSCIA(void)
{
  unsigned char recData;
  unsigned char len = 0;

  len = ReadSCIC(&recData, 1);

  while(len > 0)
  {
    WriteSCIA(&recData, 1);
    len = ReadSCIC(&recData, 1);
  }
}


int    GetECGLeadSts(EnumECGLeadType type)
{
  int leadSts;        //导联信息

  switch(type)
  {
    case ECG_LEAD_TYPE_LL:  //LL 导联脱落信息
      leadSts = s_iLLOffSts;
      break;
    case ECG_LEAD_TYPE_LA:  //LA 导联脱落信息
      leadSts = s_iLAOffSts;
      break;
    case ECG_LEAD_TYPE_RA:  //RA 导联脱落信息
      leadSts = s_iRAOffSts;
      break;
    case ECG_LEAD_TYPE_V:   //V 导联脱落信息
      leadSts = s_iVOffSts;
      break;
    default:
      break;
```

```
  }

  return(leadSts);
}


int   GetECGHR(void)
{
  return(s_iECGHR);
}
```

步骤 5：完善心电监测与显示实验应用层

在 Project Explorer 面板中，双击打开 main.c 文件，在 main.c 文件"包含头文件"区的最后，添加代码#include "ProcECG.h"。

在 main.c 文件的 InitSoftware 函数中，添加调用 InitProcECG 函数的代码，如程序清单 17-6 所示，这样就实现了对 ProcECG 模块的初始化。

程序清单 17-6

```
static  void  InitSoftware(void)
{
  InitPackUnpack();        //初始化 PackUnpack 模块
  InitProcECG();           //初始化 ProcECG 模块
}
```

在 main.c 文件的 Proc2msTask 函数中，添加调用添加 SCIAToSCIC 和 SCICToSCIA 函数的代码，如程序清单 17-7 所示。

程序清单 17-7

```
static  void  Proc2msTask(void)
{
  if(Get2msFlag())   //检查 2ms 标志状态
  {
    LEDFlicker(250);//调用闪烁函数

    SCIAToSCIC();      //接收到下位机串口的数据，转发给触摸屏的串口
    SCICToSCIA();      //接收到触摸屏串口的数据转发到下位机串口

    Clr2msFlag();      //清除 2ms 标志
  }
}
```

在 main.c 文件的 Proc1SecTask 函数中，添加调用 GetECGLeadSts、GetECGHR、sprintf、OLEDShowString 和 OLEDRefreshGRAM 函数的代码，并注释掉 Proc1SecTask 函数中的 printf 语句，如程序清单 17-8 所示。

（1）GetECGLeadSts 函数用于获取 RA 导联脱落信息，然后通过 OLEDShowString 函数将 RA 导联脱落信息更新到 F28335 的 GRAM（对应 SSD1306 芯片中的 GRAM），导联脱落时为 OFF，连接时为 ON。

（2）GetECGHR 函数用于获取心率值，通过 sprintf 把格式化的心率值写入字符串，字符串的格式为 HR：80bpm；通过 OLEDShowString 函数将心率值信息更新到 F28335 的 GRAM；通过 OLEDRefreshGRAM 函数将 F28335 的 GRAM 更新到 SSD1306 芯片中的 GRAM，实现 OLED 显示更新。

程序清单 17-8

```
static  void  Proc1SecTask(void)
{
  char arrECGHR[18];

  if(Get1SecFlag()) //判断 1s 标志状态
  {
    if(GetECGLeadSts(ECG_LEAD_TYPE_RA))
    {
      OLEDShowString(32, 16, "OFF");
    }
    else
    {
      OLEDShowString(32, 16, " ON");
    }

    sprintf(arrECGHR, "HR:%3dbpm", GetECGHR());
    OLEDShowString(8, 48, (unsigned char*)arrECGHR);

    OLEDRefreshGRAM();

    //printf("This is the first TMS320F28335 Project, by Zhangsan\r\n");
    Clr1SecFlag();  //清除 1s 标志
  }
}
```

在 main.c 文件的 main 函数中，注释掉 printf 语句，然后添加调用 OLEDShowString 函数的代码，实现在 OLED 上显示心电提示信息、导联信息和心率值，如程序清单 17-9 所示。

程序清单 17-9

```
void main(void)
{
  InitSoftware();    //初始化软件相关函数
  InitHardware();    //初始化硬件相关函数

  //printf("Init System has been finished.\r\n" );   //打印系统状态

  OLEDShowString(0, 0, "ECG Monitor V1.0");
  OLEDShowString(8, 16, "RA:OFF LA:OFF");
  OLEDShowString(8, 32, "LL:OFF  V:OFF");
  OLEDShowString(8, 48, "HR:---bpm");

  while(1)
  {
    Proc2msTask();  //处理 2ms 任务
    Proc1SecTask(); //处理 1sec 任务
  }
}
```

步骤 6：编译及下载验证

代码编写完成后，编译工程，然后下载.out 文件到医疗电子 DSP 基础开发系统，具体操作参见 2.3 节步骤 9。

下载完成后，将人体生理参数监测系统通过 USB 连接线连接到医疗电子 DSP 基础开发系统右侧的 USB 接口，确保 J101 的 SCITXDA 与 PARA_RX 相连接，SCIRXDA 与 PARA_TX 相连接。另外，将人体生理参数监测系统的"数据模式"设置为"演示模式"，将"通信模式"设置为"UART"，将"参数模式"设置为"五参"或"心电"。

图 17-5　心电监测与显示实验结果

可以观察到，OLED 显示屏上显示 ECG 的 RA 导联脱落信息（ON 表示连接、OFF 表示脱落）和心率值，如图 17-5 所示。同时，将触摸屏切换到心电监测与显示实验界面，可以观察到触摸屏上的 RA 导联脱落信息和心率值与 OLED 显示屏上的一致，表示实验成功。读者也可以将人体生理参数监测系统的"数据模式"设置为"实时模式"，通过心电线缆测量模拟器的心率和导联脱落信息。

本 章 任 务

在本实验的基础上增加以下功能：（1）在 Proc1SecTask 函数中，通过 GetECGLeadSts 函数获取心电导联信息，并将除 RA 导联信息之外的 LA、RL 和 V 导联信息显示在 OLED 显示屏上；（2）当所有导联正常连接时，OLED 显示屏显示的心电参数格式如图 17-6 左图所示；（3）当所有导联脱落时，OLED 显示屏显示的心电参数格式如图 17-6 右图所示。注意，本章任务需要将人体生理参数监测系统的"数据模式"由"演示模式"切换到"实时模式"（切换方式参见附录 A），并通过心电线缆将人体生理参数监测系统连接到人体生理参数模拟器。

图 17-6　显示效果图

实现上述功能后，尝试继续增加以下功能：（1）在 ProcECG 模块的 SCIAToSCIC 函数中，如果解包结果是心电波形（参见附录 B 的心电波形数据包），则将心电波形数据写入缓冲区；（2）增加 DAC 模块；（3）在 DAC 模块中，将缓冲区的心电波形数据通过 GPIO7 引脚输出。实现以上功能后，将 GPIO7 引脚连接到示波器探头，查看是否能观察到心电波形。

本 章 习 题

1. 简述 printf 函数的功能。
2. 简述心电信号检测原理。
3. 心电监测中的 RA、LA、RL、LL 和 V 分别代表什么？
4. 正常成人心率取值范围是多少？正常新生儿心率取值范围是多少？
5. 如果心率为 80bpm，按照附录 B 定义的心率数据包应该是什么？

第18章 实验17——血氧监测与显示

本实验的设计思路是，由医疗电子 DSP 基础开发系统上的 F28335 核心板将人体生理参数监测系统发送来的血氧波形数据包和血氧参数数据包解包，并在 OLED 显示屏上显示血氧饱和度值和探头脱落信息。血氧饱和度按照"SPO2：96%"的格式显示，如果血氧饱和度为无效值（–100 代表无效值），则显示为"SPO2：--%"的格式；探头脱落时显示为"SO: OFF"，探头连接时显示为"SO: ON"。本章任务是在 OLED 显示屏上显示出探头脱落信息及手指脱落信息，以及血氧饱和度值及脉率值。

18.1 实验内容

医疗电子DSP基础开发系统读取人体生理参数监测系统发送来的血氧波形数据包和血氧参数数据包，并将其解包，然后将解包后的血氧饱和度和脉率值以及探头脱落信息和手指脱落信息显示在 OLED 显示屏上，实验原理如图 18-1 所示。本实验的数据源来自人体生理参数监测系统，该系统在"演示模式"下，血氧饱和度为 96%，脉率为 75bpm；在"实时模式"下，需要将血氧探头的一端连接到系统背面的 SPO2 接口，另一端连接到人体生理参数模拟器或手指，这样就可以实时监测模拟器或人体的血氧信号。人体生理参数监测系统的使用说明可以参见附录 A。本实验的结果如图 18-2 所示，其中，手指脱落信息显示为"FO: OFF"。

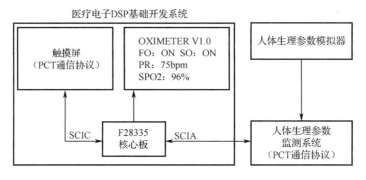

图 18-1 血氧监测与显示实验原理框图

	0	8	16	24	32	40	48	56	64	72	80	88	96	104	112	120
O	X	I	M	E	T	E	R		V	1	.	0				
F	O	:	O	F	F		S	O	:		O	N				
P	R	:	-	-	-	b	p	m								
S	P	O	2	:		9	6	%								

图 18-2 血氧监测与显示实验结果

为了进行实验对照，还需要实现如下功能：（1）通过 SCIA 接收人体生理参数监测系统的数据包，并将其通过 SCIC 发送至触摸屏；（2）通过 SCIC 接收触摸屏的命令包，并将通过 SCIA 发送至人体生理参数监测系统。这样，就可以通过对比触摸屏（"血氧监测与显示实验"

界面）上显示的数值与 OLED 显示屏上的数值，验证实验是否正确。

18.2 实验原理

18.2.1 血氧数据包的 PCT 通信协议

本实验涉及的血氧数据包包含血氧波形数据包和血氧参数数据包。完整的血氧数据包和命令包可参见附录 B。

18.2.2 解包结果处理流程

本实验要求在图 15-3 所示的 SCIA 至 SCIC 数据包传输流程基础上，进一步对解包结果进行处理。接收到血氧波形数据包后，将手指脱落信息和探头脱落信息分别保存至变量 s_iFingerOffSts、s_iSensorOffSts；接收到血氧参数数据包后，将脉率和血氧饱和度数据分别保存至变量 s_iPR、s_iSPO2，如图 18-3 所示。对解包结果进行处理的流程将在 ProcSPO2 模块的 SCIAToSCIC 函数中实现。

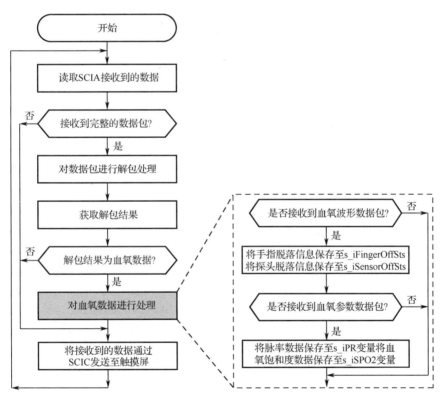

图 18-3 血氧监测与显示实验对解包结果进行处理流程图

18.2.3 OLED 显示血氧参数流程

在 OLED 显示屏上显示波形和数据需要 3 步。第 1 步，获取血氧参数，通过 GetSPO2Data 函数获取手指脱落信息和探头脱落信息，以及脉率和血氧饱和度值；第 2 步，通过调用 OLEDShowString 函数，将血氧参数更新到 F28335 的 GRAM；第 3 步，通过调用

OLEDRefreshGRAM 函数，将 F28335 的 GRAM 更新到 SSD1306 芯片的 GRAM。

GetSPO2Data、OLEDShowString 和 OLEDRefreshGRAM 函数每 1ms 执行一次，在 main.c 文件的 Proc1SecTask 函数中调用这些函数，即可实现每秒更新一次血氧参数显示。OLED 显示屏显示血氧参数的流程图如图 18-4 所示。

图 18-4　OLED 显示屏显示血氧参数流程图

18.3　实验步骤

步骤 1：复制并编译原始工程

首先，将"D:\F28335CCSTest\Material\17.SPO2Exp"文件夹复制到"D:\F28335CCSTest\Product"文件夹中。然后，参照 2.3 节步骤 4 打开工程文件，单击 按钮。当 Console 栏显示 Finished building target: 17.SPO2Exp.out 时，表示已经成功生成.out 文件；显示 Bulid Finished，表示编译成功。最后，将.out 文件下载到 F28335 的内部 Flash 中，可以观察到医疗电子 DSP 基础开发系统上的 LED0 和 LED1 交替闪烁，表示原始工程是正确的，可以进入下一步操作。

步骤 2：添加 ProcSPO2 文件对

将"D:\F28335CCSTest\Product\17.SPO2Exp\App"文件夹中的 ProcSPO2.c 添加到 App 分组，具体操作可参见 2.3 节步骤 7。

步骤 3：完善 ProcSPO2.h 文件

单击 按钮，进行编译，编译结束后，在 Project Explorer 面板中，双击 ProcSPO2.c 中

的 ProcSPO2.h。在 ProcSPO2.h 文件的"枚举结构体定义"区，添加如程序清单 18-1 所示的
枚举定义代码。枚举 EnumSPO2DataType 中的 SPO2_DATA_TYPE_FINGER_OFF 表示探头手
指脱落，对应的值为 0；SPO2_DATA_TYPE_SENSOR_OFF 表示探头脱落，对应的值为 1；
SPO2_DATA_TYPE_PR 表示脉率，对应的值为 2；SPO2_DATA_TYPE_SPO2 表示血氧饱和
度，对应的值为 3。

程序清单 18-1

```
//定义枚举
typedef enum
{
  SPO2_DATA_TYPE_FINGER_OFF = 0,    //探头手指脱落
  SPO2_DATA_TYPE_SENSOR_OFF,        //探头脱落
  SPO2_DATA_TYPE_PR,                //脉率
  SPO2_DATA_TYPE_SPO2,              //血氧饱和度
  SPO2_DATA_TYPE_MAX
}EnumSPO2DataType;
```

在 ProcSPO2.h 文件的"API 函数声明"区，添加如程序清单 18-2 所示的 API 函数声明
代码。其中，InitProcSPO2 函数用于初始化 ProcSPO2 模块；SCIAToSCIC 函数用于接收人体
生理参数监测系统的数据，并将这些数据发送至触摸屏；SCICToSCIA 函数用于接收触摸屏
的数据，并将这些数据发送至人体生理参数监测系统；GetECGLeadSts 函数用于获取 ECG 导
联信息；GetSPO2Data 函数用于获取 SPO2 数据。

程序清单 18-2

```
void   InitProcSPO2(void);      //初始化 ProcSPO2 模块

void   SCIAToSCIC(void);        //接收到下位机串口的数据，转发给触摸屏的串口
void   SCICToSCIA(void);        //接收到触摸屏串口的数据转发到下位机串口

int    GetSPO2Data(EnumSPO2DataType type);    //获取 SPO2 数据
```

步骤 4：完善 ProcSPO2.c 文件

在 ProcSPO2.c 文件的"包含头文件"区，添加如程序清单 18-3 所示的代码。

程序清单 18-3

```
#include "PackUnpack.h"
#include "SCIA.h"
#include "SCIC.h"
```

在 ProcSPO2.c 文件的"内部变量"区，添加如程序清单 18-4 所示的内部变量定义代码。
其中，s_iFingerOffSts 保存手指脱落信息，s_iSensorOffSts 保存探头脱落信息，对于所有脱落
信息，1 表示脱落，0 表示连接；s_iPR 保存脉率值，s_iSPO2 保存血氧饱和度值。

程序清单 18-4

```
static unsigned char s_iFingerOffSts = 1; //手指脱落信息，1-脱落，0-连接
static unsigned char s_iSensorOffSts = 1; //探头脱落信息，1-脱落，0-连接
static int s_iPR  = 0; //脉率
static int s_iSPO2 = 0; //血氧饱和度
```

在 ProcSPO2.c 文件的"API 函数实现"区，添加 API 函数的实现代码，如程序清单 18-5
所示。ProcSPO2.c 文件有 4 个 API 函数。

（1）InitProcSPO2 函数通过对变量 s_iFingerOffSts 和 s_iSensorOffSts 赋值 1，对 s_iPR 和 s_iSPO2 赋值 0，初始化 ProcSPO2 模块。

（2）SCIAToSCIC 函数通过 ReadSCIA 函数读取人体生理参数监测系统的数据；通过 UnPackData 函数对接收到的数据进行解包；通过 GetUnPackRslt 函数获取解包结果，如果解包结果是脉率和血氧饱和度数据，则将这两个数据分别保存于变量 s_iPR 和 s_iSPO2，如果解包结果是导联信息，则保存于变量 s_iFingerOffSts 和 s_iSensorOffSts；最后将接收到的数据通过 WriteUART 函数发送至触摸屏。

（3）SCICToSCIA 函数通过 ReadSCIC 函数读取触摸屏的数据，然后将这些数据发送至人体生理参数监测系统。

（4）GetSPO2Data 函数用于获取 SPO2 数据，由参数 type 指定具体获取哪一个血氧数据。

程序清单 18-5

```c
void  InitProcSPO2(void)
{
  s_iFingerOffSts = 1;    //手指脱落信息，1-脱落，0-连接
  s_iSensorOffSts = 1;    //探头脱落信息，1-脱落，0-连接
  s_iPR   = 0;            //脉率
  s_iSPO2 = 0;            //血氧饱和度
}


void  SCIAToSCIC(void)
{
  unsigned char recData;
  unsigned char len = 0;

  StructPackType pt;

  len = ReadSCIA(&recData, 1);

  while(len > 0)
  {
    if(UnPackData(recData))
    {
      pt = GetUnPackRslt();

      if(pt.packModuleId == MODULE_SPO2 && pt.packSecondId == DAT_SPO2_WAVE)
      {
        s_iFingerOffSts = (pt.arrData[5] >> 7) & 0x01;
        s_iSensorOffSts = (pt.arrData[5] >> 4) & 0x01;
        //printf("FO-%d SO-%d\r\n", s_iFingerOffSts, s_iSensorOffSts);
      }
      else if(pt.packModuleId == MODULE_SPO2 && pt.packSecondId == DAT_SPO2_DATA)
      {
        s_iPR = (unsigned int)(((unsigned char)(pt.arrData[2])) | ((unsigned int)((unsigned
                                                    char)(pt.arrData[1]))) << 8);
        s_iSPO2 = pt.arrData[3];
        //printf("PR-%d\r\n", s_iPR);
        //printf("SPO2-%d\r\n", s_iSPO2);
      }
    }
```

```
      WriteSCIC(&recData, 1);
      len = ReadSCIA(&recData, 1);
  }
}

void  SCICToSCIA(void)
{
  unsigned char recData;
  unsigned char len = 0;

  len = ReadSCIC(&recData, 1);

  while(len > 0)
  {
    WriteSCIA(&recData, 1);
    len = ReadSCIC(&recData, 1);
  }
}

int   GetSPO2Data(EnumSPO2DataType type)
{
  short spo2Data; //SPO2 数据

  switch(type)
  {
    case SPO2_DATA_TYPE_FINGER_OFF: //探头手指脱落
      spo2Data = s_iFingerOffSts;
      break;
    case SPO2_DATA_TYPE_SENSOR_OFF: //探头脱落
      spo2Data = s_iSensorOffSts;
      break;
    case SPO2_DATA_TYPE_PR:          //脉率
      spo2Data = s_iPR;
      break;
    case SPO2_DATA_TYPE_SPO2:        //血氧饱和度
      spo2Data = s_iSPO2;
      break;
    default:
      break;
  }

  return(spo2Data);
}
```

步骤 5：完善血氧监测与显示实验应用层

在 Project Explorer 面板中，双击打开 main.c 文件，在 main.c 文件"包含头文件"区的最后，添加代码#include "ProcSPO2.h"。

在 main.c 文件的 InitSoftware 函数中，添加调用 InitProcSPO2 函数的代码，如程序清单 18-6 所示，这样就实现了对 ProcSPO2 模块的初始化。

程序清单 18-6

```
static  void  InitSoftware(void)
{
  InitPackUnpack();      //初始化 PackUnpack 模块
  InitProcSP02();        //初始化 ProcSP02 模块
}
```

在 main.c 文件的 Proc2msTask 函数中，添加调用 SCIAToSCIC 和 SCICToSCIA 函数的代码，如程序清单 18-7 所示。

程序清单 18-7

```
static  void  Proc2msTask(void)
{
  if(Get2msFlag())       //检查 2ms 标志状态
  {
    LEDFlicker(250);      //调用闪烁函数

    SCIAToSCIC();         //接收到下位机串口的数据，转发给触摸屏的串口
    SCICToSCIA();         //接收到触摸屏串口的数据转发到下位机串口

    Clr2msFlag();         //清除 2ms 标志
  }
}
```

在 main.c 文件的 Proc1SecTask 函数中，添加调用 GetSPO2Data、sprintf、OLEDShowString 和 OLEDRefreshGRAM 函数的代码，并注释掉 Proc1SecTask 函数中的 printf 语句，如程序清单 18-8 所示。

程序清单 18-8

```
static  void  Proc1SecTask(void)
{
  char arrSP02Data[18];

  short spo2;

  if(Get1SecFlag()) //判断 1s 标志状态
  {
    if(GetSP02Data(SP02_DATA_TYPE_SENSOR_OFF))
    {
      OLEDShowString(88, 16, "OFF");
    }
    else
    {
      OLEDShowString(88, 16, " ON");
    }

    spo2 = GetSP02Data(SP02_DATA_TYPE_SPO2);

    if(156 == spo2)
    {
      OLEDShowString(8, 48, "SPO2: --%");
    }
```

```
  else
  {
    sprintf(arrSPO2Data, "SPO2:%3d%", spo2);
    OLEDShowString(8, 48, (unsigned char*)arrSPO2Data);
  }

  OLEDRefreshGRAM();

  //printf("This is the first TMS320F28335 Project, by Zhangsan\r\n");
  Clr1SecFlag();    //清除 1s 标志
  }
}
```

在 main.c 文件的 main 函数中，注释掉 printf 语句，然后添加调用 OLEDShowString 函数的代码，实现在 OLED 显示屏上显示血氧提示信息、导联信息、脉率值和血氧饱和度值，如程序清单 18-9 所示。

程序清单 18-9

```
void main(void)
{
  InitSoftware();    //初始化软件相关函数
  InitHardware();    //初始化硬件相关函数

  //printf("Init System has been finished.\r\n" );    //打印系统状态

  OLEDShowString(16, 0, "OXIMETER V1.0");
  OLEDShowString(8, 16, "FO:OFF SO:OFF");
  OLEDShowString(8, 32, "PR:---bpm");
  OLEDShowString(8, 48, "SPO2: --%");

  while(1)
  {
    Proc2msTask();    //处理 2ms 任务
    Proc1SecTask();   //处理 1sec 任务
  }
}
```

步骤 6：编译及下载验证

代码编写完成后，编译工程，然后下载.out 文件到医疗电子 DSP 基础开发系统，具体操作参见 2.3 节步骤 9。

下载完成后，将人体生理参数监测系统通过 USB 连接线连接到医疗电子 DSP 基础开发系统右侧的 USB 接口，确保 J101 的 SCITXDA 与 PARA_RX 相连接，SCIRXDA 与 PARA_TX 相连接。另外，将人体生理参数监测系统的"数据模式"设置为"演示模式"，将"通信模式"设置为"UART"，将"参数模式"设置为"五参"或"血氧"。

可以看到，OLED 显示屏上显示探头脱落信息（SO 为 Sensor Off 的缩写，ON 表示连接，OFF 表示脱落）以及血氧饱和度值（96%），如图 18-5 所示。同时，将医疗电子

图 18-5　血氧监测与显示实验结果

DSP 基础开发系统上的触摸屏切换到"心电监测与显示实验"界面，可以观察到触摸屏上的探头脱落信息和血氧饱和度值与 OLED 显示屏上的一致，表示实验成功。读者也可以将人体生理参数监测系统的"数据模式"设置为"实时模式"，通过血氧探头测量模拟器的血氧饱和度和探头脱落信息。

本 章 任 务

在本实验的基础上增加以下功能：（1）在 Proc1SecTask 函数中通过 GetSPO2Data 函数获取手指脱落信息，并将其显示在 OLED 显示屏上；（2）当探头和手指正常连接时，OLED 显示屏显示的血氧参数格式如图 18-6（a）所示；（3）当探头和手指脱落时，OLED 显示屏显示的血氧参数格式如图 18-6（b）所示。注意，需要将人体生理参数监测系统的"数据模式"由"演示模式"切换到"实时模式"（切换方式参见附录 A），并通过血氧探头将人体生理参数监测系统连接到人体生理参数模拟器或手指。

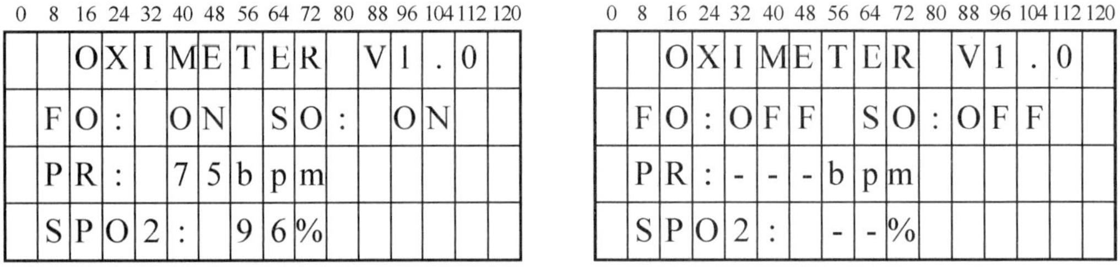

图 18-6　显示效果图

实现上述功能之后，尝试继续增加以下功能：（1）在 ProcSPO2 模块的 SCIAToSCIC 函数中，如果解包结果是血氧波形，则将血氧波形数据写入缓冲区；（2）增加 DAC 模块；（3）在 DAC 模块中，将缓冲区的血氧波形数据通过 DACA 测试点输出；（4）用杜邦线将 DACA、ADCA0 测试点相连接；（5）增加 ADC 模块；（6）在 ADC 模块中，将 ADCA0 检测到的模拟信号转换为数字信号；（7）将转换后的数字量按照 PCT 通信协议（参见 13.2.4 节的 wave 模块波形数据包）打包；（8）通过医疗电子 DSP 基础开发系统的 SCIB 实时将打包后的数据发送至计算机；（9）通过计算机上的信号采集工具动态显示接收到的血氧波形。

本 章 习 题

1．简述血氧信号检测原理。

2．脉率和心率有何区别？

3．正常成人血氧饱和度的取值范围是多少？正常新生儿血氧饱和度取值范围是多少？

4．如果血氧波形数据 1~5 均为 128，血氧探头和手指均为脱落状态，按照附录 B 定义的血氧波形数据包应该是什么？

第19章 实验18——血压测量与显示

本实验的设计思路是，通过医疗电子 DSP 基础开发系统上的按键控制无创血压测量的启动和中止，由 F28335 核心板对人体生理参数监测系统发送过来的无创血压实时数据包、无创血压测量结果数据包、无创血压测量结束数据包进行解包，并在 OLED 显示屏上实时显示袖带压、收缩压、舒张压和脉率。本章任务要求，当 F28335 核心板接收到的实时袖带压、收缩压、舒张压和脉率为无效值时，显示为"---"。另外，按下按键 KEY2 启动无创血压测量，人体生理参数监测系统开始，每 200ms 显示一次实时袖带压；当接收到测量结束标志时，显示收缩压、舒张压和脉率；按下按键 KEY0，无创血压测量停止。

19.1 实验内容

医疗电子 DSP 基础开发系统读取并解包人体生理参数监测系统发送来的无创血压实时数据包、无创血压测量结果数据包、无创血压测量结束数据包，然后将实时袖带压、收缩压、舒张压和脉率显示在 OLED 显示屏上，实验原理如图 19-1 所示。启动测量和停止测量由按键 KEY0 和 KEY2 控制。数据源来自人体生理参数监测系统，该系统在"演示模式"下，收缩压、舒张压和脉率分别为 120mmHg、80mmHg 和 60bpm；在"实时模式"下，需要将袖带连接线（黑色）的一端连接到系统背面的 NBP（血压）接口，另一端连接到血压袖带，这样就可以实时监测人体生理参数模拟器或人体的血压信号。本实验的结果如图 19-2 所示。

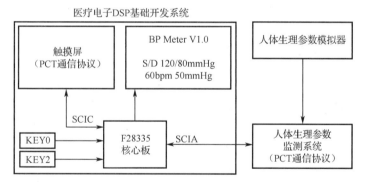

图 19-1 血压测量与显示实验原理框图

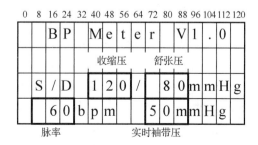

图 19-2 血压测量与显示实验结果

为了进行实验对照，还需要实现如下功能：（1）通过 SCIA 接收人体生理参数监测系统的数据包，并将其通过 SCIC 发送至触摸屏；（2）通过 SCIC 接收触摸屏的命令包，并将其通过 SCIA 发送至人体生理参数监测系统。这样，就可以通过对比触摸屏（"血压测量与显示实验"界面）上显示的数值与 OLED 显示屏上的数值，验证实验是否正确。

19.2　实验原理

19.2.1　血压数据包的 PCT 通信协议

本实验涉及的血压数据包包含无创血压实时数据包、无创血压测量结束数据包、无创血压测量结果 1 数据包、无创血压测量结果 2 数据包；血压命令包包含无创血压启动测量命令包、无创血压中止测量命令包。完整的血压数据包和命令包参见附录 B。

19.2.2　血压命令发送

SCICToSCIA 函数实现了触摸屏到人体生理参数监测系统命令的转发，如图 15-4 所示。本实验要求，通过按键 KEY2 启动无创血压测量，通过按键 KEY0 中止无创血压测量。具体实现方法是，由按键 KEY2 按下的响应函数 ProcKeyDownKey2（通过 SendNBPCmd 模块的 SendNBPStartCmd 函数）发送无创血压启动测量命令包，由按键 KEY0 按下的响应函数 ProcKeyDownKey0（通过 SendNBPCmd 模块的 SendNBPStopCmd 函数）发送无创血压中止测量命令包。

19.2.3　解包结果处理流程

本实验要求在图 15-3 所示的 SCIA 至 SCIC 数据包传输流程基础上，进一步对解包结果进行处理。接收到无创血压实时数据包后，将实时袖带压数据保存至变量 s_iNBPCufPre；接收到无创血压测量结果 1 数据包后，将收缩压、舒张压、平均压数据分别保存至 s_iNBPSys、s_iNBPDia、s_iNBPMap；接收到无创血压测量结果 2 数据包后，将脉率值保存至变量 s_iNBPPR；接收到无创血压测量结束数据包后，SetNBPEndMeasureFlag 函数将变量 s_iNBPEndMeasureFlag 置 1，如图 19-3 所示。对解包结果进行处理的流程将在 ProcNBP 模块的 SCIAToSCIC 函数中实现。

19.2.4　OLED 显示血压参数流程

在 OLED 显示屏上显示实时袖带压、收缩压、舒张压和脉率需要 3 步。第 1 步，通过 GetNBPData 函数获取血压参数。第 2 步，调用 OLEDShowString 函数将血压参数更新到 F28335 的 GRAM，如果测量结束，需要更新实时袖带压、收缩压、舒张压和脉率；如果测量未结束，只需要更新实时袖带压。第 3 步，调用 OLEDRefreshGRAM 函数将 F28335 的 GRAM 更新到 SSD1306 芯片的 GRAM。

由于实时袖带压每 200ms 更新一次，因此，函数 GetNBPData、OLEDShowString 和 OLEDRefreshGRAM 也需要每 200ms 执行一次。在 main.c 文件的 Proc2msTask 函数中，设计一个计数器（s_iCnt100），Proc2msTask 函数执行 100 次，GetNBPData、OLEDShowString 和 OLEDRefreshGRAM 函数执行一次，这样，就可以实现每秒更新一次血压参数显示。OLED 显示屏显示血压参数流程图如图 19-4 所示。

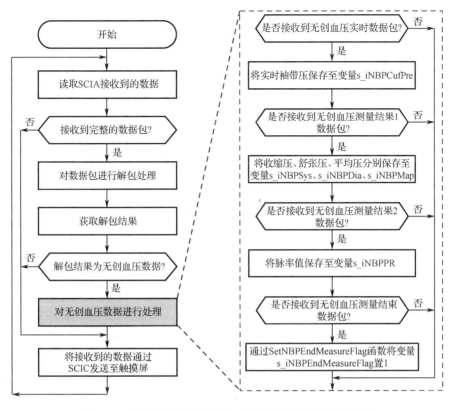

图 19-3　血压测量与显示实验对解包结果进行处理流程图

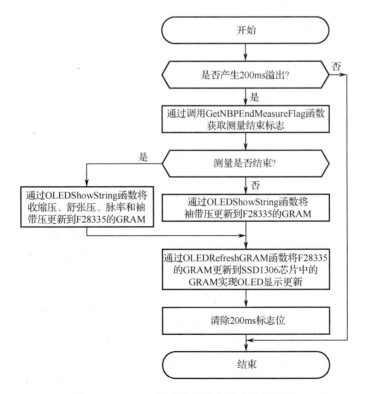

图 19-4　OLED 显示屏显示血压参数流程图

19.3　实验步骤

步骤 1：复制并编译原始工程

首先，将"D:\F28335CCSTest\Material\18.NBPExp"文件夹复制到"D:\F28335CCSTest\Product"文件夹中。然后，参照 2.3 节步骤 4 打开工程文件，单击 🔧 按钮。当 Console 栏显示 Finished building target: 18.NBPExp.out 时，表示已经成功生成.out 文件；显示 Bulid Finished，表示编译成功。最后，将.out 文件下载到 F28335 的内部 Flash 中，可以观察到医疗电子 DSP 基础开发系统上的 LED0 和 LED1 交替闪烁，表示原始工程是正确的，可以进入下一步操作。

步骤 2：添加 ProcNBP 和 SendNBPCmd 文件对

将"D:\F28335CCSTest\Product\18.NBPExp\App"文件夹中的 ProcNBP.c 和 SendNBPCmd.c 添加到 App 分组，具体操作可参见 2.3 节步骤 7。

步骤 3：完善 ProcNBP.h 文件

单击 🔧 按钮，进行编译，编译结束后，在 Project Explorer 面板中，双击 ProcNBP.c 中的 ProcNBP.h。在 ProcNBP.h 文件的"枚举结构体定义"区，添加如程序清单 19-1 所示的枚举定义代码。枚举 EnumNBPDataType 中的 NBP_DATA_TYPE_CUFPRE 表示袖带压，对应的值为 0；NBP_DATA_TYPE_SYS 表示收缩压，对应的值为 1；NBP_DATA_TYPE_DIA 表示舒张压，对应的值为 2；NBP_DATA_TYPE_MAP 表示平均压，对应的值为 3；NBP_DATA_TYPE_PR 表示脉率，对应值为 4。

程序清单 19-1

```
//定义枚举
typedef enum
{
  NBP_DATA_TYPE_CUFPRE = 0, //袖带压
  NBP_DATA_TYPE_SYS,        //收缩压
  NBP_DATA_TYPE_DIA,        //舒张压
  NBP_DATA_TYPE_MAP,        //平均压
  NBP_DATA_TYPE_PR,         //脉率
  NBP_DATA_TYPE_MAX
}EnumNBPDataType;
```

在 ProcNBP.h 文件的"API 函数声明"区，添加如程序清单 19-2 所示的 API 函数声明代码。其中，InitProcNBP 函数用于初始化 ProcNBP 模块；SCIAToSCIC 函数用于接收人体生理参数监测系统的数据，并将这些数据发送至触摸屏；SCICToSCIA 函数用于接收触摸屏的数据，并将这些数据发送至人体生理参数监测系统；GetNBPData 函数用于获取 NBP 数据；SetNBPEndMeasureFlag 函数用于设置 NBP 测量完成标志；GetNBPEndMeasureFlag 函数用于获取 NBP 测量完成标志，1 表示测量已完成，0 表示测量未完成。

程序清单 19-2

```
void  InitProcNBP(void);//初始化 ProcNBP 模块
void  SCIAToSCIC(void); //接收到下位机串口的数据，转发给触摸屏的串口
void  SCICToSCIA(void); //接收到触摸屏串口的数据转发到下位机串口

int   GetNBPData(EnumNBPDataType type); //获取 NBP 数据

void  SetNBPEndMeasureFlag(unsigned char flag); //设置 NBP 测量完成标志，1-已完成，0-未完成
unsigned char GetNBPEndMeasureFlag(void);        //获取 NBP 测量完成标志，1-已完成，0-未完成
```

步骤 4：完善 ProcNBP.c 文件

在 ProcNBP.c 文件的"包含头文件"区，添加如程序清单 19-3 所示的代码。

程序清单 19-3

```
#include "PackUnpack.h"
#include "SCIA.h"
#include "SCIC.h"
```

在 ProcNBP.c 文件的"内部变量"区，添加如程序清单 19-4 所示的内部变量定义代码。

程序清单 19-4

```
static int s_iNBPCufPre;      //袖带压
static int s_iNBPSys;         //收缩压
static int s_iNBPDia;         //舒张压
static int s_iNBPMap;         //平均压
static int s_iNBPPR;          //脉率

static unsigned char s_iNBPEndMeasureFlag = 0;   //血压测量完成标志，0-未测完，1-测量完成
```

在 ProcNBP.c 文件的"API 函数实现"区，添加 API 函数的实现代码，如程序清单 19-5 所示。ProcNBP.c 文件有 6 个 API 函数。

（1）在 InitProcNBP 函数中，通过对变量 s_iNBPCufPre、s_iNBPSys、s_iNBPDia、s_iNBPMap、s_iNBPPR、s_iNBPEndMeasureFlag 赋值 0，初始化 ProcNBP 模块。

（2）SCIAToSCIC 函数通过 ReadSCIA 函数读取人体生理参数监测系统的数据，通过 UnPackData 函数对接收到的数据进行解包，然后通过 GetUnPackRslt 函数获取解包结果。如果接收到的是无创血压实时数据包，则将袖带压数据保存于 s_iNBPCufPre 变量中；如果接收到的是无创血压测量结果 1 数据包，则将收缩压、舒张压和平均压数据分别保存于 s_iNBPSys、s_iNBPDia 和 s_iNBPMap 变量中；如果接收到的是无创血压测量结果 2 数据包，则将脉率值数据保存于 s_iNBPPR 变量中；如果接收到的是无创血压测量结束数据包，则通过 SetNBPEndMeasureFlag 函数将变量 s_iNBPEndMeasureFlag 置 1。最后，将接收到的数据通过 WriteSCIC 函数发送至触摸屏。

（3）SCICToSCIA 函数通过 ReadSCIC 函数读取触摸屏的数据，然后将这些数据发送至人体生理参数监测系统。

（4）GetNBPData 函数用于获取 NBP 数据，由参数 type 指定具体获取哪一个 NBP 数据。

程序清单 19-5

```
void  InitProcNBP(void)
{
  s_iNBPCufPre = 0;  //袖带压
  s_iNBPSys    = 0;  //收缩压
  s_iNBPDia    = 0;  //舒张压
  s_iNBPMap    = 0;  //平均压
  s_iNBPPR     = 0;  //脉率

  s_iNBPEndMeasureFlag = 0;   //血压测量完成标志，0-未测完，1-测量完成
}


void  SCIAToSCIC(void)
{
```

```
  unsigned char recData;  //4ms 周期, 在 115200 的模式下最多有 40 个字节, 取双倍余量
  unsigned char len = 0;

  StructPackType pt;

  len = ReadSCIA(&recData, 1);

  while(len > 0)
  {
    if(UnPackData(recData))
    {
      pt = GetUnPackRslt();

      if(pt.packModuleId == MODULE_NBP && pt.packSecondId == DAT_NBP_CUFPRE)
      {
        s_iNBPCufPre = (unsigned int)(((unsigned char)(pt.arrData[1])) | ((unsigned int)
                                     ((unsigned char)(pt.arrData[0]))) << 8); //袖带压
      }
      else if(pt.packModuleId == MODULE_NBP && pt.packSecondId == DAT_NBP_RSLT1)
      {
        s_iNBPSys = (unsigned int)(((unsigned char)(pt.arrData[1])) | ((unsigned int)((unsigned
                                  char)(pt.arrData[0]))) << 8);    //收缩压
        s_iNBPDia = (unsigned int)(((unsigned char)(pt.arrData[3])) | ((unsigned int)((unsigned
                                  char)(pt.arrData[2]))) << 8);    //舒张压
        s_iNBPMap = (unsigned int)(((unsigned char)(pt.arrData[5])) | ((unsigned int)((unsigned
                                  char)(pt.arrData[4]))) << 8);    //平均压
      }
      else if(pt.packModuleId == MODULE_NBP && pt.packSecondId == DAT_NBP_RSLT2)
      {
        s_iNBPPR = (unsigned int)(((unsigned char)(pt.arrData[1])) | ((unsigned int)((unsigned
                                 char)(pt.arrData[0]))) << 8);     //脉率
      }
      else if(pt.packModuleId == MODULE_NBP && pt.packSecondId == DAT_NBP_END)
      {
        SetNBPEndMeasureFlag(1); //收到测量结束标志
      }
    }
    WriteSCIC(&recData, 1);
    len = ReadSCIA(&recData, 1);
  }
}

void SCICToSCIA(void)
{
  unsigned char recData;    //2ms 周期, 在 115200 的模式下最多有 20 个字节, 取双倍余量
  unsigned char len = 0;

  len = ReadSCIC(&recData, 1);

  while(len > 0)
  {
    WriteSCIA(&recData, 1);
```

```
     len = ReadSCIC(&recData, 1);
  }
}

int GetNBPData(EnumNBPDataType type)
{
  int nbpData; //NBP 数据

  switch(type)
  {
    case NBP_DATA_TYPE_CUFPRE: //袖带压
      nbpData = s_iNBPCufPre;
      break;
    case NBP_DATA_TYPE_SYS:      //收缩压
      nbpData = s_iNBPSys;
      break;
    case NBP_DATA_TYPE_DIA:      //舒张压
      nbpData = s_iNBPDia;
      break;
    case NBP_DATA_TYPE_MAP:      //平均压
      nbpData = s_iNBPMap;
      break;
    case NBP_DATA_TYPE_PR:       //脉率
      nbpData = s_iNBPPR;
      break;
    default:
      break;
  }

  return(nbpData);
}

void SetNBPEndMeasureFlag(unsigned char flag)
{
  s_iNBPEndMeasureFlag = flag;
}

unsigned char GetNBPEndMeasureFlag(void)
{
  return(s_iNBPEndMeasureFlag);
}
```

步骤 5：完善 SendNBPCmd.h 文件

在 Project Explorer 面板中，双击 SendNBPCmd.c 中的 SendNBPCmd.h。在 SendNBPCmd.h 文件的"API 函数声明"区，添加如程序清单 19-6 所示的 API 函数声明代码。其中，InitSendNBPCmd 函数用于初始化 SendNBPCmd 模块；SendNBPStartCmd 函数用于向人体生理参数监测系统发送 NBP 启动测量命令包；SendNBPStopCmd 函数用于向人体生理参数监测系统发送 NBP 停止测量命令包。

程序清单 19-6

```
void  InitSendNBPCmd(void);        //初始化 SendNBPCmd 模块
```

```
void  SendNBPStartCmd(void);      //发送 NBP 启动测量命令
void  SendNBPStopCmd(void);       //发送 NBP 停止测量命令
```

步骤 6：完善 SendNBPCmd.c 文件

在 SendNBPCmd.c 文件的"包含头文件"区，添加如程序清单 19-7 所示代码。

程序清单 19-7

```
#include "PackUnpack.h"
#include "SCIA.h"
```

在 SendNBPCmd.c 文件的"内部函数声明"区，添加内部函数的声明代码，如程序清单 19-8 所示。SendPackToSlave 函数负责打包，并将结果发送到人体生理参数监测系统。

程序清单 19-8

```
static  void  SendPackToSlave(StructPackType* pPackSent);      //发送包到从机
```

在 SendNBPCmd.c 文件的"内部函数实现"区，添加 SendPackToSlave 函数的实现代码，如程序清单 19-9 所示。SendPackToSlave 函数通过调用 PackData 函数进行打包，如果返回值为 1，表示打包成功，再调用 WriteSCIA 函数将打包后的结果发送到人体生理参数监测系统。

程序清单 19-9

```
static  void  SendPackToSlave(StructPackType* pPackSent)
{
  unsigned char  valid;

  valid = PackData(pPackSent); //调用打包函数来打包命令

  if(1 == valid)
  {
    WriteSCIA((unsigned char*)pPackSent, 10);
  }
}
```

在 SendNBPCmd.c 文件的"API 函数实现"区，添加 API 函数的实现代码，如程序清单 19-10 所示。SendNBPCmd.c 文件有 3 个 API 函数，其中，InitSendNBPCmd 函数用于初始化 SendNBPCmd 模块；SendNBPStartCmd 函数通过调用 SendPackToSlave 函数，向人体生理参数监测系统发送 NBP 启动测量命令包；SendNBPStopCmd 函数通过调用 SendPackToSlave 函数，向人体生理参数监测系统发送 NBP 中止测量命令包。

程序清单 19-10

```
void  InitSendNBPCmd(void)
{
}

void  SendNBPStartCmd(void)
{
  StructPackType  pt;

  pt.packModuleId = MODULE_NBP;       //模块 ID
  pt.packSecondId = CMD_NBP_START;    //二级 ID
  pt.arrData[0] = 0;  //保留
  pt.arrData[1] = 0;  //保留
  pt.arrData[2] = 0;  //保留
```

```
  pt.arrData[3] = 0;  //保留
  pt.arrData[4] = 0;  //保留
  pt.arrData[5] = 0;  //保留

  SendPackToSlave(&pt);  //调用打包函数来打包命令，将打包后的命令包发送到从机
}


void  SendNBPStopCmd(void)
{
  StructPackType  pt;

  pt.packModuleId = MODULE_NBP;   //模块 ID
  pt.packSecondId = CMD_NBP_END;  //二级 ID
  pt.arrData[0] = 0;  //保留
  pt.arrData[1] = 0;  //保留
  pt.arrData[2] = 0;  //保留
  pt.arrData[3] = 0;  //保留
  pt.arrData[4] = 0;  //保留
  pt.arrData[5] = 0;  //保留

  SendPackToSlave(&pt);   //调用打包函数来打包命令，将打包后的命令包发送到从机
}
```

步骤 7：完善 ProcKeyOne.c 文件

在 Project Explorer 面板中，双击打开 ProcKeyOne.c 文件，在 ProcKeyOne.c "包含头文件" 区的最后，添加代码#include "SendNBPCmd.h"。

注释掉 ProcKeyOne.c 文件中所有的 printf 语句，在函数 ProcKeyDownKey0 和 ProcKeyDownKey2 中增加相应的处理程序，如程序清单 19-11 所示。

（1）ProcKeyDownKey0 函数用于处理按键 KEY0 按下事件，该函数调用 SendNBPStopCmd 函数，向人体生理参数监测系统发送 NBP 中止测量命令包。

（2）ProcKeyDownKey2 函数用于处理按键 KEY2 按下事件，该函数调用 SendNBPStartCmd 函数，向人体生理参数监测系统发送 NBP 启动测量命令包。

程序清单 19-11

```
void  ProcKeyDownKey0(void)
{
  SendNBPStopCmd();
  //printf("KEY0 PUSH DOWN\r\n");   //打印按键状态
}


void  ProcKeyDownKey2(void)
{
  SendNBPStartCmd();
  //printf("KEY2 PUSH DOWN\r\n");   //打印按键状态
}
```

步骤 8：血压测量与显示实验应用层实现

在 Project Explorer 面板中，双击打开 main.c 文件，在 main.c 文件 "包含头文件" 区的最后，添加如程序清单 19-12 所示的代码。

程序清单 19-12

```
#include "ProcNBP.h"
#include "SendNBPCmd.h"
```

在 main.c 文件的 InitSoftware 函数中，添加调用 InitProcNBP 和 InitSendNBPCmd 函数的代码，如程序清单 19-13 所示，这样就实现了对 ProcNBP 和 SendNBPCmd 模块的初始化。

程序清单 19-13

```
static  void  InitSoftware(void)
{
  InitPackUnpack();       //初始化 PackUnpack 模块
  InitProcNBP();          //初始化 ProcNBP 模块
  InitSendNBPCmd();       //初始化 SendNBPCmd 模块
}
```

注释掉 Proc1SecTask 函数中的 printf 语句，如程序清单 19-14 所示。

程序清单 19-14

```
static  void  Proc1SecTask(void)
{
  if(Get1SecFlag()) //判断1s标志状态
  {
    //printf("This is the first TMS320F28335 Project, by Zhangsan\r\n");
    Clr1SecFlag();  //清除1s标志
  }
}
```

在 Proc2msTask 函数中，添加调用 GetNBPEndMeasureFlag、GetNBPData、sprintf、OLEDShowString 和 OLEDRefreshGRAM 函数的代码，如程序清单 19-15 所示。

（1）ScanKeyOne 函数需要每 10ms 调用一次，而 Proc2msTask 函数中的 if 语句每 2ms 执行一次，因此，需要设计一个计数器（变量 s_iCnt5），从 0 计数到 4 时（即经过 5 个 2ms），执行一次 ScanKeyOne 函数，从而实现每 10ms 进行一次按键扫描。

（2）PCT 通信协议规定，人体生理参数监测系统每 200ms 发送一次无创血压实时数据包，即 OLED 显示屏每 200ms 更新一次显示。与变量 s_iCnt5 类似，再设计一个计数器（变量 s_iCnt100），从 0 计数到 99 时（即经过 100 个 2ms），调用 OLEDShowString 函数更新一次 F28335 的 GRAM，接着，调用 OLEDRefreshGRAM 函数将 F28335 的 GRAM 更新到 SSD1306 芯片中的 GRAM，从而实现 OLED 显示更新。

（3）实时袖带压数据需要每 200ms 更新一次显示，而收缩压、舒张压和脉率值只有在测量结束后才需要更新一次显示，因此，需要通过 GetNBPEndMeasureFlag 函数判断测量是否结束。如果测量结束，由 OLEDShowString 函数将收缩压、舒张压和脉率值更新到 F28335 的 GRAM；如果测量未结束，由 OLEDShowString 函数将实时袖带压值更新到 F28335 的 GRAM。

程序清单 19-15

```
static  void  Proc2msTask(void)
{
  static short s_iCnt5   = 0;
  static short s_iCnt100 = 0;

  char arrPRCufPre[18] = {" %3dbpm %3dmmHg"};
  char arrSysDia[18];
```

```
if(Get2msFlag())  //检查 2ms 标志状态
{
  LEDFlicker(250);//调用闪烁函数

  if(s_iCnt5 >= 4)
  {
    ScanKeyOne(KEY_NAME_KEY0, ProcKeyUpKey0, ProcKeyDownKey0);
    ScanKeyOne(KEY_NAME_KEY1, ProcKeyUpKey1, ProcKeyDownKey1);
    ScanKeyOne(KEY_NAME_KEY2, ProcKeyUpKey2, ProcKeyDownKey2);

    s_iCnt5 = 0;
  }
  else
  {
    s_iCnt5++;
  }


  if(s_iCnt100 >= 99)
  {
    if(GetNBPEndMeasureFlag())
    {
      sprintf(arrSysDia,       "S/D       %3d/%3dmmHg",       GetNBPData(NBP_DATA_TYPE_SYS),
GetNBPData(NBP_DATA_TYPE_DIA));
      sprintf(arrPRCufPre,      "%3dbpm       %3dmmHg",       GetNBPData(NBP_DATA_TYPE_PR),
GetNBPData(NBP_DATA_TYPE_CUFPRE));
      OLEDShowString(8, 32, (unsigned char*)arrSysDia);
      OLEDShowString(8, 48, (unsigned char*)arrPRCufPre);
    }
    else
    {
      sprintf(arrPRCufPre, "---bpm %3dmmHg", GetNBPData(NBP_DATA_TYPE_CUFPRE));
      OLEDShowString(8, 32, "S/D ---/---mmHg");
      OLEDShowString(8, 48, (unsigned char*)arrPRCufPre);
    }

    OLEDRefreshGRAM();

    s_iCnt100 = 0;
  }
  else
  {
    s_iCnt100++;
  }

  SCIAToSCIC();    //接收到下位机串口的数据，转发给触摸屏的串口
  SCICToSCIA();    //接收到触摸屏串口的数据转发到下位机串口

  Clr2msFlag();    //清除 2ms 标志
 }
}
```

在 main.c 文件的 main 函数中，注释掉 printf 语句，并添加调用 OLEDShowString 函数的代码，实现在 OLED 上显示血压提示信息、收缩压、舒张压、脉率和实时袖带压数据，如程序清单 19-16 所示。

程序清单 19-16

```c
void main(void)
{
  InitSoftware();    //初始化软件相关函数
  InitHardware();    //初始化硬件相关函数

  //printf("Init System has been finished.\r\n" );   //打印系统状态

  OLEDShowString(16, 0, "BP Meter V1.0");
  OLEDShowString(8, 16, "");
  OLEDShowString(8, 32, "S/D ---/---mmHg");
  OLEDShowString(8, 48, "---bpm ---mmHg");

  while(1)
  {
    Proc2msTask();  //处理 2ms 任务
    Proc1SecTask(); //处理 1s 任务
  }
}
```

步骤 9：编译及下载验证

代码编写完成后，编译工程，然后下载.out 文件到医疗电子 DSP 基础开发系统，具体操作参见 2.3 节步骤 9。

下载完成后，将人体生理参数监测系统通过 USB 连接线连接到医疗电子 DSP 基础开发系统右侧的 USB 接口，确保 J101 的 SCITXDB 与 USART_RX 相连接，SCIRXDB 与 USART_PATX 相连接。另外，将人体生理参数监测系统的"数据模式"设置为"演示模式"，将"通信模式"设置为"UART"，将"参数模式"设置为"五参"或"血压"。

按下 KEY2 按键，启动血压测量。测量过程中，OLED 显示屏右下方实时显示袖带压；测量结束后，OLED 显示屏显示收缩压（120mmHg）、舒张压（80mmHg）及脉率（60bpm），如图 19-5 所示。然后，将医疗电子 DSP 基础开发系统上的触摸屏切换到"血压测量与显示实验"界面，可以观察到触摸屏上的收缩压、舒张压和脉率值与 OLED 显示屏上的一致，表示实验成功。读者也可以将人体生理参数监测系统的"数据模式"设置为"实时模式"，通过袖带测量模拟器的血压。

图 19-5　血压测量与显示实验结果

本 章 任 务

在本实验的基础上增加以下功能：（1）人体生理参数监测系统在"实时模式"下，F28335 核心板接收到的实时袖带压、收缩压、舒张压和脉率为无效值（-100 代表无效值）时，OLED 显示屏上以"---"格式显示；（2）按下 KEY2 按键启动无创血压测量，OLED 显示屏上的实时袖带压、收缩压、舒张压和脉率以"---"格式显示；（3）随着人体生理参数监测系统开始测量，每 200ms 显示一次实时袖带压；（4）接收到测量结束标志时，显示收缩压、舒张压、脉率及最终的实时袖带压；（5）任何情况下，按下 KEY0 按键将中止无创血压测量，OLED 显示屏上的实时袖带压、收缩压、舒张压和脉率均以"---"格式显示。

实现以上功能之后，尝试继续增加以下功能：（1）将每次测量得到的血压数据（收缩压、舒张压和脉率）保存至内部 Flash；（2）最多可以保存 10 组血压数据；（3）完善 KeyOne 和 ProcKeyOne 模块；（4）按下 KEY1 按键，通过计算机上的串口助手打印出这 10 组血压数据。

本 章 习 题

1．血压测量有哪几种方法？简述示波法测量血压的原理。

2．正常成人收缩压和舒张压的取值范围是多少？正常新生儿收缩压和舒张压的取值范围是多少？

3．完整的无创血压启动测量命令包和无创血压中止测量命令包分别是什么？

附录 A   人体生理参数监测系统使用说明

人体生理参数监测系统（型号：LY-M501）用于采集人体五大生理参数（体温、血氧、呼吸、心电、血压）信号，并对这些信号进行处理，最终将处理后的数字信号通过 USB 连接线、蓝牙或 Wi-Fi 发送到不同的主机平台，如医疗电子单片机开发系统、医疗电子 FGPA 开发系统、医疗电子 DSP 开发系统、医疗电子嵌入式开发系统、emWin 软件平台、MFC 软件平台、WinForm 软件平台、MATLAB 软件平台和 Android 移动平台等，实现人体生理参数监测系统与各主机平台之间的交互。

图 A-1 是人体生理参数监测系统正面视图，其中，左键为"功能"按键，右键为"模式"按键，中间的显示屏用于显示一些简单的参数信息。

图 A-1   人体生理参数监测系统正面视图

图 A-2 是人体生理参数监测系统的按键和显示界面，通过"功能"按键可以控制人体生理参数监测系统按照"背光模式"→"数据模式"→"通信模式"→"参数模式"的顺序在不同模式之间循环切换。

图 A-2   人体生理参数监测系统显示界面

"背光模式"包括"背光开"和"背光关"，系统默认为"背光开"；"数据模式"包括"实时模式"和"演示模式"，系统默认为"演示模式"；"通信模式"包括 USB、UART、BT 和 Wi-Fi，系统默认为 USB；"参数模式"包括"五参""体温""血氧""血压""呼吸"和"心电"，系统默认为"五参"。

通过"功能"按键，切换到"背光模式"，然后通过"模式"按键切换人体生理参数监测系统显示屏背光的开启和关闭，如图 A-3 所示。

图 A-3　背光开启和关闭模式

通过"功能"按键，切换到"数据模式"，然后通过"模式"按键在"演示模式"和"实时模式"之间切换，如图 A-4 所示。在"演示模式"，人体生理参数监测系统不连接模拟器，也可以向主机发送人体生理参数模拟数据；在"实时模式"，人体生理参数监测系统需要连接模拟器，向主机发送模拟器的实时数据。

图 A-4　演示模式和实时模式

通过"功能"按键，切换到"通信模式"，然后通过"模式"按键在 USB、UART、BT 和 Wi-Fi 之间切换，如图 A-5 所示。在 USB 通信模式，人体生理参数监测系统通过 USB 连接线与主机平台进行通信，USB 连接线上的信号是 USB 信号；在 UART 通信模式，人体生理参数监测系统通过 USB 连接线与主机平台进行通信，USB 连接线上的信号是 UART 信号；在 BT 通信模式，人体生理参数监测系统通过蓝牙与主机平台进行通信；在 Wi-Fi 通信模式，人体生理参数监测系统通过 Wi-Fi 与主机平台进行通信。

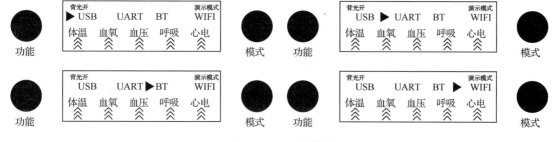

图 A-5　4 种通信模式

通过"功能"按键，切换到"参数模式"，然后通过"模式"按键在"五参""体温""血氧""血压""呼吸"和"心电"之间切换，如图 A-6 所示。系统默认为"五参"模式，在这种模式，人体生理参数会将五个参数数据全部发送至主机平台；在"体温"模式，只发送体温数据；在"血氧"模式，只发送血氧数据；在"血压"模式，只发送血压数据；在"呼吸"模式，只发送呼吸数据；在"心电"模式，只发送心电数据。

图 A-7 是人体生理参数监测系统背面视图。NBP 接口用于连接血压袖带；SPO2 接口用于连接血氧探头；TMP1 和 TMP2 接口用于连接两路体温探头；ECG/RESP 接口用于连接心电线缆；USB/UART 接口用于连接 USB 连接线；12V 接口用于连接 12V 电源适配器；拨动开关用于控制人体生理参数监测系统的电源开关。

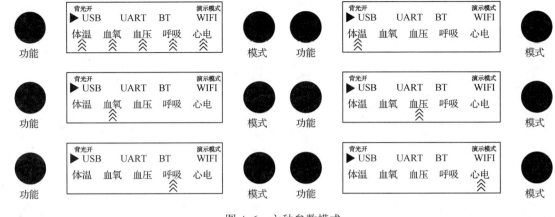

图 A-6　六种参数模式

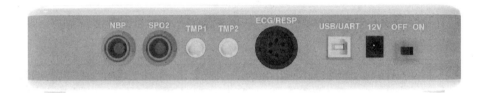

图 A-7　人体生理参数监测系统背面视图

附录 B PCT 通信协议应用在人体生理参数监测系统说明

该说明由深圳市乐育科技有限公司于 2019 年发布，版本为 LY-STD008-2019。该说明详细介绍了 PCT 通信协议在 LY-M501 型人体生理参数监测系统上的应用。

B.1 模块 ID 定义

LY-M501 型人体生理参数监测系统包括 6 个模块，分别是系统模块、心电模块、呼吸模块、体温模块、血氧模块和无创血压模块，因此模块 ID 也有 6 个。LY-M501 型人体生理参数监测系统的模块 ID 定义如表 B-1 所示。

表 B-1 模块 ID 定义

序　号	模 块 名 称	ID 号	模块宏定义
1	系统模块	0x01	MODULE_SYS
2	心电模块	0x10	MODULE_ECG
3	呼吸模块	0x11	MODULE_RESP
4	体温模块	0x12	MODULE_TEMP
5	血氧模块	0x13	MODULE_SPO2
6	无创血压模块	0x14	MODULE_NBP

二级 ID 又分为从机发送给主机的数据包类型 ID 和主机发送给从机的命令包 ID。下面分别按照从机发送给主机的数据包类型 ID 和主机发送给从机的命令包 ID 进行讲解。

B.2 从机发送给主机数据包类型 ID

从机发送给主机数据包的模块 ID、二级 ID 定义和说明如表 B-2 所示。

表 B-2 从机发送给主机数据包的模块 ID、二级 ID 定义和说明

序号	模块 ID	二级 ID 宏定义	二级 ID	发 送 频 率	说　明
1	0x01	DAT_RST	0x01	从机复位后发送，若主机无应答，则每秒重发一次	系统复位信息
2		DAT_SYS_STS	0x02	1 次/秒	系统状态
3		DAT_SELF_CHECK	0x03	按请求发送	系统自检结果
4		DAT_CMD_ACK	0x04	接收到命令后发送	命令应答
5	0x10	DAT_ECG_WAVE	0x02	125 次/秒	心电波形数据
6		DAT_ECG_LEAD	0x03	1 次/秒	心电导联信息
7		DAT_ECG_HR	0x04	1 次/秒	心率
8		DAT_ST	0x05	1 次/秒	ST 值
9		DAT_ST_PAT	0x06	当模板更新时每 30ms 发送 1 次（整个模板共 50 个包，每 10s 更新 1 次）	ST 模板波形

序号	模块ID	二级 ID 宏定义	二级 ID	发 送 帧 率	说　　明
10	0x11	DAT_RESP_WAVE	0x02	25 次/秒	呼吸波形数据
11		DAT_RESP_RR	0x03	1 次/秒	呼吸率
12		DAT_RESP_APNEA	0x04	1 次/秒	窒息报警
13		DAT_RESP_CVA	0x05	1 次/秒	呼吸 CVA 报警信息
14	0x12	DAT_TEMP_DATA	0x02	1 次/秒	体温数据
15	0x13	DAT_SPO2_WAVE	0x02	25 次/秒	血氧波形
16		DAT_SPO2_DATA	0x03	1 次/秒	血氧数据
17	0x14	DAT_NIBP_CUFPRE	0x02	5 次/秒	无创血压实时数据
18		DAT_NIBP_END	0x03	测量结束发送	无创血压测量结束
19		DAT_NIBP_RSLT1	0x04	接收到查询命令或测量结束发送	无创血压测量结果 1
20		DAT_NIBP_RSLT2	0x05	接收到查询命令或测量结束发送	无创血压测量结果 2
21		DAT_NIBP_STS	0x06	接收到查询命令发送	无创血压状态

下面按照顺序对从机发送给主机数据包进行详细讲解。

1. 系统复位信息（DAT_RST）；

系统复位信息数据包由从机向主机发送，以达到从机和主机同步的目的。因此，从机复位后，从机会主动向主机发送此数据包，如果主机无应答，则每秒重发一次，直到主机应答。图 B-1 即为系统复位信息数据包的定义。

模块ID	HEAD	二级ID	DAT1	DAT2	DAT3	DAT4	DAT5	DAT6	CHECK
01H	数据头	01H	保留	保留	保留	保留	保留	保留	校验和

图 B-1　系统复位信息数据包

人体生理参数监测系统的默认设置参数如表 B-3 所示。

表 B-3　人体生理参数监测系统的默认设置参数

序　　号	选　　项	默 认 参 数
1	病人信息设置	成人
2	3/5 导联设置	5 导联
3	导联方式选择	通道 1：II 导联；通道 2：I 导联
4	滤波方式选择	诊断方式
5	心电增益选择	×1
6	1mV 校准信号设置	关
7	工频抑制设置	关
8	起搏分析开关	关
9	ST 测量的 ISO 和 ST 点	ISO：80ms；ST：108ms
10	呼吸增益选择	×1
11	窒息报警时间选择	20s

续表

序　号	选　项	缺省参数
12	体温探头类型设置	YSI
13	SPO2 灵敏度设置	中
14	NBP 手动/自动设置	手动
15	NBP 设置初次充气压力	160mmHg

2. 系统状态（DAT_SYS_STS）

系统状态数据包是由从机向主机发送的数据包，图 B-2 即为系统状态数据包的定义。

模块ID	HEAD	二级ID	DAT1	DAT2	DAT3	DAT4	DAT5	DAT6	CHECK
01H	数据头	02H	电压监测	保留	保留	保留	保留	保留	校验和

图 B-2　系统状态数据包

电压监测为 8 位无符号数，其定义如表 B-4 所示。系统状态数据包每秒发送一次。

表 B-4　电压监测的解释说明

位	解释说明
7:4	保留
3:2	3.3V 电压状态：00-3.3V 电压正常；01-3.3V 电压太高；10-3.3V 电压太低；11-保留
1:0	5V 电压状态：00-5V 电压正常；01-V 电压太高；10-5V 电压太低；11-保留

3. 系统的自检结果（DAT_SELF_CHECK）

系统自检结果数据包是由从机向主机发送的数据包，图 B-3 即为系统自检结果数据包的定义。

模块ID	HEAD	二级ID	DAT1	DAT2	DAT3	DAT4	DAT5	DAT6	CHECK
01H	数据头	03H	自检结果1	自检结果2	版本号	模块标识1	模块标识2	模块标识3	校验和

图 B-3　系统自检结果数据包

自检结果 1 定义如表 B-5 所示，自检结果 2 定义如表 B-6 所示。系统自检结果数据包按请求发送。

表 B-5　自检结果 1 的解释说明

位	解释说明
7:5	保留
4	Watchdog 自检结果：0-自检正确；1-自检错
3	A/D 自检结果：0-自检正确；1-自检错
2	RAM 自检结果：0-自检正确；1-自检错
1	ROM 自检结果：0-自检正确；1-自检错
0	CPU 自检结果：0-自检正确；1-自检错

表 B-6　自检结果 2 的解释说明

位	解 释 说 明
7:5	保留
4	NBP 自检结果：0-自检正确；1-自检错
3	SPO2 自检结果：0-自检正确；1-自检错
2	TEMP 自检结果：0-自检正确；1-自检错
1	RESP 自检结果：0-自检正确；1-自检错
0	ECG 自检结果：0-自检正确；1-自检错

4．命令应答（DAT_CMD_ACK）

命令应答数据包是从机在接收到主机发送的命令后，向主机发送的命令应答数据包，主机在向从机发送命令的时候，如果没收到命令应答数据包，应再发送两次命令，如果第三次发送命令后还未收到从机的命令应答数据包，则放弃命令发送，图 B-4 即为命令应答数据包的定义。

模块ID	HEAD	二级ID	DAT1	DAT2	DAT3	DAT4	DAT5	DAT6	CHECK
01H	数据头	04H	模块ID	二级ID	应答消息	保留	保留	保留	校验和

图 B-4　命令应答数据包

应答消息定义如表 B-7 所示。

表 B-7　应答消息的解释说明

位	解释说明
7:0	应答消息：0-命令成功；1-校验和错误；2-命令包长度错误；3-无效命令；4-命令参数数据错误；5-命令不接受

5．心电波形数据（DAT_ECG_WAVE）

心电波形数据包是由从机向主机发送的两通道心电波形数据，如图 B-5 所示。

模块ID	HEAD	二级ID	DAT1	DAT2	DAT3	DAT4	DAT5	DAT6	CHECK
10H	数据头	02H	ECG1 波形数据 高字节	ECG1 波形数据 低字节	ECG2 波形数据 高字节	ECG2 波形数据 低字节	ECG 状态	保留	校验和

图 B-5　心电波形数据包

ECG1、ECG2 心电波形数据是 16 位无符号数，波形数据以 2048 为基线，数据范围为 0～4095，心电导联脱落时发送的数据为 2048。心电数据包每 2ms 发送一次。

心电导联信息（DAT_ECG_LEAD）

心电导联信息数据包是由从机向主机发送的心电导联信息，如图 B-6 所示。

模块ID	HEAD	二级ID	DAT1	DAT2	DAT3	DAT4	DAT5	DAT6	CHECK
10H	数据头	03H	导联信息	过载报警	保留	保留	保留	保留	校验和

图 B-6　心电导联信息数据包

导联信息定义如表 B-8 所示。

表 B-8　导联信息的解释说明

位	解　释　说　明
7:4	保留
3	V 导联连接信息：1-导联脱落；0-连接正常
2	RA 导联连接信息：1-导联脱落；0-连接正常
1	LA 导联连接信息：1-导联脱落；0-连接正常
0	LL 导联连接信息：1-导联脱落；0-连接正常

在 3 导联模式下，只有 RA、LA、LL 共 3 个导联，不能处理 V 导联的信息。在 5 导联模式下，由于 RL 作为驱动导联，不检测 RL 的导联连接状态。

过载报警定义如表 B-9 所示。过载信息表明 ECG 信号饱和，主机必须根据该信息进行报警。心电导联信息数据包每秒发送 1 次。

表 B-9　过载报警的解释说明

位	解　释　说　明
7:2	保留
1	ECG 通道 2 过载信息：0-正常；1-过载
0	ECG 通道 1 过载信息：0-正常；1-过载

6. 心率（DAT_ECG_HR）

心率数据包是由从机向主机发送的心率值，图 B-7 即为心率数据包的定义。

模块ID	HEAD	二级ID	DAT1	DAT2	DAT3	DAT4	DAT5	DAT6	CHECK
10H	数据头	04H	心率高字节	心率低字节	保留	保留	保留	保留	校验和

图 B-7　心率数据包

心率是 16 位有符号数，有效数据范围为 0～350bpm，-100 代表无效值。心率数据包每秒发送 1 次。

7. 心电 ST 值（DAT_ST）

心电 ST 值数据包是由从机向主机发送的心电 ST 值，图 B-8 即为 ST 值数据包的定义。

模块ID	HEAD	二级ID	DAT1	DAT2	DAT3	DAT4	DAT5	DAT6	CHECK
10H	数据头	05H	ST1偏移高字节	ST1偏移低字节	ST2偏移高字节	ST2偏移低字节	保留	保留	校验和

图 B-8　心电 ST 值数据包

ST 偏移值为 16 位的有符号数，所有的值都扩大 100 倍。例如，125 代表 1.25mv，-125 代表-1.25mv。-10000 代表无效值。心电 ST 值数据包每秒发送 1 次。

8. 心电 ST 模板波形（DAT_ST_PAT）

心电 ST 模板波形数据包是由从机向主机发送的心电 ST 模板波形，图 B-9 即为心电 ST 模板波形数据包的定义。

模块ID	HEAD	二级ID	DAT1	DAT2	DAT3	DAT4	DAT5	DAT6	CHECK
10H	数据头	06H	顺序号	ST模板数据1	ST模板数据2	ST模板数据3	ST模板数据4	ST模板数据5	校验和

图 B-9　心电 ST 模板波形数据包

顺序号定义如表 B-10 所示。

表 B-10　顺序号的解释说明

位	解 释 说 明
7	通道号：0-通道1；1-通道2
6:0	顺序号：0～49，每个 ST 模板波形分 50 次传送，每次 5 个字节，共计 250 个字节

ST 模板数据 1～5 均为 8 位无符号数，250 个字节的 ST 模板波形数据组成长度为 1s 的心电波形，波形基线为 128，第 125 个数据为 R 波位置，上位机可以根据模板波形进行 ISO 和 ST 设置。心电 ST 模板波形数据包在 ST 模板更新完成后每 30ms 发送 1 次，整个模板共 50 个包，ST 模板波形每 10s 更新一次。

9. 呼吸波形数据（DAT_RESP_WAVE）

呼吸波形数据包是由从机向主机发送的呼吸波形，图 B-10 即为呼吸波形数据包的定义。

模块ID	HEAD	二级ID	DAT1	DAT2	DAT3	DAT4	DAT5	DAT6	CHECK
11H	数据头	02H	呼吸波形数据1	呼吸波形数据2	呼吸波形数据3	呼吸波形数据4	呼吸波形数据5	保留	校验和

图 B-10　呼吸波形数据包

呼吸波形数据为 8 位无符号数，有效数据范围为 0～255，当 RA/LL 导联脱落时波形数据为 128。呼吸波形数据包每 40ms 发送一次。

10. 呼吸率（DAT_RESP_RR）

呼吸率数据包是由从机向主机发送的呼吸率，图 B-11 即为呼吸率数据包的定义。

模块ID	HEAD	二级ID	DAT1	DAT2	DAT3	DAT4	DAT5	DAT6	CHECK
11H	数据头	03H	呼吸率高字节	呼吸率低字节	保留	保留	保留	保留	校验和

图 B-11　呼吸率数据包

呼吸率为 16 位有符号数，有效数据范围为 6～120bpm，-100 代表无效值，导联脱落时呼吸率等于-100，窒息时呼吸率为 0。呼吸率数据包每秒发送 1 次。

11. 窒息报警（DAT_RESP_APNEA）

窒息报警数据包是由从机向主机发送的呼吸窒息报警信息，图 B-12 即为窒息报警数据包的定义。

模块ID	HEAD	二级ID	DAT1	DAT2	DAT3	DAT4	DAT5	DAT6	CHECK
11H	数据头	04H	报警信息	保留	保留	保留	保留	保留	校验和

图 B-12　窒息报警数据包

报警信息：0-无报警，1-有报警，窒息时呼吸率为 0。窒息报警数据包每秒发送 1 次。

12．呼吸 CVA 报警信息（DAT_RESP_CVA）

呼吸 CVA 报警信息数据包是由从机向主机发送的 CVA 报警信息，图 B-13 即为呼吸 CVA 报警信息数据的定义。

模块ID	HEAD	二级ID	DAT1	DAT2	DAT3	DAT4	DAT5	DAT6	CHECK
11H	数据头	05H	CVA 检测	保留	保留	保留	保留	保留	校验和

图 B-13　呼吸 CVA 报警信息数据包

CVA 报警信息：0-没有 CVA 报警信息；1-有 CVA 报警信息。CVA（cardiovascular artifact）为心动干扰，是心电信号叠加在呼吸波形上的干扰，如果模块检测到该干扰存在，则发送该报警信息。CVA 报警时呼吸率为无效值（-100）。呼吸 CVA 报警信息数据包每秒发送 1 次。

13．体温数据（DAT_TEMP_DATA）

体温数据包是由从机向主机发送的双通道体温值和探头信息，图 B-14 即为体温数据包的定义。

模块ID	HEAD	二级ID	DAT1	DAT2	DAT3	DAT4	DAT5	DAT6	CHECK
12H	数据头	02H	体温探头状态	体温通道1高字节	体温通道1低字节	体温通道2高字节	体温通道2低字节	保留	校验和

图 B-14　体温数据包

探头状态定义如表 B-11 所示，需要注意的是，体温数据为 16 位有符号数，有效数据范围为 0～500，数据扩大 10 倍，单位是摄氏度。例如，368 代表 36.8℃，-100 代表无效数据。体温数据包每秒发送 1 次。

表 B-11　体温探头状态的解释说明

位	解 释 说 明
7:2	保留
1	体温通道 2：0-体温探头接上；1-体温探头脱落
0	体温通道 1：0-体温探头接上；1-体温探头脱落

14．血氧波形数据（DAT_SPO2_WAVE）

血氧波形数据包是由从机向主机发送的血氧波形数据，图 B-15 即为血氧波形数据包的定义。

模块ID	HEAD	二级ID	DAT1	DAT2	DAT3	DAT4	DAT5	DAT6	CHECK
13H	数据头	02H	血氧波形数据1	血氧波形数据2	血氧波形数据3	血氧波形数据4	血氧波形数据5	血氧测量状态	校验和

图 B-15　血氧波形数据包

血氧测量状态定义如表 B-12 所示。血氧波形为 8 位无符号数，数据范围为 0～255，探头脱落时血氧波形为 0。血压波形数据包每 40ms 发送一次。

表 B-12　血氧测量状态的解释说明

位	解 释 说 明
7	SPO2 探头手指脱落标志：1-探头手指脱落
6	保留
5	保留
4	SPO2 探头脱落标志：1-探头脱落
3:0	保留

15．血氧参数数据（DAT_SPO2_DATA）

血氧参数数据包是由从机向主机发送的血氧参数数据，如脉率和氧饱和度，图 B-16 即为血氧参数数据包的定义。

模块ID	HEAD	二级ID	DAT1	DAT2	DAT3	DAT4	DAT5	DAT6	CHECK
13II	数据头	03H	氧饱和度信息	脉率高字节	脉率低字节	氧饱和度数据	保留	保留	校验和

图 B-16　血氧参数数据包

氧饱和度信息定义如表 B-13 所示。脉率为 16 位有符号数，有效数据范围为 0～255bpm，−100 代表无效值。氧饱和度为 8 位有符号数，有效数据范围为 0～100%，−100 代表无效值。血氧参数数据包每秒发送 1 次。

表 B-13　氧饱和度信息的解释说明

位	解 释 说 明
7:6	保留
5	氧饱和度下降标志：1-氧饱和度下降
4	搜索时间太长标志：1-搜索脉搏的时间大于 15s
3:0	信号强度（0～8，15 代表无效值），表示脉搏搏动的强度

16．无创血压实时数据（DAT_NBP_CUFPRE）

无创血压实时数据包是由从机向主机发送的袖带压等数据，图 B-17 即为无创血压实时数据包的定义。

模块ID	HEAD	二级ID	DAT1	DAT2	DAT3	DAT4	DAT5	DAT6	CHECK
14H	数据头	02H	袖带压力高字节	袖带压力低字节	袖带类型错误标志	测量类型	保留	保留	校验和

图 B-17　无创血压实时数据包

袖带类型错误标志如表 B-14 所示，测量类型定义如表 B-15 所示。需要注意的是，袖带压力为 16 位有符号数，数据范围为 0～300mmHg，−100 代表无效值。无创血压实时数据包每秒发送 5 次。

表 B-14　袖带类型错误标志的解释说明

位	解 释 说 明
7:0	袖带类型错误标志。 0 表示袖带使用正常； 1 表示在成人/儿童模式下，检测到新生儿袖带。 上位机在该标志为 1 时应该立即发送停止命令停止测量

表 B-15　测量类型的解释说明

位	解 释 说 明
7:0	测量类型： 1-在手动测量方式下； 2-在自动测量方式下； 3-在 STAT 测量方式下； 4-在校准方式下； 5-在漏气检测中

17．无创血压测量结束（DAT_NBP_END）

无创血压测量结束数据包是由从机向主机发送的无创血压测量结束信息，图 B-18 即为无创血压测量结束命令包的定义。

模块ID	HEAD	二级ID	DAT1	DAT2	DAT3	DAT4	DAT5	DAT6	CHECK
14H	数据头	03H	测量类型	保留	保留	保留	保留	保留	校验和

图 B-18　无创血压测量结束数据包

测量类型定义如表 B-16 所示，无创血压测量结束数据包在测量结束后发送。

表 B-16　测量类型的解释说明

位	解 释 说 明
7:0	测量类型： 1-手动测量方式下测量结束； 2-自动测量方式下测量结束； 3-STAT 测量结束； 4-在校准方式下测量结束； 5-在漏气检测中测量结束； 6-STAT 测量方式中单次测量结束； 10-系统错误，具体错误信息见 NBP 状态包

18．无创血压测量结果 1（DAT_NBP_RSLT1）

无创血压测量结果 1 数据包是由从机向主机发送的无创血压收缩压、舒张压和平均压，图 B-19 即为无创血压测量结果 1 数据包的定义。

模块ID	HEAD	二级ID	DAT1	DAT2	DAT3	DAT4	DAT5	DAT6	CHECK
14H	数据头	04H	收缩压高字节	收缩压低字节	舒张压高字节	舒张压低字节	平均压高字节	平均压低字节	校验和

图 B-19　无创血压测量结果 1 数据包

需要注意的是，收缩压、舒张压、平均压均为 16 位有符号数，数据范围位 0～300mmHg，－100 代表无效值，无创血压测量结果 1 数据包在测量结束后和接收到查询测量结果命令后发送。

19. 无创血压测量结果 2（DAT_NBP_RSLT2）

无创血压测量结果 2 数据包是由从机向主机发送的无创血压脉率值，图 B-20 即为无创血压测量结果 2 数据包的定义。

模块ID	HEAD	二级ID	DAT1	DAT2	DAT3	DAT4	DAT5	DAT6	CHECK
14H	数据头	05H	脉率高字节	脉率高字节	保留	保留	保留	保留	校验和

图 B-20　无创血压测量结果 2 数据包

需要注意的是，脉率为 16 位有符号数，－100 代表无效值，无创血压测量结果 2 数据包在测量结束和接收到查询测量结果命令后发送。

20. 无创血压状态（DAT_NBP_STS）

无创血压测量状态数据包是由从机向主机发送的无创血压状态、测量周期、测量错误、剩余时间，图 B-21 即为无创血压测量状态数据包的定义。

模块ID	HEAD	二级ID	DAT1	DAT2	DAT3	DAT4	DAT5	DAT6	CHECK
14H	数据头	06H	无创血压状态	测量周期	测量错误	剩余时间高字节	剩余时间低字节	保留	校验和

图 B-21　无创血压状态数据包

无创血压状态定义如表 B-17 所示，无创血压测量周期定义如表 B-18 所示，无创血压测量错误定义如表 B-19 所示。无创血压剩余时间为 16 位无符号数，单位为 s。无创血压状态数据包在接收到查询命令或复位后发送。

表 B-17　无创血压状态的解释说明

位	解 释 说 明
7:6	保留
5:4	病人信息：00-成人模式；01-儿童模式；10-新生儿模式
3:0	无创血压状态： 0000-无创血压待命； 0001-手动测量中； 0010-自动测量中； 0011-STAT 测量方式中； 0100-校准中； 0101-漏气检测中； 0110-无创血压复位； 1010-系统出错，具体错误信息见测量错误字节

表 B-18　测量周期的解释说明

位	解 释 说 明
7:0	无创测量周期（8 位无符号数）： 0-在手动测量方式下； 1-在自动测量方式下，对应周期为 1min； 2-在自动测量方式下，对应周期为 2 min；

位	解 释 说 明
7:0	3-在自动测量方式下，对应周期为 3 min； 4-在自动测量方式下，对应周期为 4 min； 5-在自动测量方式下，对应周期为 5 min； 6-在自动测量方式下，对应周期为 10 min； 7-在自动测量方式下，对应周期为 15 min； 8-在自动测量方式下，对应周期为 30 min； 9-在自动测量方式下，对应周期为 1h； 10-在自动测量方式下，对应周期为 1.5h； 11-在自动测量方式下，对应周期为 2h； 12-在自动测量方式下，对应周期为 3h； 13-在自动测量方式下，对应周期为 4h； 14-在自动测量方式下，对应周期为 8h； 15-在 STAT 测量方式下

表 B-19 测量错误的解释说明

位	解 释 说 明
7:0	无创测量错误（8 位无符号数）： 0-无错误； 1-袖带过松，可能是未接袖带或气路中漏气； 2-漏气，可能是阀门或气路中漏气； 3-气压错误，可能是阀门无法正常打开； 4-弱信号，可能是测量对象脉搏太弱或袖带过松； 5-超范围，可能是测量对象的血压值超过了测量范围； 6-过分运动，可能是测量时信号中含有太多干扰； 7-过压，袖带压力超过范围，成人 300mmHg，儿童 240mmHg，新生儿 150mmHg； 8-信号饱和，由于运动或其他原因使信号幅度太大； 9-漏气检测失败，在漏气检测中，发现系统气路漏气； 10-系统错误，充气泵、A/D 采样、压力传感器出错； 11-超时，某次测量超过规定时间，成人/儿童袖带压超过 200mmHg 时为 120s，未超过时为 90s，新生儿为 90s

B.3 主机发送给从机命令包类型 ID

主机发送给从机命令包的模块 ID、二级 ID 定义和说明如表 B-20 所示。

表 B-20 主机发送给从机命令包

序号	模块 ID	ID 定义	ID 号	定 义	说 明
1	0x01	CMD_RST_ACK	0x80	格式同模块发送数据格式	模块复位信息应答
2		CMD_GET_POST_RSLT	0x81	查询下位机的自检结果	读取自检结果
3		CMD_PAT_TYPE	0x90	设置病人类型为成人、儿童或新生儿	病人类型设置
4	0x10	CMD_LEAD_SYS	0x80	设置 ECG 导联为 5 导联或 3 导联模式	3/5 导联设置
5		CMD_LEAD_TYPE	0x81	设置通道 1 或通道 2 的 ECG 导联：I、II、III、AVL、AVR、AVF、V	导联方式设置
6		CMD_FILTER_MODE	0x82	设置通道 1 或通道 2 的 ECG 滤波方式：诊断、监护、手术	心电滤波方式设置

序号	模块ID	ID定义	ID号	定 义	说 明
7	0x10	CMD_ECG_GAIN	0x83	设置通道1或通道2的ECG增益：×0.25、×0.5、×1、×2	ECG增益设置
8		CMD_ECG_CAL	0x84	设置ECG波形为1Hz的校准信号	心电校准
9		CMD_ECG_TRA	0x85	设置50/60Hz工频干扰抑制的开关	工频干扰抑制开关
10		CMD_ECG_PACE	0x86	设置起搏分析的开关	起搏分析开关
11		CMD_ECG_ST_ISO	0x87	设置ST计算的ISO和ST点	ST测量ISO、ST点
12		CMD_ECG_CHANNEL	0x88	选择心率计算为通道1或通道2	心率计算通道
13		CMD_ECG_LEADRN	0x89	重新计算心率	心率重新计算
14	0x11	CMD_RESP_GAIN	0x80	设置呼吸增益为：×0.25、×0.5、×1、×2、×4	呼吸增益设置
15		CMD_RESP_APNEA	0x81	设置呼吸窒息的报警延迟时间：10s～40s	呼吸窒息报警时间设置
16	0x12	CMD_TEMP	0x80	设置体温探头的类型：YSI/CY-F1	Temp参数设置
17	0x13	CMD_SPO2	0x80	设置SPO2的测量灵敏度	SPO2参数设置
18	0x14	CMD_NBP_START	0x80	启动一次血压手动/自动测量	NBP启动测量
19		CMD_NBP_END	0x81	结束当前的测量	NBP中止测量
20		CMD_NBP_PERIOD	0x82	设置血压自动测量的周期	NBP测量周期设置
21		CMD_NBP_CALIB	0x83	血压进入校准状态	NBP校准
22		CMD_NBP_RST	0x84	软件复位血压模块	NBP模块复位
23		CMD_NBP_CHECK_LEAK	0x85	血压气路进行漏气检测	NBP漏气检测
24		CMD_NBP_QUERY_STS	0x86	查询血压模块的状态	NBP查询状态
25		CMD_NBP_FIRST_PRE	0x87	设置下次血压测量的首次充气压力	NBP首次充气压力设置
26		CMD_NBP_CONT	0x88	开始5分钟的STAT血压测量	开始5分钟的STAT血压测量
27		CMD_NBP_RSLT	0x89	查询上次血压的测量结果	NBP查询上次测量结果

下面按照顺序对主机发送给从机命令包进行详细讲解。

1. 模块复位信息应答（CMD_RST_ACK）

模块复位信息应答命令包是通过主机向从机发送的命令，当从机给主机发送复位信息，主机收到复位信息后就会发送模块复位信息应答命令包给从机，图B-22为模块复位信息应答命令包的定义。

模块ID	HEAD	二级ID	DAT1	DAT2	DAT3	DAT4	DAT5	DAT6	CHECK
01H	数据头	80H	保留	保留	保留	保留	保留	保留	校验和

图 B-22 模块复位信息应答命令包

2. 读取自检结果（CMD_GET_POST_RSLT）

读取自检结果命令包是通过主机向从机发送的命令，从机会返回系统的自检结果数据包，同时从机还应返回命令应答包。图B-23即为读取自检结果命令包的定义。

模块ID	HEAD	二级ID	DAT1	DAT2	DAT3	DAT4	DAT5	DAT6	CHECK
01H	数据头	81H	保留	保留	保留	保留	保留	保留	校验和

图 B-23 读取自检结果命令包

3．病人类型设置（CMD_PAT_TYPE）

病人类型设置命令包是通过主机向从机发送的命令，以达到对病人类型进行设置的目的，图 B-24 即为病人类型设置命令包的定义。

模块ID	HEAD	二级ID	DAT1	DAT2	DAT3	DAT4	DAT5	DAT6	CHECK
01H	数据头	90H	病人类型	保留	保留	保留	保留	保留	校验和

图 B-24　病人类型设置命令包

病人类型定义如表 B-21 所示，需要注意的是，复位后，病人类型默认值为成人。

表 B-21　病人类型的解释说明

位	解 释 说 明
7:0	病人类型：0-成人；1-儿童；2-新生儿

4．3/5 导联设置（CMD_LEAD_SYS）

3/5 导联设置命令包是通过主机向从机发送的命令，以达到对 3/5 导联设置的目的，图 B-25 即为心电 3/5 导联设置命令包说明。

模块ID	HEAD	二级ID	DAT1	DAT2	DAT3	DAT4	DAT5	DAT6	CHECK
10H	数据头	80H	3/5导联设置	保留	保留	保留	保留	保留	校验和

图 B-25　3/5 导联设置命令包

3/5 导联设置定义如表 B-22 所示，由 3 导联设置为 5 导联时通道 1 的导联设置为 I 导，通道 2 的导联设置为 II 导。由 5 导联设置为 3 导联时通道 1 的导联设置为 II 导。复位后的默认值为 5 导联。注意，3 导联状态下 ECG 只有通道 1 有波形，通道 2 的波形为默认值 2048。导联设置只能设置通道 1 且只有 I、II、III 等 3 种选择，心率计算通道固定为通道 1。

表 B-22　3/5 导联设置的解释说明

位	解 释 说 明
7:0	导联设置：0-3 导联；1-5 导联

5．导联方式设置（CMD_LEADTYPE）

导联方式设置命令包是通过主机向从机发送的命令，以达到对导联方式设置的目的，图 B-26 即为导联方式设置命令包的定义。

模块ID	HEAD	二级ID	DAT1	DAT2	DAT3	DAT4	DAT5	DAT6	CHECK
10H	数据头	81H	导联方式	保留	保留	保留	保留	保留	校验和

图 B-26　导联方式设置命令包

导联方式设置定义如表 B-23 所示。复位后默认设置为通道 1 为 II 导联，通道 2 为 I 导联。需要注意的是，3 导联状态下 ECG 只有通道 1 有波形，不能发送通道 2 的导联设置，通道 1 的导联设置只有 I、II、III 等 3 种选择。否则下位机会返回命令错误信息。

表 B-23　导联方式的解释说明

位	解 释 说 明
7:4	通道选择：0-通道 1；1-通道 2
3:0	导联选择：0-保留；1-I 导联；2-II 导联；3-III 导联；4-AVR 导联；5-AVL 导联；6-AVF 导联；7-V 导联

6. 心电滤波方式设置（CMD_FILTER_MODE）

心电滤波方式设置命令包是通过主机向从机发送的命令，以达到对滤波方式进行选择的目的，图 B-27 即为心电滤波方式设置命令包的定义。

模块ID	HEAD	二级ID	DAT1	DAT2	DAT3	DAT4	DAT5	DAT6	CHECK
10H	数据头	82H	心电滤波方式	保留	保留	保留	保留	保留	校验和

图 B-27　心电滤波方式设置命令包

心电滤波方式定义如表 B-24 所示。复位后默认设置为诊断方式。

表 B-24　心电滤波方式的解释说明

位	解 释 说 明
7:4	保留
3:0	滤波方式：0-诊断；1-监护；2-手术；3-保留

7. 心电增益设置（CMD_ECG_GAIN）

心电增益设置命令包是通过主机向从机发送的命令，以达到对心电波形进行幅值调节的目的，图 B-28 即为心电增益设置包的定义。

模块ID	HEAD	二级ID	DAT1	DAT2	DAT3	DAT4	DAT5	DAT6	CHECK
10H	数据头	83H	心电增益	保留	保留	保留	保留	保留	校验和

图 B-28　心电增益设置命令包

心电增益定义如表 B-25 所示，需要注意的是，复位时，主机向从机发送命令，将通道 1 和通道 2 的增益设置为×1。

表 B-25　心电增益的解释说明

位	解 释 说 明
7:4	通道设置：0-通道 1；1-通道 2
3:0	增益设置：0-×0.25；1-×0.5；2-×1；3-×2；4-×4

8. 心电校准（CMD_ECG_CAL）

心电校准命令包是通过主机向从机发送的命令，以达到对心电波形进行校准的目的，图 B-29 即为心电校准命令包的定义。

模块ID	HEAD	二级ID	DAT1	DAT2	DAT3	DAT4	DAT5	DAT6	CHECK
10H	数据头	84H	心电校准	保留	保留	保留	保留	保留	校验和

图 B-29　心电校准命令包

心电校准设置定义如表 B-26 所示。复位后默认设置为关。从机在收到心电校准命令后会设置心电信号为频率为 1Hz、幅度为 1mV 大小的方波校准信号。

表 B-26   心电校准的解释说明

位	解 释 说 明
7:0	导联设置：1-开；0-关

9. 工频干扰抑制开关（CMD_ECG_TRA）

工频干扰抑制开关命令包是通过主机向从机发送的命令，以达到对心电进行校准的目的，图 B-30 即为工频干扰抑制开关设置命令包的定义。

模块ID	HEAD	二级ID	DAT1	DAT2	DAT3	DAT4	DAT5	DAT6	CHECK
10H	数据头	85H	限波开关	保留	保留	保留	保留	保留	校验和

图 B-30   工频干扰抑制开关命令包

陷波开关定义如表 B-27 所示，复位后默认设置为关。

表 B-27   陷波开关的解释说明

位	解 释 说 明
7:0	陷波开关：1-开；0-关

10. 起搏分析开关（CMD_ECG_PACE）

起搏分析开关设置命令包是通过主机向从机发送的命令，以达到对心电进行起搏分析设置的目的，图 B-31 即为起搏分析设置包定义。

模块ID	HEAD	二级ID	DAT1	DAT2	DAT3	DAT4	DAT5	DAT6	CHECK
10H	数据头	86H	分析开关	保留	保留	保留	保留	保留	校验和

图 B-31   起搏分析开关命令包

起搏分析开关设置定义如表 B-28 所示，复位后默认值为关。

表 B-28   分析开关的解释说明

位	解 释 说 明
7:0	导联设置：1-起搏分析开；0-起搏分析关

11. ST 测量的 ISO、ST 点（CMD_ECG_ST_ISO）

ST 测量的 ISO、ST 点设置命令包是通过主机向从机发送命令，改变等电位点和 ST 测量点相对于 R 波顶点的位置，图 B-32 即为 ISO、ST 点设置命令包的定义。

模块ID	HEAD	二级ID	DAT1	DAT2	DAT3	DAT4	DAT5	DAT6	CHECK
10H	数据头	87H	ISO点高字节	ISO点低字节	ST点高字节	ST点低字节	保留	保留	校验和

图 B-32   ST 测量的 ISO、ST 点命令包

ISO 点偏移量即为等电位点相对于 R 波顶点的位置，单位为 4ms，ST 点偏移量即为 ST

测量点相对于 R 波顶点的位置，单位为 4ms。复位后，ISO 点偏移量默认设置为 20×4=80ms，ST 点偏移量默认设置为 27×4=108ms。

12. 心率计算通道（CMD_ECG_CHANNEL）

心率计算通道设置命令包是通过主机向从机发送的命令，以达到选择心率计算通道的目的，图 B-33 即为心率计算通道设置命令包的定义。

模块ID	HEAD	二级ID	DAT1	DAT2	DAT3	DAT4	DAT5	DAT6	CHECK
10H	数据头	88H	心率计算通道	保留	保留	保留	保留	保留	校验和

图 B-33　心电计算通道命令包

心率计算通道定义如表 B-29 所示，复位后默认值为通道 1。

表 B-29　心率计算通道的解释说明

位	解 释 说 明
7:0	导联设置：0-通道 1；1-通道 2；2-自动选择

13. 心率重新计算（CMD_ECG_LEARN）

心率重新计算命令包是通过主机向从机发送的命令，以达到心率重新计算的目的，图 B-34 即为心率重新计算命令包的定义。

模块ID	HEAD	二级ID	DAT1	DAT2	DAT3	DAT4	DAT5	DAT6	CHECK
10H	数据头	89H	保留	保留	保留	保留	保留	保留	校验和

图 B-34　心率重新计算命令包

14. 呼吸增益设置（CMD_RESP_GAIN）

呼吸增益设置命令包是通过主机向从机发送的命令，以达到对呼吸波形进行幅值调节的目的，图 B-35 即为呼吸增益设置命令包的定义。

模块ID	HEAD	二级ID	DAT1	DAT2	DAT3	DAT4	DAT5	DAT6	CHECK
11H	数据头	80H	呼吸增益	保留	保留	保留	保留	保留	校验和

图 B-35　呼吸增益设置命令包

呼吸增益具体设置如表 B-30 所示，复位时，主机向从机发送命令，将呼吸增益设置为×1。

表 B-30　呼吸增益的解释说明

位	解 释 说 明
7:0	增益设置：0-×0.25，1-×0.5，2-×1，3-×2，4-×4

15. 窒息报警时间设置（CMD_RESP_APNEA）

窒息报警时间设置命令包是通过主机向从机发送的命令，以达到对窒息报警时间进行设置的目的，图 B-36 即为呼吸增益设置命令包的定义。

模块ID	HEAD	二级ID	DAT1	DAT2	DAT3	DAT4	DAT5	DAT6	CHECK
11H	数据头	81H	窒息报警时间	保留	保留	保留	保留	保留	校验和

图 B-36　窒息报警时间设置命令包

窒息报警延迟时间设置如表 B-31 所示，复位后窒息报警时间默认设置为 20s。

表 B-31　窒息报警时间的解释说明

位	解 释 说 明
7:0	窒息报警延迟时间设置： 0-不报警；1-10s；2-15s；3-20s；4-25s；5-30s；6-35s；7-40s

16．体温参数设置（CMD_TEMP）

体温参数设置命令包是通过主机向从机发送的命令，以达到对体温模块进行参数设置的目的，图 B-37 即为体温参数设置命令包的定义。

模块ID	HEAD	二级ID	DAT1	DAT2	DAT3	DAT4	DAT5	DAT6	CHECK
12H	数据头	80H	探头类型	保留	保留	保留	保留	保留	校验和

图 B-37　体温参数设置命令包

探头类型如表 B-32 所示，复位时，主机向从机发送命令，将体温探头类型设置为 YSI 探头类型。

表 B-32　探头类型的解释说明

位	解 释 说 明
7:0	探头类型：0-YSI 探头；1-CY 探头

17．血氧参数设置（CMD_SPO2）

血氧参数设置命令包是通过主机向从机发送的命令，以达到对血氧模块进行参数设置的目的，图 B-38 即为血氧参数设置命令包的定义。

模块ID	HEAD	二级ID	DAT1	DAT2	DAT3	DAT4	DAT5	DAT6	CHECK
13H	数据头	80H	计算灵敏度	保留	保留	保留	保留	保留	校验和

图 B-38　血氧参数设置命令包

计算灵敏度定义如表 B-33 所示，复位时，主机向从机发送命令，将计算灵敏度设置为中灵敏度。

表 B-33　计算灵敏度的解释说明

位	解 释 说 明
7:0	计算灵敏度：1-高；2-中；3-低

18．无创血压启动测量（CMD_NBP_START）

无创血压启动测量命令包是通过主机向从机发送的命令，以达到启动一次无创血压测量的目的，图 B-39 即为无创血压启动测量命令包的定义。

模块ID	HEAD	二级ID	DAT1	DAT2	DAT3	DAT4	DAT5	DAT6	CHECK
14H	数据头	80H	保留	保留	保留	保留	保留	保留	校验和

图 B-39　无创血压启动测量命令包

19. 无创血压中止测量（CMD_NBP_END）

无创血压中止测量命令包是通过主机向从机发送的命令，以达到中止无创血压测量的目的，图 B-40 即为无创血压中止测量命令包的定义。

模块ID	HEAD	二级ID	DAT1	DAT2	DAT3	DAT4	DAT5	DAT6	CHECK
14H	数据头	81H	保留	保留	保留	保留	保留	保留	校验和

图 B-40　无创血压中止测量命令包

20. 无创血压测量周期设置（CMD_NBP_PERIOD）

无创血压测量周期设置命令包是通过主机向从机发送的命令，以达到设置自动测量周期的目的，图 B-41 即为无创血压测量周期设置命令包的定义。

模块ID	HEAD	二级ID	DAT1	DAT2	DAT3	DAT4	DAT5	DAT6	CHECK
14H	数据头	82H	测量周期	保留	保留	保留	保留	保留	校验和

图 B-41　无创血压测量周期设置命令包

测量周期定义如表 B-34 所示，复位后，默认值为手动方式。

表 B-34　测量周期的解释说明

位	解 释 说 明
7:0	0-设置为手动方式 1-设置自动测量周期为 1min； 2-设置自动测量周期为 2 min； 3-设置自动测量周期为 3 min； 4-设置自动测量周期为 4 min； 5-设置自动测量周期为 5 min； 6-设置自动测量周期为 10 min； 7-设置自动测量周期为 15 min； 8-设置自动测量周期为 30 min； 9-设置自动测量周期为 60 min；10-设置自动测量周期为 90 min； 11-设置自动测量周期为 120 min； 12-设置自动测量周期为 180 min； 13-设置自动测量周期为 240 min； 14-设置自动测量周期为 480 min

21. 无创血压校准（CMD_NBP_CALIB）

无创血压校准命令包是主机向从机发送的命令，以达到启动一次校准的目的，图 B-42 即为无创血压校准命令包定义。

模块ID	HEAD	二级ID	DAT1	DAT2	DAT3	DAT4	DAT5	DAT6	CHECK
14H	数据头	83H	保留	保留	保留	保留	保留	保留	校验和

图 B-42 无创血压校准命令包

22．无创血压模块复位（CMD_NBP_RST）

无创血压模块复位命令包是通过主机向从机发送的命令，以达到模块复位的目的，无创血压模块复位主要是执行打开阀门、停止充气、回到手动测量方式操作，图 B-43 即为无创血压模块复位命令包定义。

模块ID	HEAD	二级ID	DAT1	DAT2	DAT3	DAT4	DAT5	DAT6	CHECK
14H	数据头	84H	保留	保留	保留	保留	保留	保留	校验和

图 B-43 无创血压模块复位命令包

23．无创血压漏气检测（CMD_NBP_CHECK_LEAK）

无创血压漏气检测命令包是通过主机向从机发送的命令，以达到启动漏气检测的目的，图 B-44 即为无创血压漏气检测命令包定义。

模块ID	HEAD	二级ID	DAT1	DAT2	DAT3	DAT4	DAT5	DAT6	CHECK
14H	数据头	85H	保留	保留	保留	保留	保留	保留	校验和

图 B-44 无创血压漏气检测命令包

24．无创血压查询状态（CMD_NBP_QUERY）

无创血压查询状态命令包是通过主机向从机发送的命令，以达到查询无创血压状态的目的，图 B-45 即为无创血压查询状态命令包定义。

模块ID	HEAD	二级ID	DAT1	DAT2	DAT3	DAT4	DAT5	DAT6	CHECK
14H	数据头	86H	保留	保留	保留	保留	保留	保留	校验和

图 B-45 无创血压查询状态命令包

25．无创血压首次充气压力设置（CMD_NBP_FIRST_PRE）

无创血压首次充气压力设置命令包是通过主机向从机发送的命令，以达到设置首次充气压力的目的，图 B-46 即为无创血压首次充气压力设置命令包定义。

模块ID	HEAD	二级ID	DAT1	DAT2	DAT3	DAT4	DAT5	DAT6	CHECK
14H	数据头	87H	病人类型	压力值	保留	保留	保留	保留	校验和

图 B-46 无创血压首次充气压力设置命令包

病人类型定义如表 B-35 所示，初次充气压力定义如表 B-36 所示。成人模式的压力范围为 80～250mmHg，儿童模式的压力范围为 80～200mmHg，新生儿模式的压力范围为 60～120mmHg，该命令包只有在相应的测量对象模式时才有效。当切换病人模式时，初次充气压力会设为各模式的默认值，即成人模式初次充气的压力的默认值为160mmHg，儿童模式初次充气的压力的默认值为120mmHg，新生儿模式初次充气的压力的默认值70mmHg。另外，系统复位后的缺省设置为成人模式，初次充气压力为160mmHg。

表 B-35　病人类型的解释说明

位	解释说明
7:0	病人类型：0-成人；1-儿童；2-新生儿

表 B-36　初次充气压力定义

位	解释说明
7:0	新生儿模式下，压力范围：60～120mmHg 儿童模式下，压力范围：80～200mmHg 成人模式下，压力范围：80～240mmHg 60-设置初次充气压力为 60mmHg 70-设置初次充气压力为 70mmHg 80-设置初次充气压力为 80mmHg 100-设置初次充气压力为 100mmHg 120-设置初次充气压力为 120mmHg 140-设置初次充气压力为 140mmHg 150-设置初次充气压力为 150mmHg 160-设置初次充气压力为 160mmHg 180-设置初次充气压力为 180mmHg 200-设置初次充气压力为 200mmHg 220-设置初次充气压力为 220mmHg 240-设置初次充气压力为 240mmHg

26. 无创血压启动 STAT 测量（CMD_NIBP_CONT）

无创血压启动 STAT 测量命令包是通过主机向从机发送的命令，以达到启动 STAT 测量的目的，图 B-47 即为启动 STAT 测量命令包定义。

模块ID	HEAD	二级ID	DAT1	DAT2	DAT3	DAT4	DAT5	DAT6	CHECK
14H	数据头	88H	保留	保留	保留	保留	保留	保留	校验和

图 B-47　无创血压启动 STAT 测量命令包

27. 无创血压查询测量结果（CMD_NIBP_RSLT）

无创血压查询测量结果命令包是通过主机向从机发送的命令，以达到查询测量结果的目的，图 B-48 即为无创血压查询测量结果命令包定义。

模块ID	HEAD	二级ID	DAT1	DAT2	DAT3	DAT4	DAT5	DAT6	CHECK
14H	数据头	89H	保留	保留	保留	保留	保留	保留	校验和

图 B-48　无创血压查询测量结果命令包

附录 C ASCII 码表

ASCII 值	控制字符	ASCII 值	控制字符	ASCII 值	控制字符	ASCII 值	控制字符
0	NUL	32	(space)	64	@	96	`
1	SOH	33	!	65	A	97	a
2	STX	34	"	66	B	98	b
3	ETX	35	#	67	C	99	c
4	EOT	36	$	68	D	100	d
5	ENQ	37	%	69	E	101	e
6	ACK	38	&	70	F	102	f
7	BEL	39	'	71	G	103	g
8	BS	40	(	72	H	104	h
9	HT	41	)	73	I	105	i
10	LF	42	*	74	J	106	j
11	VT	43	+	75	K	107	k
12	FF	44	,	76	L	108	l
13	CR	45	-	77	M	109	m
14	SO	46	.	78	N	110	n
15	SI	47	/	79	O	111	o
16	DLE	48	0	80	P	112	p
17	DC1	49	1	81	Q	113	q
18	DC2	50	2	82	R	114	r
19	DC3	51	3	83	S	115	s
20	DC4	52	4	84	T	116	t
21	NAK	53	5	85	U	117	u
22	SYN	54	6	86	V	118	v
23	ETB	55	7	87	W	119	w
24	CAN	56	8	88	X	120	x
25	EM	57	9	89	Y	121	y
26	SUB	58	:	90	Z	122	z
27	ESC	59	;	91	[	123	{
28	FS	60	<	92	\	124	|
29	GS	61	=	93	]	125	}
30	RS	62	>	94	^	126	~
31	US	63	?	95	_	127	DEL

参 考 文 献

[1] TMS320F28335, TMS320F28334, TMS320F28332, TMS320F28235, TMS320F28234, TMS320F28232 Digital Signal Controllers (DSCs). Texas Instruments, 2012.

[2] TMS320x2833x,2823x Serial Communications Interface (SCI).Texas Instruments, 2009.

[3] TMS320C28x DSP/BIOS 5.x Application Programming Interface (API). Texas Instruments, 2012.

[4] TMS320x2833x Analog-to-Digital Converter (ADC) Module. Texas Instruments, 2007.

[5] TMS320x2833x, 2823x Direct Memory Access (DMA) Module. Texas Instruments, 2011.

[6] TMS320x2833x, 2823x Enhanced Capture (eCAP) Module. Texas Instruments, 2009.

[7] TMS320x2833x, 2823x Enhanced Pulse Width Modulator (ePWM) Module. Texas Instruments, 2009.

[8] TMS320x2833x, 2823x DSC External Interface (XINTF). Texas Instruments, 2010.

[9] TMS320x2833x, 2823x Inter-Integrated Circuit (I^2C) Module. Texas Instruments, 2011.

[10] 杨家强. TMS320F28335x DSP 原理与应用教程. 北京：清华大学出版社，2014.

[11] 侯其立，石岩，徐科军. DSP 原理及应用——跟我动手学 TMS320F28335x. 北京：机械工业出版社，2015.

[12] 张小鸣. DSP 原理及应用 TMS320F28335 架构、功能模块及程序设计. 北京：清华大学出版社，2019.

[13] 苏奎峰，常天庆，吕强，武萌. TMS320x28335 DSP 应用系统设计. 北京：北京航空航天大学出版社，2016.

[14] 顾卫钢. 手把手教你学 DSP——基于 TMS320X281x. 北京：北京航空航天大学出版社，2011.

[15] 顾卫钢. 手把手教你学 DSP——基于 TMS320X281x（第 2 版）. 北京：北京航空航天大学出版社，2015.

[16] 符晓，朱洪顺. TMS320F28335 DSP 原理、开发及应用. 北京：清华大学出版社，2017.

[17] 马骏杰，尹艳浩，高俊山，王旭东. 轻松玩转 DSP-基于 TMS320F28335x. 北京：机械工业出版社，2018.

[18] 马骏杰. 嵌入式 DSP 原理与应用——基于 TMS320F28335. 北京：北京航空航天大学出版社，2016.

[19] 徐科军，陈志辉，傅大丰. TMS320F2812 DSP 应用技术[M]. 北京：科学出版社，2010.

[20] 宁改娣，曾翔君，骆一萍. DSP 控制器原理及应用[M]. 2 板. 北京：科学出版社，2009.

[21] 韩非，胡春梅，李伟. TMS320C6000 系列 DSP 开发应用技巧——重点与难点剖析[M]. 北京：中国电力出版社，2008.

[22] 苏奎峰，吕强，邓志东，汤霞清. TMS320x28xxx 原理与开发. 北京：电子工业出版社，2009.